高等工科院校CAD/CAM/CAE系列教材

SolidWorks项目教程

第2版

主　编　鲍仲辅　吴任和

副主编　刘跃辉　翁海旋

参　编　陈丹杰　谢海东　李　明

主　审　曾德江

机械工业出版社

本书主要讲解了SolidWorks软件的基础应用，主要包括SolidWorks软件的零件建模、装配体建模、工程图、钣金建模、焊件建模、曲面建模以及渲染等常用模块。本书通过32个项目，将SolidWorks软件基础应用的相关知识和方法融入其中，易学易懂。

本书可以作为CAD/CAM/CAE专业课程教材，也可以作为研究生和各企业从事产品设计、CAD应用的广大工程技术人员的参考用书。

本书每个项目均配有视频教程，读者可扫描书中二维码观看，或登录机械工业出版社教育服务网www.cmpedu.com注册后下载。咨询电话：010-88379375。

图书在版编目（CIP）数据

SolidWorks 项目教程 / 鲍仲辅，吴任和主编 . — 2 版 . — 北京：机械工业出版社，2019.9（2025.1 重印）

高等工科院校 CAD/CAM/CAE 系列教材

ISBN 978-7-111-63882-7

Ⅰ . ① S… Ⅱ . ①鲍… ②吴… Ⅲ . ①计算机辅助设计—应用软件—高等学校—教材 Ⅳ . ① TP391.72

中国版本图书馆 CIP 数据核字（2019）第 214524 号

机械工业出版社（北京市百万庄大街 22 号　邮政编码 100037）

策划编辑：薛　礼　责任编辑：薛　礼

责任校对：张玉琴　封面设计：陈　沛

责任印制：张　博

北京建宏印刷有限公司印刷

2025 年 1 月第 2 版第 15 次印刷

184mm×260mm · 15.75 印张 · 390 千字

标准书号：ISBN 978-7-111-63882-7

定价：45.00 元

电话服务	网络服务
客服电话：010-88361066	机　工　官　网：www.cmpbook.com
010-88379833	机　工　官　博：weibo.com/cmp1952
010-68326294	金　　书　　网：www.golden-book.com
封底无防伪标均为盗版	机工教育服务网：www.cmpedu.com

第 2 版前言

党的二十大报告中指出："建设现代化产业体系。坚持把发展经济的着力点放在实体经济上，推进新型工业化，加快建设制造强国、质量强国、航天强国、交通强国、网络强国、数字中国"。数字化技术融入制造业，全面变革了产业技术生态。

编写本书旨在深入贯彻"二十大"精神，传播科技强国思想，全面提高人才自主培养质量，着力造就拔尖创新人才。

创新驱动已经成为我国制造业发展的主要动力，新时代制造业的从业者有必要掌握先进的设计方法和技术工具，更好地开展技术创新工作。本书的编写团队正是基于助力广大技术人员和大中专院校学生掌握数字设计技能的愿景，编写了以项目化推进的学习教程，本书初版获得了良好的社会反响。随着数字技术的发展和职业教育理念的进步，特别是国务院出台的《国家职业教育改革实施方案》明确提出要完善教育教学相关标准，狠抓教学、教材、教师，培育和传承好工匠精神。本书编写团队在相关精神的指导下对第 1 版进行了修订，积极融合教学改革新成果，使之更加符合职业教育的规律。

本书是广东省第一批品牌专业建设成果，以产教融合的职业教育办学理念为指导思想，对接我国制造业产业转型升级对技术人员的能力要求，全面总结自 2012 年以来相关课程改革经验，由企业研发一线的工程师和学校教学一线的教师共同编写而成。

本书采用项目教学法，不孤立地阐述 SolidWorks 中主要建模工具使用的相关知识和方法，而是以企业的设计项目作为教学载体，将相关的主要知识点穿插其中，借助项目的具体实施操作来说明三维建模的主要思路和相关建模工具的使用方法。每个项目都包含"项目说明""项目规划""项目实施""项目总结"四个步骤。"项目说明"是交代项目的要求，"项目规划"是分析主要的建模思路，"项目实施"是具体演示建模的完整过程，"项目总结"是将项目中所涉及的知识加以展开讲解。

本书也积极融合信息技术，通过开发配套数字化教学资源，建设立体化教材，让读者通过扫描二维码的方式观看视频教程，可以实现快速高效的学习。

本书的编写分工为：鲍仲辅编写项目 8~ 项目 18，并统筹全书的编写工作；吴任和编写项目 21~ 项目 30；刘跃辉编写项目 5~ 项目 7，并负责全书 CAD 图样的绘制；翁海旋编写项目 1~ 项目 4；谢海东编写项目 31 和项目 32；李明编写项目 19 和项目 20；陈丹杰负责部分视频的录制。全书由广东省教学名师曾德江教授主审。由于编写人员水平有限，书中的不妥之处敬请读者指正。

编　者

第 1 版前言

现代科技发展日新月异，尤其当信息技术广泛地渗透到各行各业后，不仅使原有的行业技术发生了变革，更重要的是改变了人们的思维方式。例如，在机械行业，基于三维 CAD 建模的设计技术彻底改变了传统的机械设计思路和流程。目前有不少优秀的三维设计软件，其中 SolidWorks 因其功能强大，配有很多机械设备开发的各种模块，使得 SolidWorks 成为机械设计行业中主流的三维设计软件之一。熟练掌握 SolidWorks 软件应用已经成为机械设计从业人员的基本技能之一。

本书最主要的特色就是采用了项目教学法，通过选择的典型项目，将 SolidWorks 软件的主要功能穿插在其中，借助一个完整项目的操作来说明三维建模的主要思路和相关建模工具的使用方法。每个项目都包括“项目说明”“项目规划”“项目实施”“项目总结”等内容。“项目说明”交代了项目的要求，“项目规划”分析了主要的建模思路，“项目实施”则具体介绍了建模的完整过程，“项目总结”将项目中所涉及的知识点加以归纳总结。

本书由广东机电职业技术学院、广东轻工职业技术学院的教师和爱默生网络能源有限公司、广州达客软件有限公司的工程师共同编写。全书共 32 个项目，鲍仲辅编写了项目 8~ 项目 18；吴任和编写了项目 21~ 项目 30；刘跃辉编写了项目 5~ 项目 7，并负责全书 CAD 图样的绘制；翁海旋编写了项目 1~ 项目 4；谢海东编写了项目 31 和项目 32；李明编写了项目 19 和项目 20；陈丹杰负责课件中部分视频的录制。全书由鲍仲辅统稿，由广东机电职业技术学院曾德江主审。

由于编者水平有限，书中的不妥之处敬请读者批评指正。

编　者

项目导航

项目编号	项目图例	学习目标	页码
项目 准备		1. 了解 SolidWorks 软件界面 2. 鼠标的控制与显示效果 3. 鼠标和键盘的基本操作	001
项目 1 简单 草图	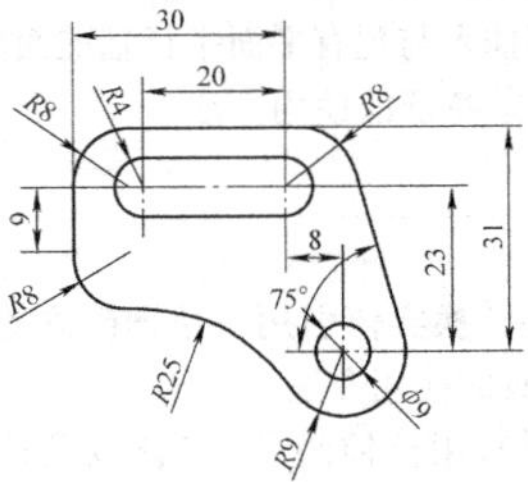	1. 掌握直线、圆、圆弧、槽口线和多边形等常用草图绘制工具的使用方法 2. 掌握利用尺寸标注来确定几何图形大小和位置的方法 3. 掌握利用几何约束关系确定多个几何图形之间的关系的方法	009
项目 2 复杂 草图	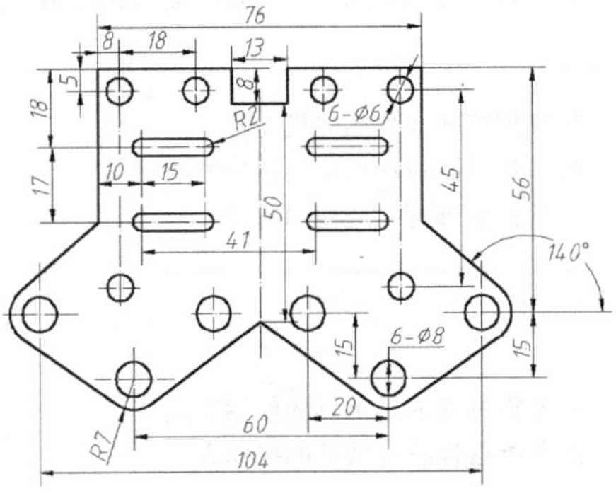	1. 掌握利用镜像工具绘制对称图形的方法 2. 掌握利用线性阵列绘制草图的方法 3. 掌握鼠标笔势的使用方法	015
项目 3 支架		1. 掌握给定深度、对称、等距等多种拉伸成形操作方法，并能灵活应用 2. 掌握筋特征的添加和编辑方法 3. 掌握镜像操作方法，并能依据零件特点灵活应用	021
项目 4 定位块	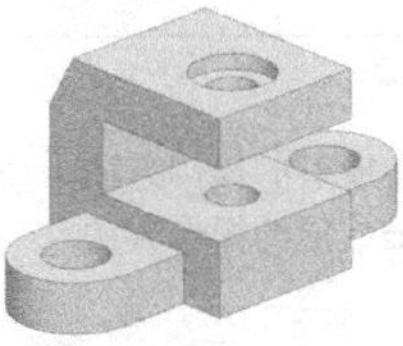	1. 掌握各种形式的拉伸成形方法，并能根据需要灵活选用 2. 掌握槽口线绘制工具的使用方法 3. 掌握异形孔特征工具的使用方法	026
项目 5 叉架	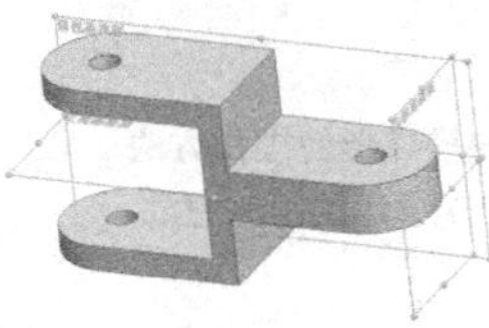	1. 掌握各种形式的拉伸成形方法，并能根据需要灵活选用 2. 掌握拉伸切除以及反侧切除的使用方法	030

（续）

项目编号	项目图例	学习目标	页码
项目 6 端盖		1. 掌握旋转成形建模工具的使用方法 2. 掌握圆周阵列的操作方法	034
项目 7 支座		1. 掌握基准面的使用方法，选择合适的基准面，简化模型的建模过程 2. 掌握插入与现有平面平行基准面的操作方法 3. 掌握筋特征的使用方法	040
项目 8 三通 水管 建模		1. 掌握转换实体引用、草图阵列等高效草图绘制编辑工具的使用方法 2. 掌握常用拉伸凸台 / 基体以及拉伸切除的操作方法 3. 掌握参考基准面、临时轴的插入和使用方法	048
项目 9 阶梯轴		1. 掌握旋转成形的建模方法 2. 掌握等距拉伸切除的建模方法 3. 掌握装饰螺纹的使用方法	063
项目 10 电话 机外壳		1. 掌握抽壳成形工具的使用方法 2. 掌握线性阵列特征的操作方法	068
项目 11 顶尖 支座		1. 掌握多实体建模方法 2. 掌握组合特征的使用方法 3. 掌握异形孔工具的使用方法	080
项目 12 手轮		1. 掌握旋转成形的操作方法 2. 掌握扫描成形的操作方法	092
项目 13 管接头		1. 掌握扫描成形的操作方法 2. 掌握 3D 草图的绘制方法	097

（续）

项目编号	项目图例	学习目标	页码
项目 14 扇叶		1. 掌握草图图块的制作和使用方法 2. 掌握放样特征成形的操作方法 3. 掌握反侧切除的使用方法	102
项目 15 锤头		1. 掌握放样成形的操作方法 2. 掌握弯曲成形的操作方法	107
项目 16 圆柱凸轮		1. 掌握样条曲线的绘制方法 2. 掌握方程式的使用方法 3. 掌握包覆特征的使用方法	114
项目 17 参数化齿轮		1. 掌握方程式的使用方法 2. 掌握利用辅助线绘制特定曲线的方法 3. 掌握成形特征参数赋值的操作方法	118
项目 18 齿轮泵装配体		1. 掌握利用典型装配约束关系实现零件装配的方法 2. 掌握利用镜像、阵列等编辑工具简化装配过程的方法 3. 掌握在装配体中进行干涉检查的方法 4. 掌握创建爆炸视图的方法	128
项目 19 工程图		1. 掌握各种视图的创建方法 2. 掌握尺寸、公差以及各种技术要求的标注方法 3. 掌握工程图格式设置和打印等操作方法	140
项目 20 台虎钳 装配图		1. 掌握装配体视图的创建和编辑方法 2. 掌握尺寸、公差以及各种技术要求的标注方法	152

（续）

项目编号	项目图例	学习目标	页码
项目 21 槽扣 钣金		1. 掌握基体法兰和边线法兰等法兰创建工具的使用方法 2. 掌握断裂边角和异形孔向导等特征工具的使用方法 3. 掌握解除压缩、压缩的使用方法	157
项目 22 机箱风扇支架钣金		1. 掌握基体法兰和边线法兰等法兰创建工具的使用方法 2. 掌握褶边、自定义成形工具及通风口等钣金特征工具的使用方法 3. 掌握解除压缩、压缩的使用方法	161
项目 23 QQ 公仔		1. 掌握曲面建模的主要思路 2. 掌握旋转曲面、放样曲面等曲面工具的使用方法 3. 掌握曲面剪裁和缝合的方法	169
项目 24 风扇叶		1. 掌握螺旋线、分割线等曲线绘制工具的使用方法 2. 掌握常用放样曲面以及拉伸切除的操作方法 3. 掌握参考基准面、临时轴的插入和使用方法	184
项目 25 装饰 灯台		1. 掌握旋转曲面、扫描曲面等曲面生产工具的使用方法 2. 掌握交叉曲线的操作方法 3. 掌握垂直曲线的参考基准面、3D 草图的使用方法	190
项目 26 可乐瓶		1. 掌握曲面填充和投影曲线的曲面建模特征命令的使用方法 2. 掌握旋转切除、扫描切除和曲面切除的操作方法 3. 理解零件模型上色的操作、偏距的拉伸凸台	195
项目 27 玩具 飞机		1. 掌握边界曲面、拉伸曲面和旋转曲面等曲面建模工具的使用方法 2. 掌握曲面剪裁、曲面缝合和等距曲面等曲面编辑工具的使用方法 3. 掌握交叉曲线、组合曲线、复制和缩放等命令的使用方法	202

（续）

项目编号	项目图例	学习目标	页码
项目 28 方形座架焊件		1. 掌握焊接件骨架的绘制方法 2. 掌握焊接结构件的添加方法 3. 掌握各种焊接特征的添加方法	219
项目 29 电灯泡渲染		1. 掌握外观设置方法及外观编辑方法 2. 掌握布景、光源的设置以及属性的编辑方法 3. 掌握渲染插件的添加和图像的保存方法	225
项目 30 篮球渲染		1. 掌握外观设置方法及外观编辑方法 2. 掌握布景、光源的设置以及属性的编辑方法 3. 掌握渲染插件的添加和图像的保存方法	229
项目 31 夹具动画	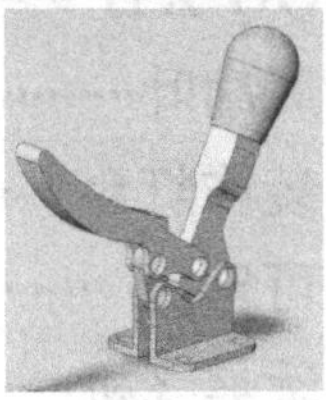	1. 掌握创建夹具机构动画的基本方法 2. 掌握时间滑块的操作方法 3. 掌握设定零部件不同位置的关键点方法	233
项目 32 凸轮机构动画	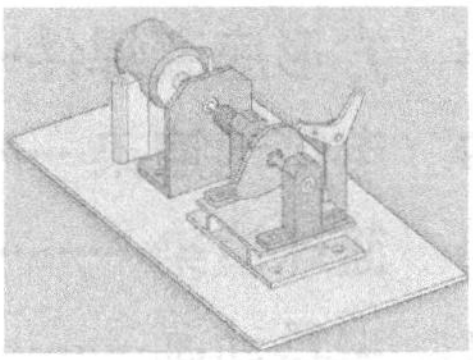	1. 掌握创建凸轮机构动画的基本方法 2. 掌握物理模拟工具的使用方法 3. 掌握爆炸和解除爆炸动画的设计方法	237

目　　录

项目准备

SolidWorks 软件功能强大，具有易学、易用和技术创新三大特点，这使得 SolidWorks 成为领先的、主流的三维 CAD 解决方案。SolidWorks 能够提供不同的设计方案，减少设计过程中的错误以提高产品质量。在强大的设计功能和易学易用的操作（包括 Windows 风格的拖 / 放、点 / 击、剪切 / 粘贴）协同下，使用 SolidWorks 软件，整个产品设计是百分之百可编辑的。SolidWorks 软件独有的拖拽功能使用户能在比较短的时间内完成大型装配设计。SolidWorks 资源管理器是同 Windows 资源管理器一样的 CAD 文件管理器，用它可以方便地管理 CAD 文件。使用 SolidWorks 软件，用户能在比较短的时间内完成更多的工作，能够更快地将高质量的产品投放市场。

1. 了解 SolidWorks 软件界面

双击 SolidWorks 软件图标，即可打开 SolidWorks 的开始界面，如图 0-1 所示。用户可以选择新建一个文件或者打开已有的文件。

图0-1　SolidWorks开始界面

单击“新建”按钮，弹出“新建 SolidWorks 文件”对话框，如图 0-2 所示。该对话框中有“零件”“装配体”“工程图”，双击其中任意一个按钮即可进入相应的操作界面。

零件建模的操作界面如图 0-3 所示。该界面主要由菜单栏、搜索工具、帮助、工具栏、设计树、状态栏等构成。

菜单栏一般都是隐藏的，将鼠标指针移到软件图片旁边的黑色三角上，即可弹出菜单栏，如图 0-4 所示。鼠标移开，菜单栏会自动隐藏。如果希望能一直显示菜单栏，则单击菜单栏最右端的按钮即可，此时按钮变成，菜单栏就不会再被自动隐藏。

工具栏是在建模工作中最常用到的。这些建模工具已经按照类别分别放置在各自的选项卡下。例如特征工具栏主要有拉伸、旋转等各种工具，如图 0-5 所示。

如果需要绘制草图，则可以单击“草图”选项卡，这样工具栏显示的就都是草图绘制工具，如图 0-6 所示。

工具栏可以根据工作的需要增减选项卡。只要在任意一个选项卡上单击鼠标右键，即可弹出快捷菜单，如图 0-7 所示。如果用户需要使用曲面工具，只要单击菜单中的“曲面”即可，工具栏就多出一个“曲面”选项卡，相应的常用曲面建模工具如图 0-8 所示。

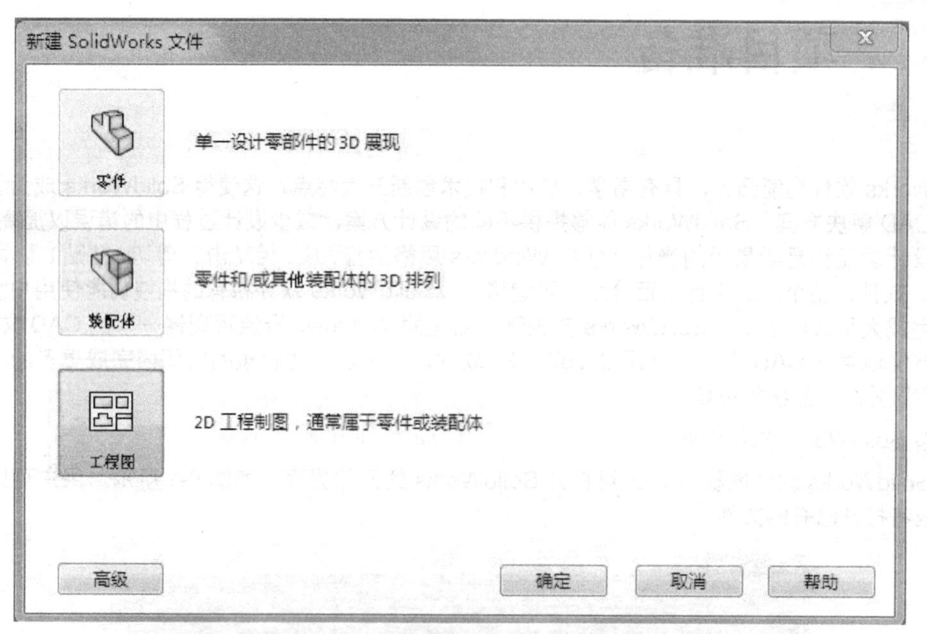

图0-2　“新建SolidWorks文件”对话框

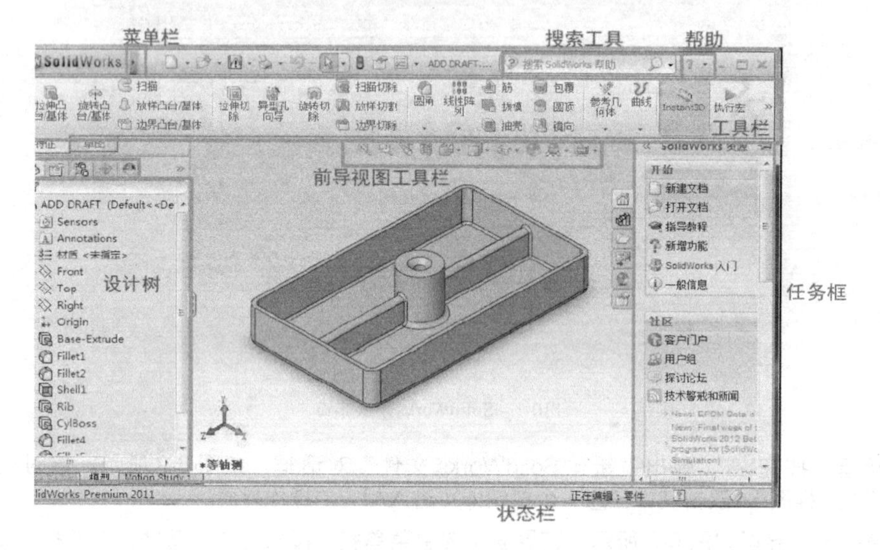

图0-3　建模操作界面

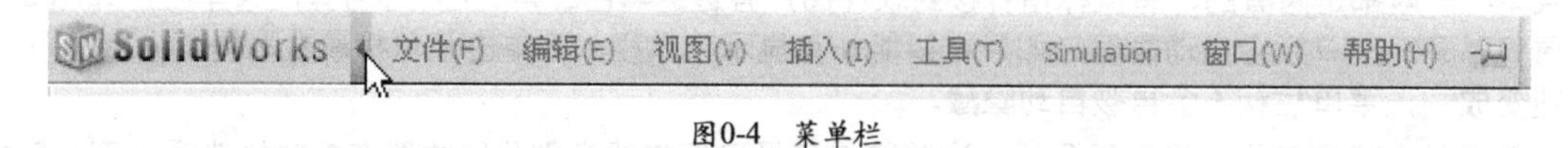

图0-4　菜单栏

图0-5　特征工具栏

图0-6　草图工具栏

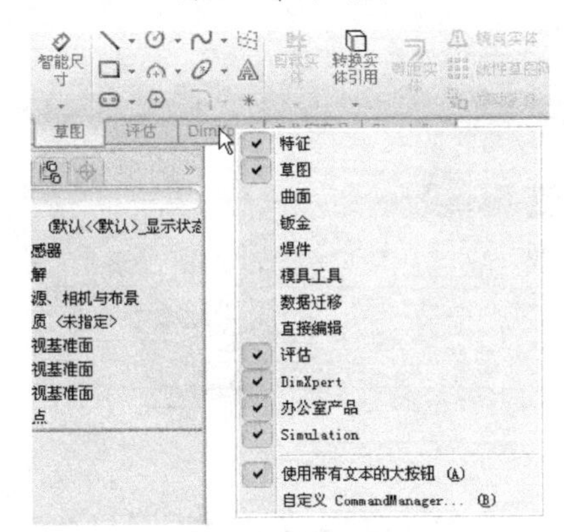

图0-7　增减工具栏

图0-8　曲面工具

2. 视图的控制与显示效果

在三维建模的过程中，经常需要设置一些显示模式，在前导视图工具栏中就提供了这些工具，如图 0-9 所示。

1）“整屏显示全图”：能将模型整体完整、尽可能大地显示在屏幕中，这种显示方式方便查看模型的整体情况。

2）“局部放大”：由用户通过鼠标拖动的操作方式指定一个区域（见图 0-10a），然后软件按照用户指定的区域，在屏幕上全屏显示出来（见图 0-10b）。这种显示方式便于观察模型细节。

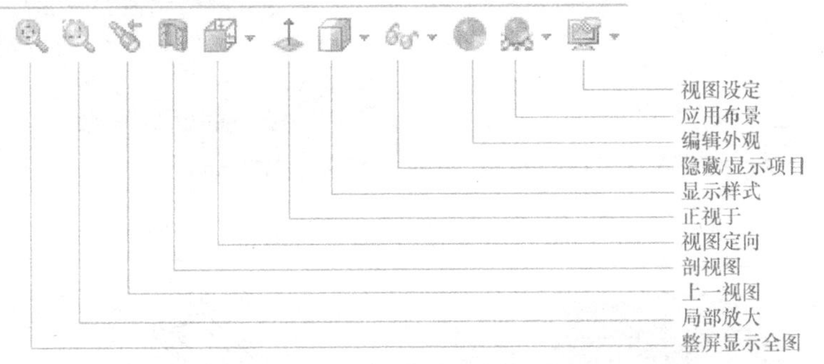

图0-9　前导视图工具栏

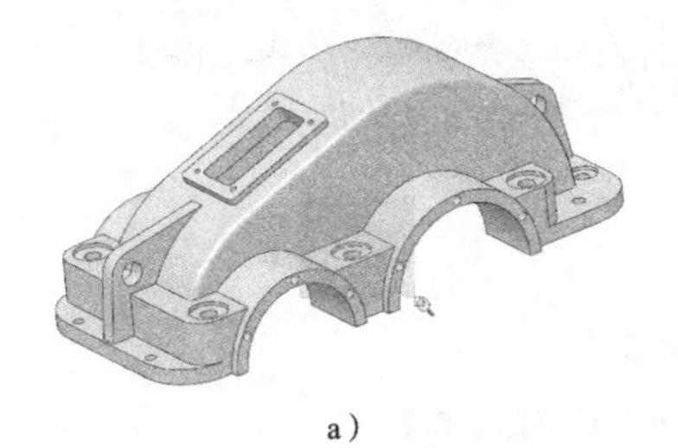

a）

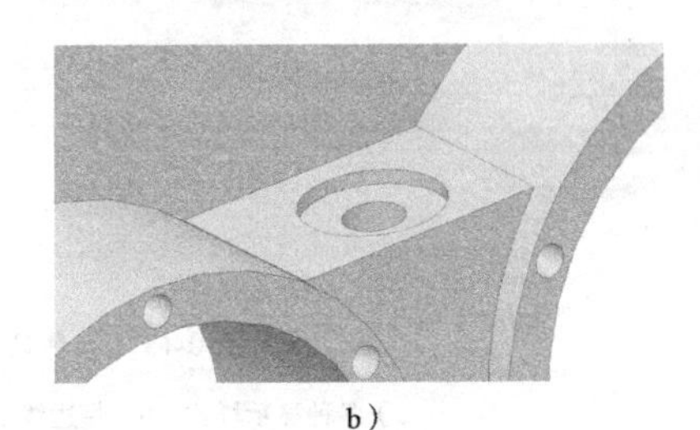

b）

图0-10　局部放大

a）鼠标拖动选定区域　b）对选定区域全屏显示

3）“上一视图”：恢复当前视图操作前的状态。

4）“剖视图”：能够根据用户指定的平面，显示出剖切的效果，这种显示便于检查模型的内部细节，如图 0-11 所示。

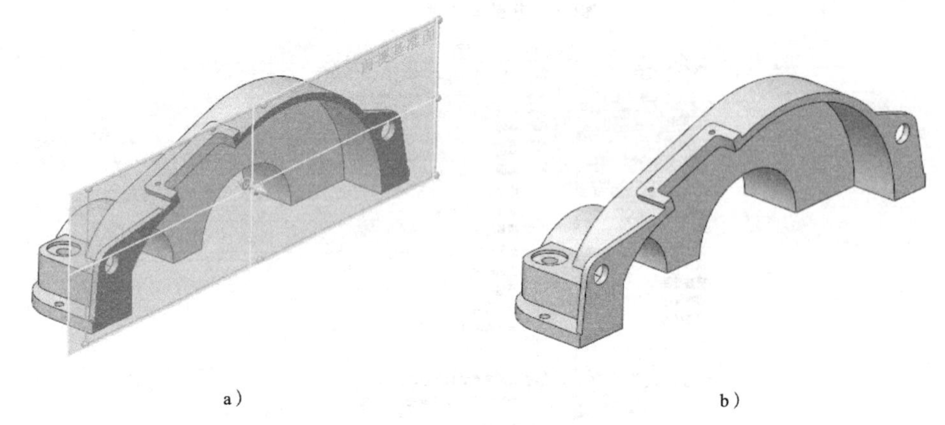

图0-11　剖视图

a）选择剖切面　b）按选定的面显示剖视图

5）“视图定向”：按照用户指定的视角方向来显示模型，SolidWorks 提供的各种视角如图 0-12 所示。

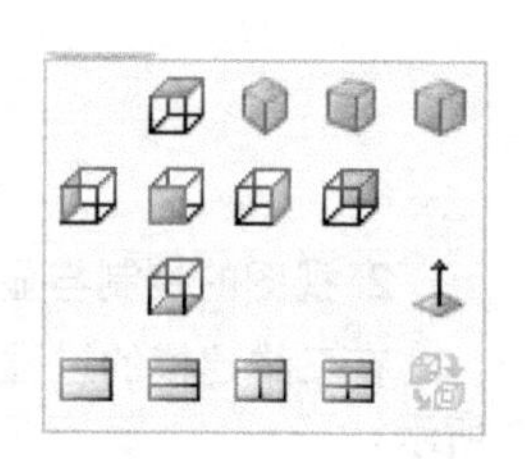

图0-12　视图视角选择

6）“正视于”：按照指定的平面显示，这种显示一般较多地运用在草图绘制中。

7）“显示样式”：按照不同的样式来显示模型。各种显示样式及其效果如图 0-13 所示。

8）“隐藏 / 显示项目”：主要控制 20 种类型对象的显示或隐藏，如图 0-14 所示。这种显示工具的使用将在以后的建模项目中结合具体案例进行说明。

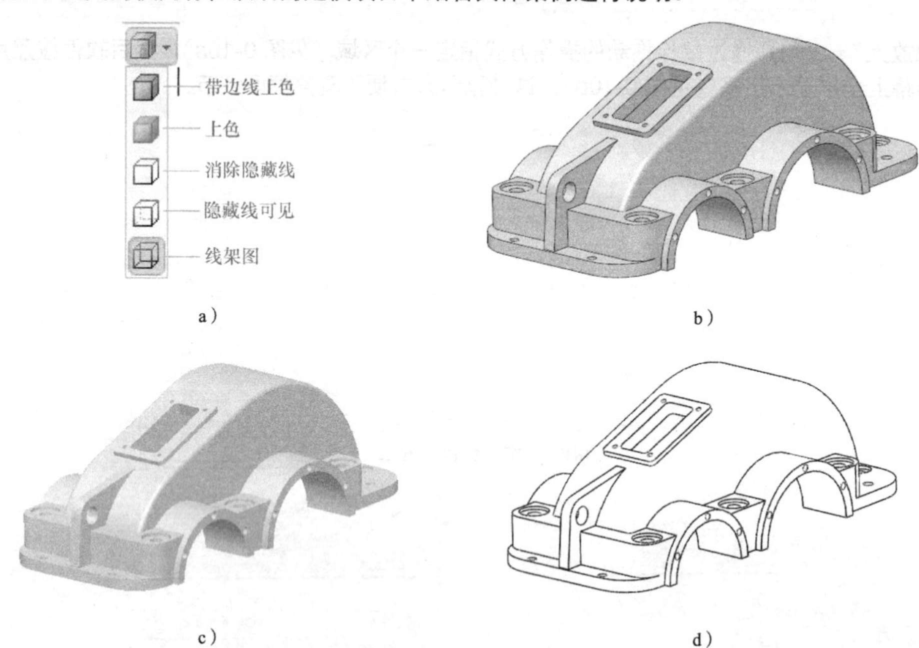

图0-13　各种显示样式及其效果

a）各种显示样式　b）带边线上色　c）上色　d）消除隐藏线

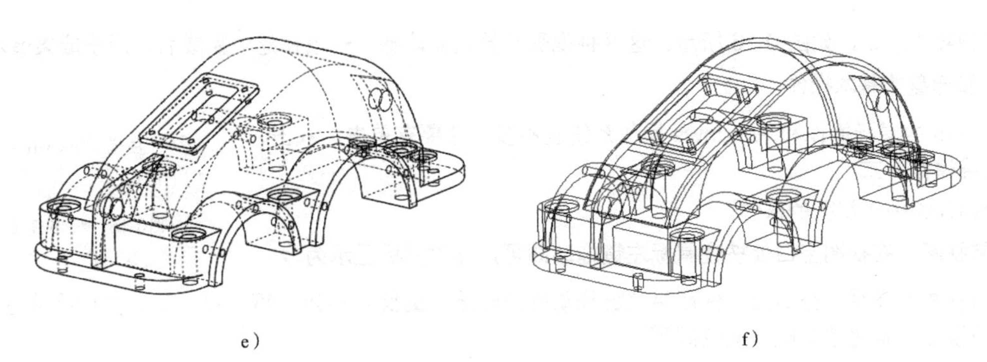

图0-13 各种显示样式及其效果（续）

e）隐藏线可见 f）线架图

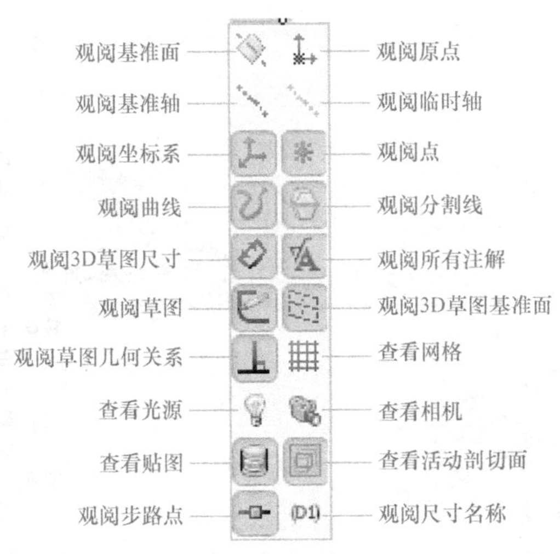

图0-14 隐藏/显示项目

9）“编辑外观”：可以编辑模型的颜色、材质、光学属性和背景，一般是在建模完成后，用于模型的美化处理，如图 0-15 所示。

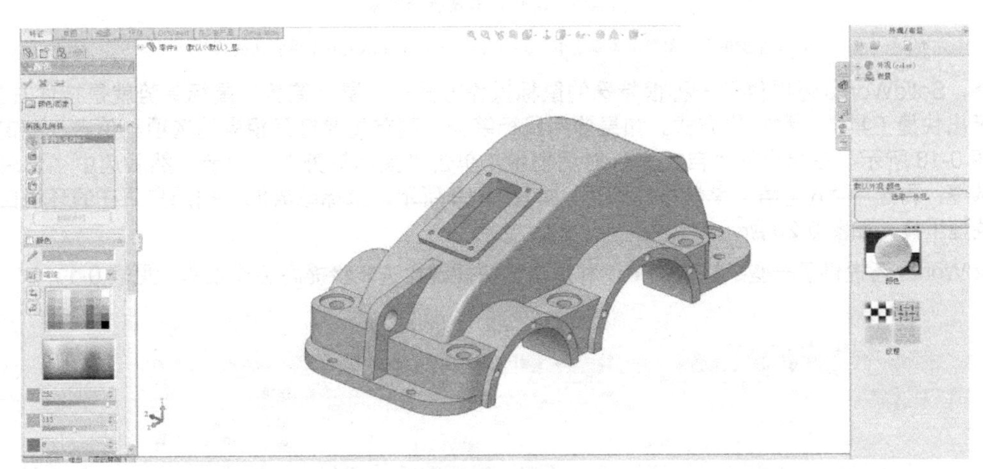

图0-15 编辑外观

10）“应用布景”：主要是选择软件操作的背景。

11）“视图设定”：能提供两种特殊视图：一种是在模型上添加阴影，另一种是透视图，即根据透视原理显示出模型实体效果，如图 0-16 所示。这两种视图能强化立体感，一般在建模完成后，用于成果展示。

3. 鼠标和键盘的基本操作

SolidWorks 的鼠标操作和 Windows 操作系统差不多，主要有单击、双击、右击和拖动等操作方式。

上色模式中的阴影
透视图

图0-16 视图设定

下面介绍几种关于视图的操作。

1）旋转视图：在视图空白处按住鼠标左键拖动即可，此时鼠标显示为 。

2）平移视图：在视图空白处按住鼠标左键拖动的同时按住键盘的 <Ctrl> 键即可，此时鼠标显示为 。

3）缩放视图：直接滚动鼠标滚轮即可。

在鼠标操作中，经常会出现两种菜单：用鼠标左键单击某对象时，会显示出“关联菜单”；用鼠标右键单击某对象时，会同时显示“关联菜单”和“快捷菜单”，如图 0-17 所示。

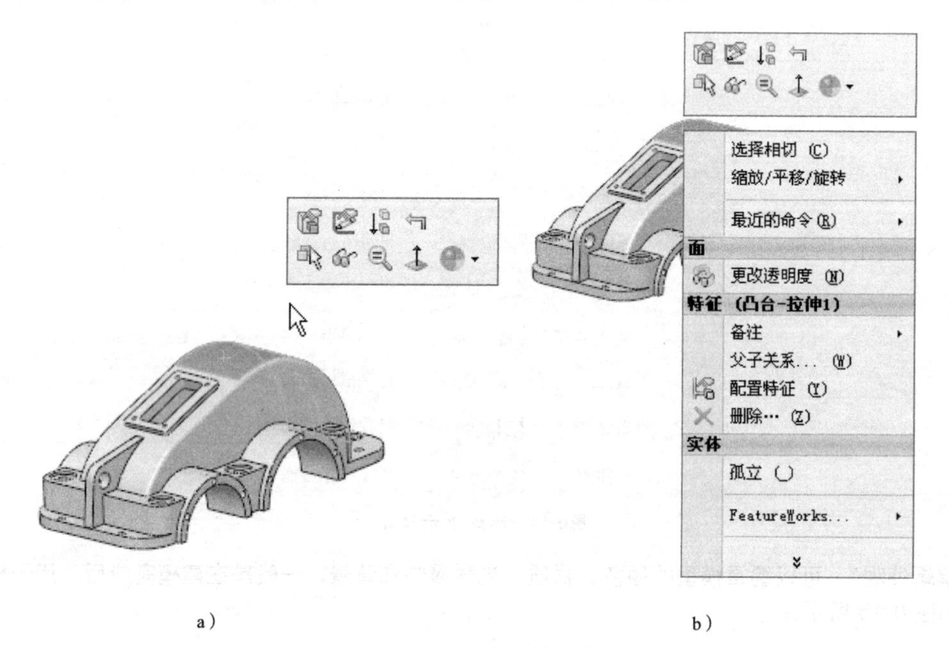

图0-17 两种鼠标操作的菜单

a）左键单击对象显示关联菜单 b）右键单击对象显示关联菜单和快捷菜单

此外，SolidWorks 还提供了一种很特殊的鼠标操作方式——鼠标笔势。鼠标笔势就是按住右键拖动，即可显示出快捷工具的一种操作方式。如果要用鼠标笔势，则首先要打开相应的选项。单击“自定义”命令，如图 0-18 所示。在弹出的“自定义”对话框中，单击“鼠标笔势”选项卡，然后选中“启用鼠标笔势”复选框，再选中“8 笔势”单选按钮即可，如图 0-19 所示。鼠标笔势能根据用户所在的环境自动更换相应的快捷工具，如图 0-20 所示。

SolidWorks 还提供了一些默认快捷键，利用这些快捷键能进一步提高工作效率，见表 0-1。

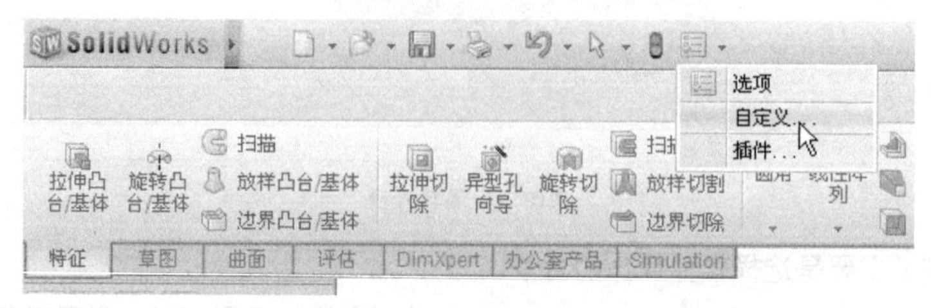

图0-18 单击“自定义”命令

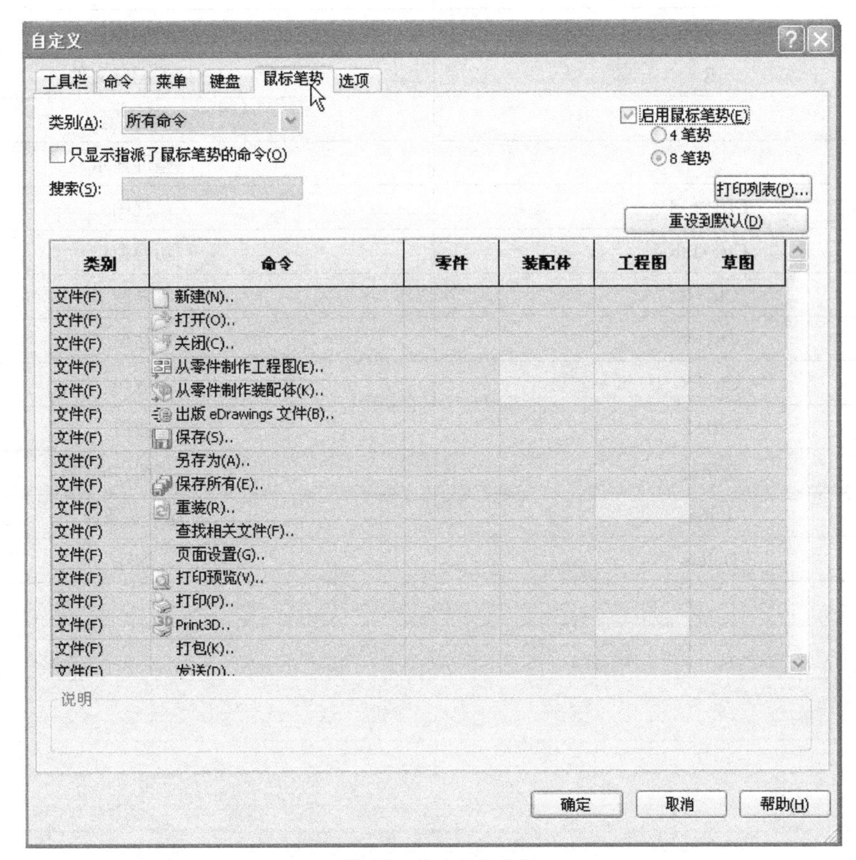

图0-19　启动鼠标笔势

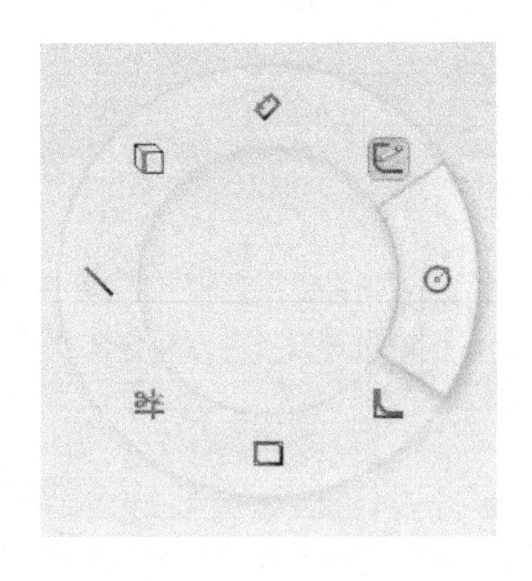

a）

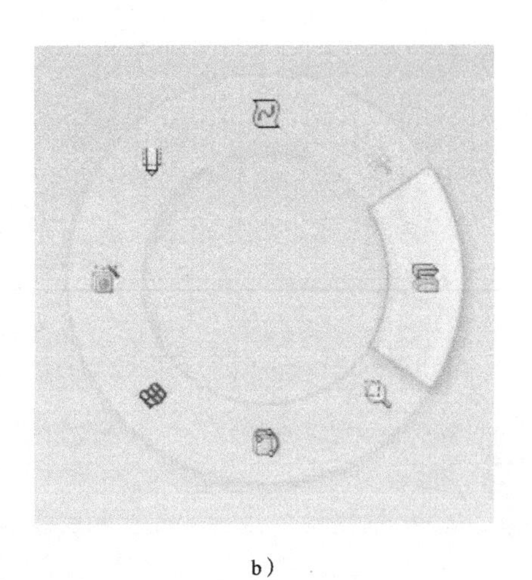

b）

图0-20　鼠标笔势

a）草图绘制中的鼠标笔势　b）特征操作中的鼠标笔势

表 0-1　常用默认快捷键

快　捷　键	功　　能
S	快捷工具
R	最近浏览文件
G	放大镜
F	整屏显示
Ctrl+1~8	视图
Ctrl+Tab	切换窗口
Ctrl+C	复制
Ctrl+V	粘贴
Ctrl+X	剪切
Ctrl+Z	撤销
空格键	视图方向
Enter	重复上一条命令
Delete	删除

项目 1 简单草图

【学习目标】

1.掌握直线、圆、圆弧、槽口线和多边形等常用草图绘制工具的使用方法

2.掌握利用尺寸标注来确定几何图形大小和位置的方法

3.掌握利用几何约束关系确定多个几何图形之间的关系的方法

【重难点】

草图尺寸标注与几何约束关系的分析。

1.项目说明

在 SolidWorks 软件中绘制草图，如图 1-1 所示。

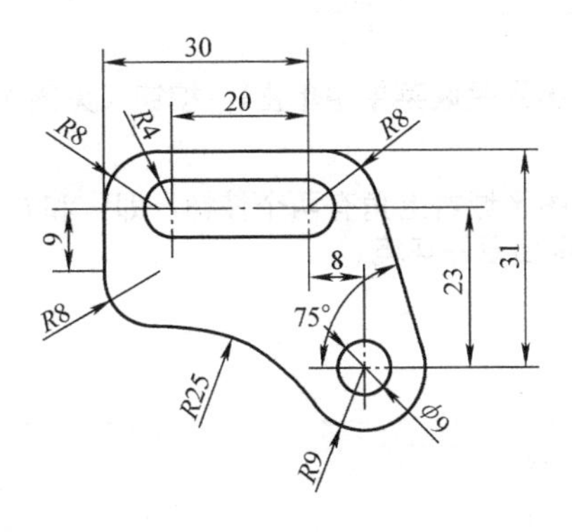

图1-1　简单草图

2.项目规划

通过分析图形尺寸标注可知，该图主要定位尺寸基准就是其中的圆。由圆的位置可以先确定左上方的槽口线，进而可以绘制外围的线框。整个草图绘制过程可以分为以下 3 个步骤：

1）确定草图最主要的定位几何元素，即圆和槽口线。

2）绘制外围线框。

3）完善细节，即剪裁多余的线段、设置相应圆角等。

草图绘制整体思路见表 1-1。

表 1-1　草图绘制整体思路

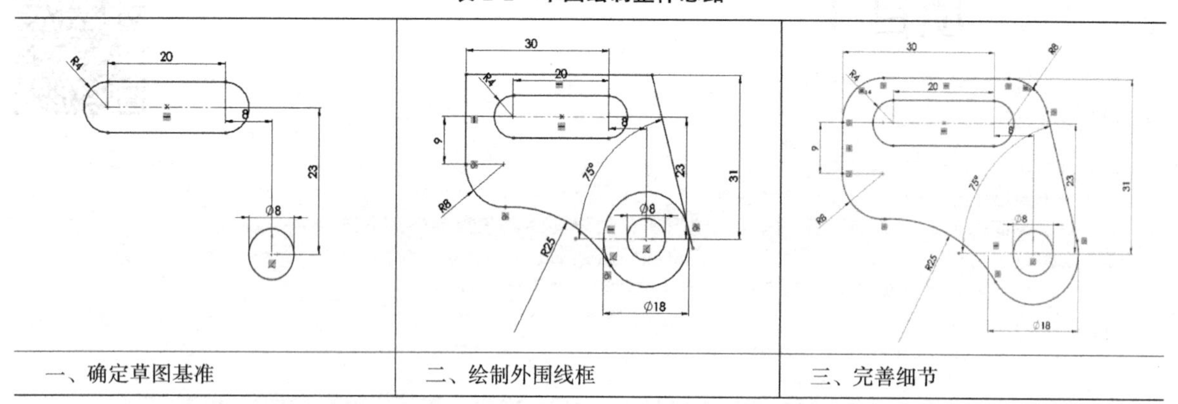

一、确定草图基准	二、绘制外围线框	三、完善细节

3.项目实施

（1）确定草图的尺寸基准

1）单击“前视基准面”，在弹出的关联菜单中单击 按钮（见图 1-2a），进入草图绘制界面，开始草图绘制，如图 1-2b 所示。

注意：在草图绘制环境中，作图区域右上角有两个按钮，即 和 ，前一个是绘制完草图确认退出草图环境，后一个是放弃草图绘制并退出草图环境。

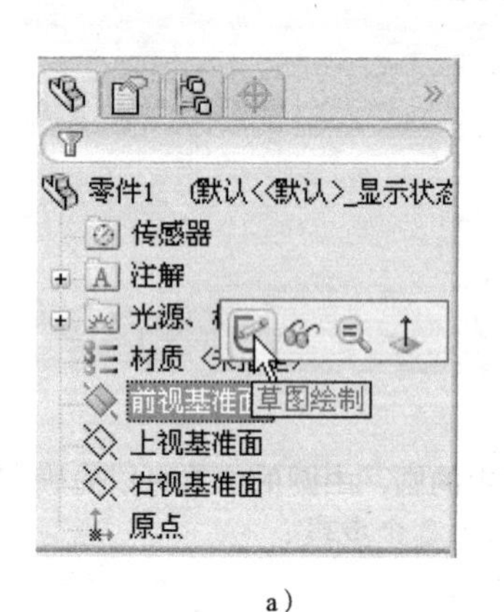

a）

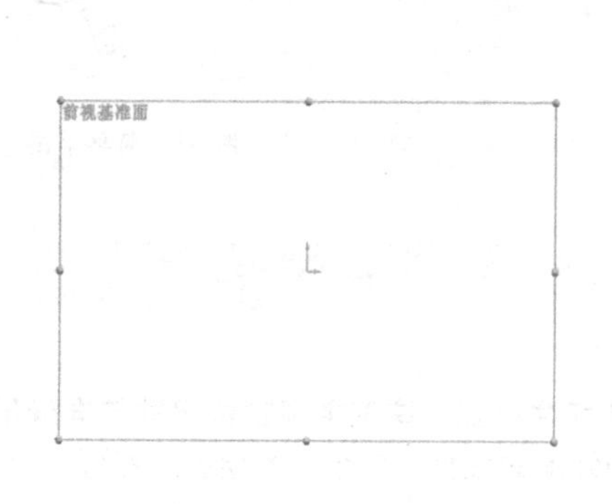

b）

图1-2　进入草图绘制

a）选择草图绘制平面　b）进入草图绘制环境

2）单击工具栏中圆的绘制按钮 ，准备绘制圆。先单击坐标原点（见图 1-3a），再移开鼠标单击第二下，即以坐标原点为圆心绘制圆，如图 1-3b 所示。单击智能尺寸按钮 开始标注尺寸，单击圆即弹出尺寸“修改”对话框，在该对话框中输入“8”（单位默认为 mm，后文不再说明），如图 1-3c 所示。单击 按钮，完成直径为 8mm 圆的绘制，如图 1-3d 所示。

注意：标注之前的圆是蓝色的，标注之后的圆就变成了黑色。这是 SolidWorks 对用户的提示，蓝色表示缺乏约束，黑色表示草图完全约束。

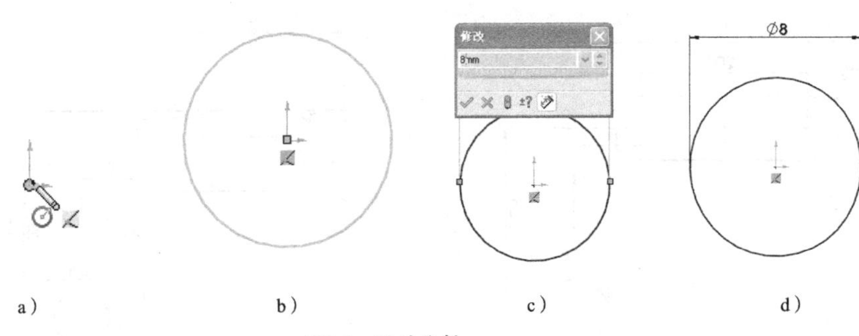

a）　　b）　　c）　　d）

图1-3　圆的绘制

a）确定圆心　b）初步绘制出圆　c）尺寸标注　d）完成绘制

3）单击常用工具栏中的槽口线绘制按钮，准备绘制直槽口。在圆的左上位置依次单击两点，确定直槽口的中心线（这两点的连线需要捕捉水平约束），再单击第三点确定直槽口的宽度，如图 1-4a 所示。

单击智能尺寸按钮进行标注。首先标注直槽口的定位尺寸，以直径为 ϕ8mm 圆的圆心为定位基准，分别标注竖直和水平两个方向的定位尺寸。接着标注定形尺寸，分别标出直槽口的中心线长度和圆弧半径即可，如图 1-4b、c 和 d 所示。

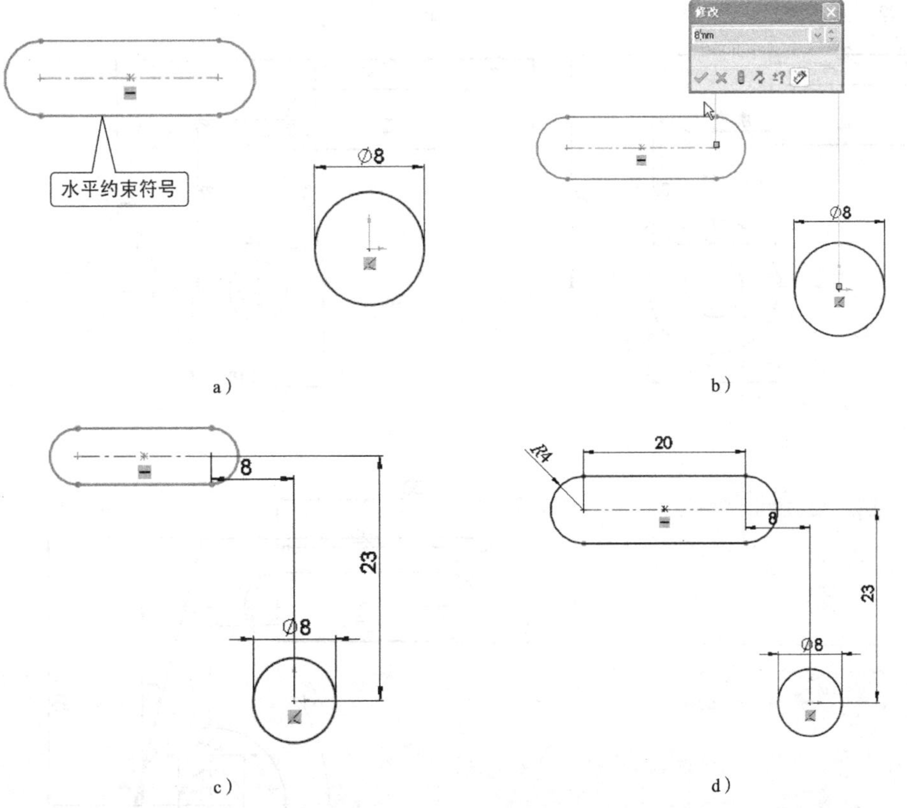

a）　　b）　　c）　　d）

图1-4　直槽口的绘制

a）初步绘制直槽口　b）标注水平方向定位尺寸　c）标注竖直方向定位尺寸　d）标注直槽口定形尺寸

（2）绘制外围线框

1）单击直线绘制按钮，绘制如图 1-5a 所示的直线。根据图形的要求，对这几根线段进行标注，如图 1-5b 所示。

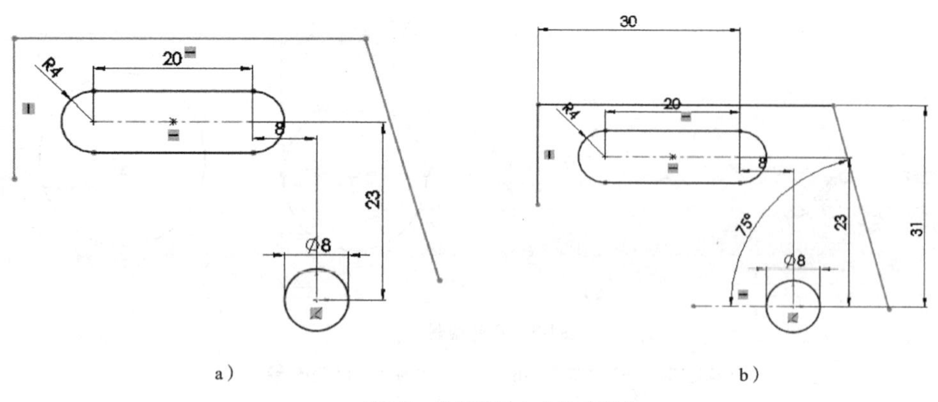

a）　　　　b）

图1-5　绘制草图上方的直线段

a）初步绘制线条　b）对绘制的线条进行标注

2）单击圆绘制按钮，绘制与直径为 ϕ8mm 的圆同心的圆，直径为 ϕ18mm，如图 1-6a 所示。接下来设置圆弧与直线相切约束，按住 <Ctrl> 键，用鼠标单击圆和直线，即同时选中这两个对象，如图 1-6b 所示。弹出"属性"对话框，单击添加几何关系中的相切按钮，如图 1-6c、d 所示。

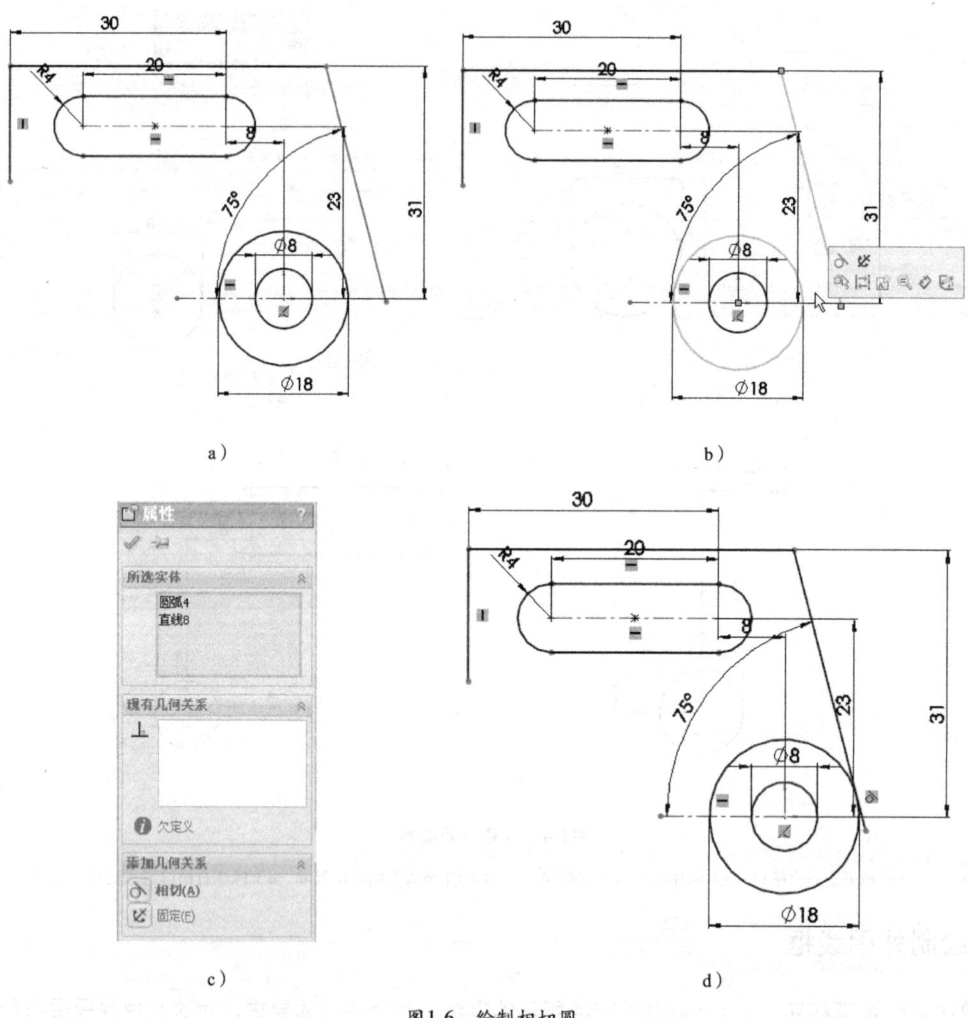

a）　　　　b）

c）　　　　d）

图1-6　绘制相切圆

a）绘制直径为 ϕ18mm 的圆　b）同时选中圆和直线　c）在属性中选择相切　d）完成相切圆的绘制

3）单击圆弧绘制按钮，绘制两段圆弧，如图 1-7a 所示，这两段圆弧需要设置相切关系。接着标注尺寸，如图 1-7b 所示。再添加圆弧和直径为 ϕ8mm 的圆的相切关系，如图 1-7c、d 所示。

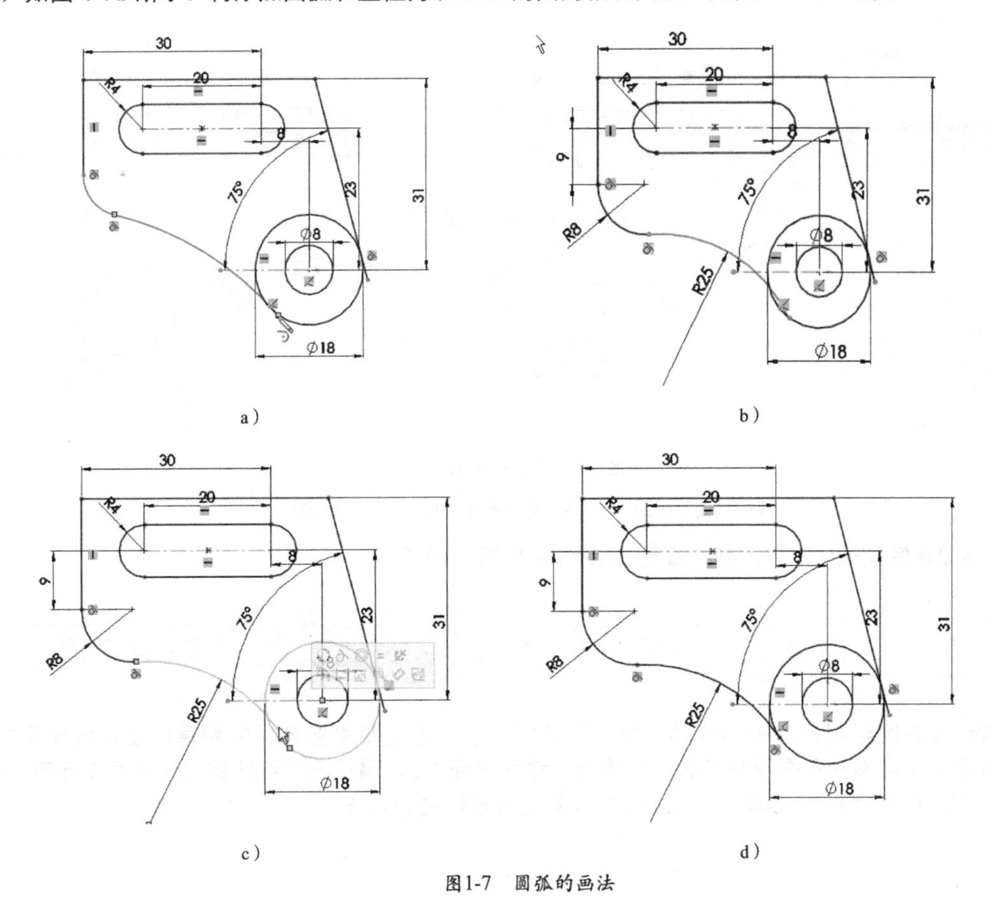

a）　b）　c）　d）

图1-7　圆弧的画法

a）初步绘制出圆弧　b）标注圆弧半径　c）添加圆弧和圆的相切关系　d）完成圆弧绘制

（3）完善细节

1）单击圆角绘制按钮，弹出“绘制圆角”对话框。在“圆角参数”文本框中输入“8”，如图 1-8a 所示。再单击需要倒圆的线段交点即可，如图 1-8b、c 所示。

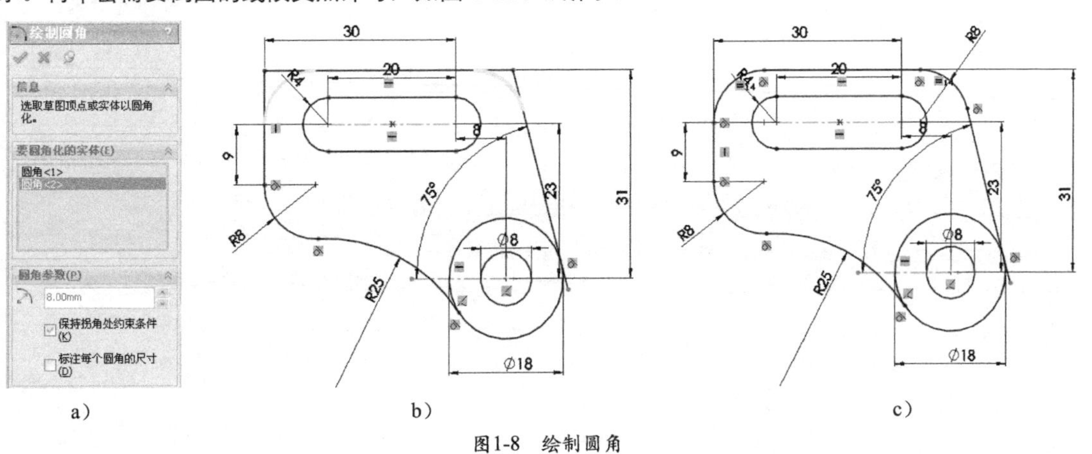

a）　b）　c）

图1-8　绘制圆角

a）“绘制圆角”对话框　b）圆角绘制预览　c）完成圆角绘制

2）最后需要剪裁多余的线段。单击剪裁按钮 ，在弹出的“剪裁”对话框中选择“剪裁到最近端”，如图 1-9a 所示。再用鼠标单击需要剪裁的线段（见图 1-9b），即可完成剪裁，如图 1-9c 所示。

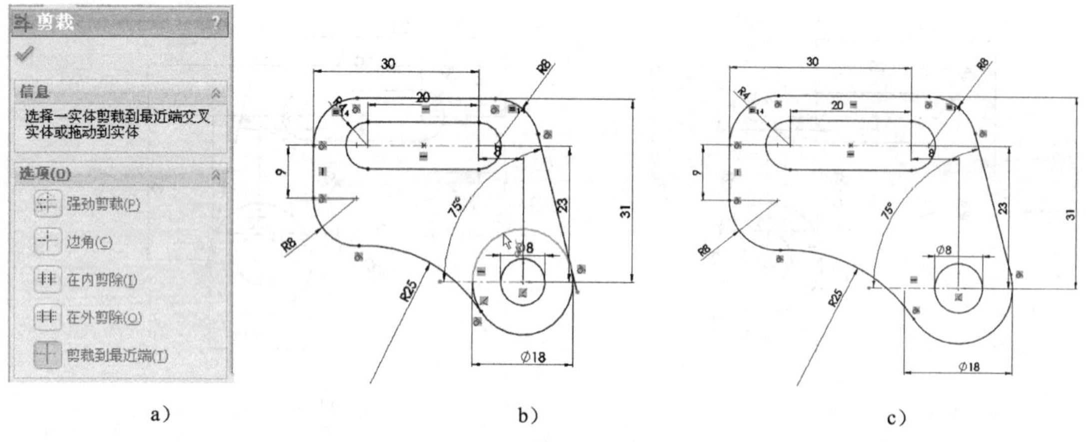

图1-9　剪裁多余线段

a）“剪裁”对话框　b）单击需要剪裁的线段　c）完成剪裁

至此，该草图绘制完毕，以上草图绘制过程参见教学视频 1-1。

4.项目总结

SolidWorks 草图绘制是建模的基础，要学好草图绘制，首先要掌握各种常用草图工具的使用方法。SolidWorks 提供了丰富的草图绘制工具，具体请见教学视频 1-2，请读者仔细比较同一种草图元素的不同绘制方法之间的区别和特点，以便在以后的建模中能选择最快捷的方法。

项目 2 复杂草图

【学习目标】

1.掌握利用镜像工具绘制对称图形的方法

2.掌握利用线性阵列绘制草图的方法

3.掌握鼠标笔势的使用方法

【重难点】

通过尺寸分析，确定阵列对象的方向和间距。

1.项目说明

在 SolidWorks 软件中绘制草图，如图 2-1 所示。

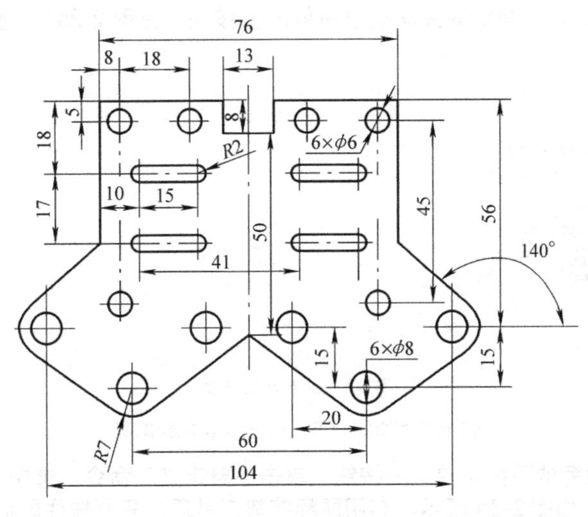

图2-1　复杂草图

2.项目规划

通过分析尺寸标注可知，图 2-1 主要是以外边线框作为基准来确定主要几何线图的位置，同时该图形具有一个显著的特点，即对称性。该草图绘制的步骤如下：

1）绘制草图右侧的线条。

2）镜像草图[⊖]。

3）完善细节，绘制槽口线等其他图形。

草图绘制整体思路见表 2-1。

表 2-1　草图绘制整体思路

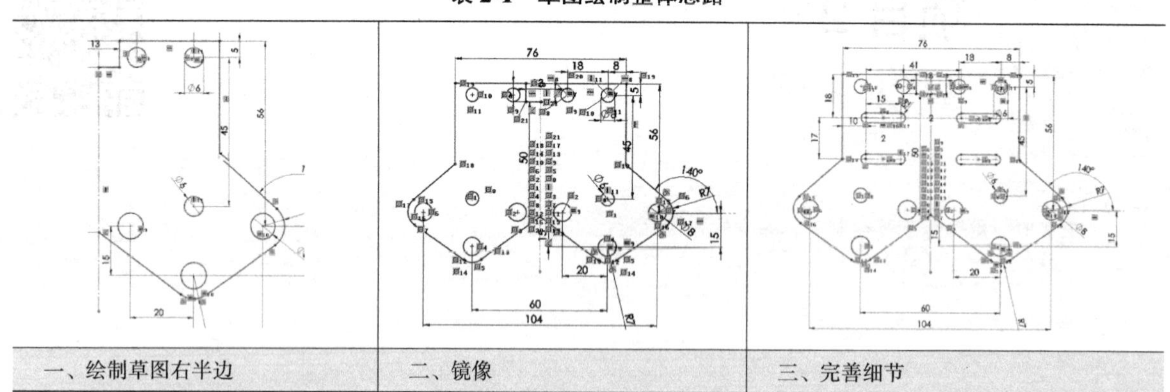

一、绘制草图右半边	二、镜像	三、完善细节

3.项目实施

（1）绘制草图右半边

1）单击“前视基准面”，在弹出的关联菜单中单击 按钮（见图 2-2a），进入草图绘制界面，开始草图绘制，如图 2-2b 所示。

a）　　　　b）

图2-2　进入草图绘制

a）选择草图绘制平面　b）进入草图绘制环境

2）单击工具栏中选项旁的下拉菜单 按钮，单击“自定义”命令，选中“启用鼠标笔势”复选框，选中“8 笔势”单选按钮，如图 2-3a 所示。启用鼠标笔势工具后，只要按住鼠标右键拖动鼠标即可出现鼠标笔势快捷菜单，如图 2-3b 所示。再将鼠标移到相应的工具上，即选中该工具。鼠标笔势是一种十分快捷的作图方法，建议读者能在平时的操作中多加练习。

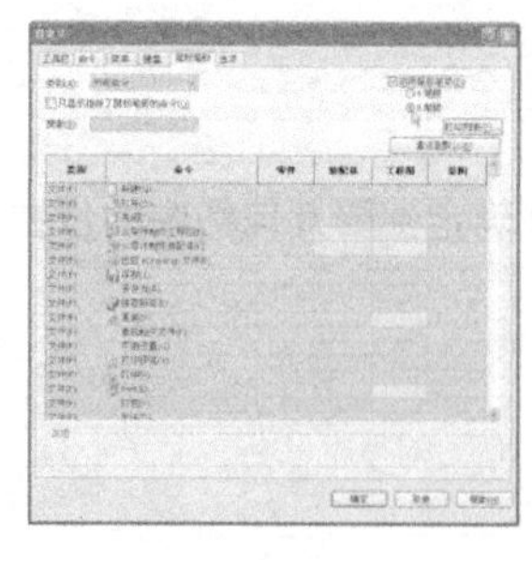

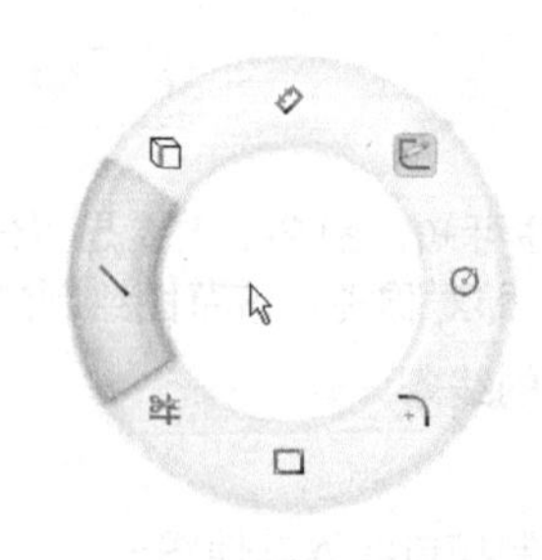

a）　　　　b）

图2-3　启用鼠标笔势

a）“自定义”对话框　b）鼠标笔势快捷菜单

3）由于图形是对称的，先画中心线。单击╲按钮，以坐标原点为起点绘制直线，如图 2-4a 所示。此时绘制出的线性是粗实线，单击绘制出的直线，弹出“线条属性”对话框，如图 2-4b 所示。在“选项”中选中“作为构造线”复选框，单击✔按钮，直线的线性即变成点画线，如图 2-4c 所示。

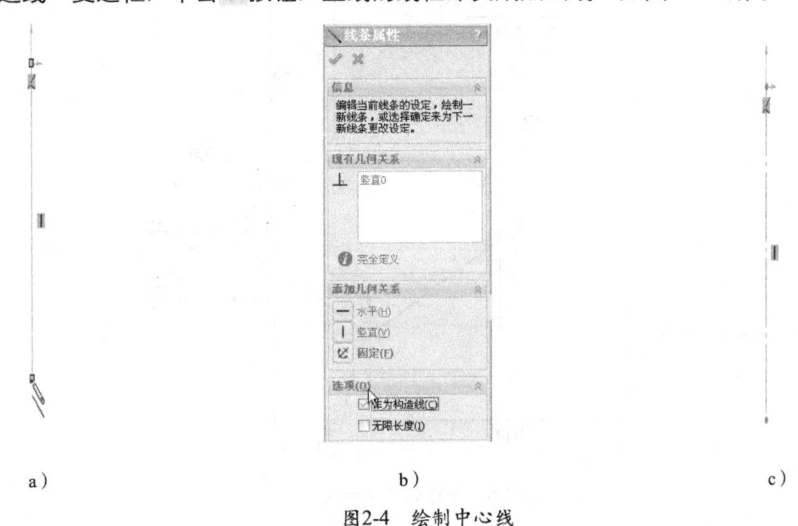

a）　　b）　　c）

图2-4　绘制中心线

a）绘制直线　b）“线条属性”对话框　c）构造线效果

4）再次单击╲按钮，绘制出草图右侧外边框线条，如图 2-5a 所示。再单击◇按钮，单击图 2-5b 所示的两条线，系统自动标注出了两条线的间距，其数值是要求尺寸的一半。为了避免换算尺寸，在标注尺寸时可以将鼠标移动到中心线左侧，此时系统将判断以中心线为对称轴，标注对称图形总长，如图 2-5c 所示。

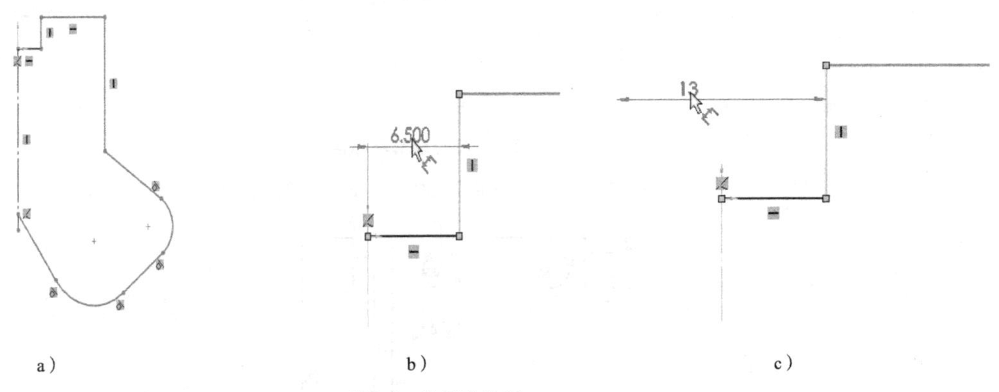

a）　　b）　　c）

图2-5　绘制外边框

a）初步绘制线条　b）智能标注　c）用对称方式标注

5）重复以上的标注操作，将外框尺寸完全约束，如图 2-6 所示。

6）单击⊙按钮，绘制出如图 2-7a 所示的两个圆，再单击◇按钮标注两个圆的直径为 ϕ6mm，如图 2-7b 所示。再次单击◇按钮对两个圆的定位尺寸进行约束，如图 2-7c 所示。

7）再次单击⊙按钮，绘制出下方的 4 个圆，并进行标注，如图 2-8 所示。

（2）镜像

单击⚠按钮，在弹出的“镜像”对话框中单击所要“镜像”的实体和镜像点，如图 2-9a、b 所示。单击✔按钮，完成草图的“镜像”，如图 2-9c 所示。

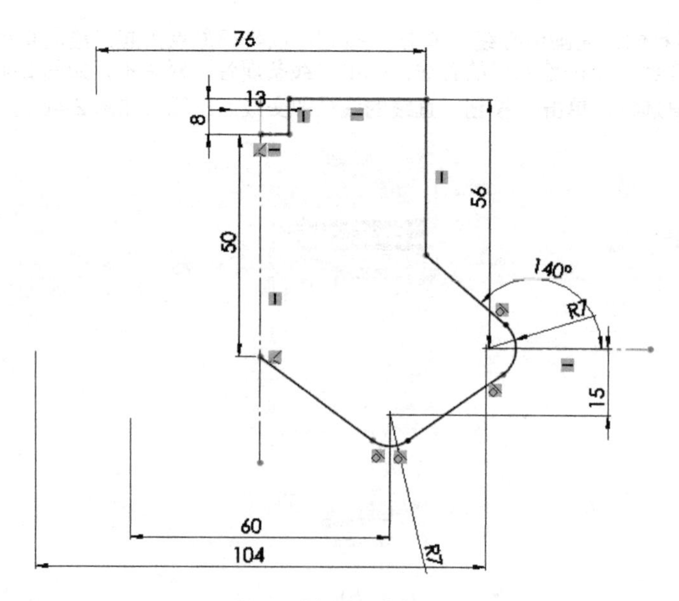

图2-6　外框的尺寸标注

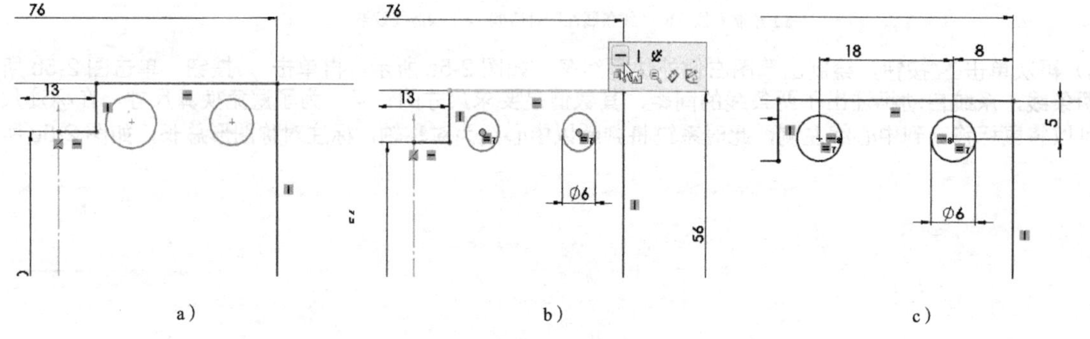

a）　　b）　　c）

图2-7　圆的绘制和标注

a）绘制两个圆　b）标准圆的大小　c）确定圆的位置

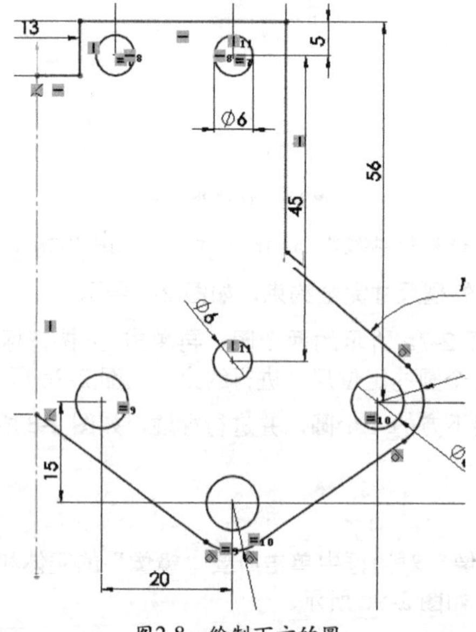

图2-8　绘制下方的圆

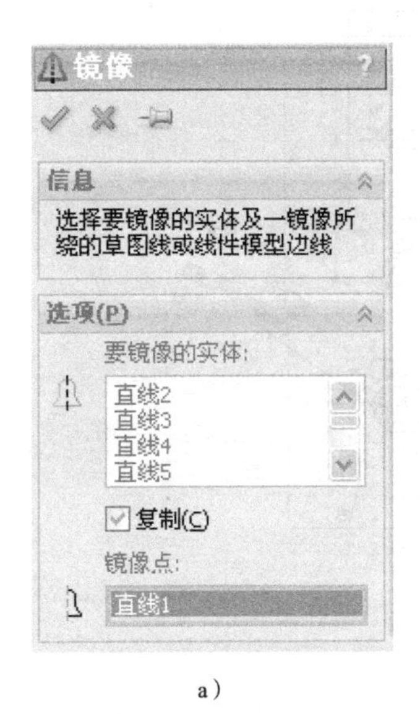

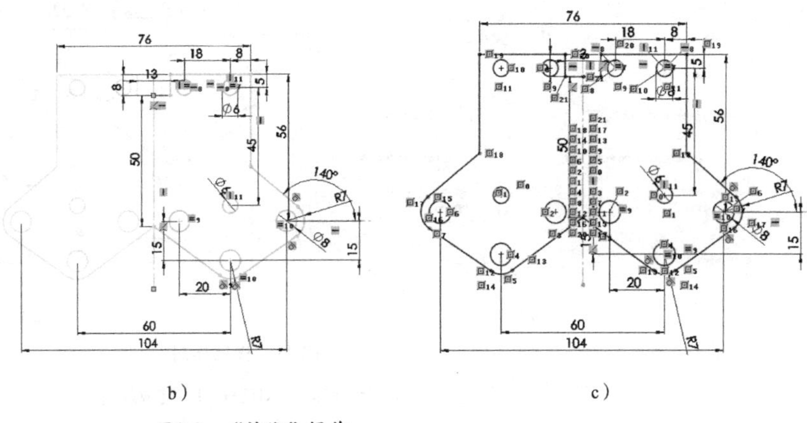

a）　　　　　　　　b）　　　　　　　　c）

图2-9　“镜像”操作

a）“镜像”对话框　b）选择“镜像”对象　c）完成“镜像”

（3）完善细节

1）单击按钮，绘制出如图 2-10a 所示的“直槽口”，再单击按钮对其进行尺寸标注，如图 2-10b 所示。单击按钮，完成“直槽口”的绘制。

2）单击按钮，在弹出的“线性阵列”对话框中选择“方向 1”为 X- 轴，设置间距为 41mm，选中“添加间距尺寸”复选框，设置数量为 2，再选择“方向 2”为 Y- 轴，设置间距为 17mm，同时选中“添加间距尺寸”复选框，设置数量为 2，如图 2-11a 所示。单击按钮，完成“直槽口”的“线性阵列”，如图 2-11b 所示。

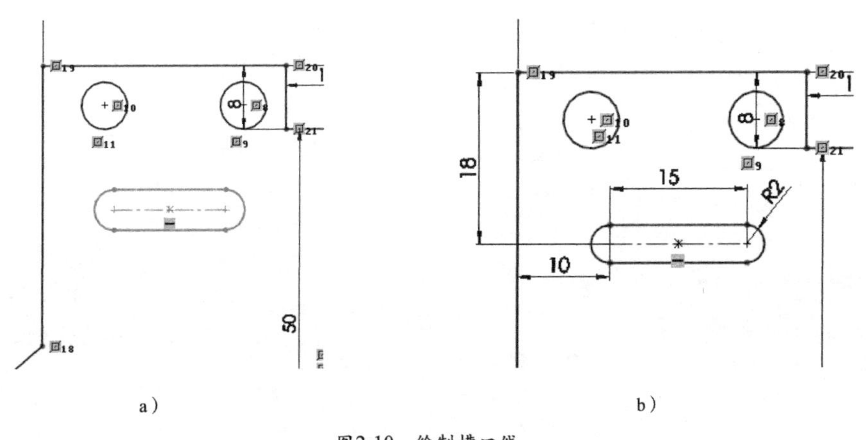

a）　　　　　　　　b）

图2-10　绘制槽口线

a）初步绘制“直槽口”　b）尺寸标注

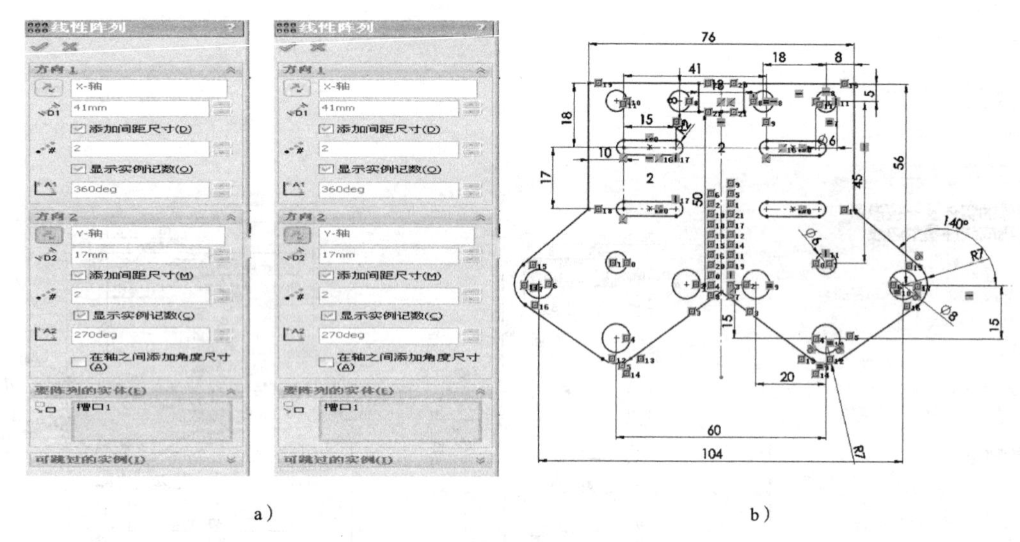

a）　　　　　　　　　　b）

图2-11　线性阵列

a）“线性阵列”对话框　b）完成阵列

至此，该草图绘制完毕，以上草图绘制过程参见教学视频 2-1。

4.项目总结

通过本项目的学习可以发现，在建模过程中，灵活使用镜像、阵列等草图编辑功能，能大大简化草图的绘制过程，提高工作效率。草图编辑技术详见教学视频 2-2。

项目 3 支架

【学习目标】

1.掌握给定深度、对称、等距等多种拉伸成形操作方法，并能灵活应用

2.掌握筋特征的添加和编辑方法

3.掌握镜像操作方法，并能依据零件特点灵活应用

【重难点】

选择草图绘制的基准平面会决定后续的拉伸成形操作方式，因此选择合适的草图基准面会大大简化建模过程。

1.项目说明

在 SolidWorks 软件中建立支架模型，如图 3-1 所示。

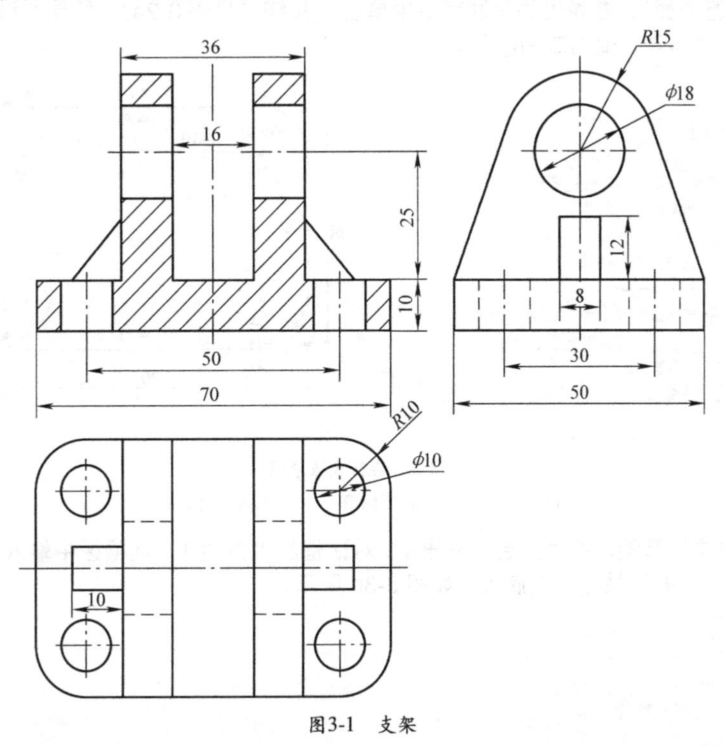

图3-1　支架

2.项目规划

通过对图样的分析可知，该零件具有对称的特点，因此在建模的时候可以利用“镜像”工具来简化工作。通过尺寸分析可知，本模型的主要高度尺寸是以底板上表面为基准的，主要长度和宽度尺寸都是以中间对称轴为基准的。建模的主要步骤如下：

1）按从下到上的建模顺序，先构造出底板模型，为后续特征提供尺寸基准。

2）创建好单侧侧板的模型，再添加加强筋。

3）创用“镜像”功能完成另一侧特征。

建模整体思路见表 3-1。

表 3-1　建模整体思路

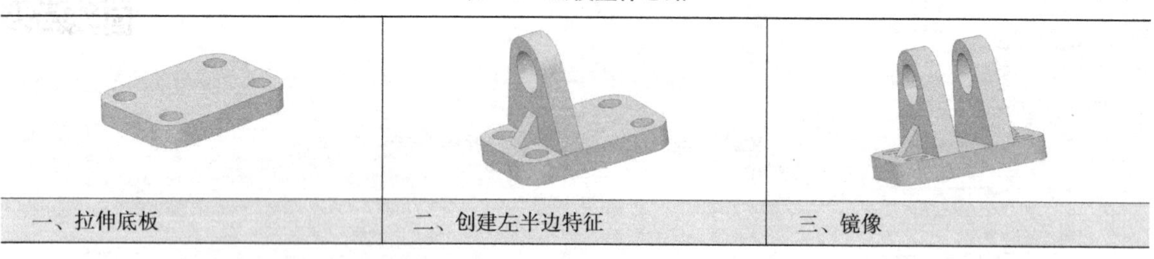

一、拉伸底板	二、创建左半边特征	三、镜像

3.项目实施

（1）拉伸底板

1）单击“上视基准面”，在弹出的关联菜单中单击按钮（见图 3-2a），绘制方形草图，如图 3-2b 所示。绘制完成后单击按钮，退出草图绘制环境。

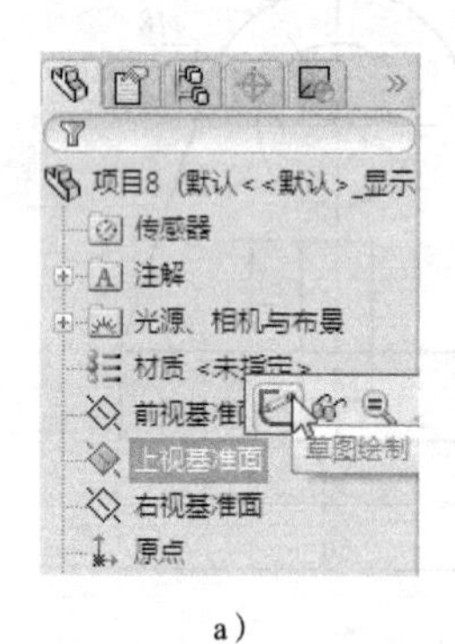

a）

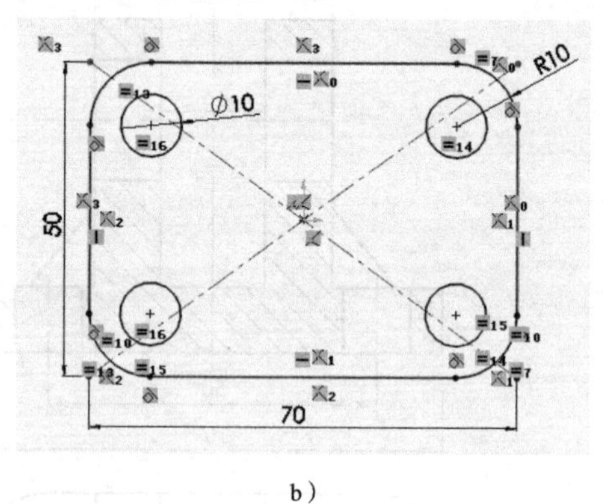

b）

图3-2　绘制底板草图

a）选择上视基准面绘制草图　b）方形底板的草图

2）单击按钮拉伸草图，在“凸台 - 拉伸 1”对话框的“方向 1”选项区中输入“10”，其他选项默认，如图 3-3a 所示。单击按钮生成底板，如图 3-3b 所示。

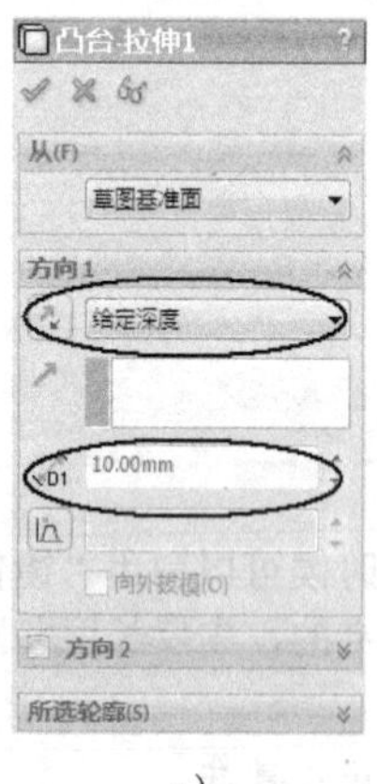

a）

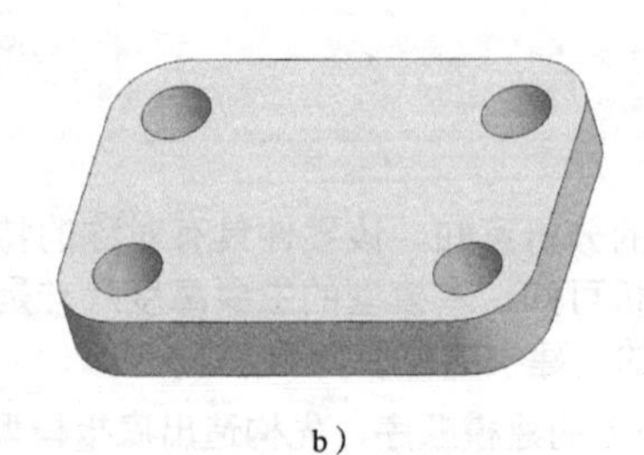

b）

图3-3　拉伸底板

a）“凸台 - 拉伸 1”对话框　b）拉伸成形

（2）创建左半边特征

1）单击“右视基准面”，在弹出的关联菜单中单击按钮（见图3-4a），绘制草图，如图3-4b所示。绘制完成后单击按钮，退出草图绘制环境。

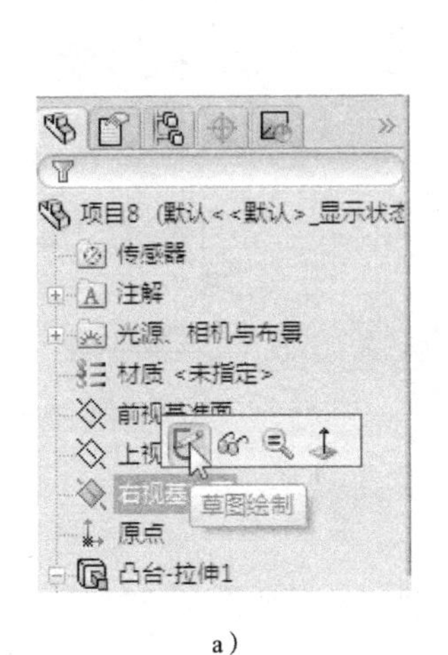

a）

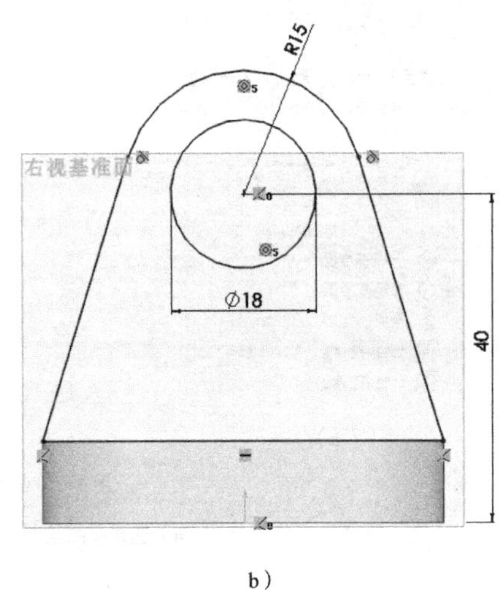

b）

图3-4 绘制侧板草图

a）选择草图绘制平面 b）侧板草图

2）单击按钮拉伸草图，在“凸台-拉伸2”对话框的“从（F）”选项区的下拉列表中选择“等距”，并输入“8”；在“方向1”选项区中输入“10”，其他选项采用系统默认值，如图3-5a所示。单击按钮生成实体模型，如图3-5b所示。

a）

b）

图3-5 侧板拉伸过程

a）“凸台-拉伸2”对话框 b）拉伸成形

3）单击“前视基准面”，在弹出的关联菜单中单击按钮（见图3-6a），绘制草图，如图3-6b所示。绘制完成后单击铵钮，退出草图绘制环境。

4）单击筋按钮，在“筋 1”对话框中输入“8”，其他选项采用系统默认值，如图 3-7a 所示。单击按钮生成实体模型，如图 3-7b 所示。

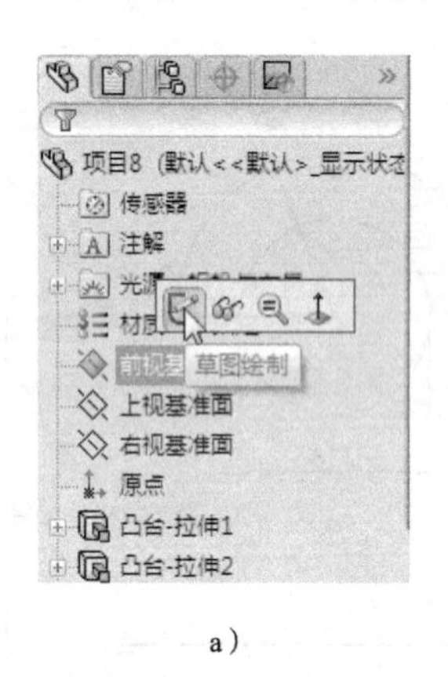

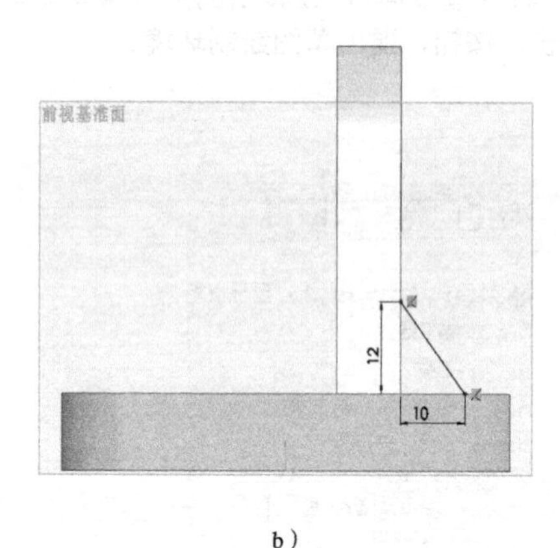

a）　　b）

图3-6　绘制筋的草图

a）选择草图绘制平面　b）绘制筋草图

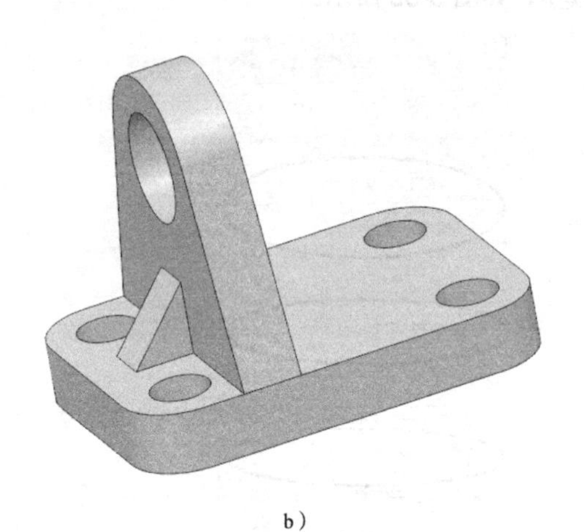

a）　　b）

图3-7　侧板拉伸过程

a）“筋 1”对话框　b）添加筋成形

（3）镜像

单击镜像按钮，在“镜像 1”对话框中选择镜像面和要镜像的特征，其他选项默认，如图 3-8a 所示。单击按钮生成镜像实体，如图 3-8b 所示。

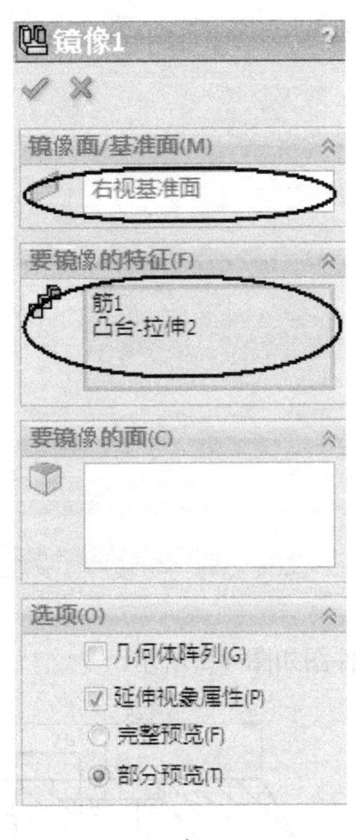

a）

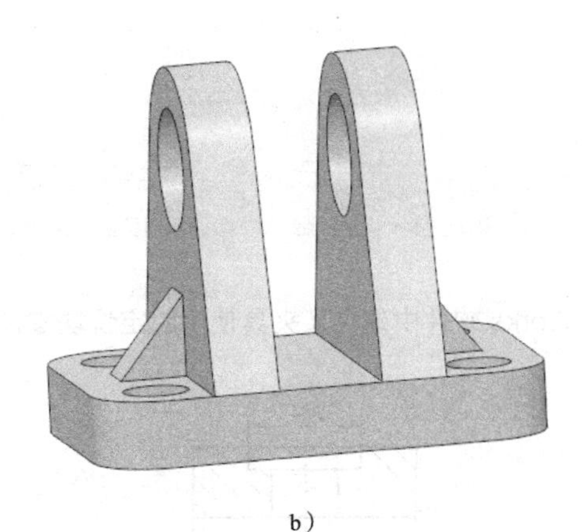

b）

图3-8　镜像成形过程

a）"镜像 1" 对话框　b）镜像成形

至此建模完毕，操作全过程参见教学视频 3-1。

4.项目总结

本项目用到了拉伸、筋和镜像 3 个特征。这些特征有很多参数可以供用户设置、调整，以实现最快捷的建模方法，详见教学视频 3-2。

项目 4 定位块

【学习目标】

1.掌握各种形式的拉伸成形方法，并能根据需要灵活选用

2.掌握槽口线绘制工具的使用方法

3.掌握异形孔特征工具的使用方法

【重难点】

利用几何或尺寸约束关系确定异形孔的位置。

1.项目说明

在 SolidWorks 软件中建立某夹具使用的定位块零件模型，零件图如图 4-1 所示。

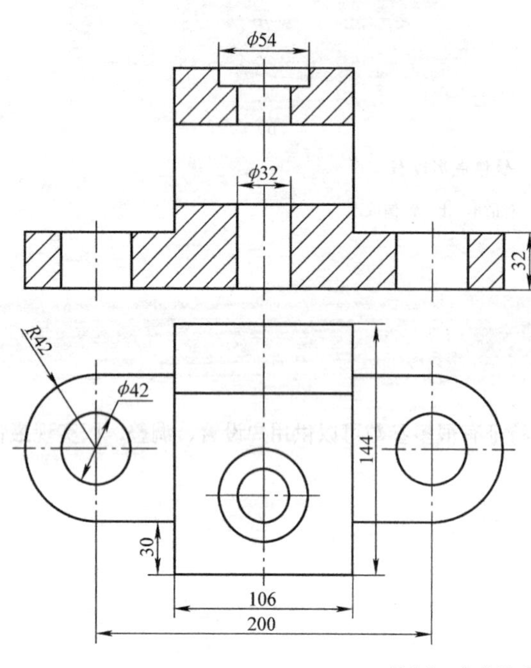

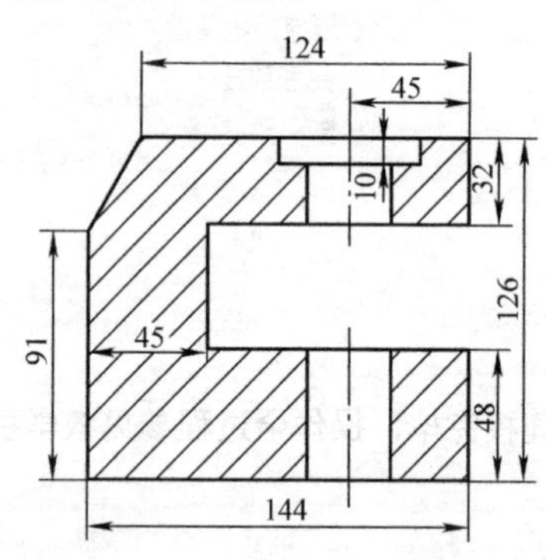

图4-1　定位块零件图

2.项目规划

通过分析图样可知，模型具有对称性，因此在建模的时候可以充分考虑该性质来简化建模步骤。通过尺寸分析可知，建模大致分为以下步骤：

1）拉伸出中部的基体部分。

2）拉伸出两侧的实体特征。

3）打出沉头孔特征。

建模整体思路见表 4-1。

表 4-1 建模整体思路

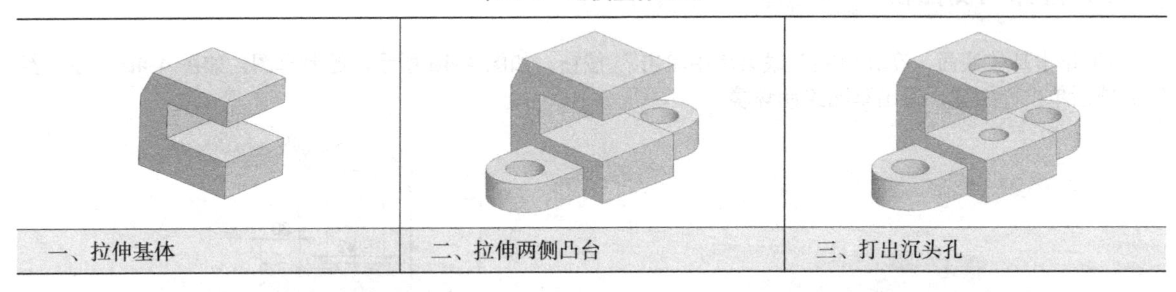		
一、拉伸基体	二、拉伸两侧凸台	三、打出沉头孔

3.项目实施

（1）拉伸基体

1）单击“前视基准面”，在弹出的关联菜单中单击按钮，如图 4-2a 所示。绘制草图，如图 4-2b 所示。绘制完成后单击按钮，退出草图绘制环境。

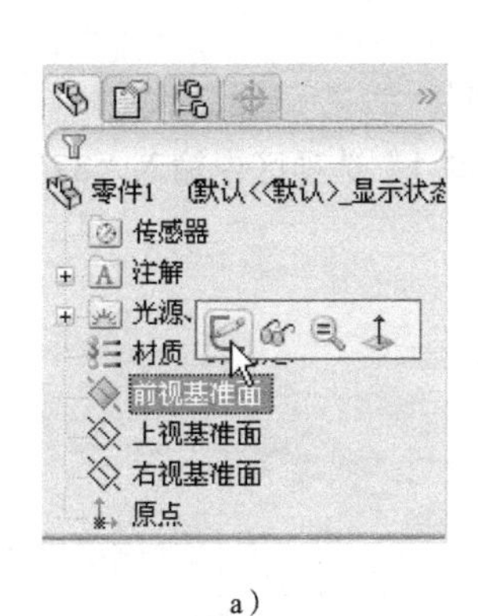

a）

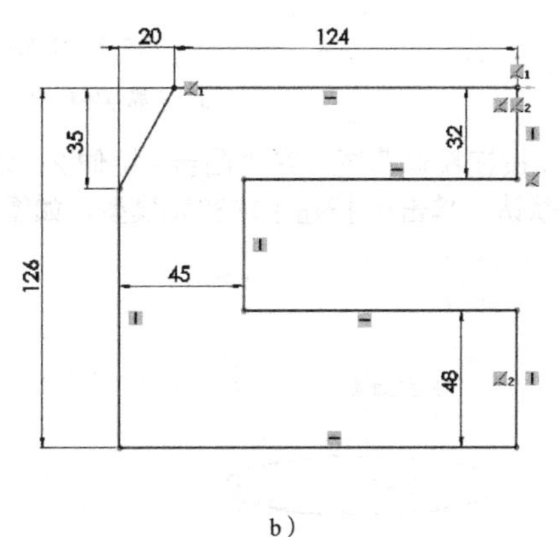

b）

图4-2 基体草图绘制过程

a）选择前视基准面绘制草图 b）基体的草图

2）单击按钮拉伸草图，在“凸台 - 拉伸 1”对话框的“方向 1”选项区中选择“两侧对称”，输入“106”，其他选项默认，如图 4-3a 所示。单击按钮，生成基体模型，如图 4-3b 所示。

a）

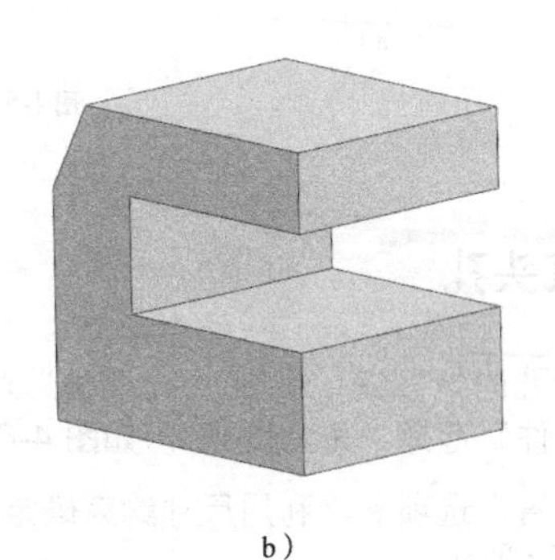

b）

图4-3 基体拉伸过程

a）“凸台 - 拉伸 1”对话框 b）拉伸成形

（2）拉伸两侧凸台

1）单击基体底面，在弹出的关联菜单中单击按钮，如图 4-4a 所示。绘制草图，如图 4-4b 所示。绘制完成后单击按钮，退出草图绘制环境。

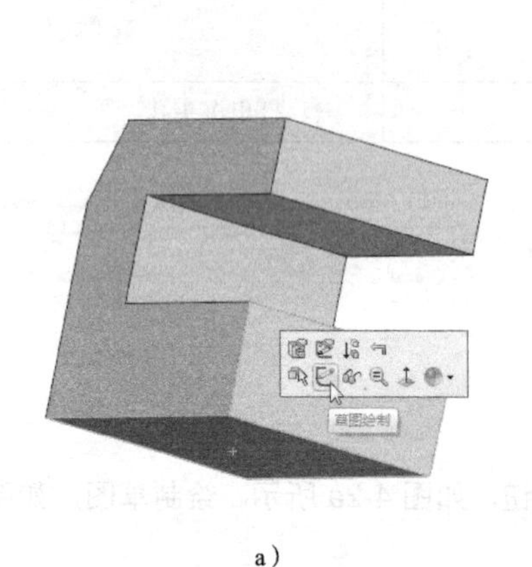

a）

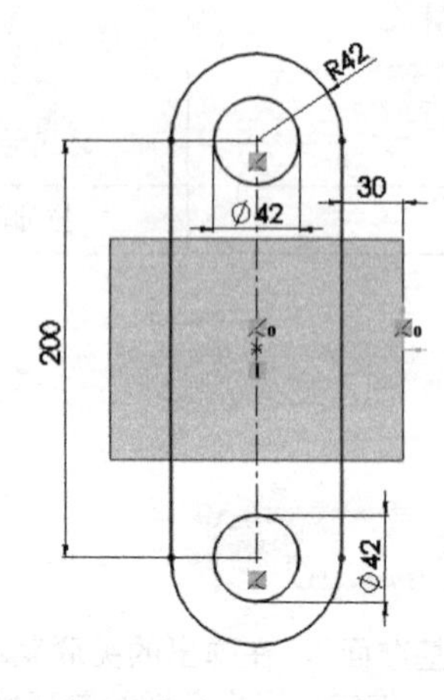

b）

图4-4 绘制两侧凸台的草图

a）选择草图绘制平面 b）圆柱凸台草图

2）单击按钮拉伸草图，在“凸台 - 拉伸 2”对话框的“方向 1”选项区中输入“32”，如图 4-5a 所示，其他选项默认。单击按钮生成实体模型，如图 4-5b 所示。

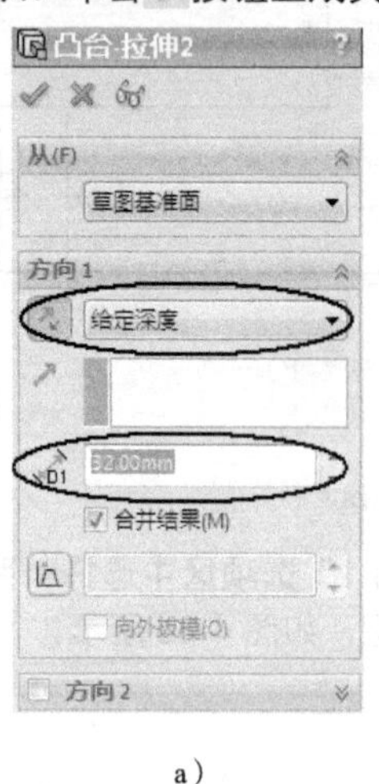

a）

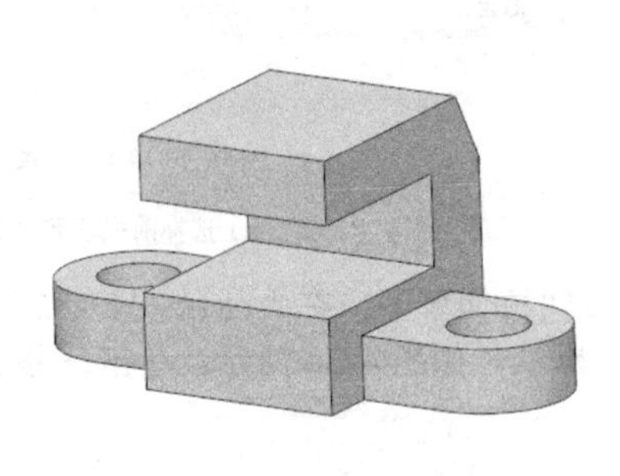

b）

图4-5 拉伸两侧凸台

a）“凸台 - 拉伸 2”对话框 b）两侧凸台拉伸成形

（3）打出沉头孔

1）单击异形孔向导按钮，在“孔规格”对话框中选择“异形孔”类型，如图 4-6a 所示。再输入相关尺寸，“终止条件”选择“完全贯穿”，如图 4-6b 所示。

2）单击“位置”选项卡，利用尺寸约束确定孔的位置，如图 4-7a、b 所示。单击按钮生成定位块实体模型，如图 4-7c 所示。

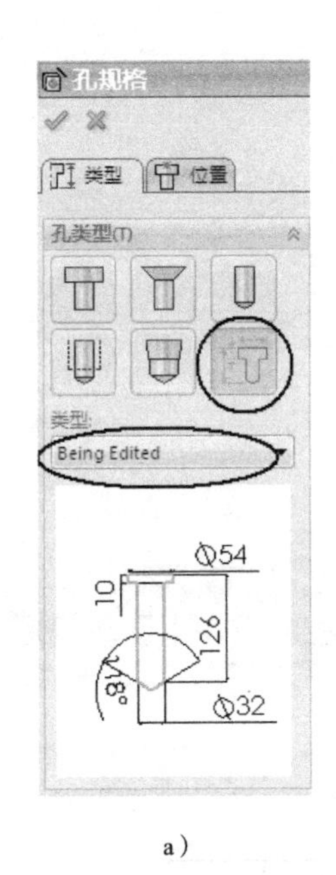

a）

b）

图4-6　选择孔类型和终止条件

a）选择孔类型　b）选择终止条件

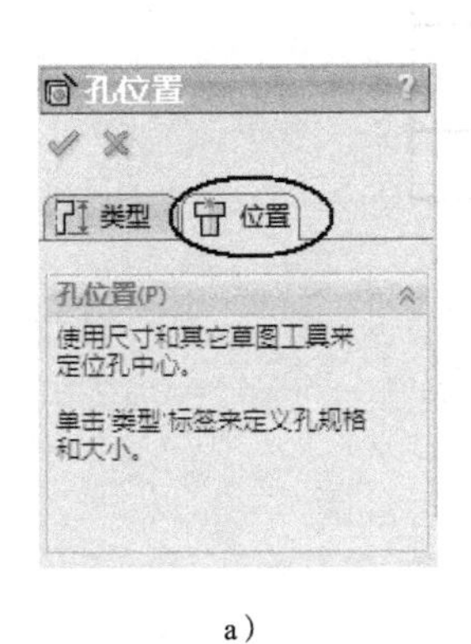

a）

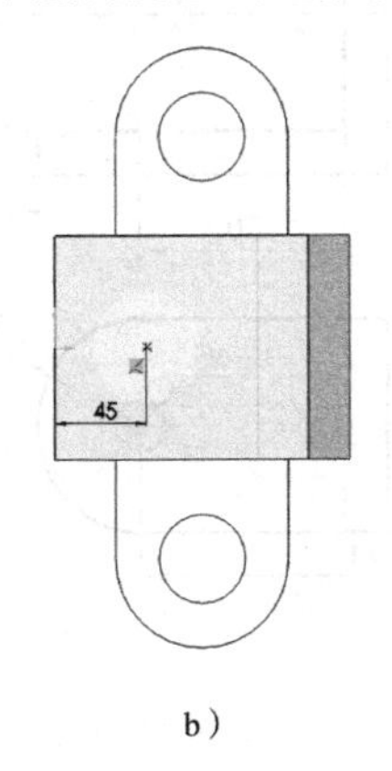

b）

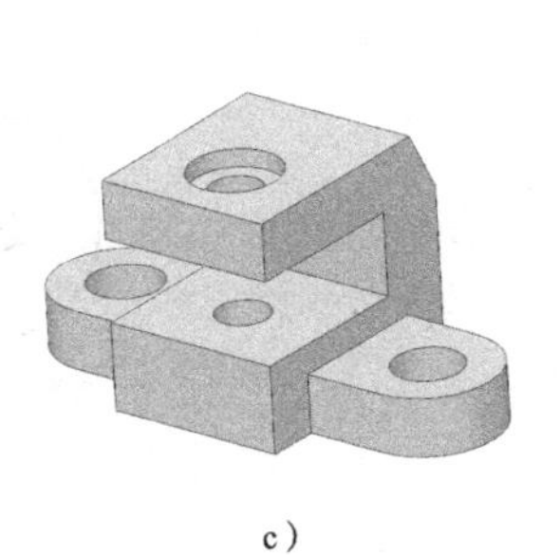

c）

图4-7　打出沉头孔

a）单击“位置”选项卡　b）利用尺寸和约束确定孔的位置　c）完成建模

至此建模完毕，操作全过程参见教学视频 4-1。

4.项目总结

本项目用到了拉伸切除特征，该特征有很多设置参数，也有很多种用法，详见教学视频 4-2。读者应理解每一种拉伸切除的原理和特点，以便在以后的建模中找到最好的方法。

项目 5 叉架

【学习目标】

1.掌握各种形式的拉伸成形方法，并能根据需要灵活选用

2.掌握拉伸切除以及反侧切除的使用方法

【重难点】

利用反侧切除求解实体的交集部分。

1.项目说明

在 SolidWorks 软件中建立叉架模型，零件图如图 5-1 所示。

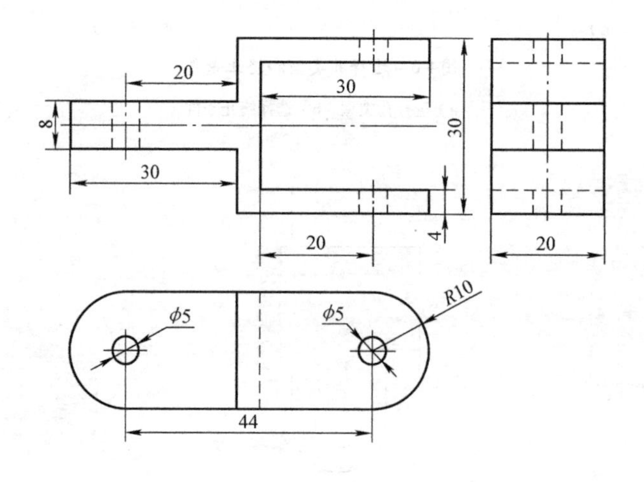

图5-1 叉架零件图

2.项目规划

该模型形状比较简单，有多种方法可以实现建模，在此介绍一种相对简单的建模方法，即利用反侧切除进行建模。反侧切除类似于布尔运算中的求“交集”，这种方法在不少零件建模中能很快求出需要的几何体，希望读者通过该项目体会反侧切除的思路。建模的主要步骤如下：

1）拉伸出基体。

2）利用槽口线拉伸体反侧切除。

3）打孔。

建模整体思路见表 5-1。

表 5-1 建模整体思路

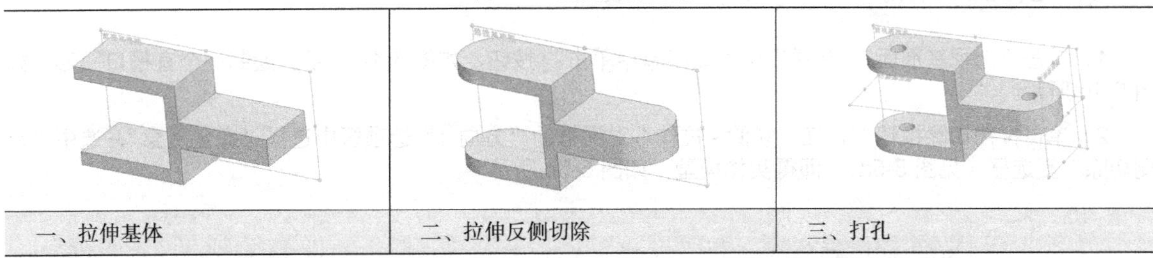

一、拉伸基体	二、拉伸反侧切除	三、打孔

3.项目实施

（1）拉伸基体

1）单击“前视基准面”，在弹出的关联菜单中单击按钮，如图 5-2a 所示。绘制机架草图，如图 5-2b 所示。绘制完成后单击按钮，退出草图绘制环境。

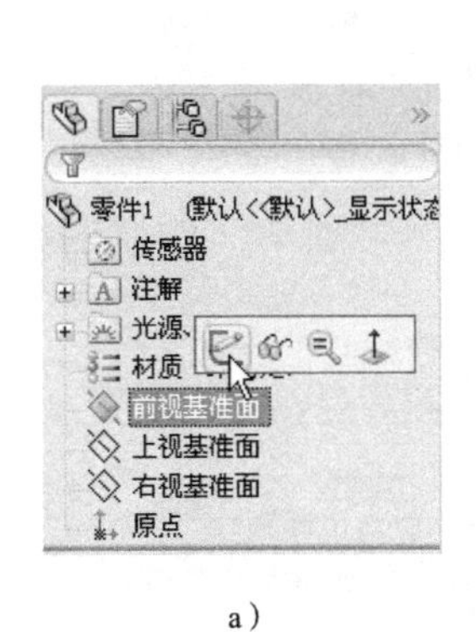

a）

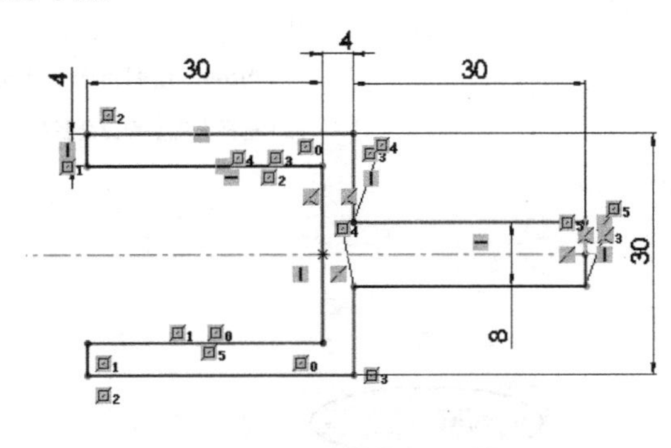

b）

图5-2 绘制基体草图

a）选择前视基准面绘制草图 b）基体草图

2）单击拉伸凸台按钮拉伸草图，在“凸台 - 拉伸 1”对话框的“方向 1”选项区中输入拉伸高度“20”，其他选项默认，如图 5-3a 所示。单击按钮，生成基体模型，如图 5-3b 所示。

a）

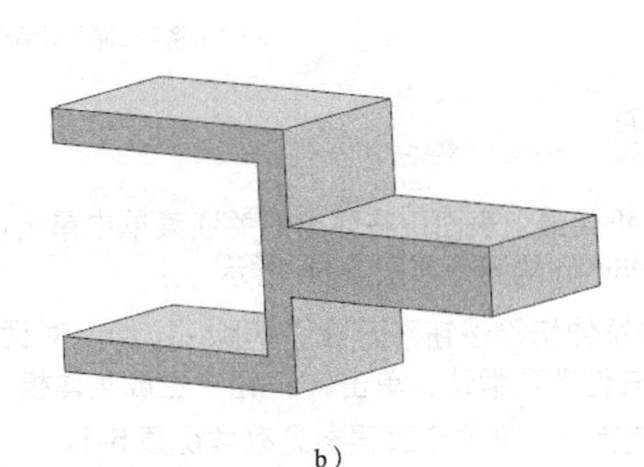

b）

图5-3 基体的拉伸

a）“凸台 - 拉伸 1”对话框 b）完成拉伸

（2）拉伸反侧切除

1）单击“上视基准面”，在弹出的关联菜单中单击按钮，如图 5-4a 所示。绘制一个直槽口图形，如图 5-4b 所示。

2）单击拉伸切除按钮，在“切除 - 拉伸”对话框的“方向 1”选项区中选择“完全贯穿”，选中“反侧切除”复选框（见图 5-5a），即得实体模型，如图 5-5b 所示。

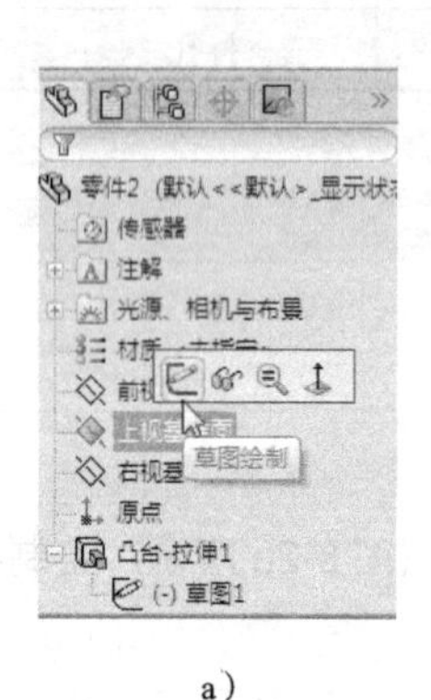

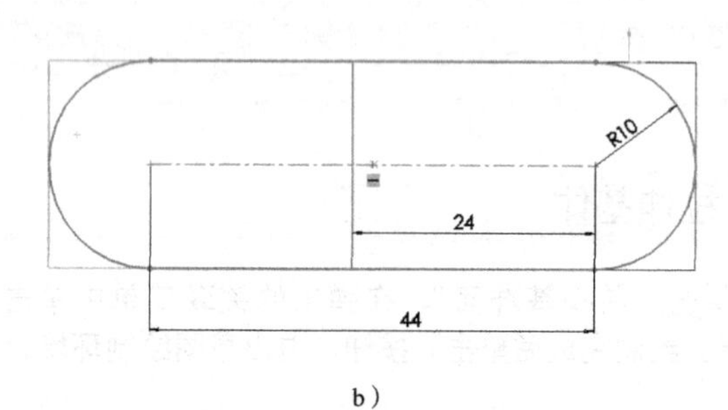

a） b）

图5-4 绘制用于拉伸切除的草图

a）选择上视基准面绘制草图 b）绘制草图

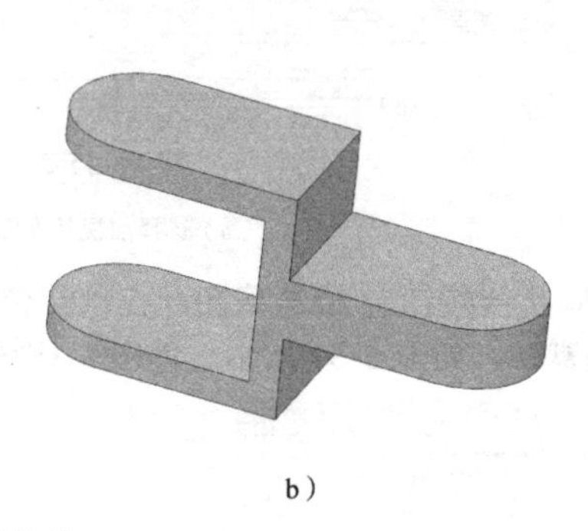

a） b）

图5-5 反侧切除

a）“切除 - 拉伸”对话框 b）完成反侧切除

（3）打孔

1）单击机架最上表面，在弹出的关联菜单中单击按钮，即以其作为草图绘制平面，如图 5-6a 所示。绘制直径为 ϕ5mm 的圆，如图 5-6b 所示。

2）单击拉伸切除按钮，在“切除 - 拉伸”对话框的“方向 1”下拉列表中选择“完全贯穿”，如图 5-7a 所示，其他选项默认。单击按钮，生成实体模型，如图 5-7b 所示。

至此建模完毕，操作全过程参见教学视频 5-1。

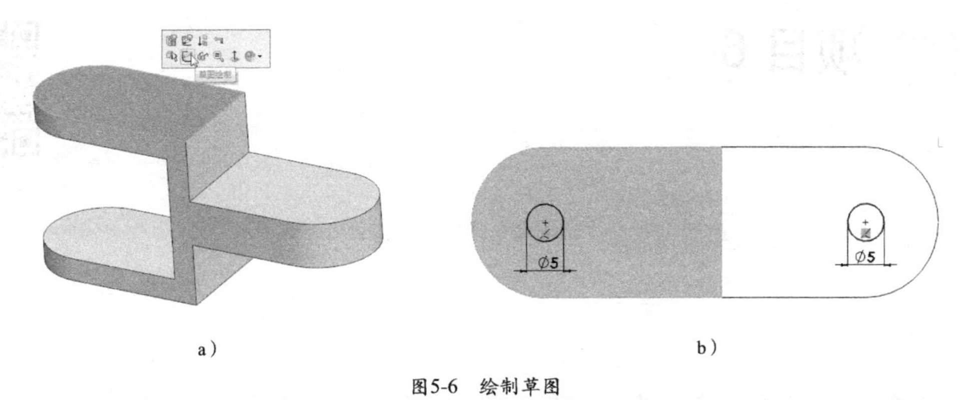

图5-6 绘制草图

a）选择草图绘制平面 b）绘制圆孔草图

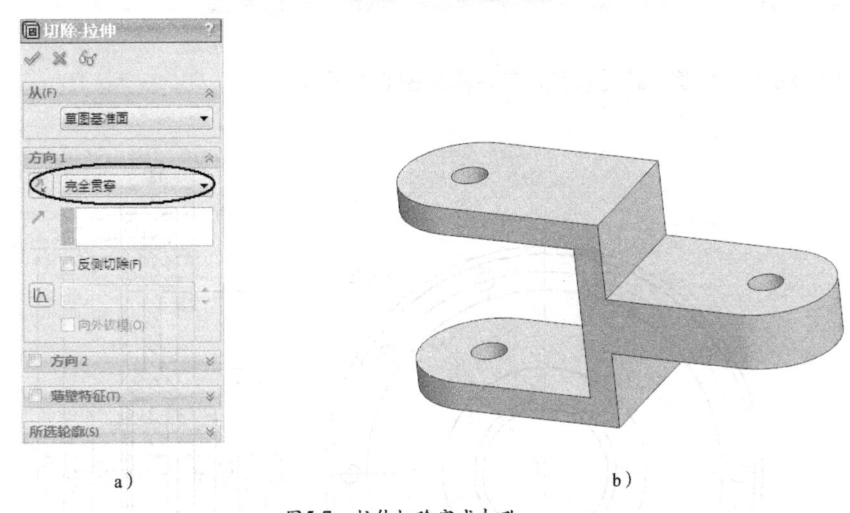

图5-7 拉伸切除完成打孔

a）“切除-拉伸”对话框 b）完成打孔

4.项目总结

本项目使用了倒角和圆角特征，这两个特征是机械零件中经常出现的，因此掌握这两个特征对于提高建模工作效率有很大的帮助，详见教学视频 5-2。

项目 6 端盖

【学习目标】

1.掌握旋转成形建模工具的使用方法

2.掌握圆周阵列的操作方法

【重难点】

能正确绘制旋转成形草图。

1.项目说明

在 SolidWorks 软件中建立端盖模型，零件图如图 6-1 所示。

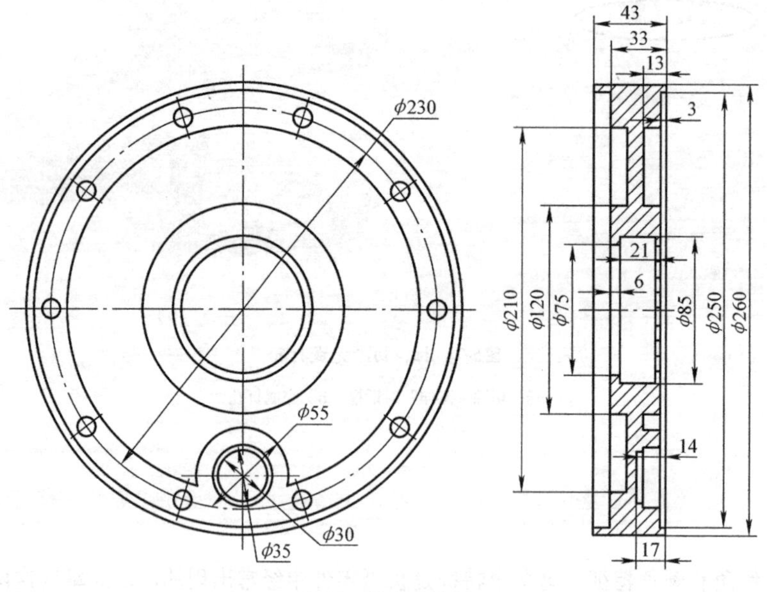

图6-1 端盖零件图

2.项目规划

该零件主体形状是回转体，因此可以利用旋转成形来实现建模。该零件的建模步骤如下：

1）利用旋转创建基体。

2）利用拉伸创建凸台。

3）利用拉伸切除来创建孔。

4）利用拉伸切除来创建圆周上的小孔。

5）利用圆周阵列创建周围的多个小孔。

建模整体思路见表 6-1。

表 6-1　建模整体思路

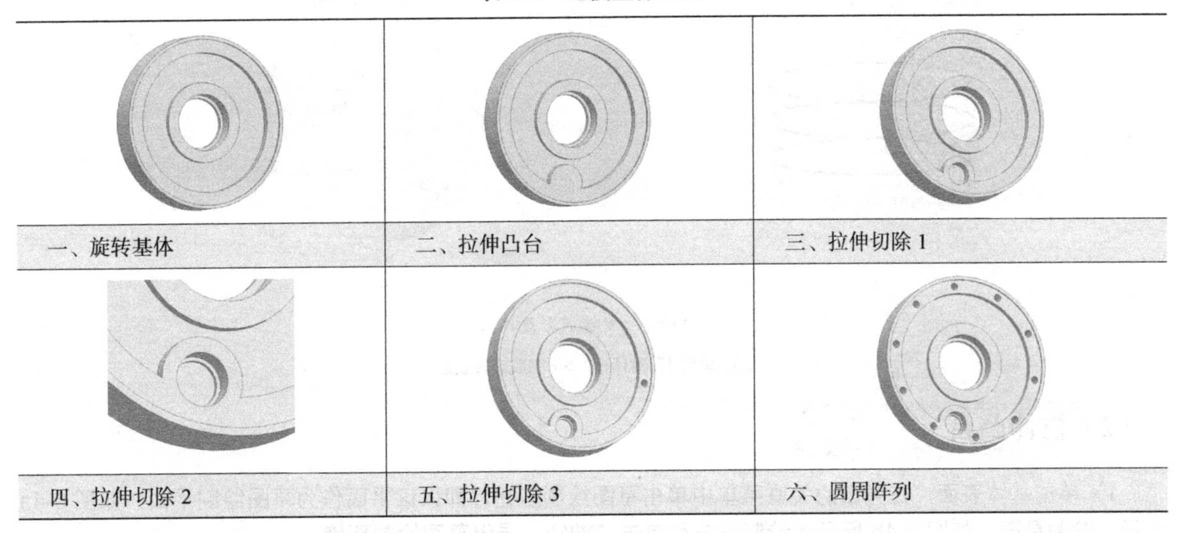

一、旋转基体	二、拉伸凸台	三、拉伸切除 1
四、拉伸切除 2	五、拉伸切除 3	六、圆周阵列

3.项目实施

（1）创建基体

1）单击“前视基准面”，在弹出的关联菜单中单击按钮，如图 6-2a 所示。绘制草图，如图 6-2b 所示。绘制完成后单击按钮，退出草图绘制环境。

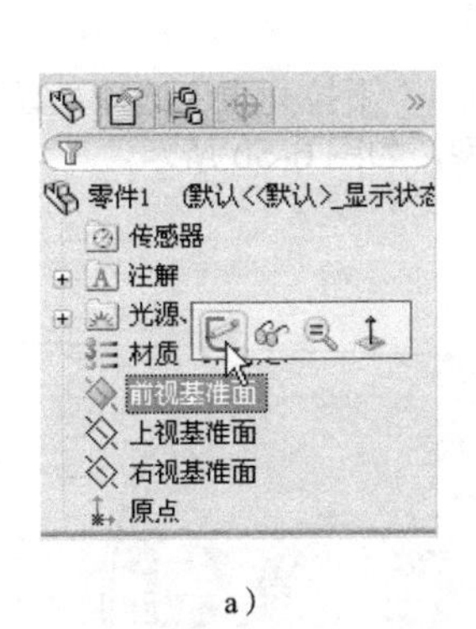

a）

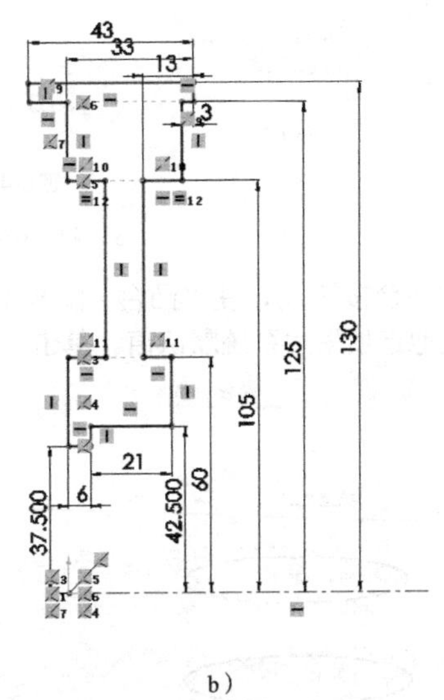

b）

图6-2　绘制端盖基体草图

a）选择前视基准面绘制草图　b）端盖基体草图

2）单击旋转凸台按钮，在“旋转 1”对话框中选择相关数值，如图 6-3a 所示，其他选项采用系统默认值。单击按钮生成实体模型，如图 6-3b 所示。

a）

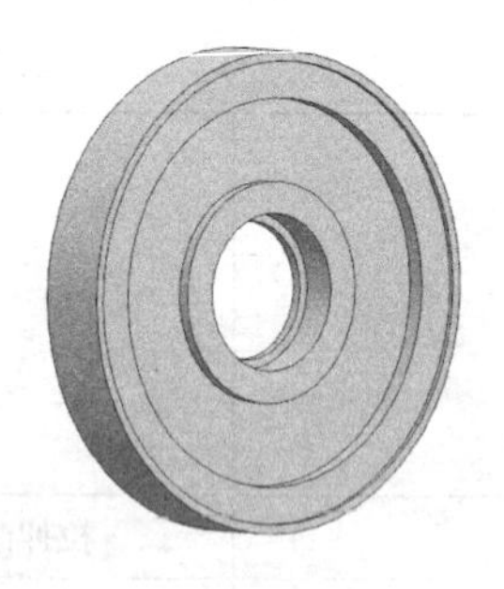

b）

图6-3　旋转成形基体

a）“旋转 1”对话框　b）完成旋转成形

（2）拉伸凸台

1）单击基体表面，在弹出的关联菜单中单击草图绘制按钮，即以该平面作为草图绘制平面，如图 6-4a 所示。绘制草图，如图 6-4b 所示。绘制完成后单击按钮，退出草图绘制环境。

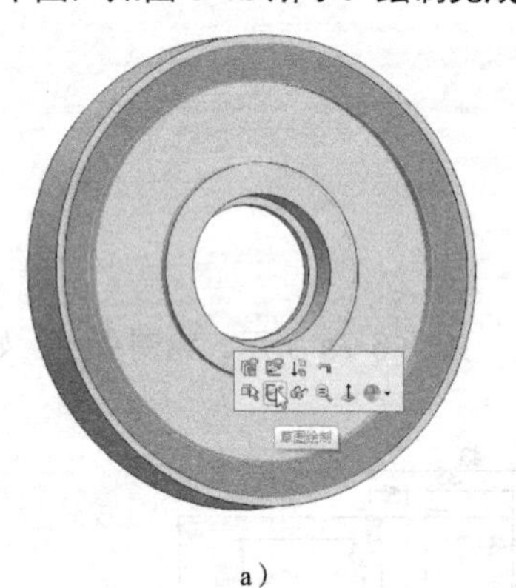

a）

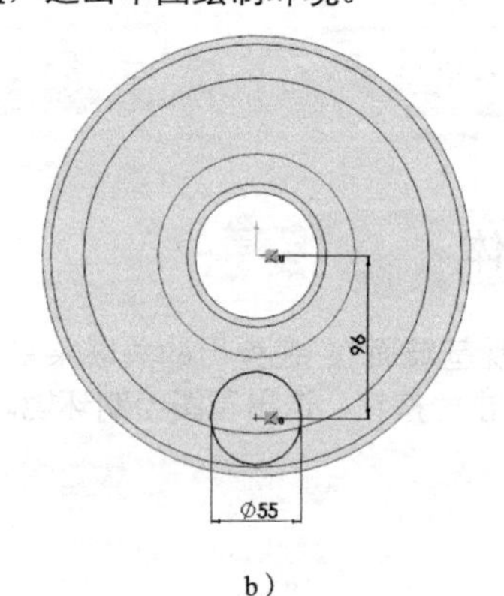

b）

图6-4　绘制凸台草图

a）选择草图绘制平面　b）绘制草图

2）单击拉伸凸台按钮，在“凸台 - 拉伸 1”对话框的“方向 1”下拉列表中选择“成形到一面”，如图 6-5a 所示，其他选项采用系统默认值。单击按钮生成实体模型，如图 6-5b 所示。

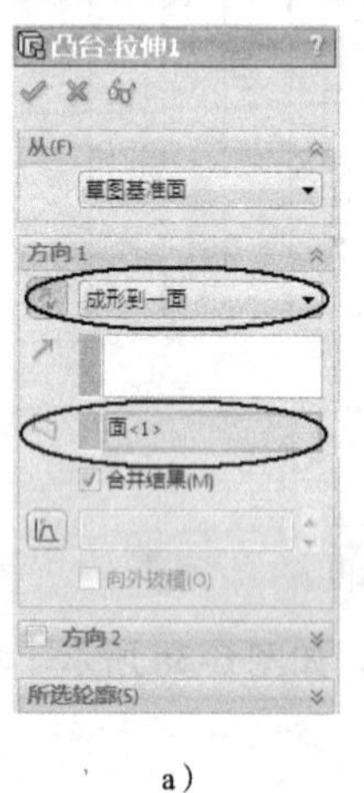

a）

b）

图6-5　拉伸凸台

a）“凸台 - 拉伸 1”对话框　b）完成凸台拉伸

（3）拉伸切除1

1）再次单击基体表面，在弹出的关联菜单中单击草图绘制按钮，即以该平面作为草图绘制平面，如图 6-6a 所示。绘制草图，如图 6-6b 所示。绘制完成后单击按钮，退出草图绘制环境。

a）

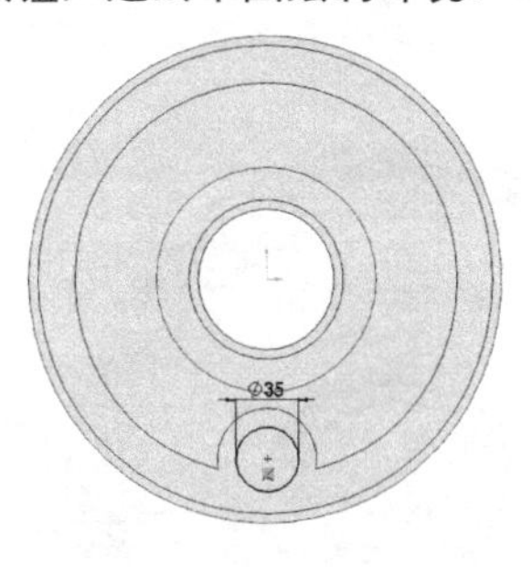

b）

图6-6 绘制拉伸切除草图

a）选择草图绘制平面 b）圆孔草图

2）单击拉伸切除按钮，在“拉伸 - 切除 1”对话框的“方向 1”选项区中输入“14”，如图 6-7a 所示，其他选项采用系统默认值。单击按钮，生成实体模型，如图 6-7b 所示。

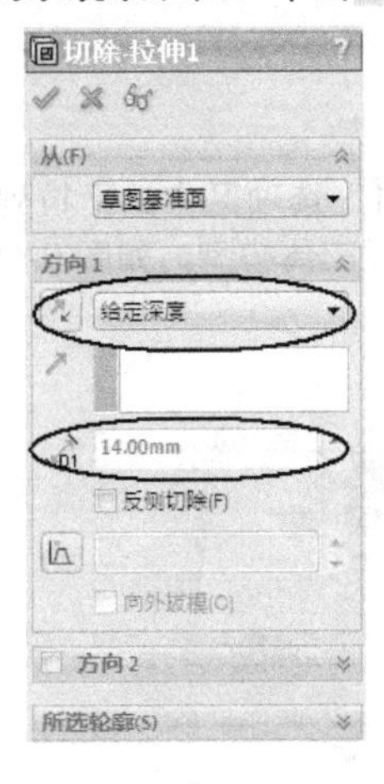

a）

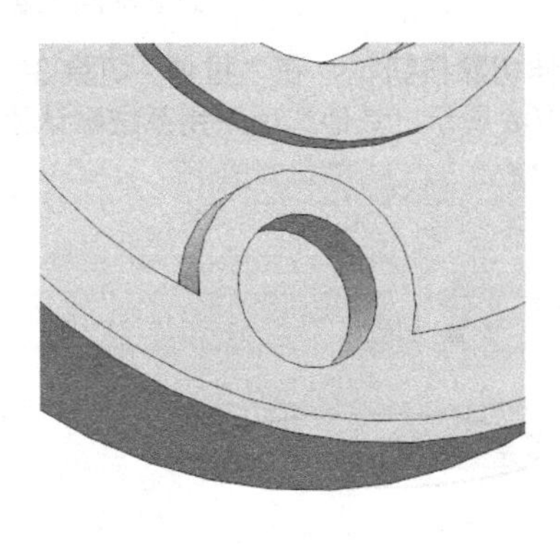

b）

图6-7 拉伸切除得到孔

a）“切除 - 拉伸 1”对话框 b）完成拉伸切除

（4）拉伸切除2

本次操作与上一步类似，切除一直径为 ϕ35mm 的圆，切除深度为 17mm，结果如图 6-8 所示。

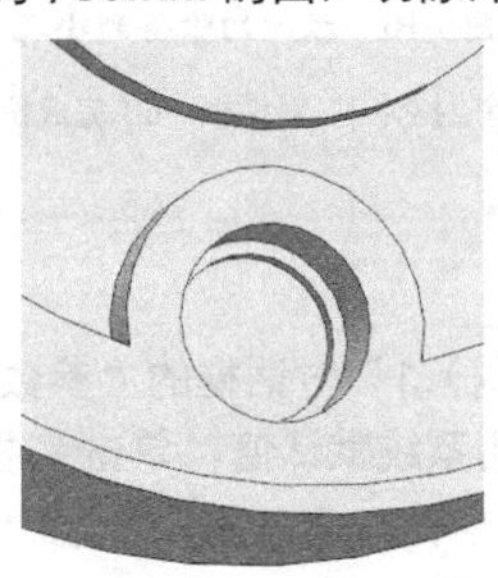

图6-8 拉伸切除

（5）拉伸切除3

1）再次单击基体表面，在弹出的关联菜单中单击草图绘制，即以该平面作为草图绘制平面，如图 6-9a 所示。绘制草图如图 6-9b 所示。绘制完成后单击按钮，退出草图绘制环境。

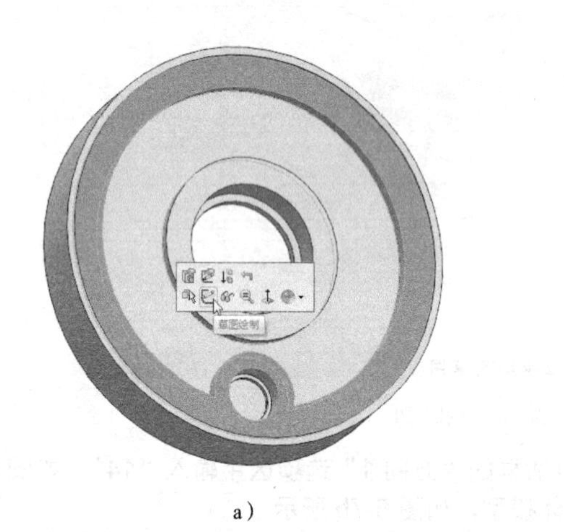

a）

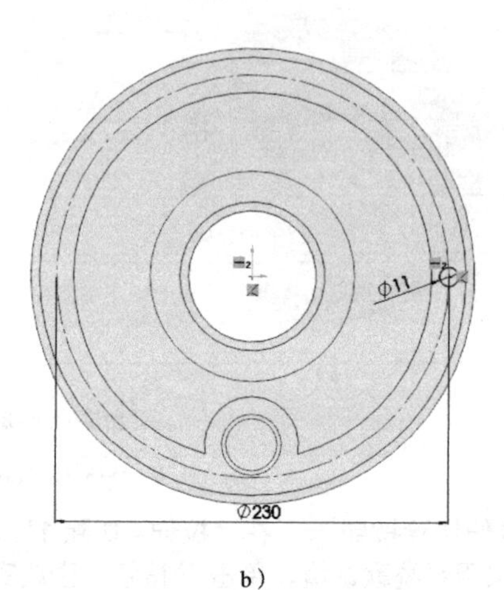

b）

图6-9 绘制小孔定位圆

a）选择草图绘制平面 b）草图绘制结果

2）单击拉伸切除按钮，在“拉伸 - 切除 3”对话框的“方向 1”选项区中的下拉列表中选择“完全贯穿”，如图 6-10a 所示，其他选项采用系统默认值。单击按钮生成实体模型，如图 6-10b 所示。

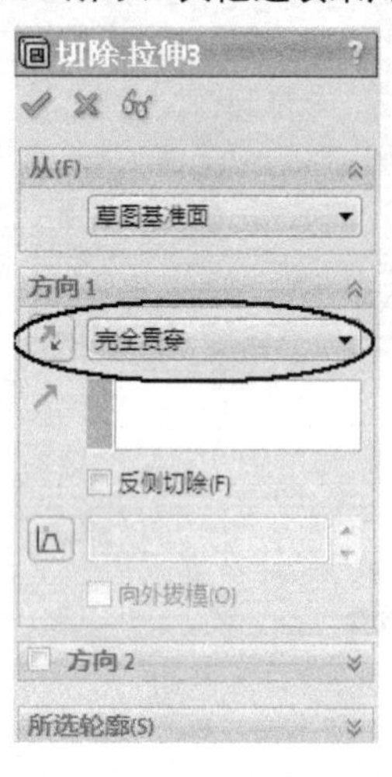

a）

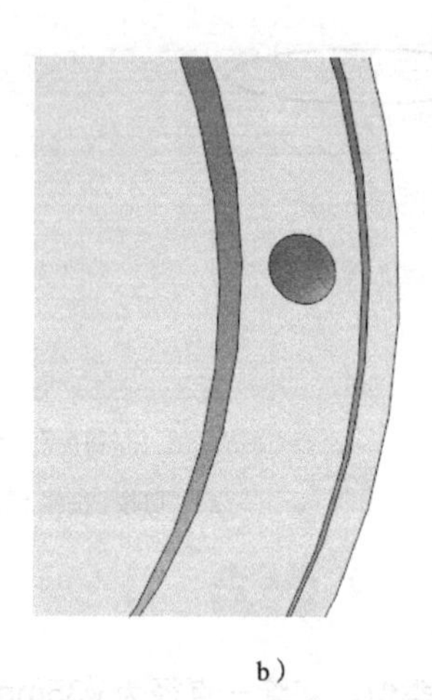

b）

图6-10 拉伸切除得到小孔

a）“切除 - 拉伸 3”对话框 b）完成拉伸切除

（6）圆周阵列

单击圆周阵列按钮，在“阵列（圆周）1”对话框的“参数（P）”选项区中选择要阵列的特征，输入相关数值，如图 6-11a 所示，其他选项采用系统默认值。单击按钮，生成实体模型，如图 6-11b 所示。

注意：如果没有看到轴线，可以单击，从中选择，即“观阅临时轴”，这样就可以显示出回转体的中心轴线，这个轴线可以作为阵列的中心线。

a）

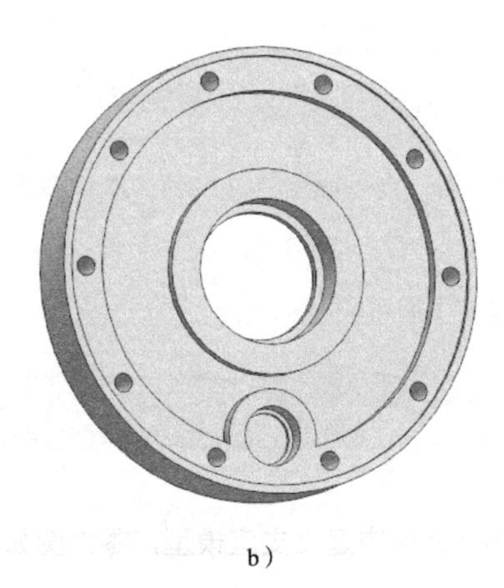

b）

图6-11　阵列小孔

a）“阵列（圆周）1”对话框　b）完成阵列

至此建模完毕，操作全过程参见教学视频 6-1。

4.项目总结

旋转特征是将草图截面绕旋转中心线旋转一定角度而生成的特征，常用于轴类、盘类等类型零件的建模。旋转特征也有多种形式可供选择，请读者注意体会不同类型的区别，详见教学视频 6-2。

项目 7 支座

【学习目标】

1.掌握基准面的使用方法，选择合适的基准面，简化模型的建模过程

2.掌握插入与现有平面平行基准面的操作方法

3.掌握筋特征的使用方法

【重难点】

插入与指定平面平行的基准面。

1.项目说明

在 SolidWorks 软件中建立支座模型，零件图如图 7-1 所示。

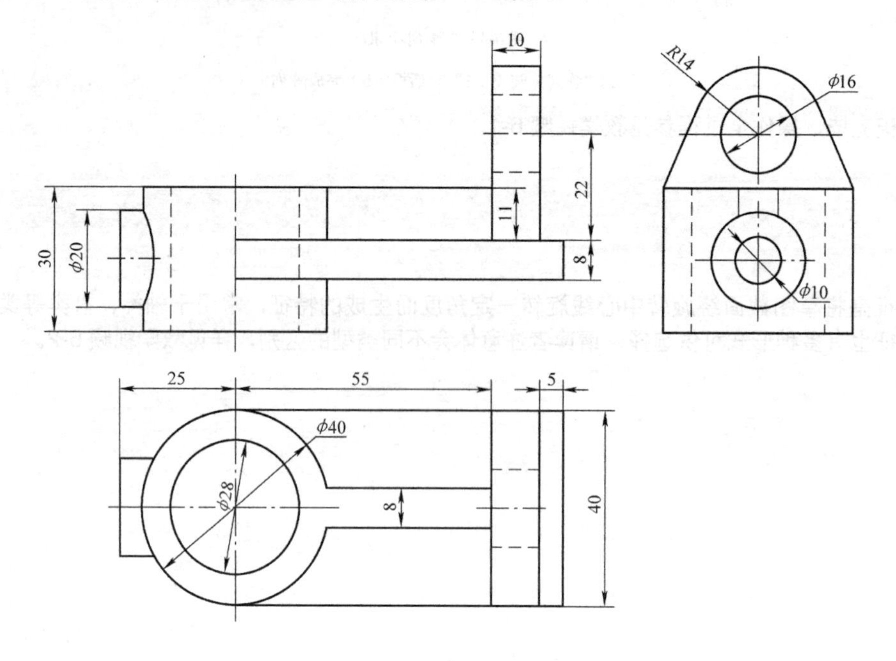

图7-1 支座零件图

2.项目规划

通过分析该零件图可知，该零件的主要尺寸基准是中间的圆孔。因此，可以先创建中间的圆柱孔，再以其为基准创建背板和侧板，最后再创建一些细节特征。该零件的建模步骤如下：

1）创建带孔圆柱体，作为尺寸定位基准。

2）利用拉伸创建背板。

3）利用拉伸创建侧板。

4）拉伸圆柱体侧方的凸台。

5）打孔。

6）创建筋。

建模整体思路见表 7-1。

表 7-1　建模整体思路

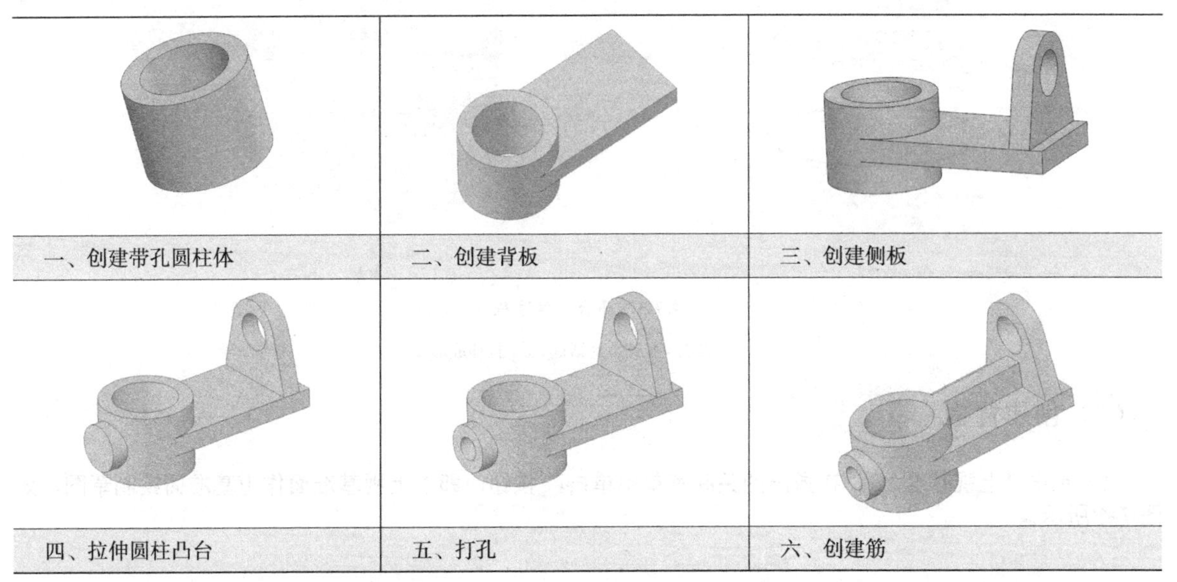

一、创建带孔圆柱体	二、创建背板	三、创建侧板
四、拉伸圆柱凸台	五、打孔	六、创建筋

3.项目实施

（1）创建带孔圆柱体

1）单击“上视基准面”，在弹出的关联菜单中单击按钮，如图 7-2a 所示。绘制圆环形草图，如图 7-2b 所示。绘制完成后单击按钮，退出草图绘制环境。

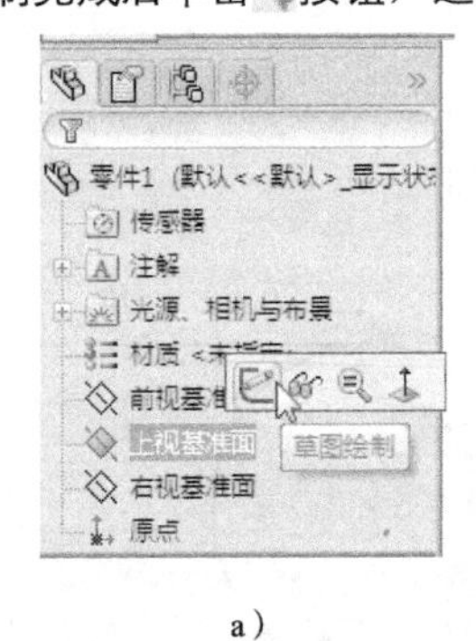

a）

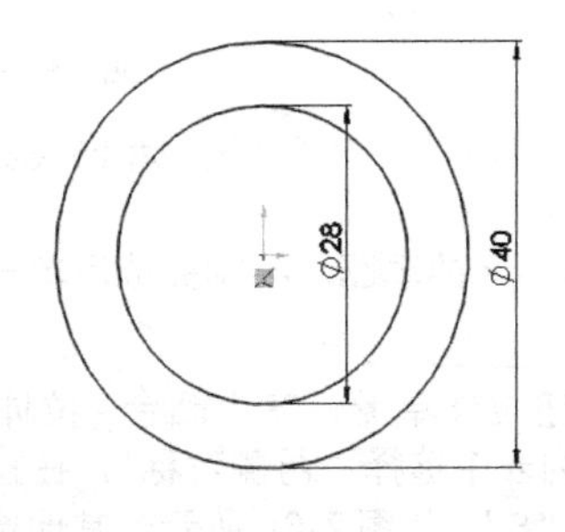

b）

图7-2　拉伸圆柱凸台草图绘制过程

a）选择上视基准面绘制草图　b）圆环形基座的草图

2）单击按钮拉伸草图，在“凸台 - 拉伸”对话框中的“方向 1”下拉列表中选择“两侧对称”，在拉伸高度文本框中输入拉伸高度“30”，如图 7-3a 所示，其他选项采用系统默认值。单击按钮，完成带孔圆柱体的创建，如图 7-3b 所示。

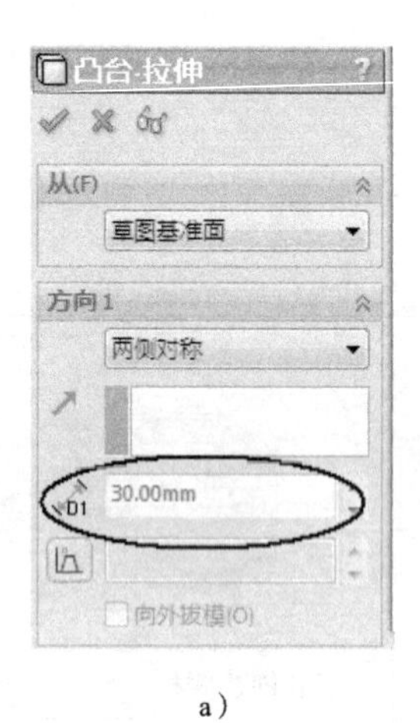

a）

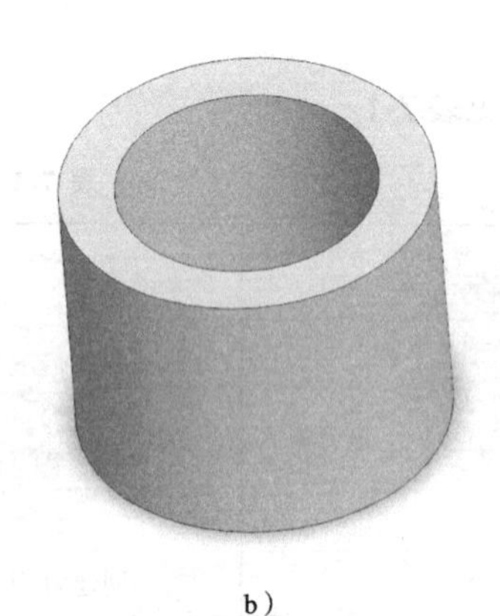

b）

图7-3　凸台拉伸过程

a）“凸台 - 拉伸”对话框　b）拉伸成形

（2）创建背板

1）单击“上视基准面”，在弹出的关联菜单中单击按钮，即以上视基准面作为基准面绘制草图，如图 7-4 所示。

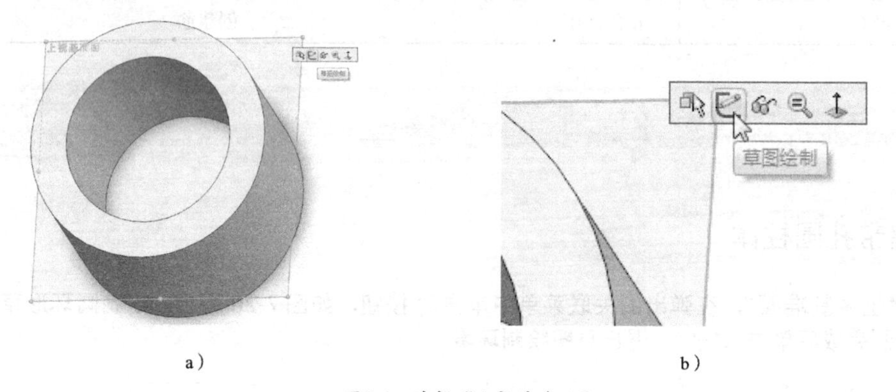

a）　　b）

图7-4　选择“上视基准面”

a）选择上视基准面绘制草图　b）局部放大图

2）绘制图 7-5 所示的草图，绘制完成后单击按钮，退出草图绘制环境。

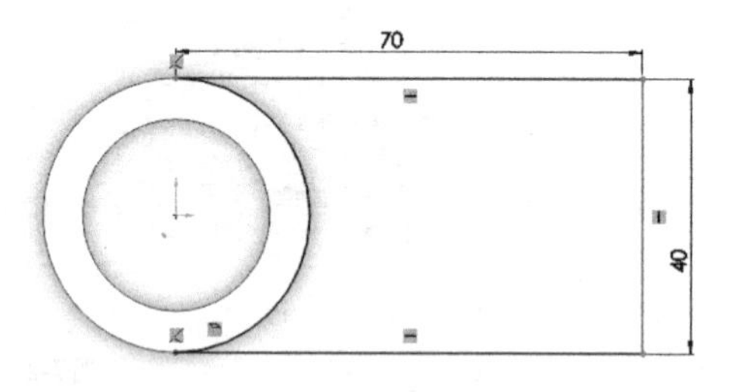

图7-5　绘制草图

3）单击按钮拉伸草图，在“凸台 - 拉伸”对话框中的“方向 1”下拉列表中选择“两侧对称”，在拉伸高度文本框中输入拉伸高度“8”，如图 7-6a 所示，其他选项采用系统默认值。注意，软件默认选中“合并结果”复选框，生成的两个实体就合并成一个实体。单击按钮，完成背板的创建，如图 7-6b 所示。

（3）创建侧板

1）单击背板侧面表面，在弹出的关联菜单中选择草图绘制按钮，即以该平面作为草图绘制平面，如图 7-7a 所示。绘制侧板草图，如图 7-7b 所示。

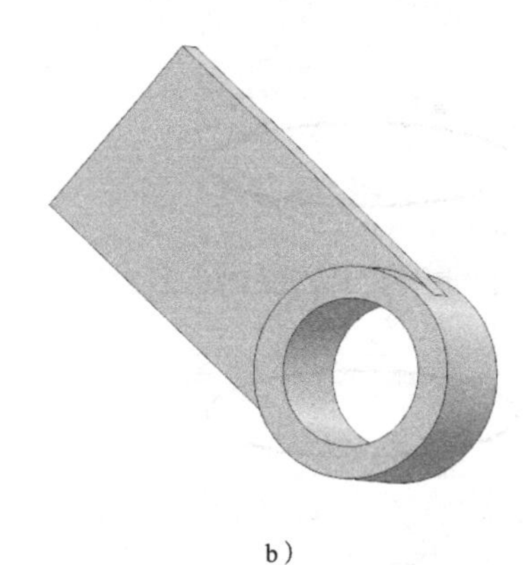

a）　　b）

图 7-6　拉伸背板

a）“凸台 - 拉伸”对话框　b）拉伸成形

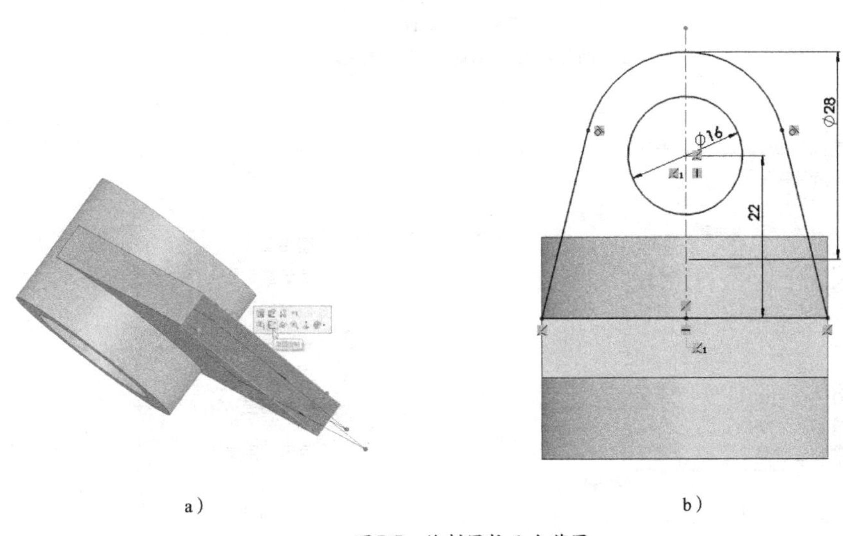

a）　　b）

图7-7　绘制圆柱凸台草图

a）选择草图绘制平面　b）侧板草图

2）单击按钮拉伸草图，在“凸台 - 拉伸”对话框中的“从（F）”下拉列表中选择“等距”，在“等距”文本框中输入“5”，并在“方向 1”选项区中输入“10”，如图 7-8a 所示，其他选项采用系统默认值。软件默认选中“合并结果”复选框，生成的实体就合并成一个实体。单击按钮，完成侧板的创建，如图 7-8b 所示。

（4）拉伸圆柱凸台

1）单击“右视基准面”（见图 7-9a），再单击“参考几何体”工具按钮，在弹出的下拉菜单中选择“基准面”，如图 7-9b 所示。在打开的“基准面”对话框中已经默认选择以“右视基准面”作为第一参考，插入与之平行的基准面，在距离文本框中输入“25”，其余栏目保持默认值，如图 7-9c 所示。单击按钮，完成插入基准面的操作，如图 7-9d 所示。

2）单击“基准面 1”，在弹出的关联菜单中选择草图绘制按钮，即以基准面 1 作为草图绘制平面，如图 7-10a 所示。绘制侧向圆柱草图，如图 7-10b 所示。

3）单击按钮拉伸草图，在“凸台 - 拉伸”对话框中的“方向 1”下拉列表中选择“成形到下一面”，如图 7-11a 所示，其他选项采用系统默认值。单击按钮，完成圆柱凸台的创建，如图 7-11b 所示。

a）

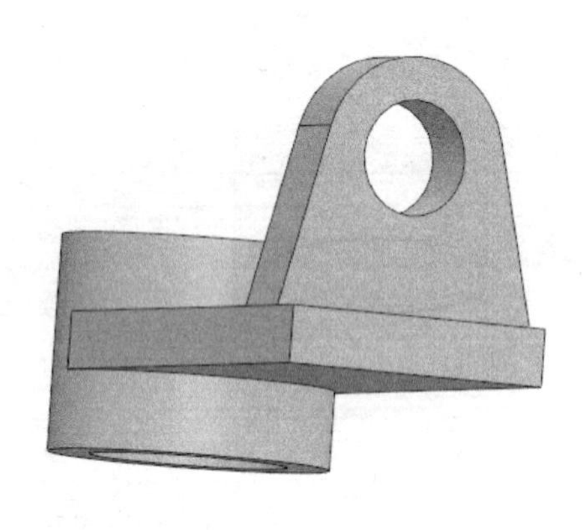

b）

图 7-8　拉伸侧板

a）“凸台 - 拉伸”对话框　b）拉伸成形

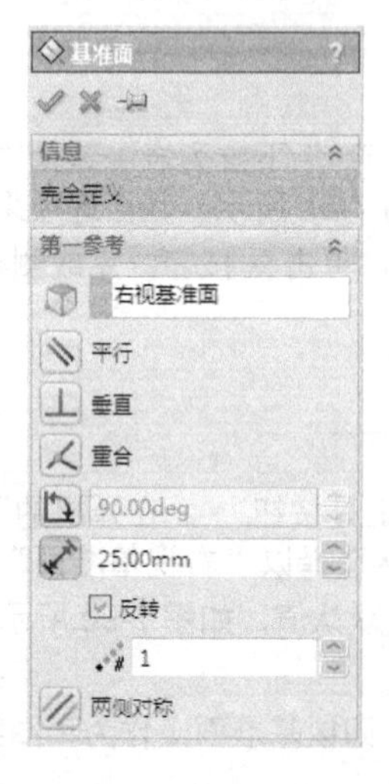

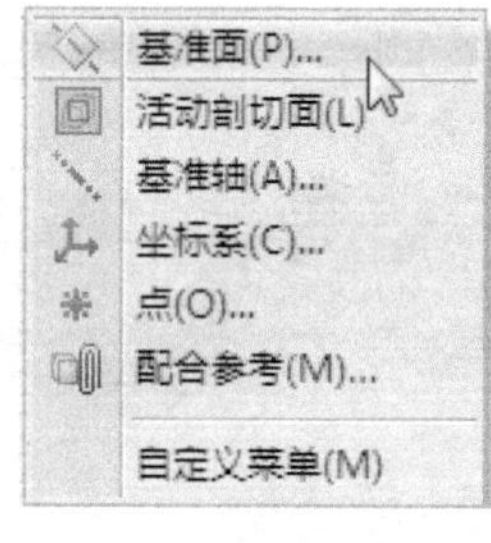

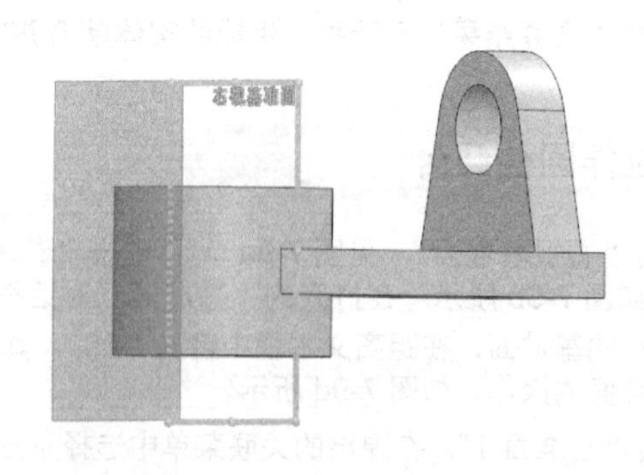

a）　b）　c）　d）

图7-9　插入“基准面”

a）选择右视基准面　b）选择插入基准面　c）“基准面”对话框　d）完成基准面的插入

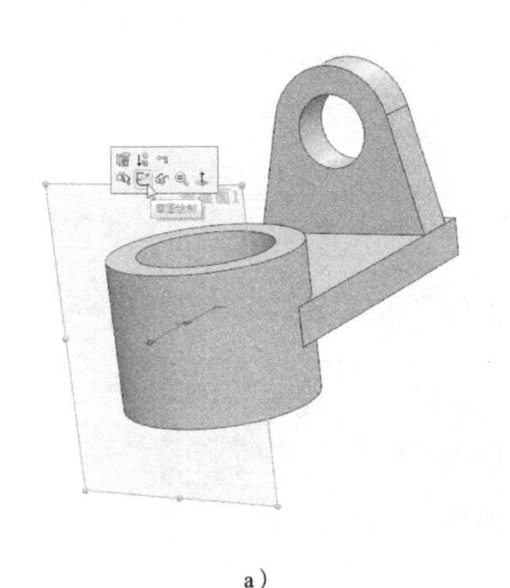

a）

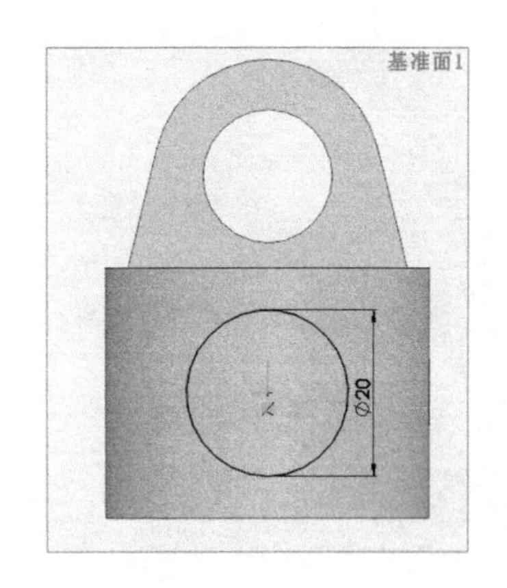

b）

图7-10　绘制草图

a）选择草图绘制平面　b）圆柱草图

a）

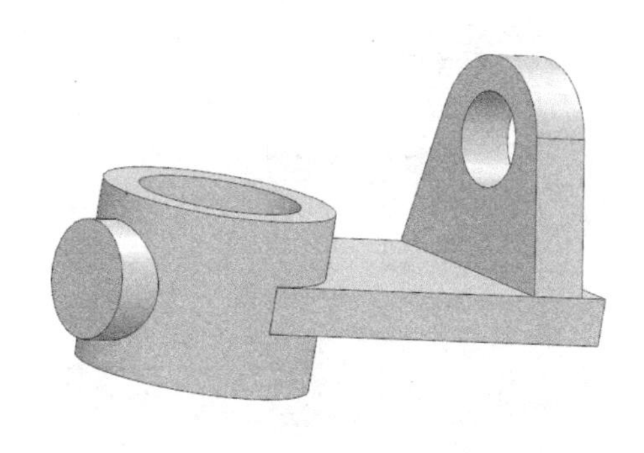

b）

图7-11　拉伸圆柱凸台

a）“凸台 - 拉伸”对话框　b）拉伸成形

（5）打孔

1）单击圆柱外端面，在弹出的关联菜单中单击草图绘制按钮，即以该表面作为草图绘制平面，如图 7-12a 所示。绘制圆柱孔草图，如图 7-12b 所示。

2）单击拉伸切除按钮，在“切除 - 拉伸”对话框中的“方向 1”下拉列表中选择“成形到下一面”，如图 7-13a 所示，其他选项采用系统默认值。单击按钮，完成打孔操作，如图 7-13b 所示。

（6）创建筋

1）单击“前视基准面”，在弹出的关联菜单中单击草图绘制按钮，即以前视基准面作为草图绘制平面，如图 7-14a 所示。绘制筋草图，如图 7-14b 所示。

2）单击按钮绘制筋，在“筋”对话框的拉伸宽度文本框中输入“8”，如图 7-15a 所示，其他选项采用系统默认值。单击按钮，完成筋的创建，如图 7-15b 所示。

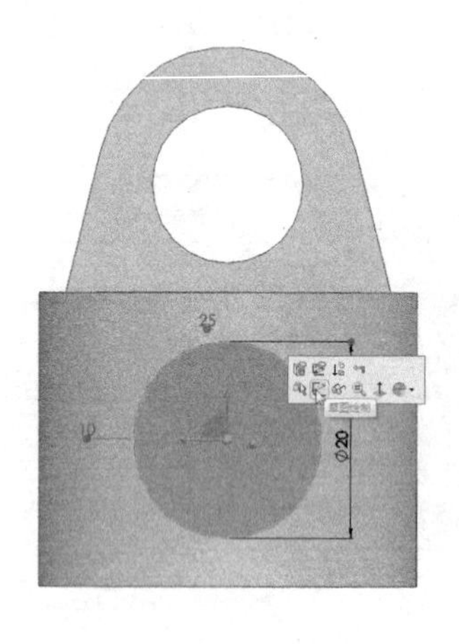

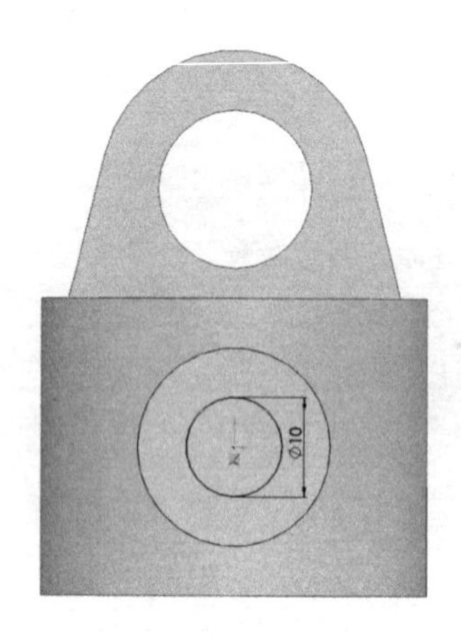

a）　　　　b）

图 7-12　绘制草图

a）选择草图绘制平面　b）圆柱孔草图

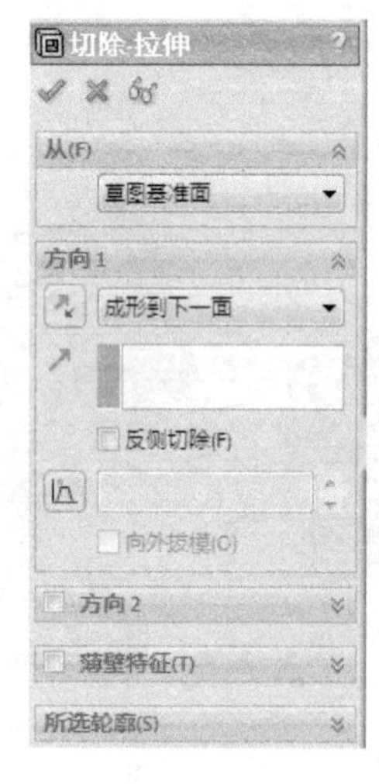

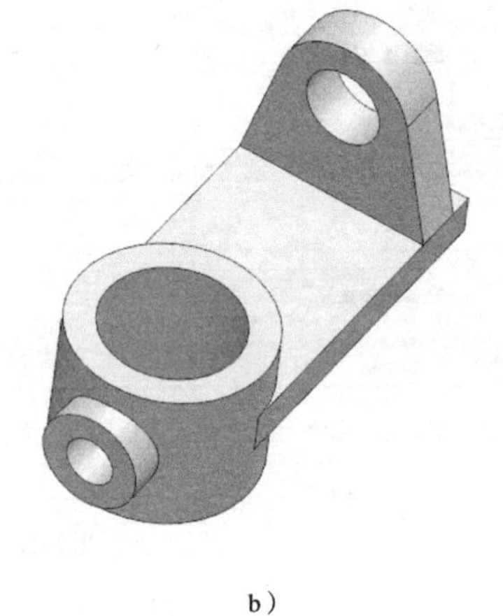

a）　　　　b）

图 7-13　拉伸切除操作

a）“切除 - 拉伸”对话框　b）拉伸切除成形

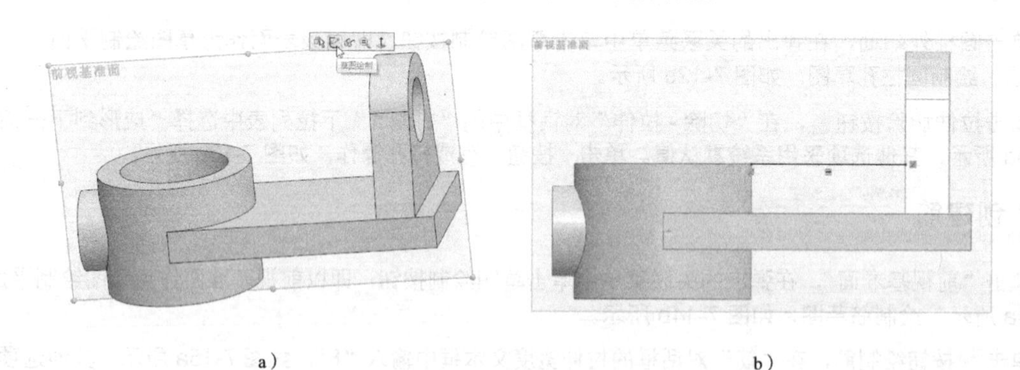
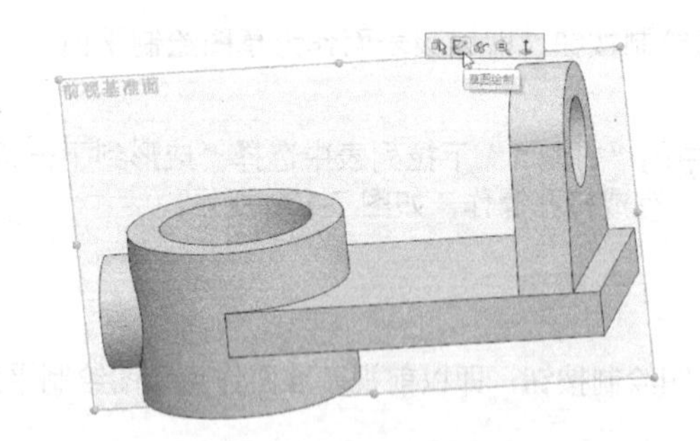

a）　　　　b）

图 7-14　绘制筋草图

a）选择前视基准面　b）筋草图

a）

b）

图7-15　拉伸圆柱凸台

a）"筋"对话框　b）筋成形

至此建模完毕，操作全过程参见教学视频 7-1。

4.项目总结

本项目用到了一种重要的参考几何体——基准面，插入合适的基准面对于复杂模型的建模会有极大的帮助。插入基准面的方法有很多，详见教学视频 7-2。

项目 8 三通水管建模

【学习目标】

1.掌握转换实体引用、草图阵列等高效草图绘制编辑工具的使用方法

2.掌握常用拉伸凸台/基体以及拉伸切除的操作方法

3.掌握参考基准面、临时轴的插入和使用方法

【重难点】

插入与指定平面平行的基准面和通过指定轴并与指定面相交的基准面。

1.项目说明

在 SolidWorks 软件中建立图 8-1 所示的三通水管三维模型。

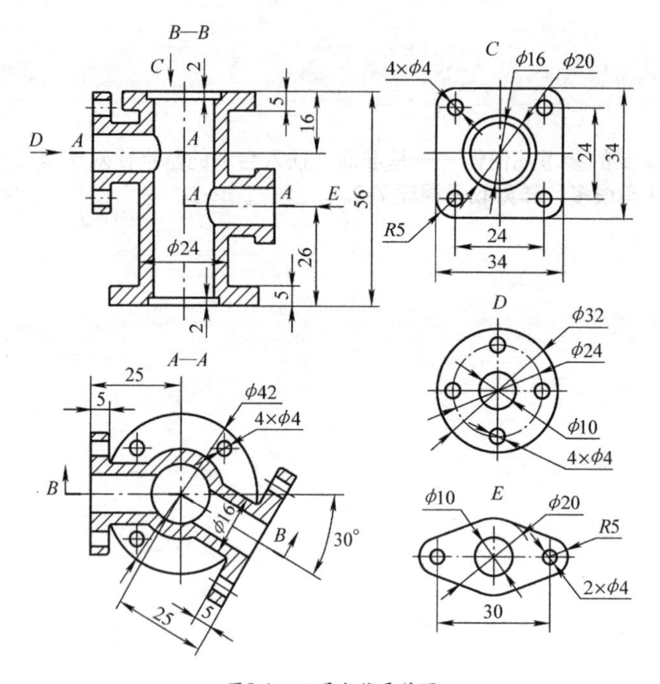

图8-1 三通水管零件图

2.项目规划

通过对图样的尺寸的分析可知，本模型的主要定位尺寸是以上、下端面为基准的。建模步骤如下：

1）从整体到细节，先做出大概整体模型，再考虑圆角之类的细节。

2）从上到下，即从方形几何体开始逐步向下做。

3）从中间到外围，即先做中间的基体，再做外侧的特征。

建模整体思路见表 8-1。

表 8-1　建模整体思路

一、拉伸方形几何体　二、拉伸圆柱体　三、拉伸底座

四、打孔　五、拉伸侧向圆盘　六、拉伸切除

七、拉伸侧向凸台　八、拉伸切除　九、倒圆角

3.项目实施

（1）拉伸方形几何体

1）单击“前视基准面”，在弹出的关联菜单中单击按钮，如图 8-2a 所示。绘制草图，如图 8-2b 所示。绘制完成后单击按钮，退出草图绘制环境。

2）单击按钮拉伸草图，在“凸台 - 拉伸”对话框的“方向 1”选项区中输入“5”，如图 8-3a 所示，其他选项采用系统默认值。单击按钮，生成实体模型，如图 8-3b 所示。

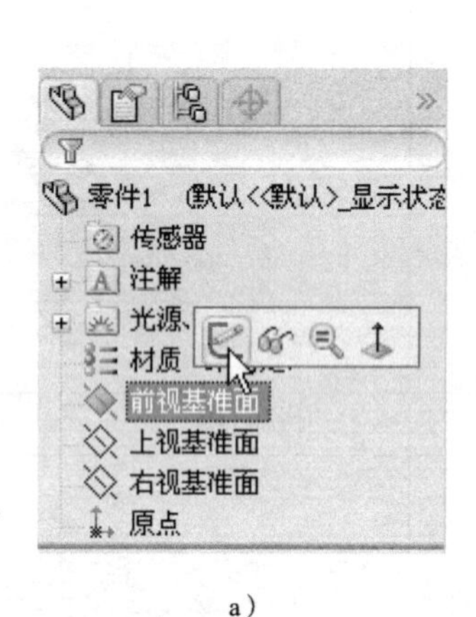

a）

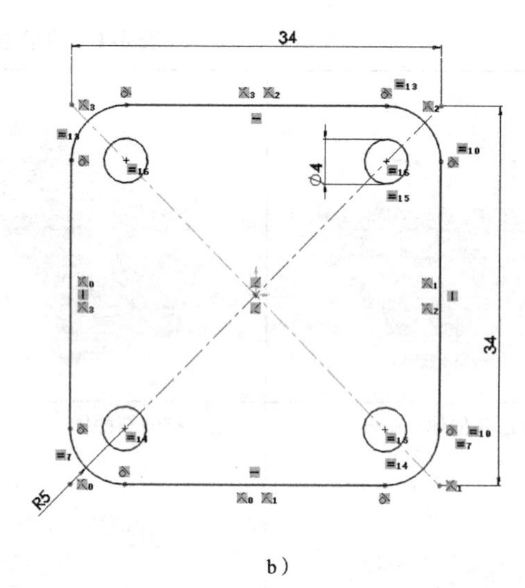

b）

图8-2　绘制方形几何体草图

a）选择前视基准面绘制草图　b）方形几何体的草图

a）

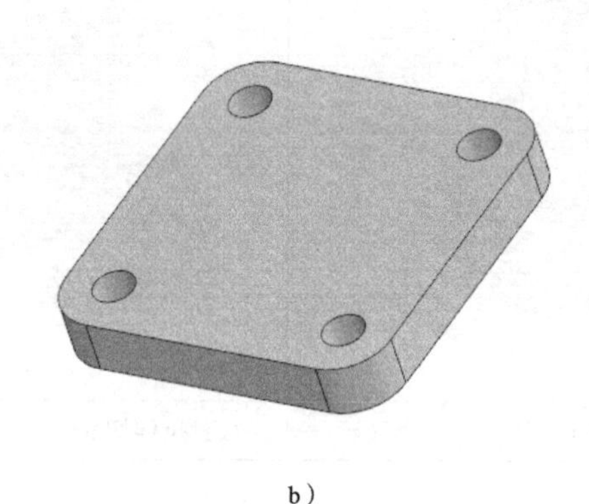

b）

图8-3　拉伸方形凸台

a）“凸台 - 拉伸”对话框　b）拉伸成形

（2）拉伸圆柱体

1）单击方形几何体上表面，在弹出的关联菜单中单击草图绘制按钮，即以方形几何体上表面作为基准面绘制草图，如图 8-4 所示。

2）绘制图 8-5 所示的草图，绘制完成后单击按钮，退出草图绘制环境。

3）单击按钮拉伸草图，在“凸台 - 拉伸”对话框的“方向 1”选项区中输入“51”，如图 8-6a 所示，其他选项采用系统默认值。软件默认选中“合并结果”复选框，则生成的两个实体就合并成一个实体。单击按钮，生成实体模型，如图 8-6b 所示。

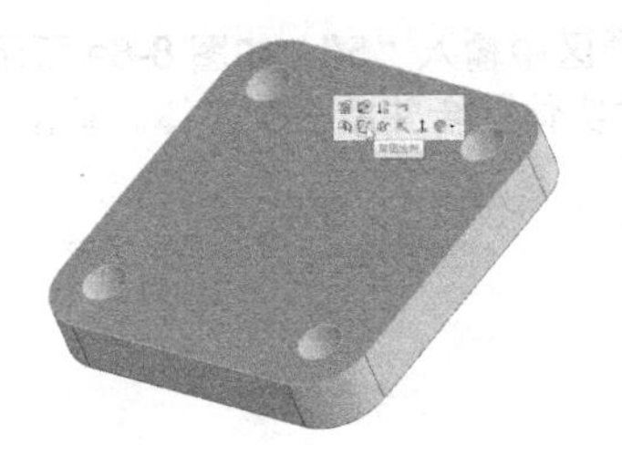

a）

b）

图8-4　选择圆柱凸台草图基准面

a）选择方形几何体上表面绘制草图　b）局部放大图

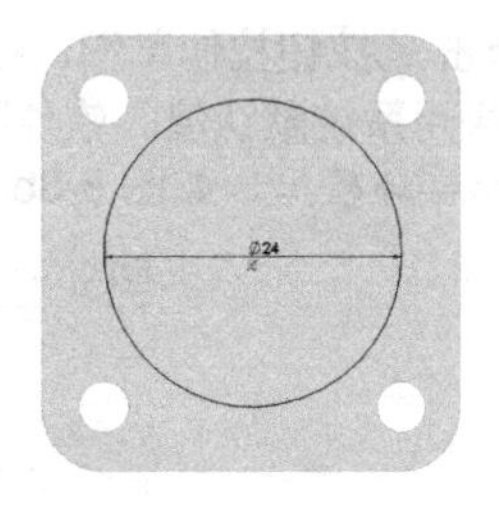

图8-5　绘制草图

a）

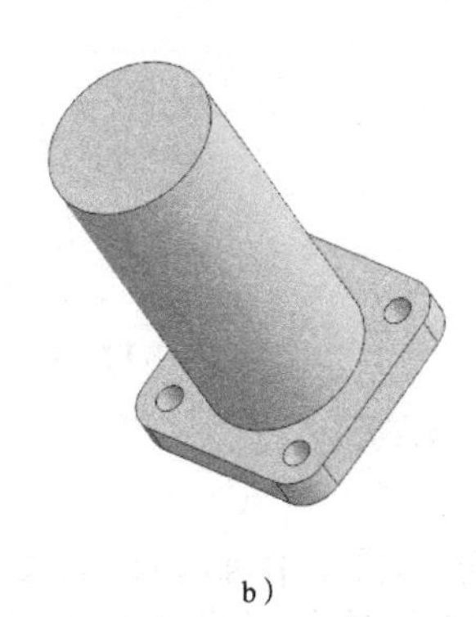

b）

图8-6　拉伸圆柱体

a）“凸台 - 拉伸”对话框　b）拉伸成形

（3）拉伸底座

1）单击圆柱体上表面，在弹出的关联菜单中单击草图绘制按钮，即以该表面作为草图绘制平面，如图 8-7a 所示。绘制圆形底座草图，如图 8-7b 所示。

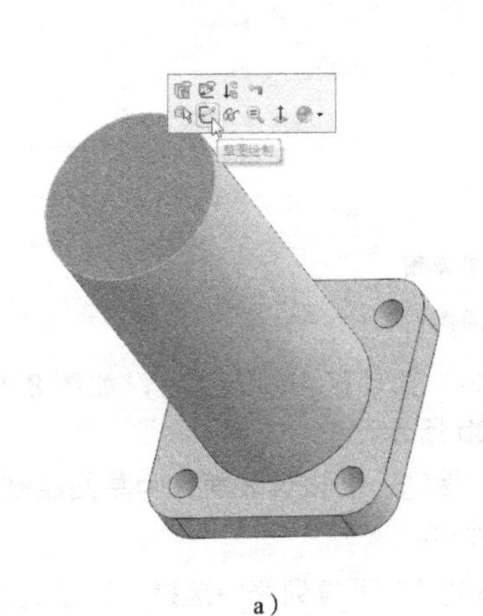

a）

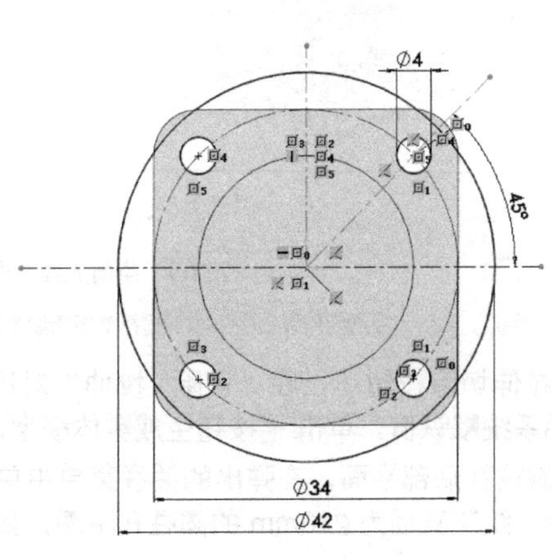

b）

图8-7　绘制底座草图

a）选择草图绘制平面　b）圆柱凸台草图

2）单击按钮拉伸草图，在“凸台 - 拉伸”对话框的“方向 1”选项区中输入“5”，如图 8-8a 所示，其他选项采用系统默认值。软件默认选中“合并结果”复选框，则生成的实体就合并成一个实体。单击按钮，生成实体模型，如图 8-8b 所示。

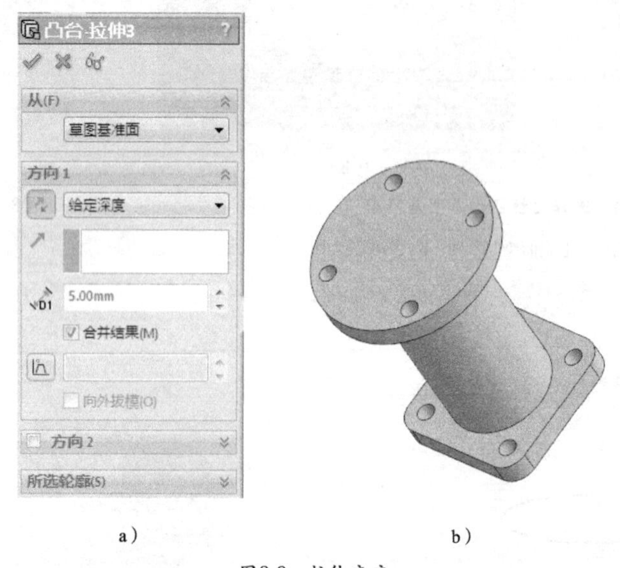

a） b）

图8-8 拉伸底座

a）“凸台 - 拉伸”对话框 b）拉伸成形

（4）打孔

1）单击圆形凸台上表面，在弹出的关联菜单中单击草图绘制按钮，即以该表面作为草图绘制平面，如图 8-9a 所示。绘制圆柱孔草图，如图 8-9b 所示。

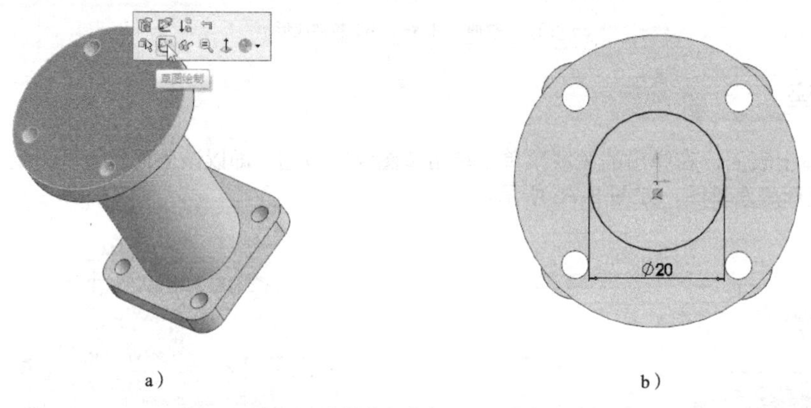

a） b）

图8-9 绘制直径为ϕ20mm的圆柱孔草图

a）选择草图绘制平面 b）圆柱孔草图

2）单击拉伸切除按钮，在“切除 - 拉伸”对话框的“方向”选项区中输入“2”，如图 8-10a 所示，其他选项采用系统默认值。单击按钮生成实体模型，如图 8-10b 所示。

3）单击圆柱孔底部平面，在弹出的关联菜单中单击草图绘制按钮，即以该表面作为草图绘制平面，如图 8-11a 所示。绘制直径为 ϕ16mm 的圆柱孔草图，如图 8-11b 所示。

4）单击拉伸切除按钮，在“切除 - 拉伸”对话框中的“方向 1”下拉列表中选择“完全贯穿”，如图 8-12a 所示，其他选项采用系统默认值。单击按钮生成实体模型，如图 8-12b 所示。

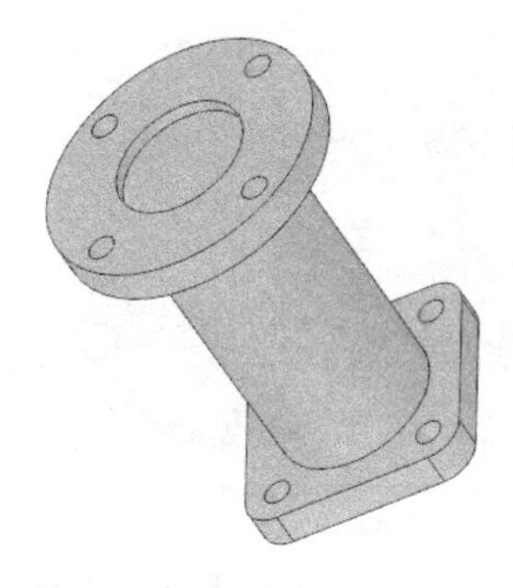

a）　　b）

图8-10　拉伸切除直径为ϕ20mm的圆柱孔

a）“切除 - 拉伸”对话框　b）拉伸切除成形

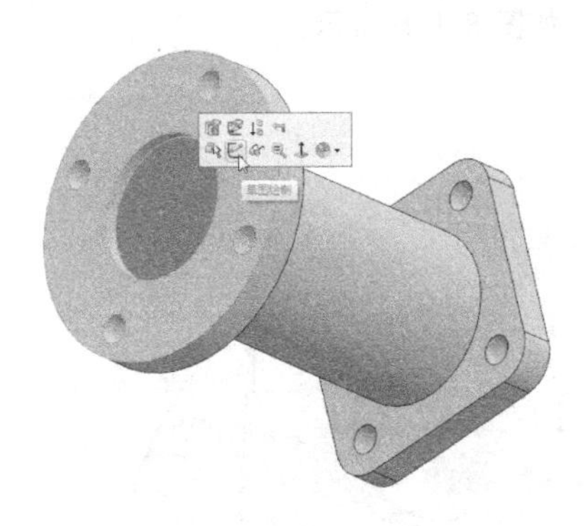

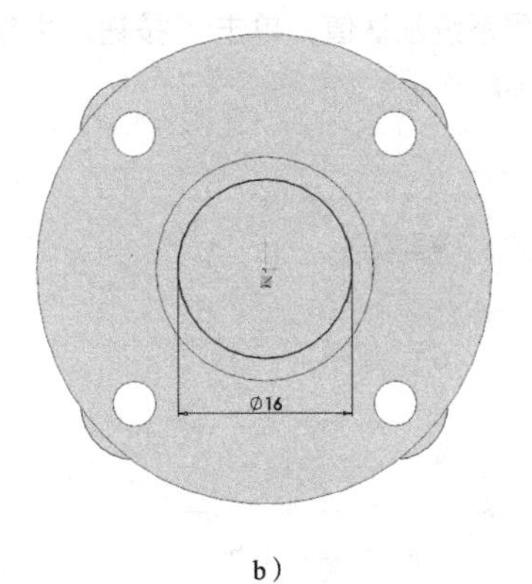

a）　　b）

图8-11　绘制直径为ϕ16mm的圆柱孔草图

a）选择草图绘制平面　b）圆柱孔草图

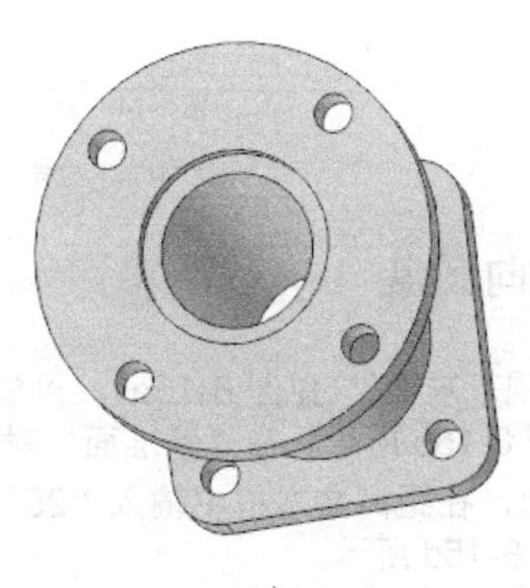

a）　　b）

图8-12　拉伸切除直径为ϕ16mm的圆柱孔

a）“切除 - 拉伸”对话框　b）拉伸切除成形

5）单击方形凸台外端面，在弹出的关联菜单中单击草图绘制按钮，即以该表面作为草图绘制平面，如图 8-13a 所示。绘制直径为 ϕ20mm 圆柱孔的草图，如图 8-13b 所示。

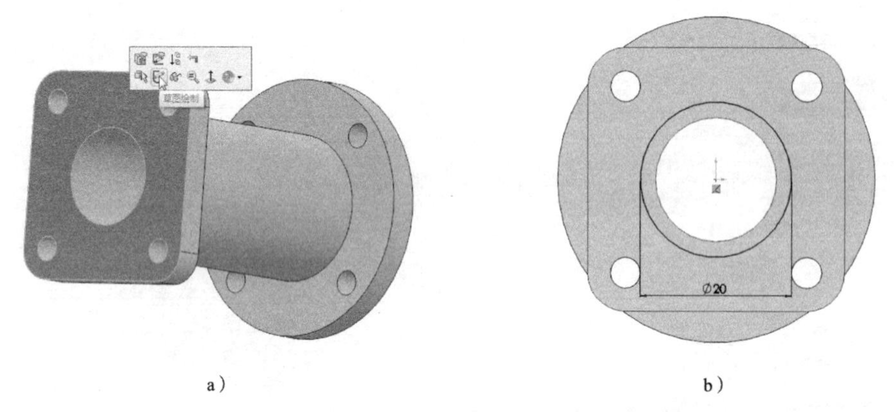

a）　　b）

图8-13　绘制直径为ϕ20mm的圆柱孔草图

a）选择草图绘制平面　b）圆柱孔草图

6）单击拉伸切除按钮，在“切除 - 拉伸”对话框中的“方向 1”选项区中输入“2”，如图 8-14a 所示，其他选项采用系统默认值。单击按钮，生成实体模型，如图 8-14b 所示。

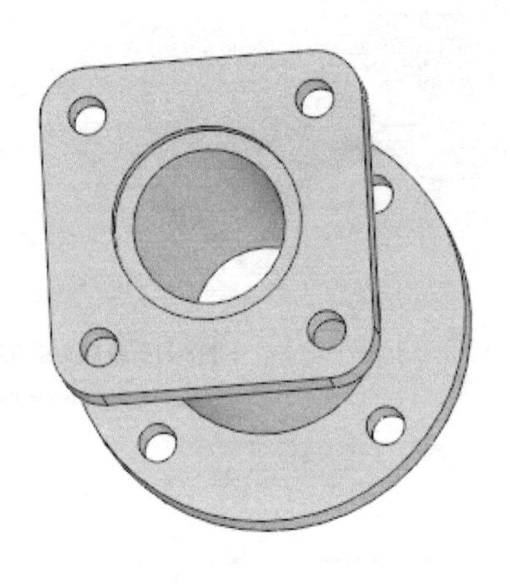

a）　　b）

图8-14　拉伸切除直径为ϕ20mm的圆柱孔

a）“切除 - 拉伸”编辑对话框　b）拉伸切除成形

（5）拉伸侧向圆盘

1）单击“上视基准面”（见图 8-15a），再单击参考几何体工具按钮，在弹出的下拉菜单中单击“基准面”命令，如图 8-15b 所示。在“基准面”对话框中默认选择以“上视基准面”作为“第一参考”，插入与之平行的基准面，在距离文本框中输入“25”，其余保持默认值，如图 8-15c 所示。单击按钮，插入“基准面 1”，如图 8-15d 所示。

2）单击“基准面 1”，在弹出的关联菜单中单击草图绘制按钮，即以基准面 1 作为草图绘制平面，如图 8-16a 所示。绘制侧向圆盘凸台草图，如图 8-16b 所示。

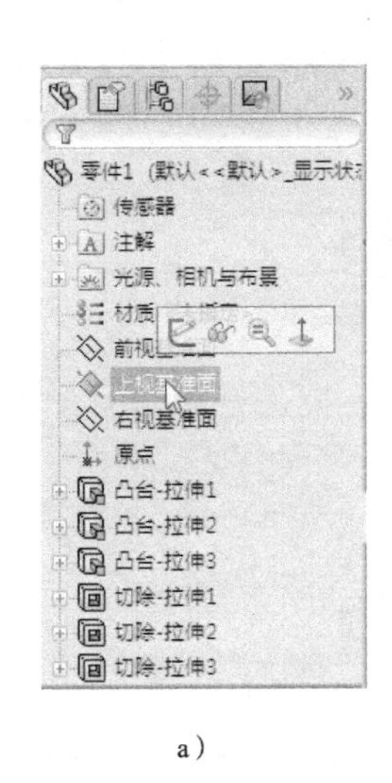

a）

b）

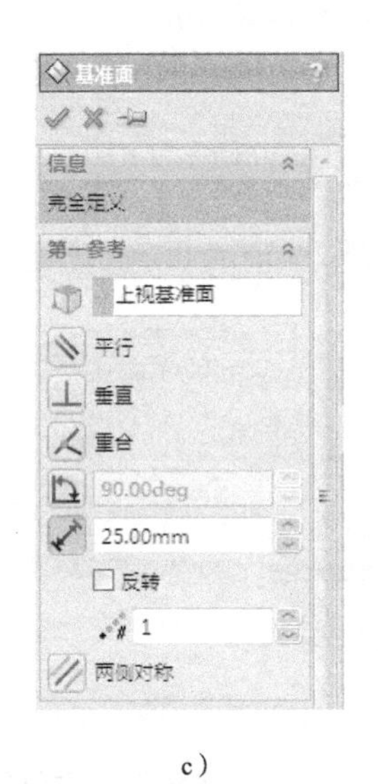

c）

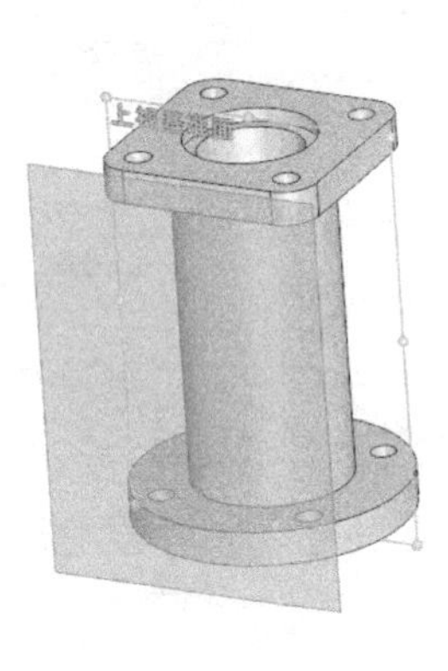

d）

图8-15　插入基准面1

a）选择“上视基准面”　b）选择“基准面”命令　c）“基准面”对话框　d）完成基准面 1 的插入

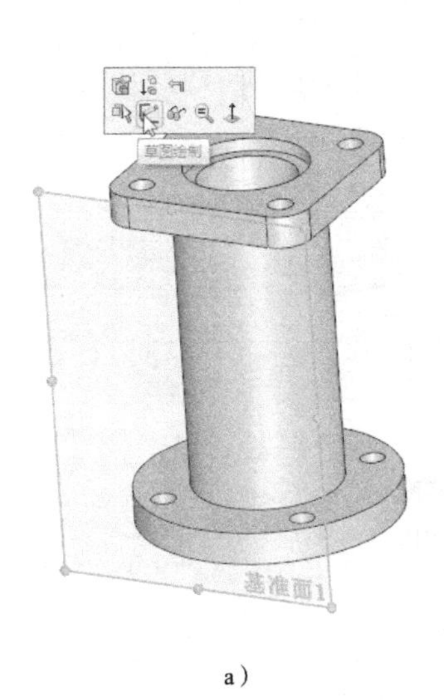

a）

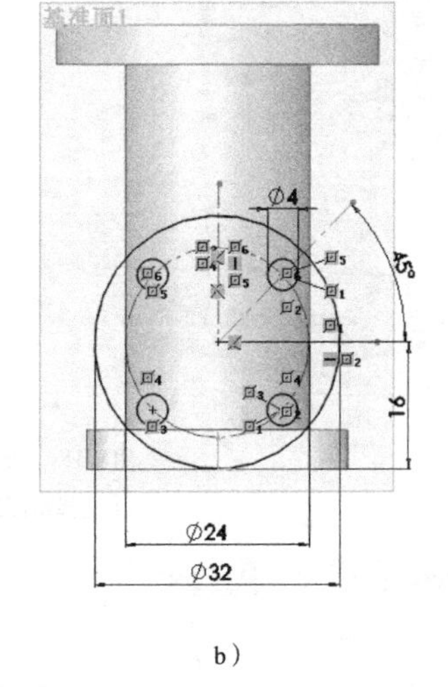

b）

图8-16　绘制侧向圆盘草图

a）选择基准面 1　b）侧向圆盘草图

3）单击按钮拉伸草图，在“凸台 - 拉伸”对话框的“方向 1”选项区中输入“5”，如图 8-17a 所示，其他选项采用系统默认值。单击按钮，生成实体模型，如图 8-17b 所示。

4）单击侧向圆盘外端面，在弹出的关联菜单中单击草图绘制按钮，即以该平面作为草图绘制平面，如图 8-18a 所示。绘制侧向圆盘圆柱孔草图，如图 8-18b 所示。

5）单击按钮拉伸草图，在“凸台 - 拉伸”对话框中的“方向 1”下拉列表中选择“成形到一面”，如图 8-19a 所示。再单击圆柱体外表面，其他选项采用系统默认值。单击按钮，生成实体模型，如图 8-19b 所示。

a）

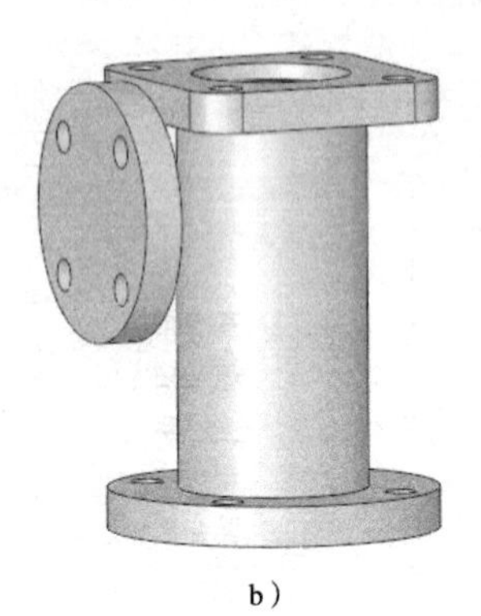

b）

图8-17　拉伸侧向圆盘

a）“凸台 - 拉伸” 对话框　b）拉伸成形

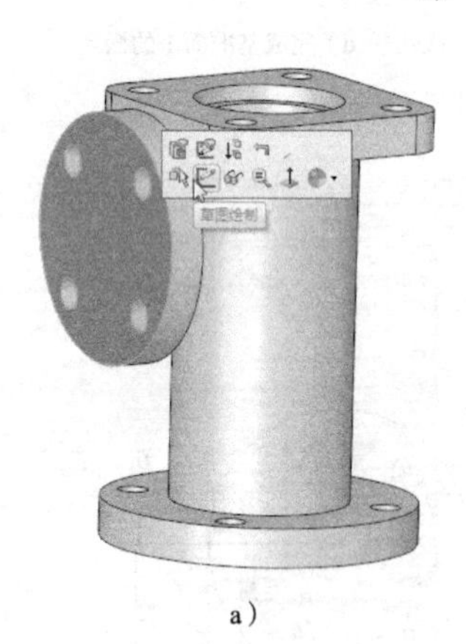

a）

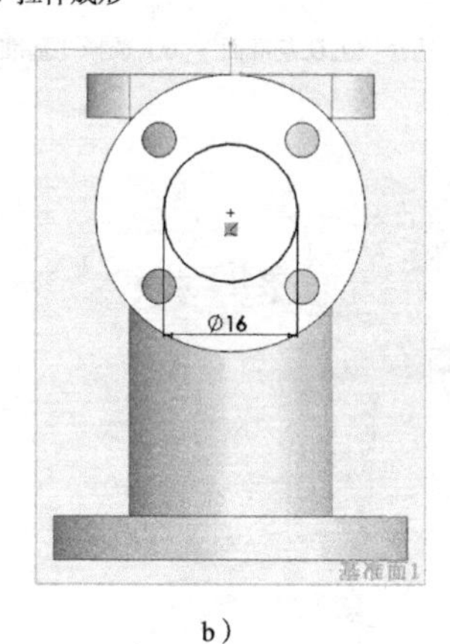

b）

图8-18　绘制侧向圆盘圆柱孔草图

a）选择草图绘制平面　b）圆柱孔草图

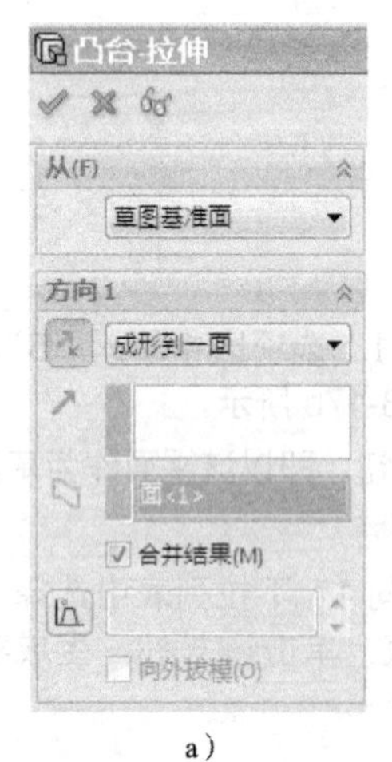

a）

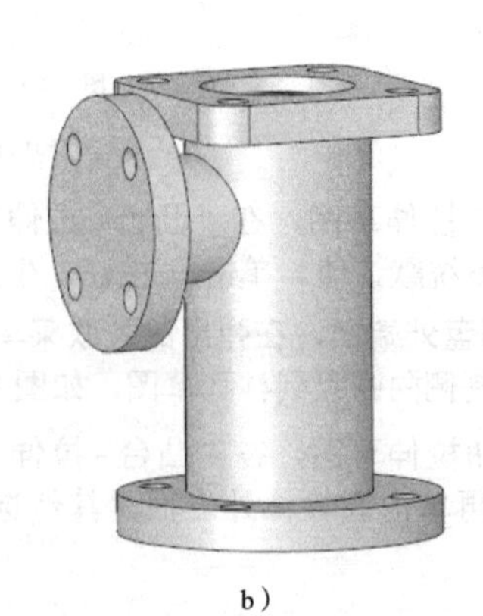

b）

图8-19　拉伸圆柱凸台

a）“凸台 - 拉伸” 对话框　b）拉伸成形

（6）拉伸切除

1）单击侧向圆盘外端面，在弹出的关联菜单中单击草图绘制按钮，即以该表面作为草图绘制平面，如图 8-20a 所示。绘制圆柱孔草图，如图 8-20b 所示。

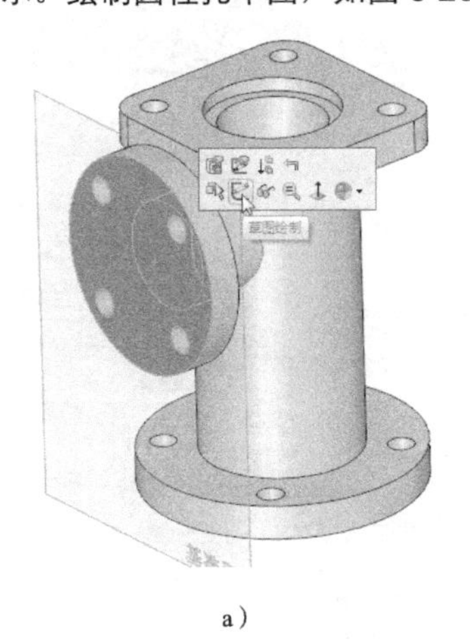

a）

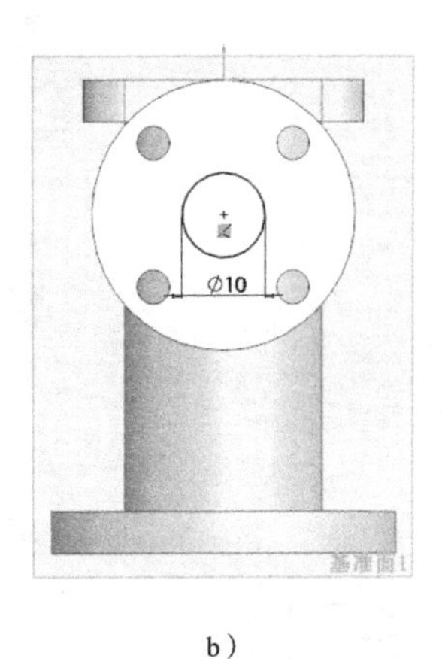

b）

图8-20　绘制草图

a）选择草图绘制平面　b）圆柱孔草图

2）单击拉伸切除按钮，在“切除 - 拉伸”对话框中的“方向 1”下拉列表中选择“成形到下一面”，如图 8-21a 所示，其他选项采用系统默认值。单击按钮，生成实体模型，如图 8-21b 所示。

a）

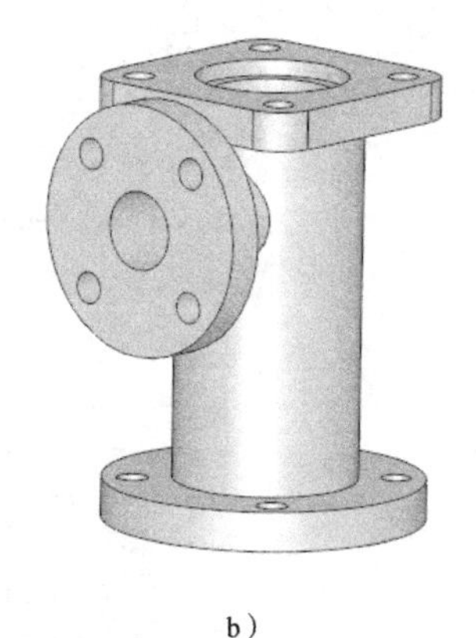

b）

图8-21　拉伸切除直径为ϕ10mm的圆柱孔

a）“切除 - 拉伸”对话框　b）拉伸切除成形

（7）拉伸侧向凸台

1）单击隐藏 / 显示按钮，在下拉菜单中单击观阅临时轴按钮，如图 8-22a 所示。此时，模型中各个圆柱体及圆柱孔都显示出各自的中心轴线，如图 8-22b 所示。单击“右视基准面”，如图 8-22c 所示，再单击参考几何体工具按钮，在下拉菜单中选择“基准面”。在打开的“基准面”对话框中默认选择以“右视基准面”作为“第一参考”，再继续单击选择圆柱体中心轴线作为“第二参考”，如图 8-22d 所示。在打开的“基准面”对话框中的“第一参考”选项区中单击夹角按钮，并输入“60”。同时选中“反向”复选框，其余参数保持默认值，如图 8-22e 所示。单击确定按钮插入“基准面 2”，如图 8-22f 所示。

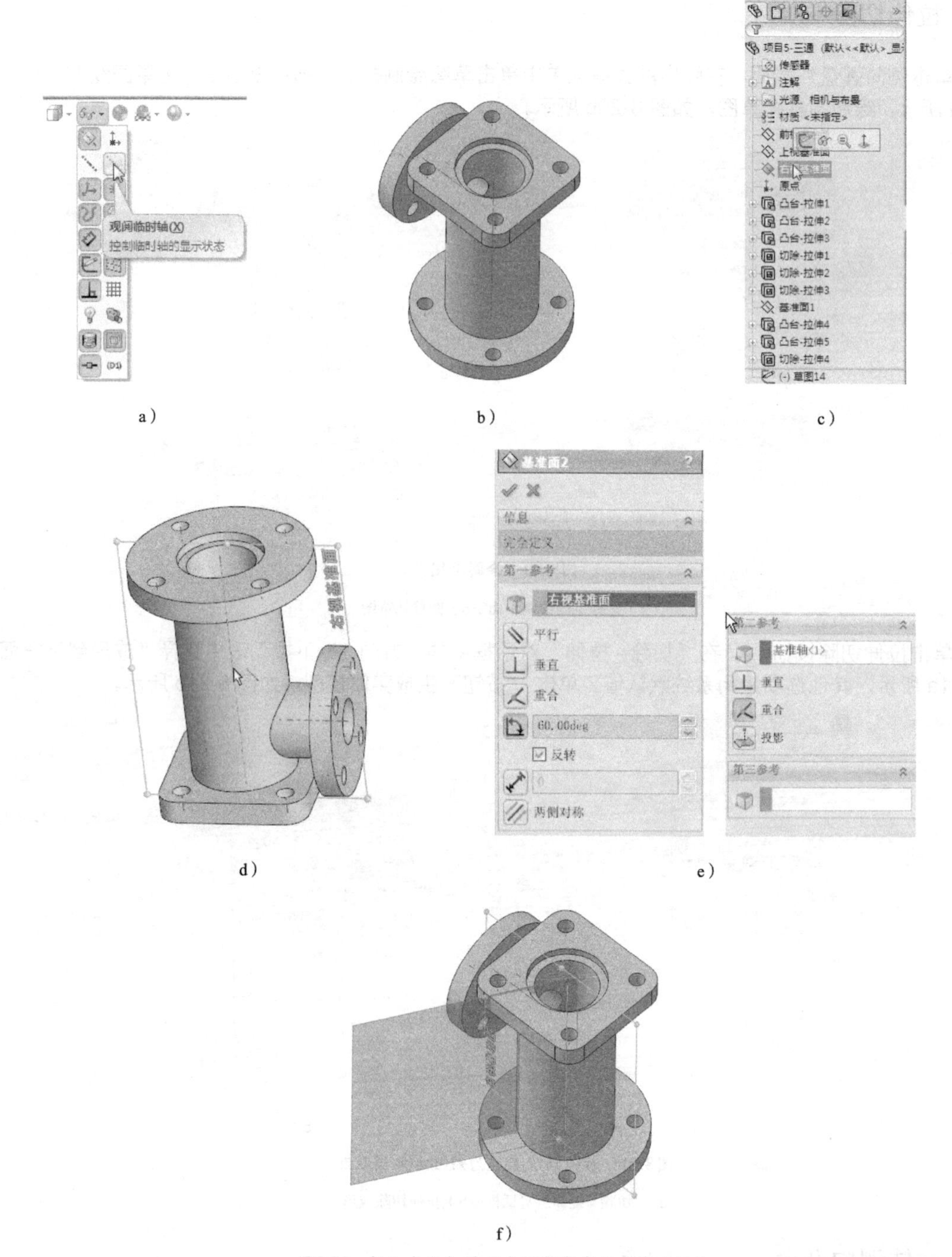

图8-22 插入与已知平面夹固定角度的“基准面”

a）打开观阅临时轴工具 b）临时轴显示效果 c）选择右视基准面 d）选择圆柱体中心轴线 e）输入角度值 f）插入参考基准面 2

2）单击“基准面 2”（见图 8-23a），再单击参考几何体工具按钮，在下拉菜单中单击“基准面”。在打开的“第一参考”对话框中默认选择以“基准面 2”作为“第一参考”，插入与之平行的基准面，在距离文本框中输入“25”，其余参数保持默认值，如图 8-23b 所示。单击按钮，插入“基准面 3”，如图 8-23c 所示。

3）单击“基准面 3”，在弹出的关联菜单中单击草图绘制，即以基准面 3 作为草图绘制平面，如图 8-24a 所示。绘制侧向凸台草图，如图 8-24b 所示。

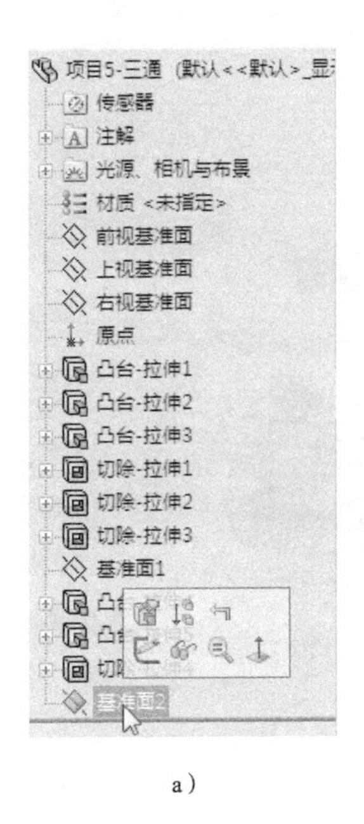

a）

b）

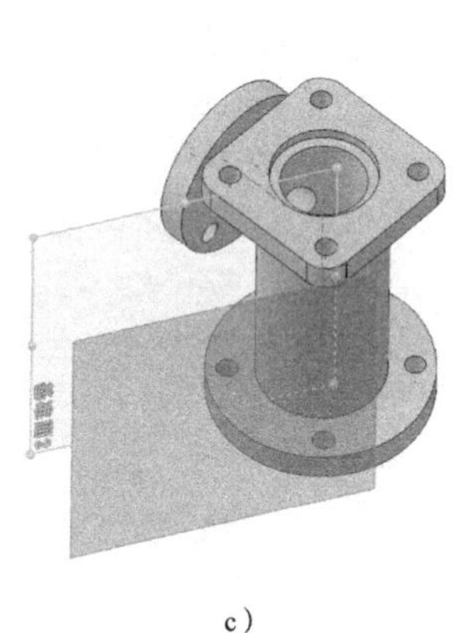

c）

图8-23　插入“基准面3”

a）选择基准面 2　b）基准面编辑对话框　c）完成基准面 3 的插入

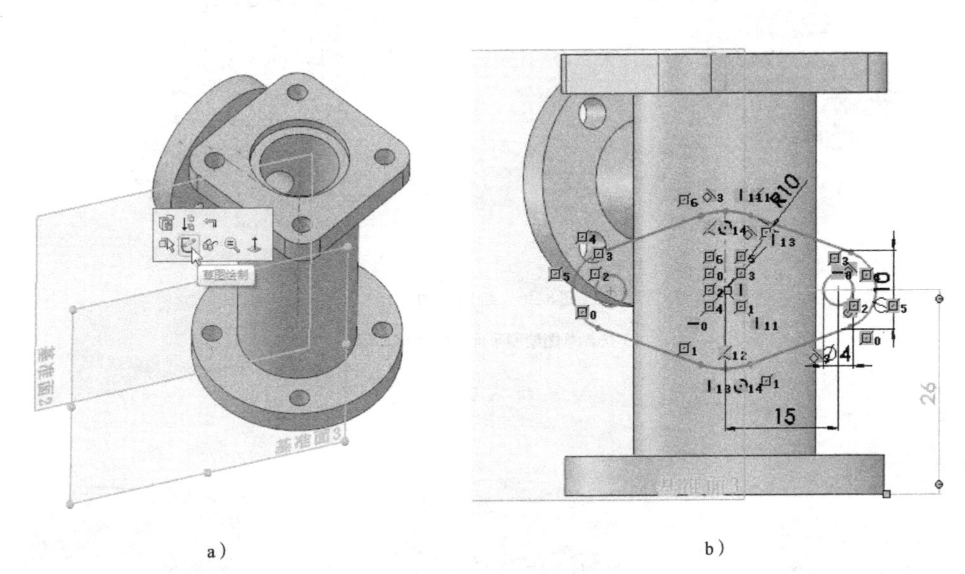

a）　　b）

图8-24　绘制侧向凸台草图

a）选择“基准面 3”　b）绘制草图

4）单击按钮拉伸草图，在“凸台 - 拉伸”对话框的“方向 1”选项区中输入“5”，如图 8-25a 所示，其他选项采用系统默认值。单击按钮，生成实体模型，如图 8-25b 所示。

5）单击外端面，在弹出的关联菜单中单击草图绘制按钮，即以该平面作为草图绘制平面，如图 8-26a 所示。绘制草图，如图 8-26b 所示。

6）单击按钮拉伸草图，在“凸台 - 拉伸”对话框中的“方向 1”下拉列表中选择“成形到一面”，如图 8-27a 所示。再单击圆柱体外表面，如图 8-27b 所示，其他选项采用系统默认值。单击按钮，生成实体模型，如图 8-27c 所示。

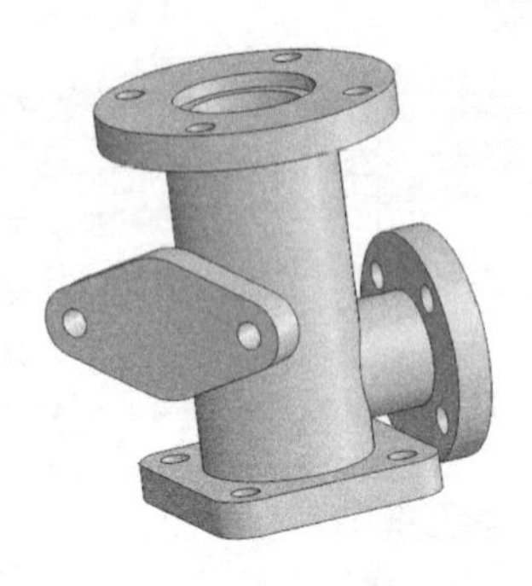

a）　　　　b）

图8-25　拉伸凸台

a）拉伸凸台　b）完成拉伸

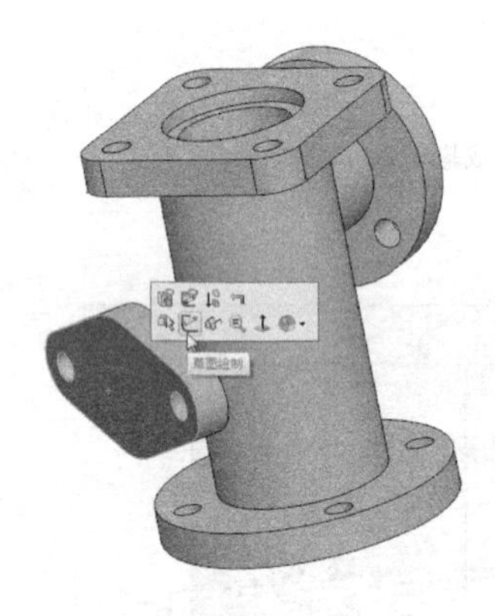

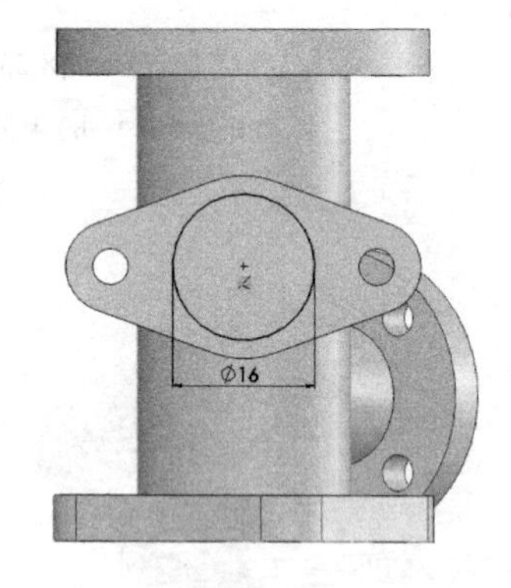

a）　　　　b）

图8-26　绘制草图

a）选择草图绘制平面　b）绘制草图

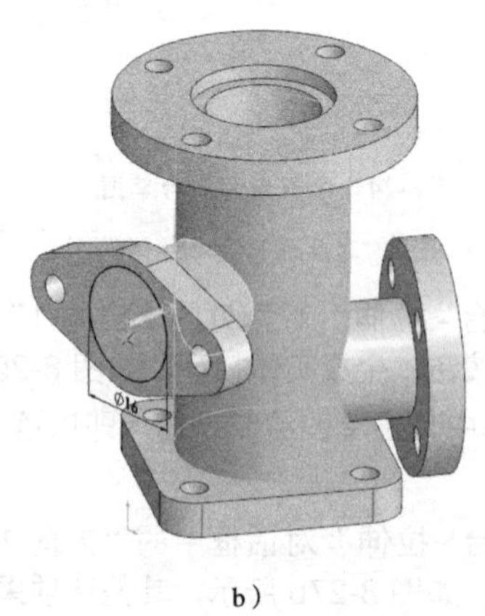

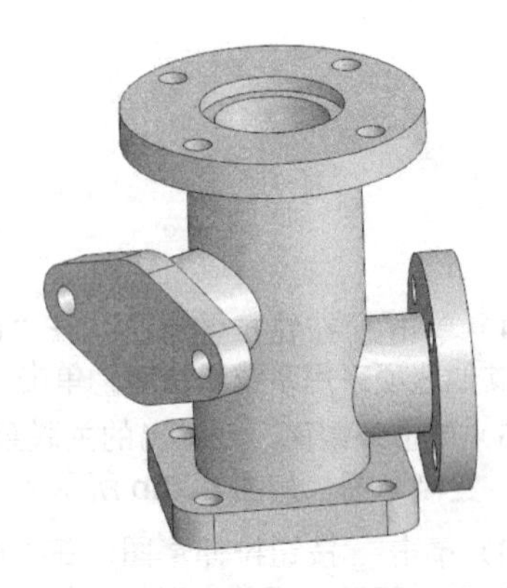

a）　　　　b）　　　　c）

图8-27　拉伸成形

a）“凸台 - 拉伸”对话框　b）选择终止的面　c）拉伸成形

（8）拉伸切除

1）单击凸台外端面，在弹出的关联菜单中单击草图绘制按钮，即以该平面作为草图绘制平面，如图 8-28a 所示。绘制圆柱孔草图，如图 8-28b 所示。

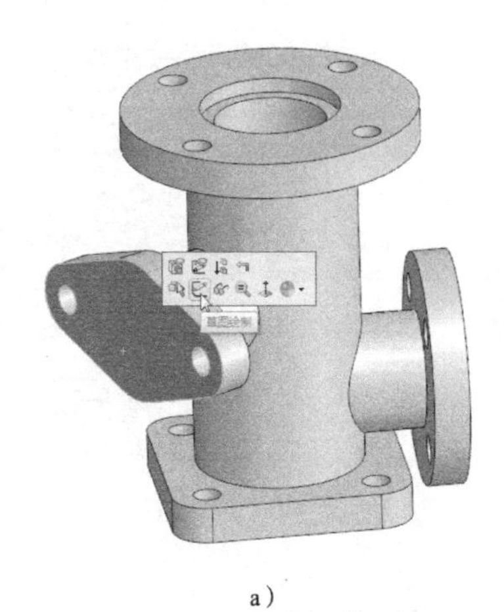

a）

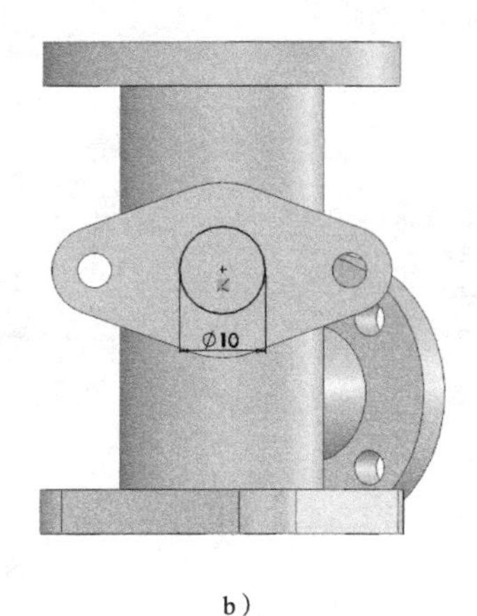

b）

图8-28 绘制孔的草图

a）选择草图绘制平面 b）绘制草图

2）单击拉伸切除按钮，在“切除 - 拉伸”对话框中的“方向 1”下拉列表中选择“成形到下一面”，如图 8-29a 所示，其他选项采用系统默认值。单击按钮，生成实体模型，如图 8-29b 所示。

a）

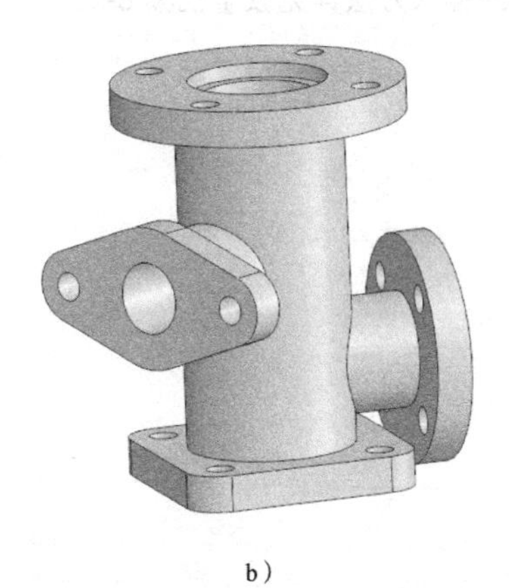

b）

图8-29 拉伸切除得出圆柱孔

a）“切除 - 拉伸”对话框 b）拉伸切除成形

（9）倒圆角

单击圆角按钮，打开“圆角”对话框。在圆角半径文本框中输入“1”，如图 8-30a 所示，再单击所要进行倒圆角的实体边线，如图 8-30b 所示。单击按钮即可得到如图 8-30c 所示的模型。

a）

b）

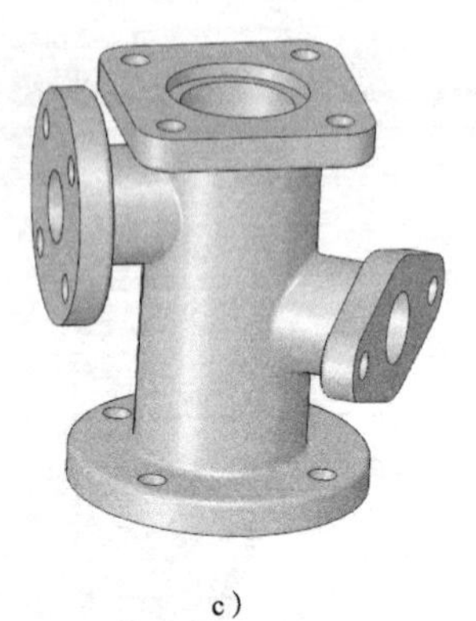

c）

图8-30　倒圆角

a）“圆角”对话框　b）选择需要倒圆角的边线　c）完成倒圆角操作

至此建模完毕，操作全过程可参见教学视频 8-1。

4.项目总结

本项目用到了另一种重要的参考几何体——基准轴。有时在建模过程中，插入合适的基准轴能方便建模操作。基准轴的插入方法详见教学视频 8-2。

项目 9 阶梯轴

【学习目标】

1.掌握旋转成形的建模方法

2.掌握等距拉伸切除的建模方法

3.掌握装饰螺纹的使用方法

【重难点】

在等距拉伸中，确定拉伸的初始位置以及方向。

1.项目说明

在 SolidWorks 软件中建立台阶轴模型，零件图如图 9-1 所示。

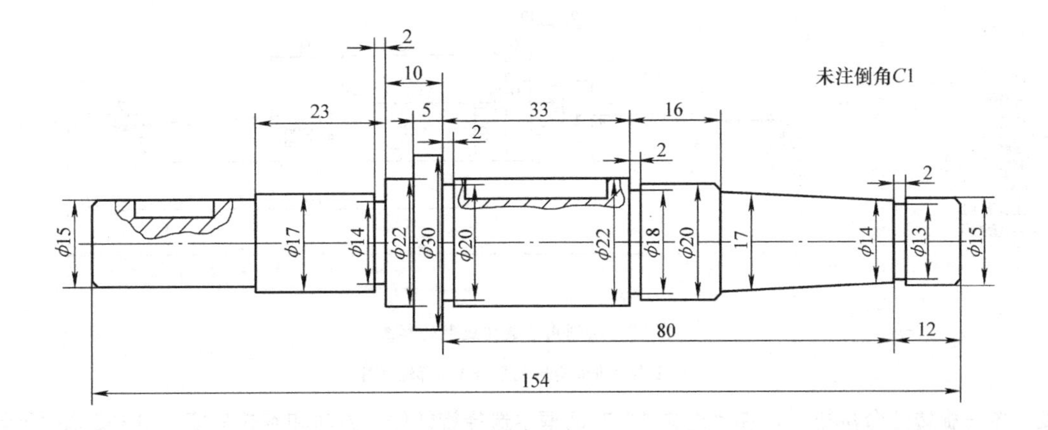

图9-1　台阶轴零件图

2.项目规划

由图 9-1 可知，该零件主体形状属于回转体，其上还有一些细节特征。需要注意的是，在本项目中出现了螺纹特征，在 SolidWorks 中专门提供了装饰螺纹线来表达该特征，希望读者重点掌握。该零件建模的步骤主要分为以下 3 步：

1）利用旋转成形生成阶梯轴的基体。

2）利用拉伸切除制作出键槽。

3）利用倒角、装饰螺纹等特征完成细节建模。

建模整体思路见表 9-1。

表 9-1　建模整体思路

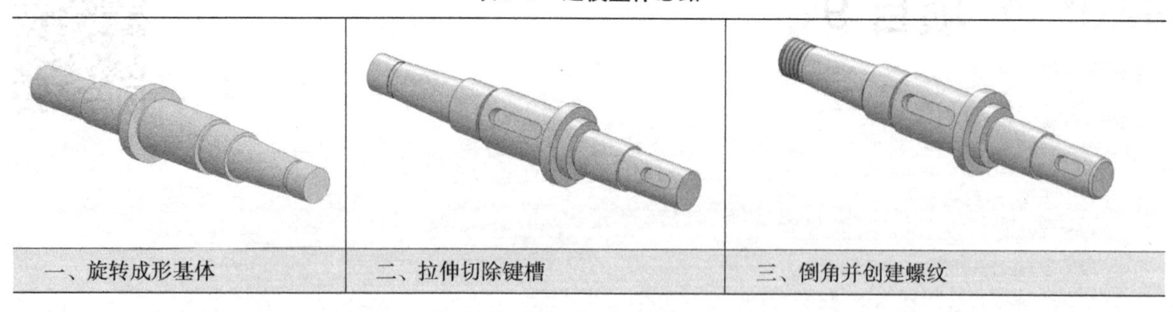

一、旋转成形基体	二、拉伸切除键槽	三、倒角并创建螺纹

3.项目实施

（1）旋转成形基体

1）单击“前视基准面”，在弹出的关联菜单中单击 按钮，如图 9-2a 所示。绘制草图，如图 9-2b 所示。绘制完成后单击 按钮，退出草图绘制环境。

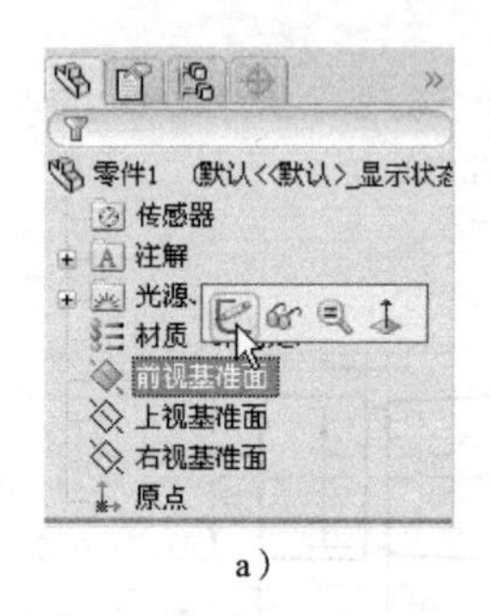

a）

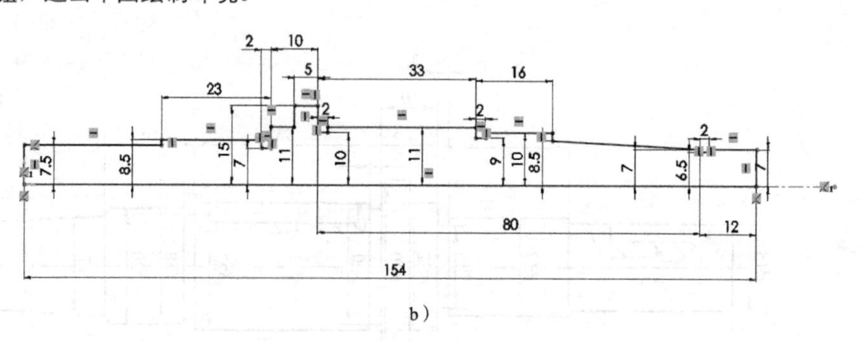

b）

图9-2　绘制用于旋转成形的草图

a）选择基准面绘制草图　b）阶梯轴草图

2）单击旋转凸台按钮 ，在“旋转 1”对话框中选择旋转轴、方向和旋转角度，如图 9-3a 所示，其他选项默认。单击 按钮，生成实体模型，如图 9-3b 所示。

a）

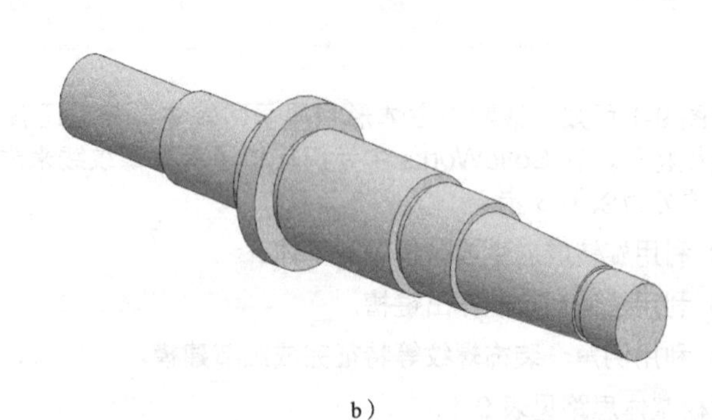

b）

图9-3　旋转成形得到轴基体

a）“旋转 1”对话框　b）完成旋转成形

（2）拉伸切除键槽

1）再次单击“前视基准面”，在弹出的关联菜单中单击按钮，如图 9-4a 所示。绘制草图，如图 9-4b 所示。绘制完成后单击按钮，退出草图绘制环境。

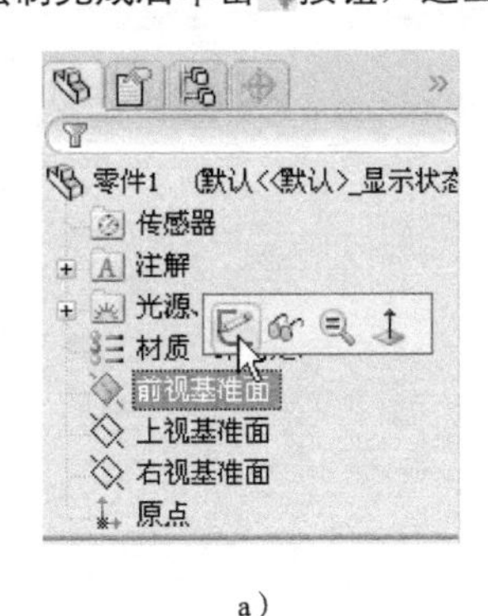

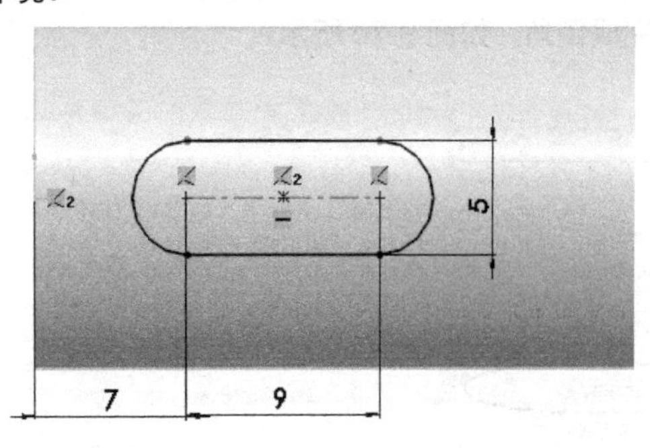

a）　　　　　　b）

图9-4　绘制键槽草图

a）选择基准面绘制草图　b）键槽草图

2）单击拉伸切除按钮，在“切除 - 拉伸 1”对话框的下拉列表中选择“等距”，在文本框中输入“4.5”，如图 9-5a 所示，其他选项默认。单击按钮，生成实体模型，如图 9-5b 所示。

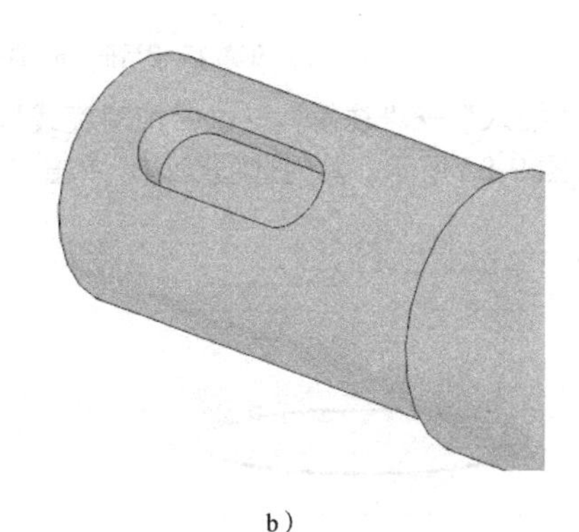

a）　　　　　　b）

图9-5　拉伸切除键槽

a）“切除 - 拉伸 1”对话框　b）完成切除

3）拉伸切除另一个键槽，方法类似上一步，操作结果如图 9-6 所示。

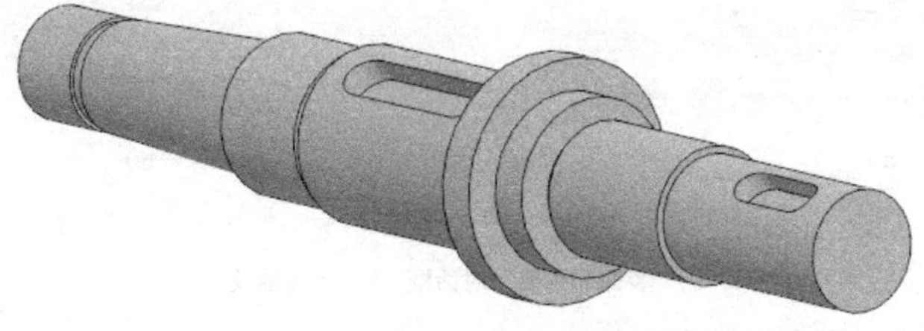

图9-6　切除另一个键槽

（3）倒角并创建螺纹

1）单击倒角按钮，在“倒角 1”对话框中选中“角度距离”单选按钮，在距离和角度栏分别输入“1”和“45”，如图 9-7a 所示，其他选项采用系统默认值。单击所要倒角的边线，如图 9-7b 所示。单击按钮，完成倒角，如图 9-7c 所示。

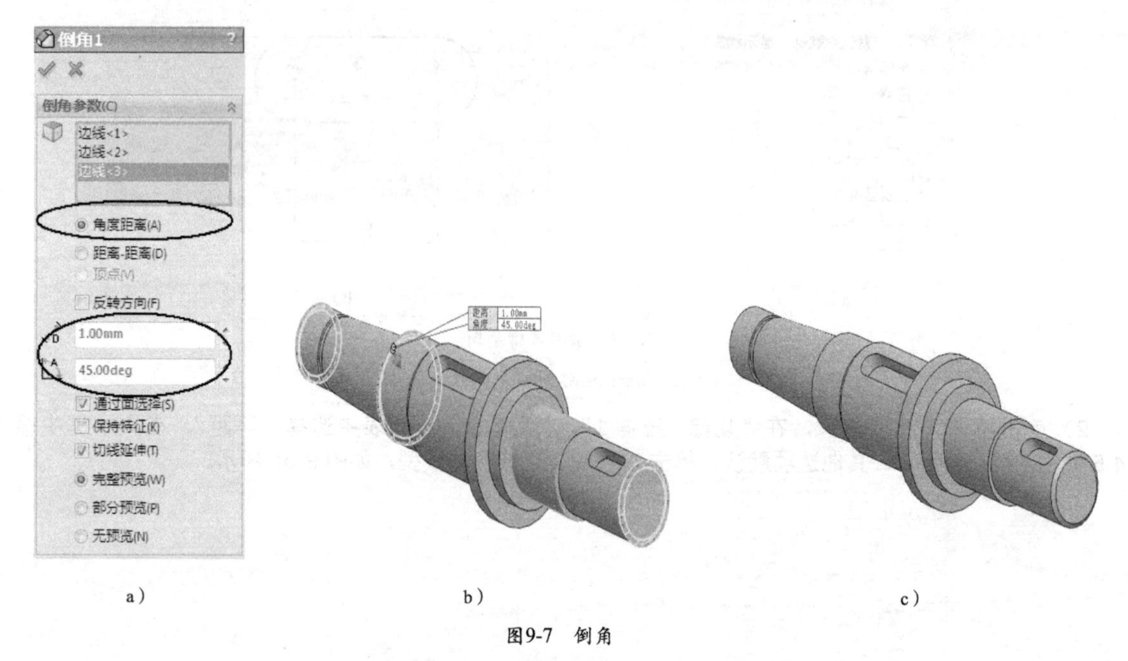

图9-7　倒角

a）“倒角 1”对话框　b）选择需要倒角的边线　c）完成倒角

2）单击“插入”→“注解”→“装饰螺旋线”，在弹出的“装饰螺纹线”对话框中单击边线 1 并输入相关尺寸，如图 9-8a 所示，其他选项默认。单击按钮，生成螺纹特征，如图 9-8b 所示。

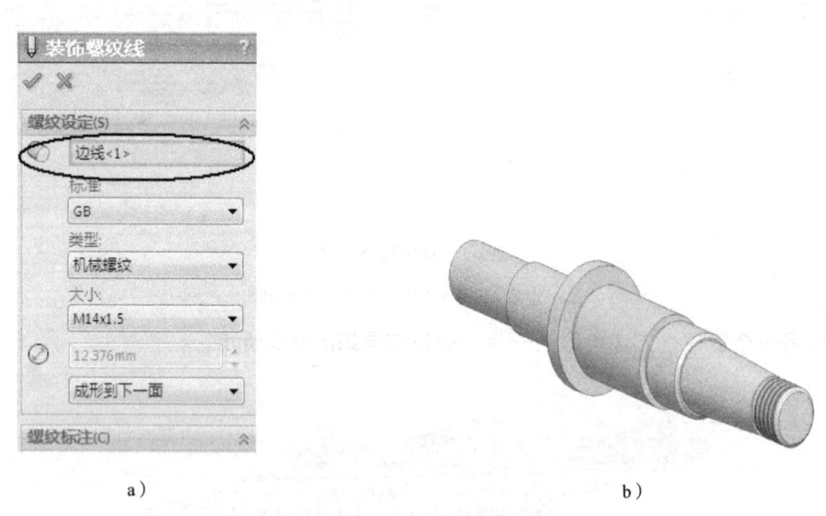

图9-8　添加螺纹特征

a）“装饰螺纹线”对话框　b）生成螺纹

至此建模完毕，操作全过程参见教学视频 9-1。

4.项目总结

本项目用到了一种常见的机械零件特征——装饰螺纹线。这种特征能非常简单、快捷地把机械零件中的螺纹用形象的方法表达出来，非常实用。该特征导出的螺纹画法符合机械制图的相关标准。装饰螺纹线的具体讲解请详见教学视频 9-2。

项目 10 电话机外壳

【学习目标】

1. 掌握抽壳成形工具的使用方法
2. 掌握线性阵列特征的操作方法

【重难点】

抽壳特征在建模过程的顺序很关键，顺序不对模型就会出错。

1.项目说明

在 SolidWorks 软件中建立电话机外壳模型，零件图如图 10-1 所示。

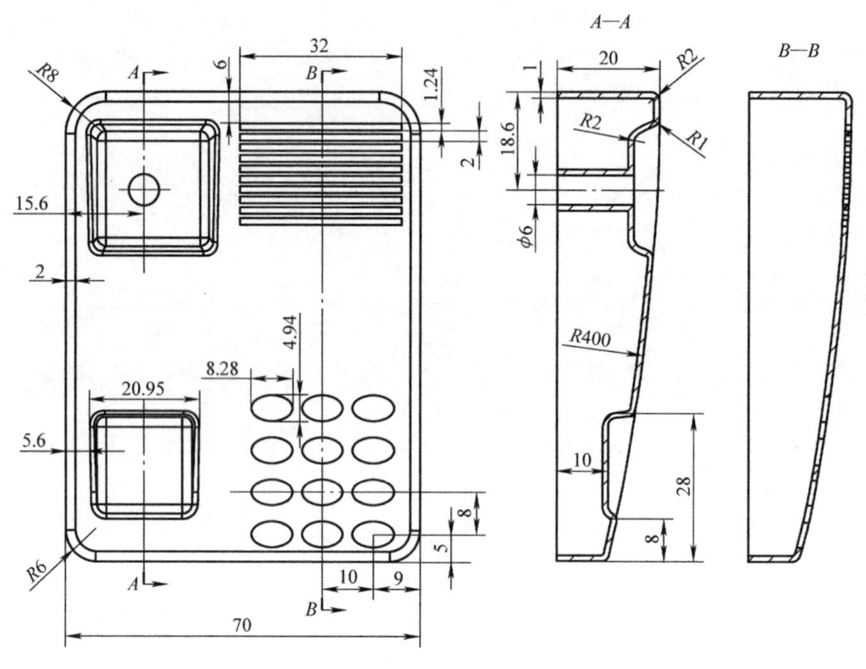

图10-1 电话机外壳零件图

2.项目规划

该零件属于薄壳类零件，这是一种十分典型的零件类型，常见于塑胶产品外壳。此类零件的建模一般用抽壳来实现。该零件建模的步骤如下：

1）利用拉伸创建出基体。

2）利用抽壳创建薄壳零件。

3）创建其他细节特征。

该零件的建模整体思路见表 10-1。

表 10-1　建模整体思路

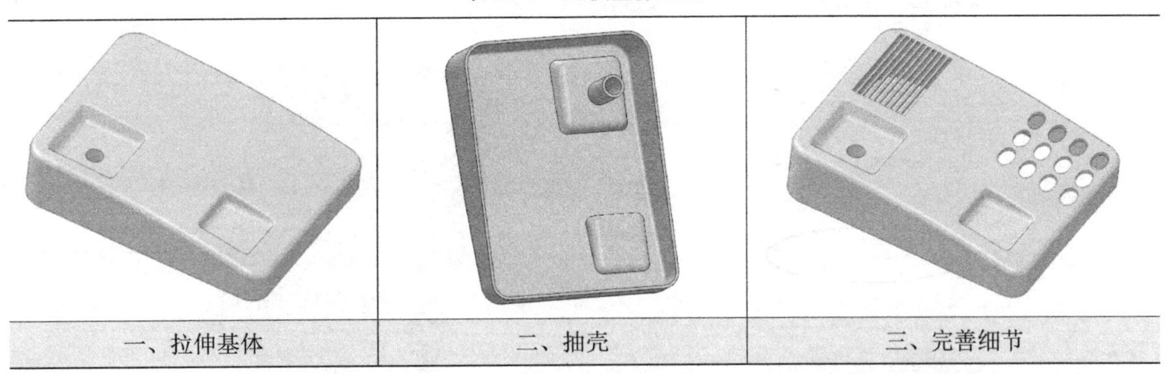

一、拉伸基体	二、抽壳	三、完善细节

3.项目实施

（1）拉伸基体

1）单击“前视基准面”，在弹出的关联菜单中单击按钮，如图 10-2a 所示。绘制草图，如图 10-2b 所示。绘制完成后单击按钮，退出草图绘制环境。

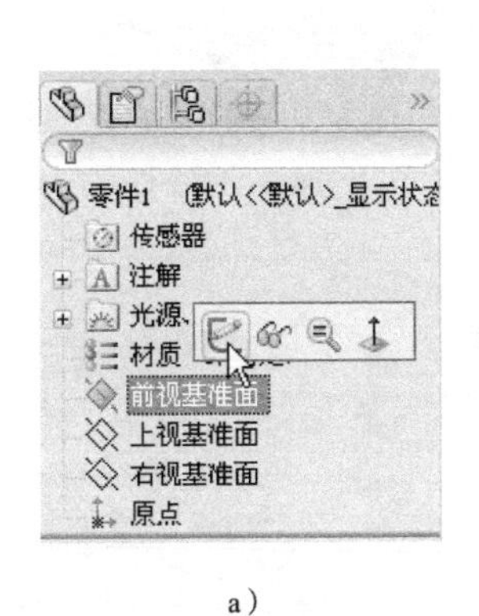

a）

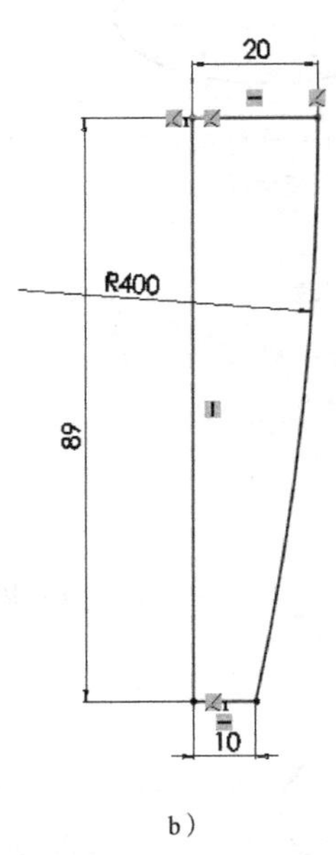

b）

图10-2　基体草图绘制过程

a）选择前视基准面绘制草图　b）基体草图

2）单击拉伸凸台按钮，在“凸台 - 拉伸 1”对话框的“方向 1”选项区中输入“70”，如图 10-3a 所示，其他选项默认。单击按钮，生成实体模型，如图 10-3b 所示。

3）单击圆角按钮，在弹出的“圆角 1”对话框中选择所要进行倒圆角的面并输入圆角半径值“2”，如图 10-4a 所示。单击按钮，生成圆角特征，如图 10-4b 所示。

4）再次单击圆角按钮，在弹出的“圆角 2”对话框中选择所要进行倒圆角的边线并输入圆角半径值“8”，如图 10-5a、b 所示。单击按钮，生成圆角模型，如图 10-5c 所示。

a）

b）

图10-3　拉伸基体成形

a）“凸台 - 拉伸 1” 对话框　b）基体成形

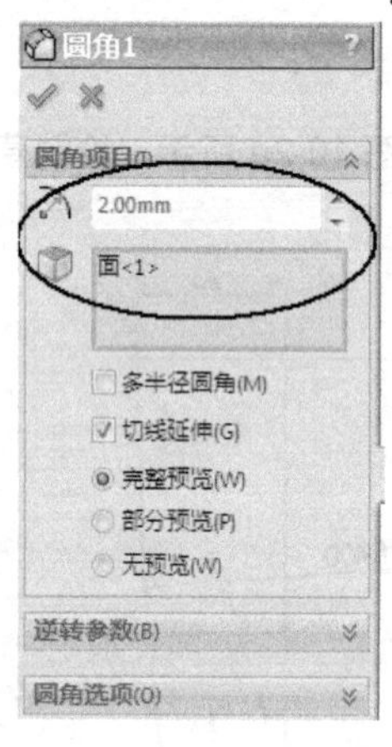

a）

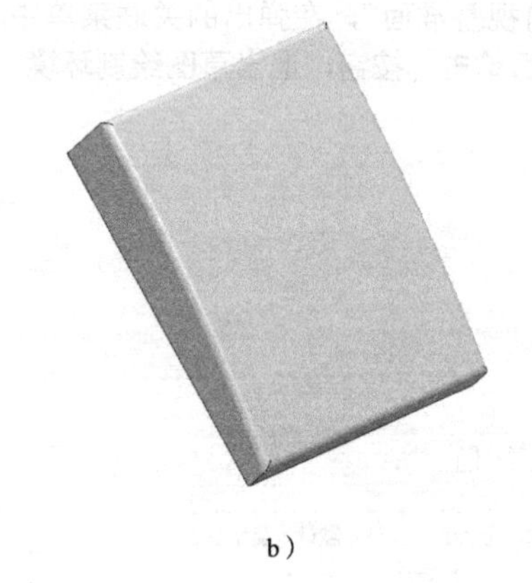

b）

图10-4　倒圆角

a）“圆角 1” 对话框　b）圆角成形

a）

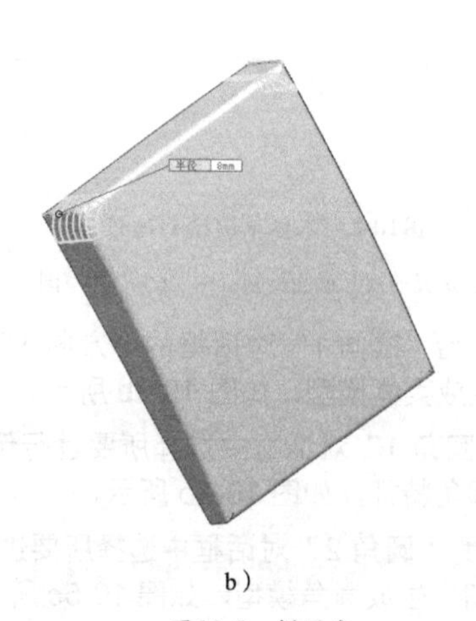

b）

c）

图10-5　倒圆角

a）“圆角 2” 对话框　b）圆角编辑状态　c）圆角成形

5）再次单击圆角按钮，在“圆角 3”对话框中选择所要进行倒圆角的边线并输入圆角半径值“6”，如图 10-6a、b 所示。单击按钮生成圆角模型，如图 10-6c 所示。

a）

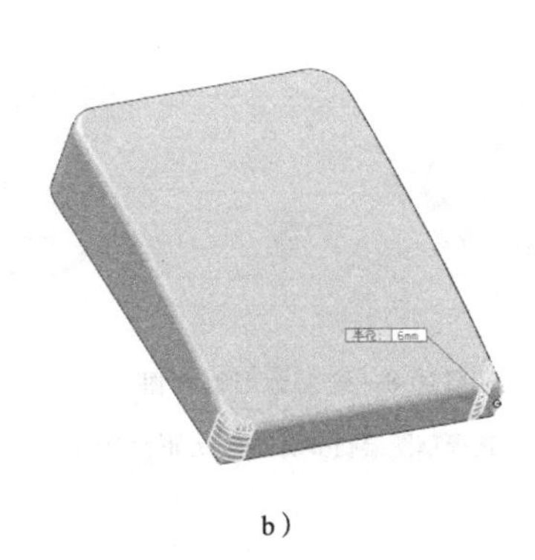

b）

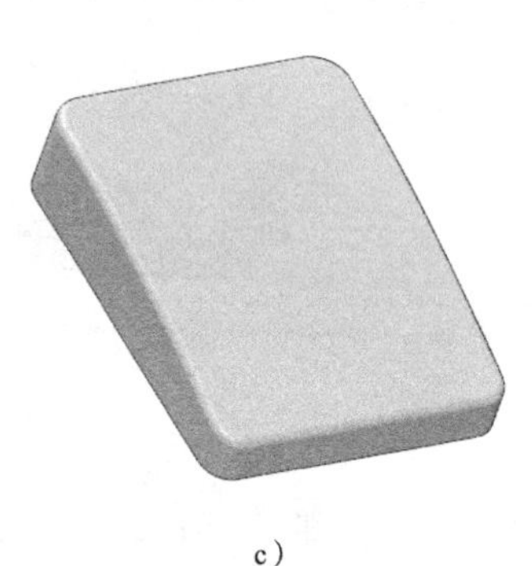

c）

图10-6　倒圆角

a）“圆角 3”对话框　b）圆角编辑状态　c）圆角成形

6）下面需要插入新的基准面，该“基准面”需要与底面平行，并与之相距 20mm。单击下底面，再单击“插入”→“参考几何体”→“基准面”，在弹出的“基准面 1”对话框中的距离栏输入“20”，其他选项默认。单击按钮，生成基准面 1 的插入，如图 10-7 所示。

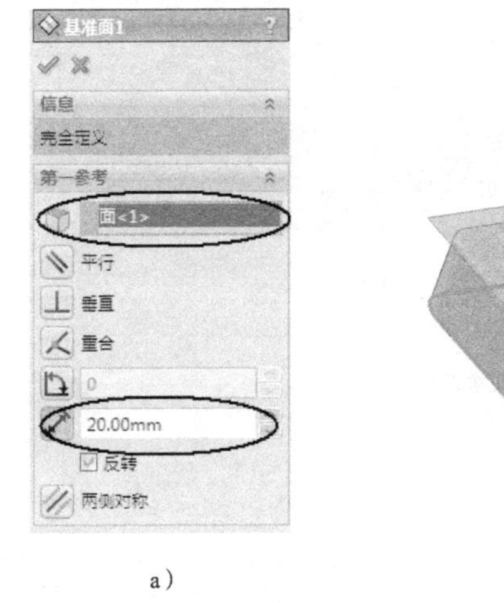

a）

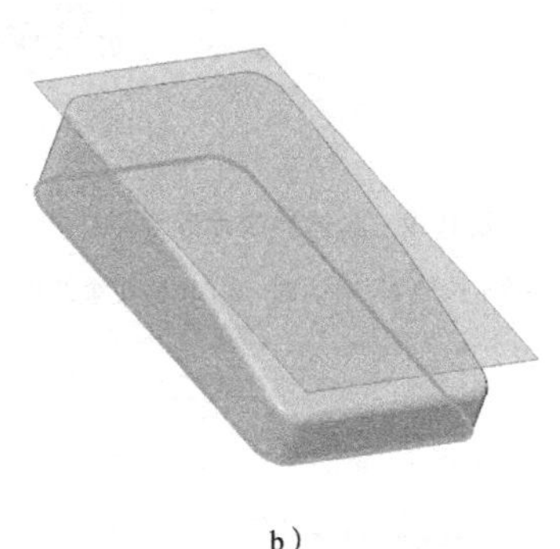

b）

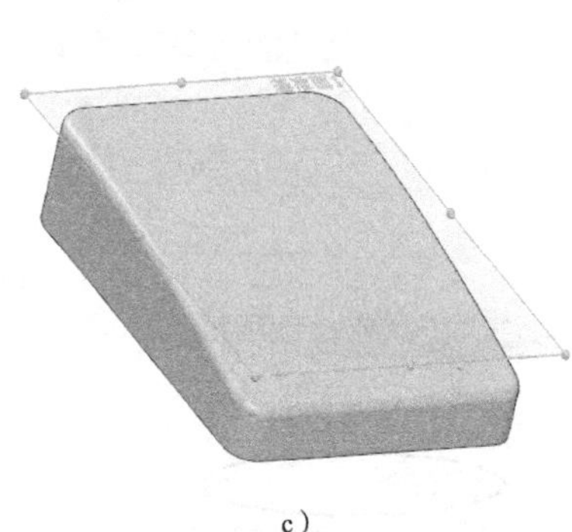

c）

图10-7　插入基准面1

a）“基准面 1”对话框　b）基准面编辑状态　c）完成基准面 1 的插入

7）单击基准面 1，在弹出的快捷菜单中单击按钮，如图 10-8a 所示。绘制草图，如图 10-8b 所示。绘制完成后单击按钮，退出草图绘制环境。

8）单击拉伸切除按钮，在“切除 - 拉伸 1”对话框中输入拉伸深度“5”，并且输入拔模角度“22”，如图 10-9a 所示，其他选项采用系统默认值。单击按钮，生成实体模型，如图 10-9b 所示。

9）单击圆角按钮，在弹出的“圆角 4”对话框中选择所要进行倒圆角的边线并输入圆角半径“2”，如图 10-10a、b 所示。单击按钮，生成圆角特征，如图 10-10c 所示。

10）单击圆角按钮，在“圆角 5”对话框中选择所要进行倒圆角的边线并输入圆角半径“1”，如图 10-11a、b 所示。单击按钮，生成圆角特征，如图 10-11c 所示。

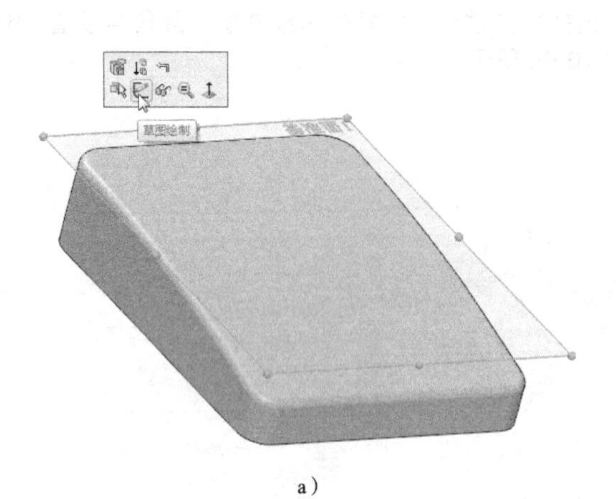

a）

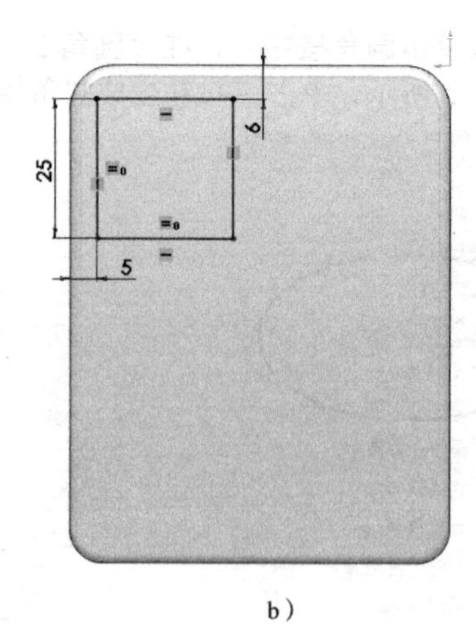

b）

图10-8　绘制方形台草图

a）选择草图绘制平面　b）方形台草图

a）

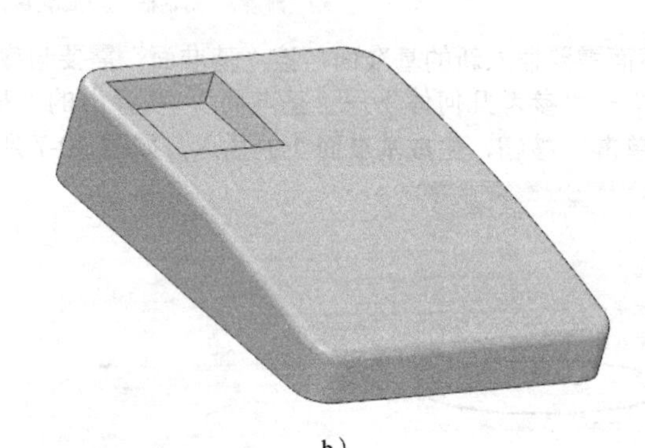

b）

图10-9　拉伸切除方形台

a）“切除 - 拉伸 1”对话框　b）拉伸切除成形

a）

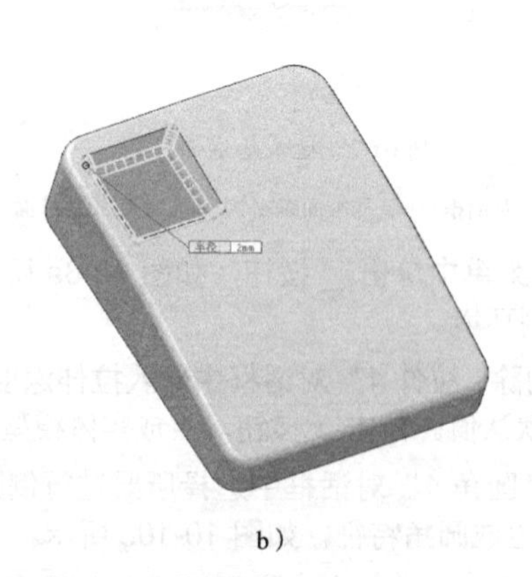

b）

c）

图10-10　倒圆角

a）“圆角 4”对话框　b）圆角编辑状态　c）圆角成形

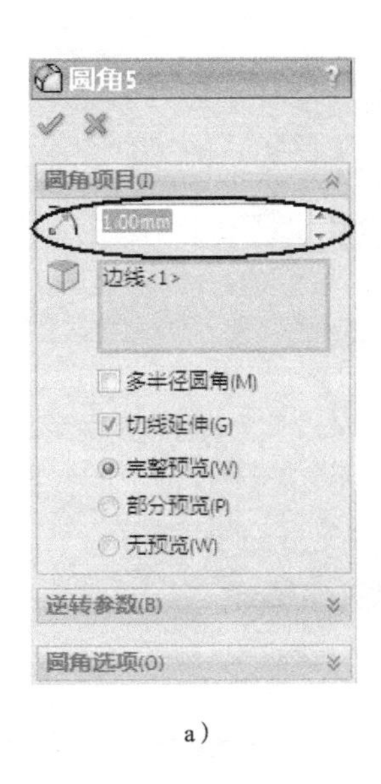

a）

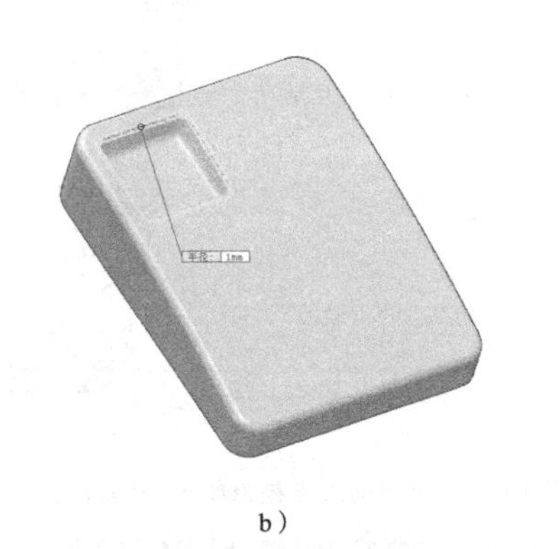

b）

c）

图10-11　倒圆角

a）“圆角 5” 对话框　b）圆角编辑状态　c）圆角成形

11）单击方形上表面，在弹出的关联菜单中单击按钮，即以该平面作为草图绘制平面，如图 10-12a 所示。绘制草图，如图 10-12b 所示。绘制完成后单击按钮，退出草图绘制环境。

a）

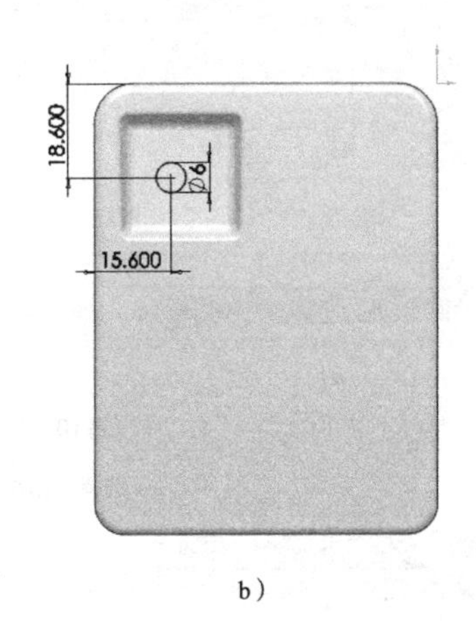

b）

图10-12　绘制圆柱孔草图

a）选择草图绘制平面　b）圆柱孔草图

12）单击拉伸切除按钮，在“切除 - 拉伸 2”对话框中的“方向 1”的下拉列表中选择“完全贯穿”，如图 10-13a 所示，其他选项采用系统默认值。单击按钮，生成实体模型，如图 10-13b 所示。

13）再次单击“基准面 1”，在弹出的下拉菜单中单击按钮，如图 10-14a 所示。绘制草图，如图 10-14b 所示。绘制完成后单击按钮，退出草图绘制环境。

14）单击拉伸切除按钮，在“切除 - 拉伸 3”对话框中的“方向 1”选项区输入“5”，并且输入拔模角度值“5”，如图 10-15a 所示，其他选项采用系统默认值。单击按钮，生成实体模型，如图 10-15b 所示。

15）单击圆角按钮，在“圆角 6”对话框中选择所要进行倒圆角的边线并输入圆角半径“2”，如图 10-16a、b 所示。单击按钮生成圆角特征，如图 10-16c 所示。

16）单击圆角按钮，在“圆角 7”对话框中选择所要进行倒圆角的边线并输入圆角半径“1”，如图 10-17a、b 所示。单击按钮，生成圆角特征，如图 10-17c 所示。

a）　b）

图10-13　拉伸切除直径为ϕ6mm的圆柱孔

a）“切除-拉伸2”对话框　b）拉伸切除成形

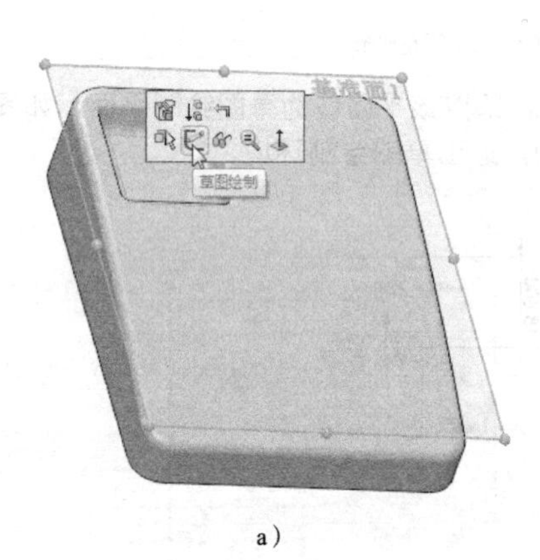

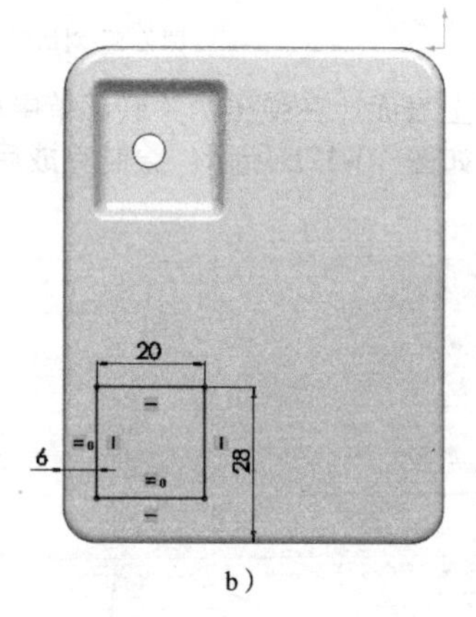

a）　b）

图10-14　绘制方形台草图

a）选择草图绘制平面　b）方形台草图

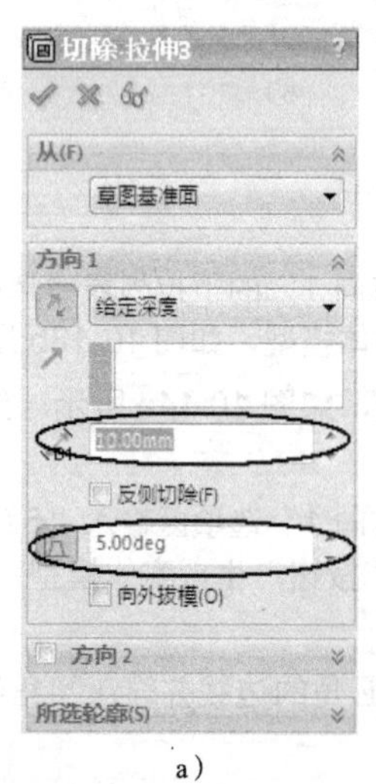

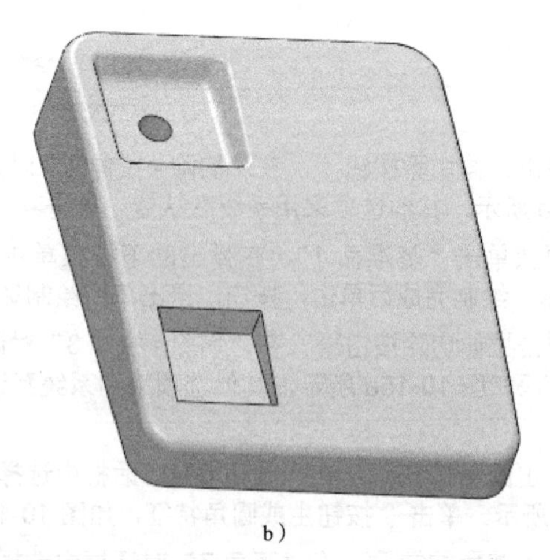

a）　b）

图10-15　拉伸切除方形台

a）“切除-拉伸3”对话框　b）拉伸切除成形

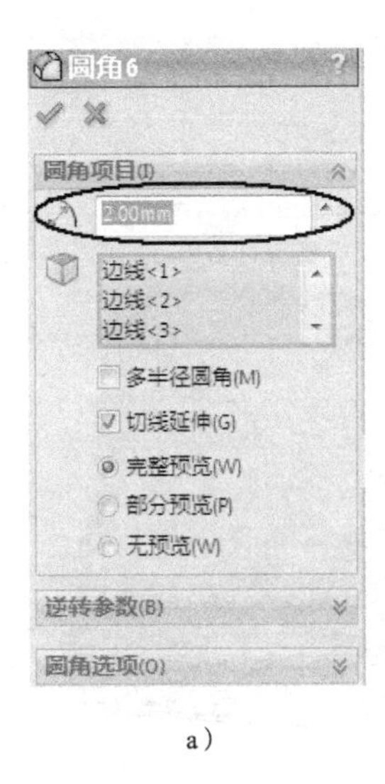

a）

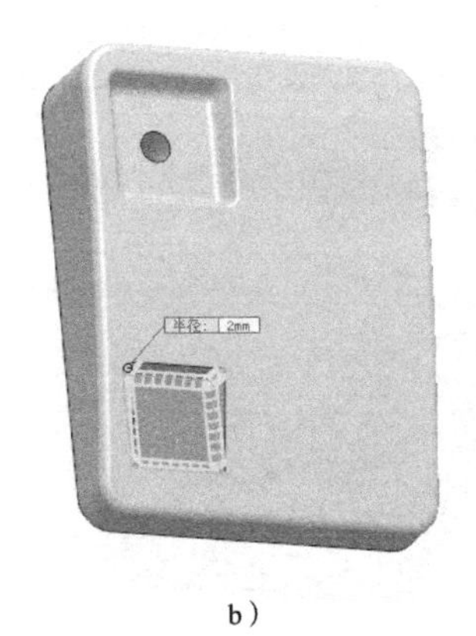

b）

c）

图10-16　倒圆角

a）“圆角 6” 对话框　b）圆角编辑状态　c）圆角成形

a）

b）

c）

图10-17　倒圆角

a）“圆角 7” 对话框　b）圆角编辑状态　c）圆角成形

（2）抽壳

单击抽壳按钮，在弹出的“抽壳 1”对话框中输入壳厚值“1”，如图 10-18a 所示。单击所要抽壳的面，如图 10-18b 所示。单击按钮，即得抽壳模型，如图 10-18c 所示。

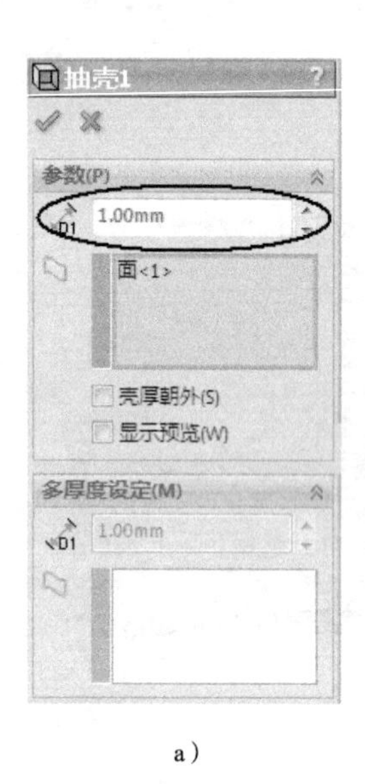

a）

b）

c）

图10-18　抽壳

a）“抽壳 1” 对话框　b）选择抽壳面　c）抽壳最终效果

（3）完善细节

1）再次单击“基准面 1”，在弹出的关联菜单中单击按钮，如图 10-19a 所示。绘制草图，如图 10-19b 所示。绘制完成后单击按钮，退出草图绘制环境。

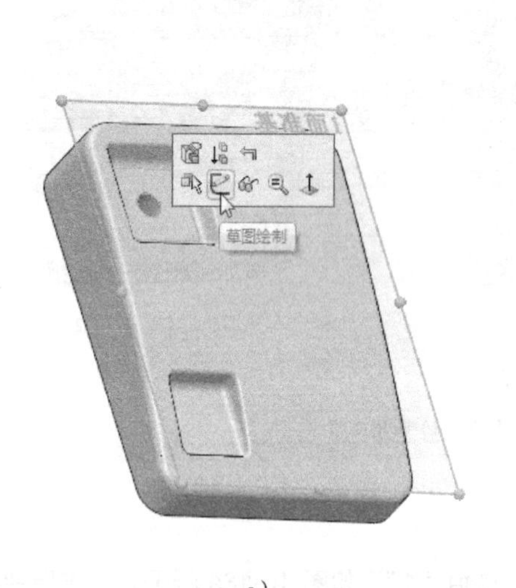

a）

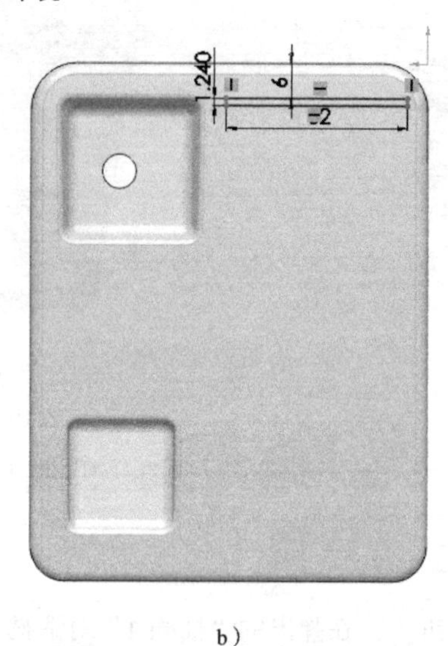

b）

图10-19　绘制矩形草图

a）选择草图平面　b）矩形草图

2）单击拉伸切除按钮，在“切除 - 拉伸 4”对话框的下拉列表中选择“完全贯穿”，如图 10-20a 所示，其他选项采用系统默认值。单击按钮，生成矩形孔特征，如图 10-20b 所示。

3）单击线性阵列按钮，在“阵列（线性）1”对话框中选择所要阵列的特征和方向，如图 10-21a 所示，其他选项采用系统默认值。单击按钮，即得线性阵列效果，如图 10-21b 所示。

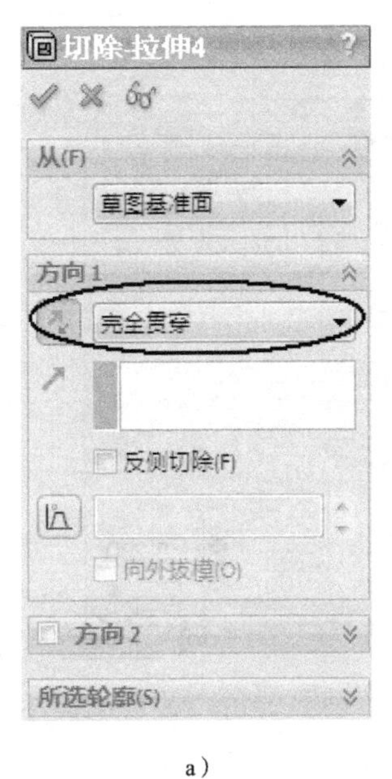

a）

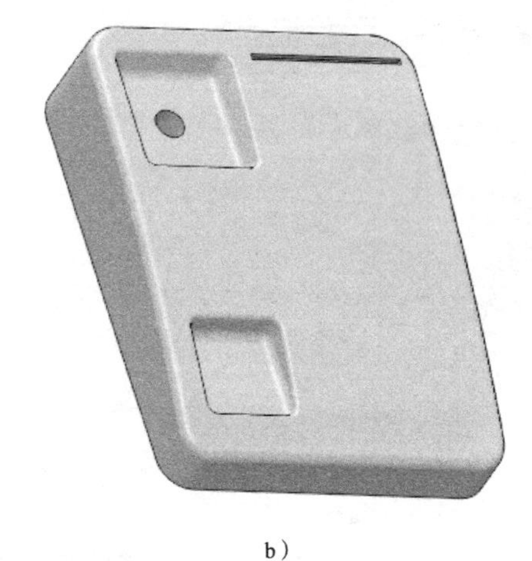

b）

图10-20　拉伸切除矩形孔

a）“切除 - 拉伸 4” 对话框　b）拉伸切除成形

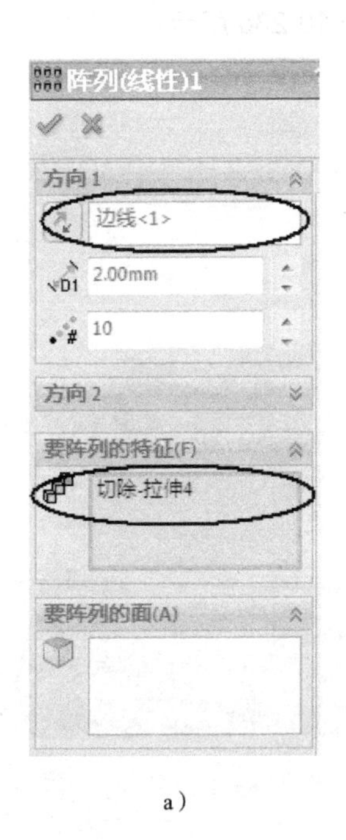

a）

b）

图10-21　阵列矩形孔

a）“阵列（线性）1” 对话框　b）阵列成形

4）再次单击“基准面 1”，在弹出的快捷菜单中单击按钮，如图 10-22a 所示。绘制草图，如图 10-22b 所示。绘制完成后单击按钮，退出“草图绘制”环境。

a）

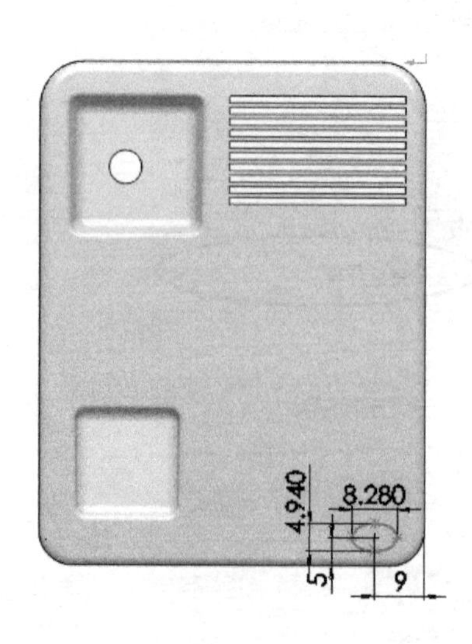

b）

图10-22　绘制椭圆草图

a）选择草图平面　b）椭圆草图

5）单击拉伸切除按钮，在“切除 - 拉伸 5”对话框的下拉列表中选择“完全贯穿”，如图 10-23a 所示，其他选项采用系统默认值。单击按钮，生成实体模型，如图 10-23b 所示。

a）

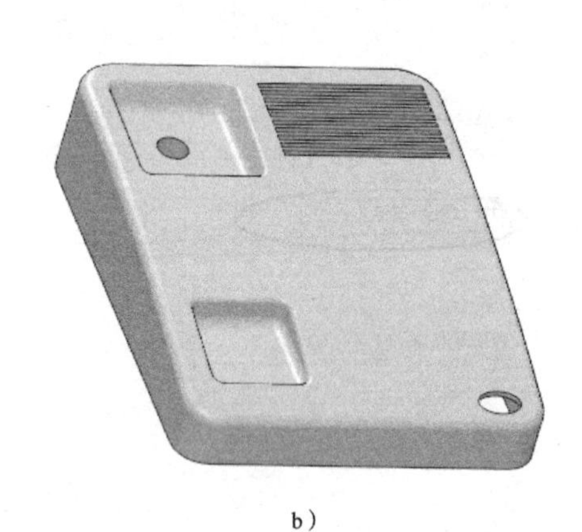

b）

图10-23　拉伸切除椭圆孔

a）“切除 - 拉伸 5”对话框　b）拉伸切除成形

6）单击线性阵列按钮，在“阵列（线性）2”对话框中选择所要阵列的特征和方向，如图 10-24a 所示，其他选项采用系统默认值。单击按钮，生成椭圆孔线性阵列，如图 10-24b 所示。

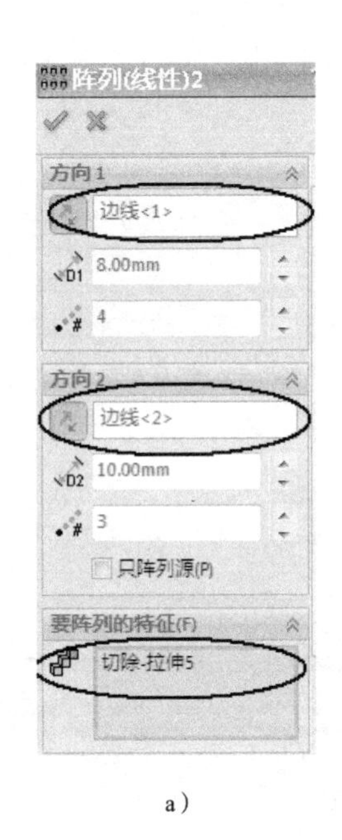

a）

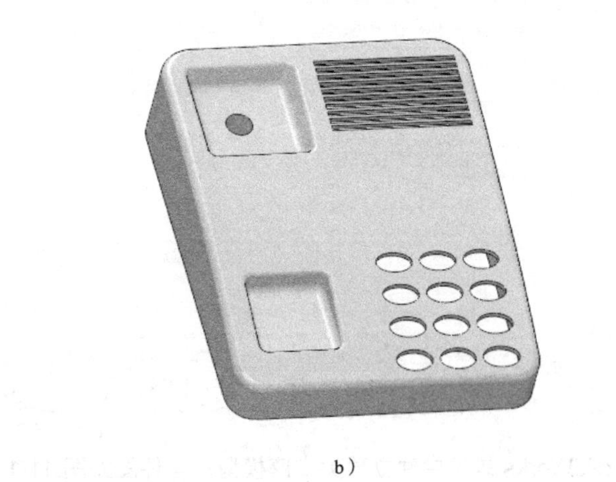

b）

图10-24　阵列椭圆孔

a）“阵列（线性）2”对话框　b）阵列成形

至此建模完毕，操作全过程参见教学视频 10-1。

4.项目总结

本项目用到了抽壳特征，这是一个非常适用于塑胶薄壳类零件建模的工具，更多相关介绍详见教学视频 10-2。

项目 11 顶尖支座

【学习目标】

1. 掌握多实体建模方法
2. 掌握组合特征的使用方法
3. 掌握异形孔工具的使用方法

【重难点】

对于形状较为复杂的几何形体，利用普通的成形方法很难实现一次建模，可以考虑通过对多个实体求并集、交集或差集等操作方法来得到。

1.项目说明

在 SolidWorks 软件中建立顶尖支座模型，零件图如图 11-1 所示。

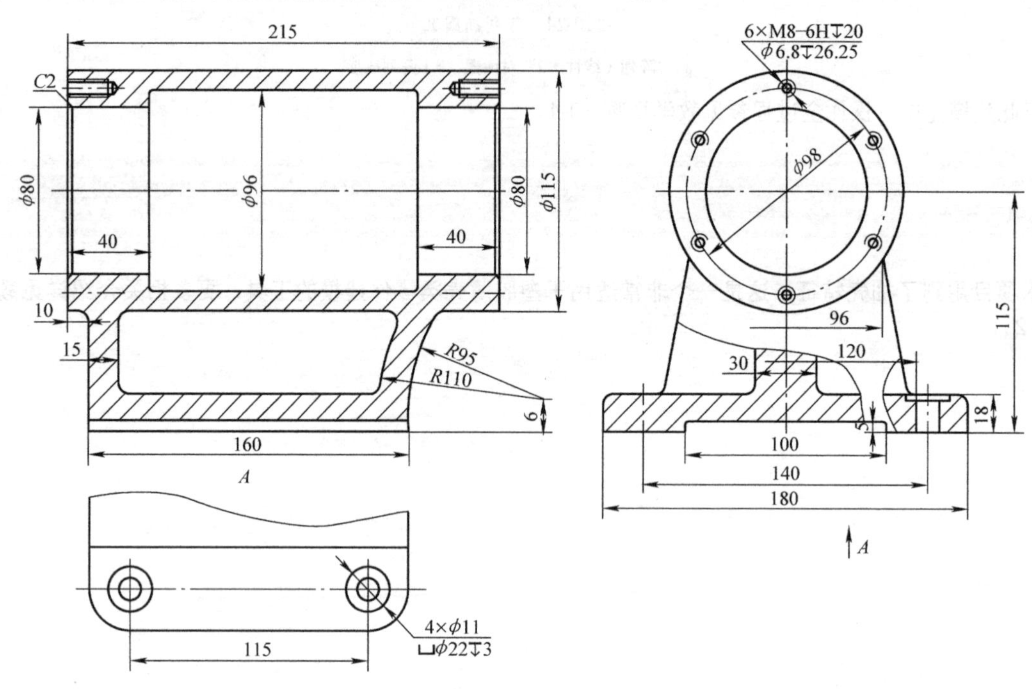

图11-1　顶尖支座

2.项目规划

该零件支座部分的形状比较复杂，很难一次拉伸成形，因此考虑采用多实体组合的方式进行建模，主要步骤如下：

1）利用拉伸创建零件主体的基本形体。

2）利用拉伸切除和多实体组合创建支座的形体。

3）添加筋。

4）利用拉伸创建底板。

5）利用旋转切除创建孔。

6）利用圆角、异形孔等工具完善细节。

建模整体思路见表 11-1。

表 11-1　建模整体思路

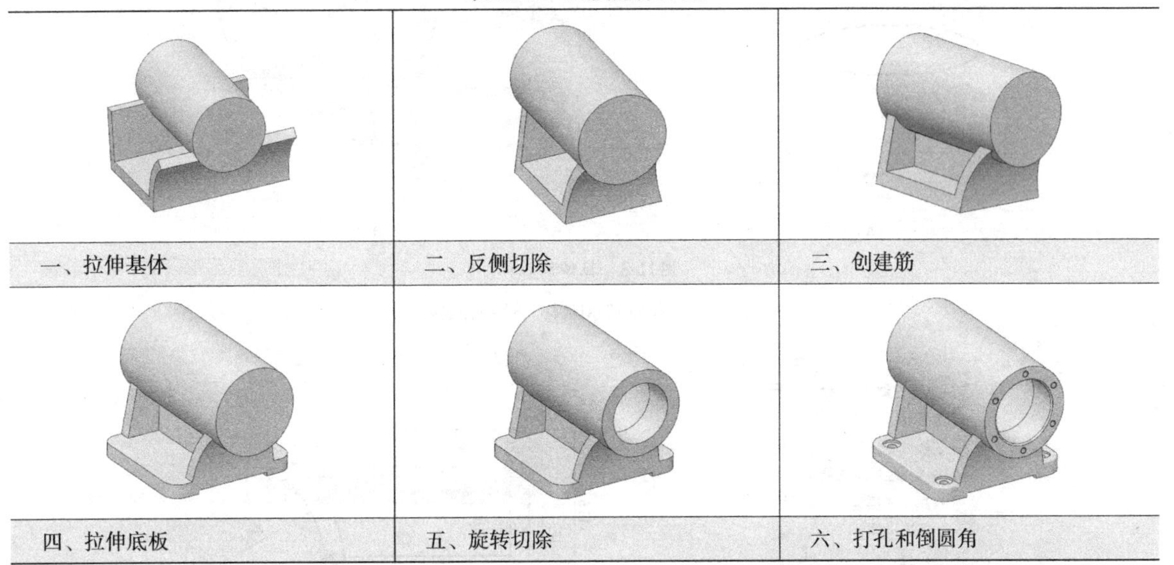

3.项目实施

（1）拉伸基体

1）单击“前视基准面”，在弹出的关联菜单中单击按钮，如图 11-2a 所示。绘制圆柱体草图，如图 11-2b 所示。绘制完成后单击按钮，退出“草图绘制”环境。

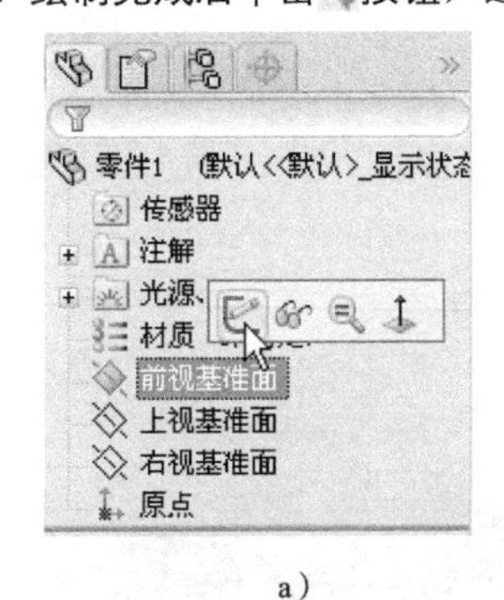

a）

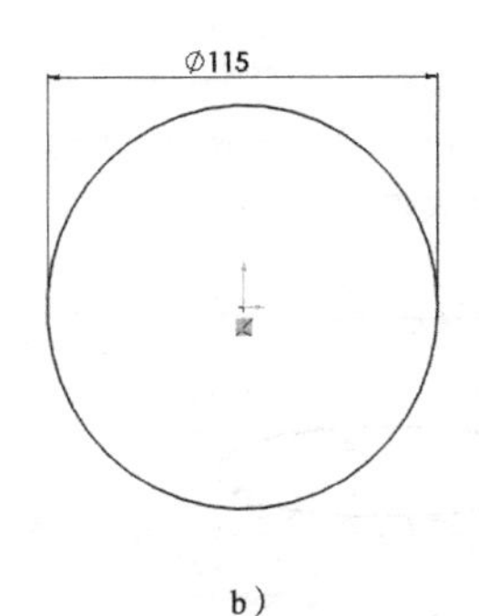

b）

图11-2　绘制圆柱体草图

a）选择前视基准面绘制草图　b）圆柱体草图

2）单击拉伸凸台按钮，在“凸台 - 拉伸 1”对话框中的“方向 1”选项区中输入“215”，如图 11-3a 所示，其他选项采用系统默认值。单击按钮，生成实体模型，如图 11-3b 所示。

3）单击“右视基准面”，在弹出的关联菜单中单击按钮，如图 11-4a 所示。绘制支架草图，如图 11-4b 所示。绘制完成后单击按钮，退出草图绘制环境。

a）

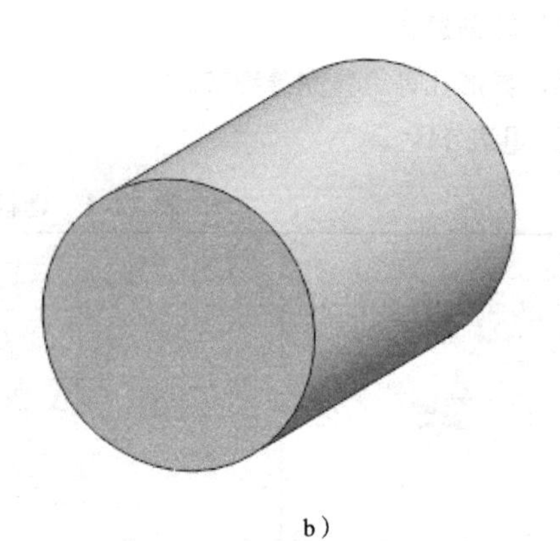

b）

图11-3　拉伸圆柱体

a）“凸台 - 拉伸 1” 对话框　b）拉伸成形

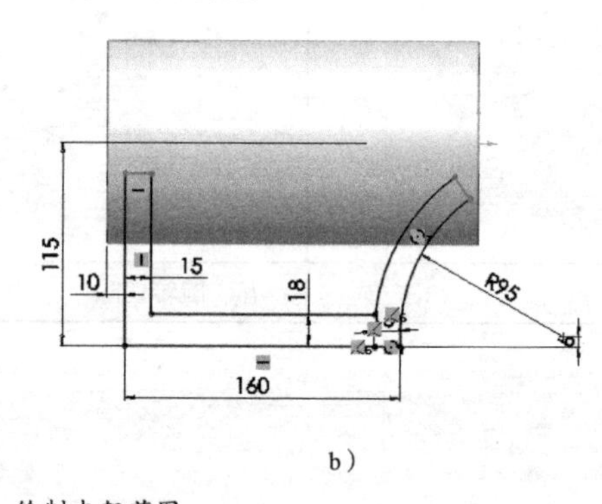

a）

b）

图11-4　绘制支架草图

a）选择草图绘制平面　b）支架草图

4）单击拉伸凸台按钮，在“凸台 - 拉伸 2”对话框中的“方向 1”下拉列表中选择“两侧对称”，并输入长度值“215”，如图 11-5a 所示。注意：此处不能选中“合并结果”复选框。单击按钮，生成实体模型，如图 11-5b 所示。

a）

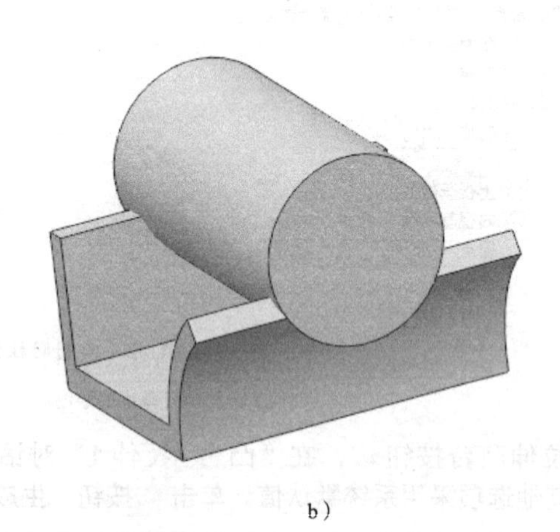

b）

图11-5　拉伸支架

a）“凸台 - 拉伸 2” 对话框　b）拉伸成形

（2）反侧切除

1）单击“前视基准面”，在弹出的关联菜单中单击按钮，如图 11-6a 所示。绘制草图，如图 11-6b 所示。绘制完成后单击按钮，退出草图绘制环境。

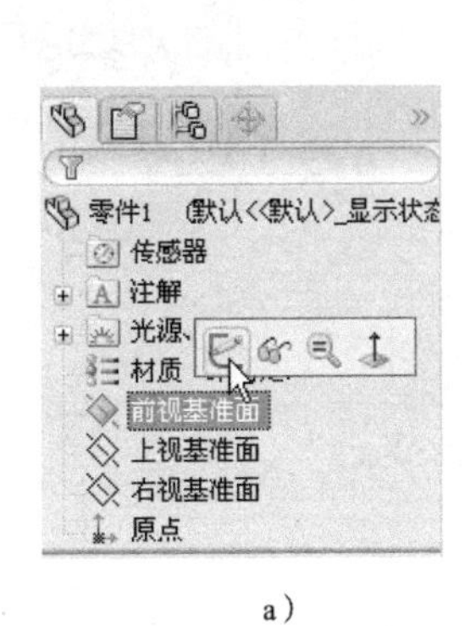

a）

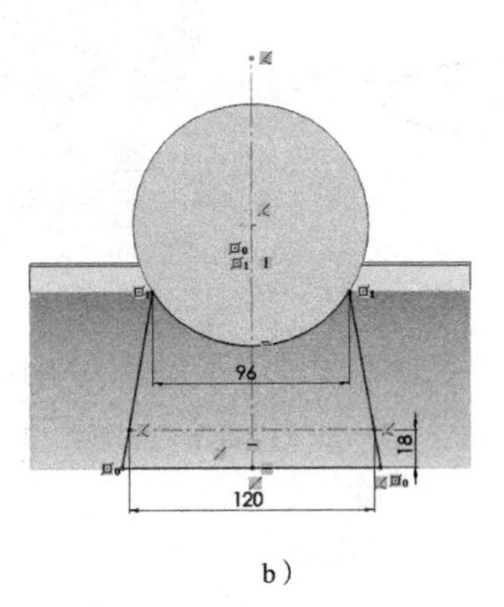

b）

图11-6 绘制反侧切除草图

a）选择草图绘制平面 b）绘制草图

2）单击拉伸切除按钮，在“切除 - 拉伸 1”对话框“方向 1”选项区的下拉列表框中选择“完全贯穿”并选中“反侧切除”复选框，在下方的“特征范围”选项区中选中“所选实体”单选按钮，如图 11-7a 所示。单击上一步拉伸形成的实体，如图 11-7b 所示。单击按钮，即得实体模型，如图 11-7c 所示。

a）

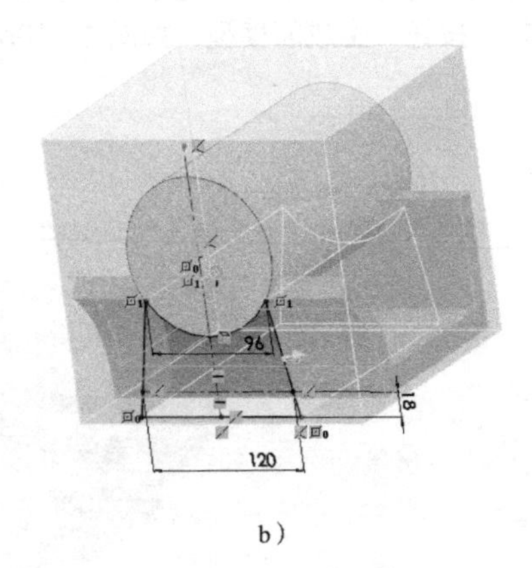

b）

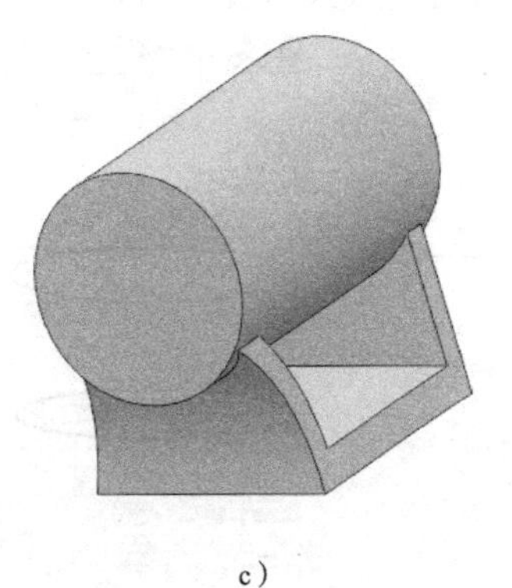

c）

图11-7 拉伸切除

a）“切除 - 拉伸 1”对话框 b）选择实体 c）拉伸切除成形

3）单击“插入”→“特征”→“组合”，选择所要组合的实体，如图 11-8a、b 所示。单击按钮，完成组合操作，如图 11-8c 所示。

a）

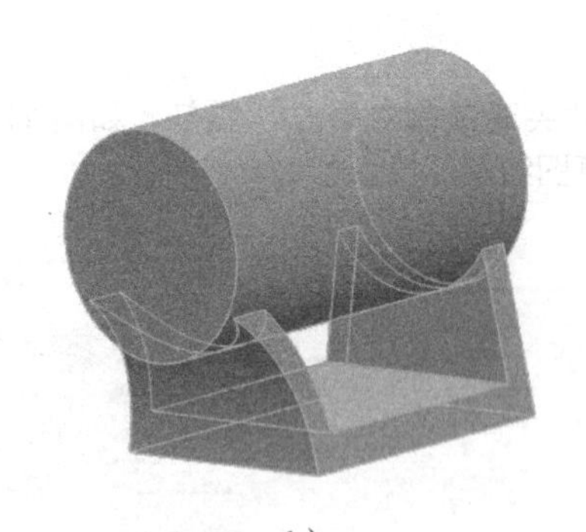

b）

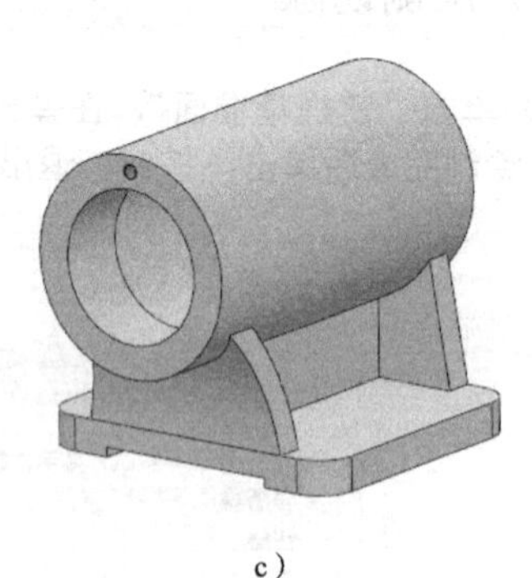

c）

图11-8 组合实体

a）“组合 1”对话框 b）选择要组合的实体 c）组合完成

（3）创建筋

1）单击“右视基准面”，在弹出的关联菜单中单击按钮，如图 11-9a 所示。绘制直线，如图 11-9b 所示。绘制完成后单击按钮，退出草图绘制环境。

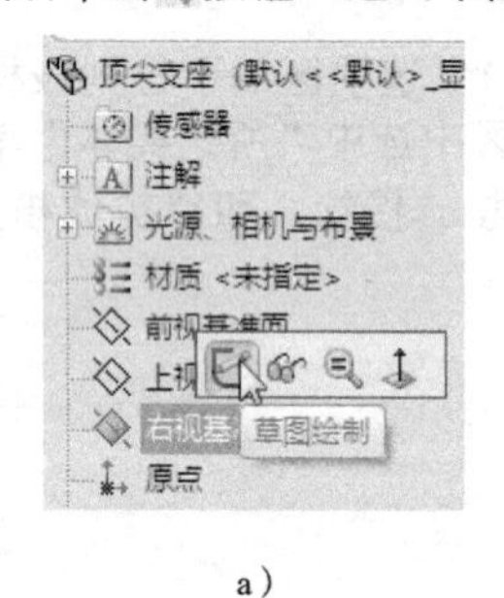

a）

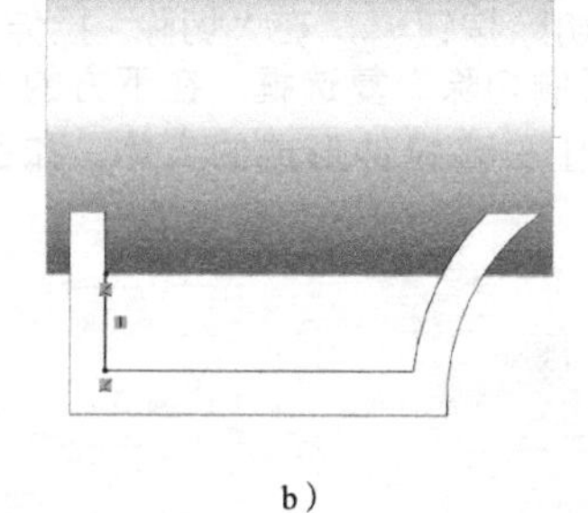

b）

图11-9 绘制筋草图

a）选择草图基准面 b）筋草图

2）单击筋按钮，在“筋 1”对话框中输入“30”，并且选中“反转材料方向”复选框，如图 11-10a 所示，其他选项采用系统默认值。单击按钮，生成筋模型，如图 11-10b 所示。

a）

b）

图11-10 创建筋

a）“筋 1”对话框 b）筋成形

（4）拉伸底板

1）单击基体底面，在弹出的关联菜单中单击按钮，即以该表面作为基准面绘制草图，如图 11-11a 所示。绘制底板草图，如图 11-11b 所示。绘制完成后单击按钮，退出草图绘制环境。

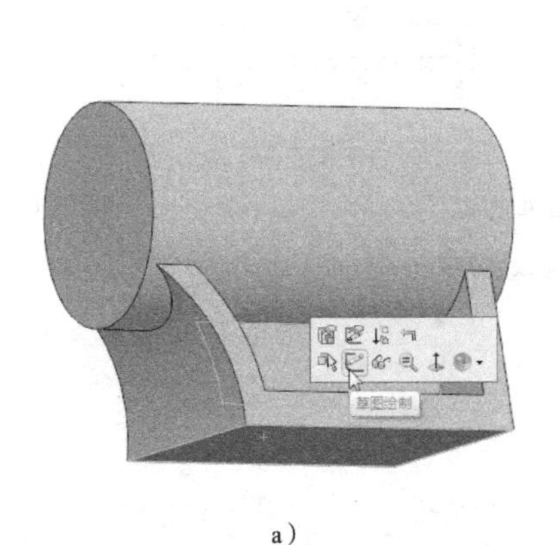

a）

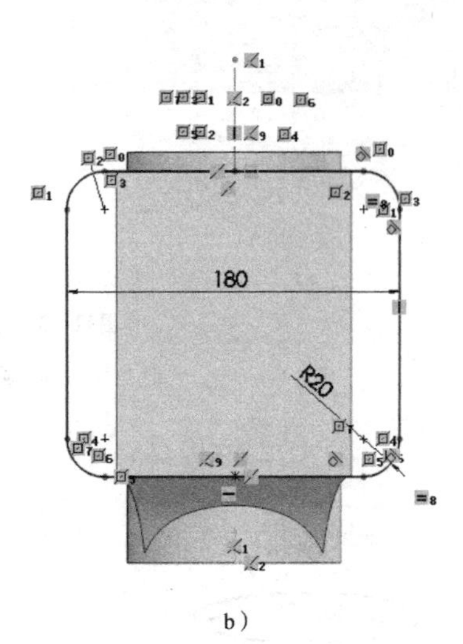

b）

图11-11 绘制底板草图

a）选择草图绘制平面 b）底板草图

2）单击拉伸凸台按钮，在“凸台-拉伸3”对话框中的“方向1”选项区中输入“18”，如图 11-12a 所示，其他选项采用系统默认值。单击按钮，生成底板模型，如图 11-12b 所示。

a）

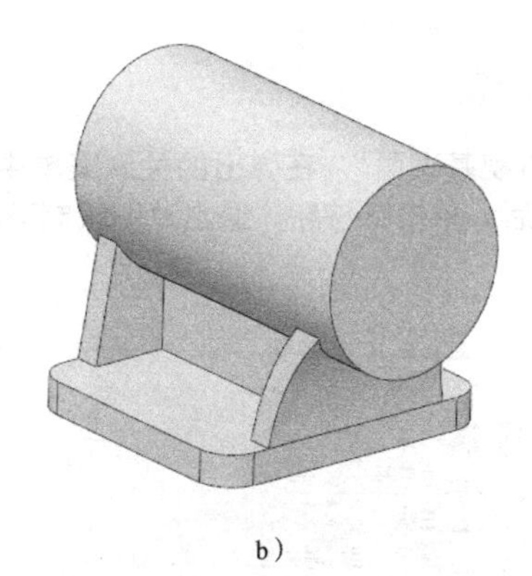

b）

图11-12 拉伸底板

a）“凸台-拉伸 3”对话框 b）底板成形

3）单击基体侧平面，在弹出的关联菜单中单击按钮，即以该平面作为基准面绘制草图，如图 11-13a 所示。绘制矩形缺口草图，如图 11-13b 所示。绘制完成后单击按钮，退出草图绘制环境。

4）单击拉伸切除按钮，在“切除-拉伸2”对话框的“方向1”选项区下拉列表中选择“完全贯穿”，如图 11-14a 所示，其他选项采用系统默认值。单击按钮，生成实体模型，如图 11-14b 所示。

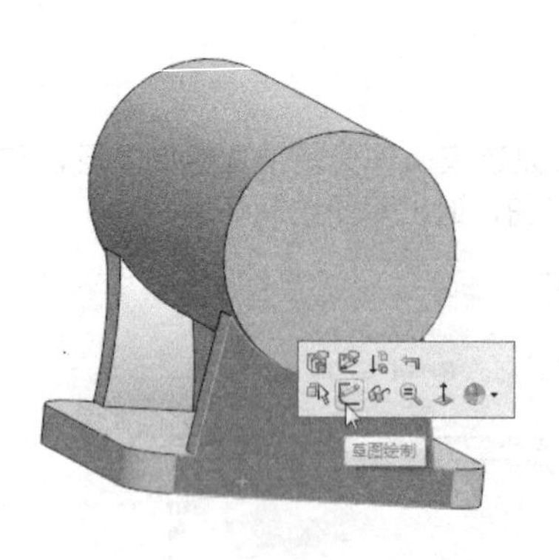
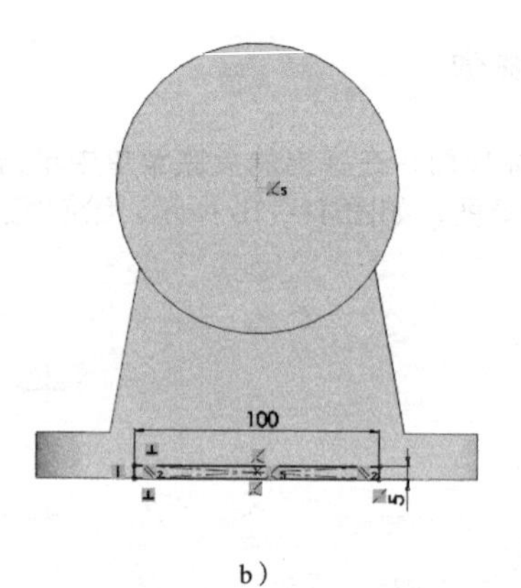

a）　　　　　　b）

图11-13　绘制矩形缺口草图

a）选择草图绘制平面　b）矩形缺口草图

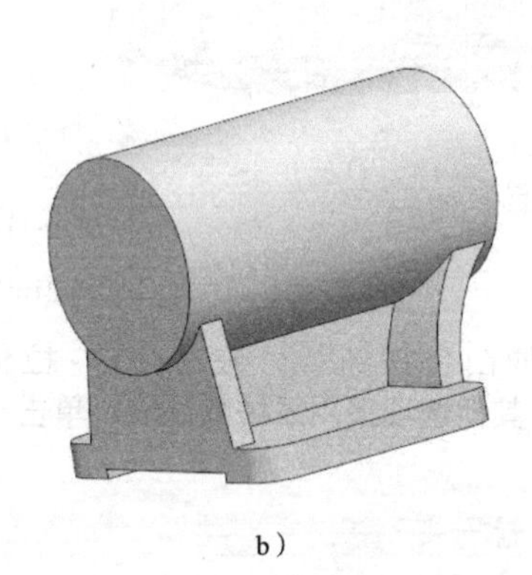

a）　　　　　　b）

图11-14　拉伸切除矩形缺口

a）“切除 - 拉伸 2”对话框　b）拉伸切除成形

（5）旋转切除

1）单击“右视基准面”，在弹出的关联菜单中单击按钮，如图 11-15a 所示。绘制图 11-15b 所示的草图。绘制完成后，单击按钮，退出草图绘制环境。

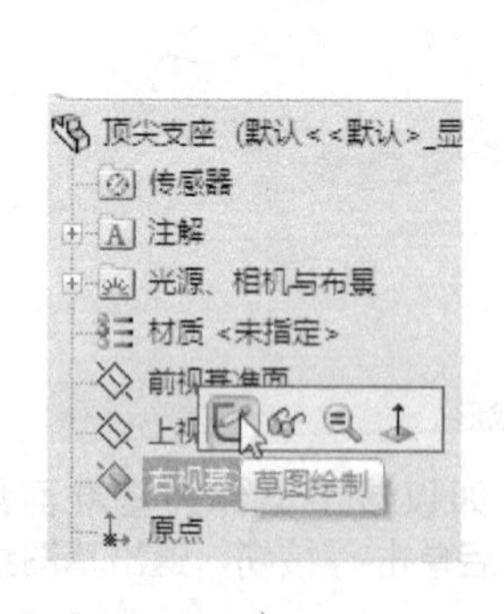
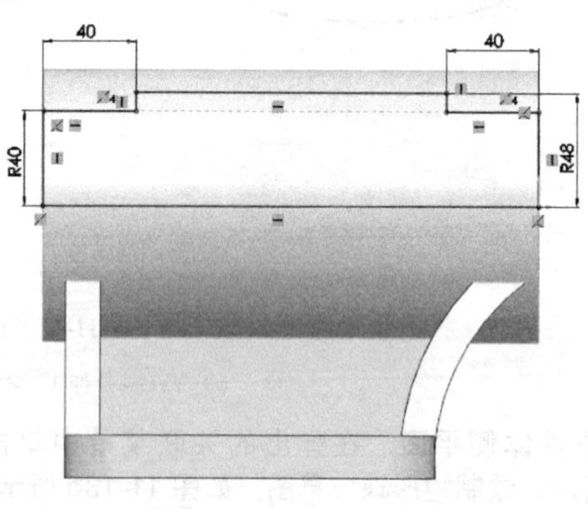

a）　　　　　　b）

图11-15　绘制用于旋转切除的草图

a）选择草图绘制平面　b）绘制草图

2）单击旋转切除按钮，在“切除 - 旋转 1”对话框中设定旋转切除的中心线（即圆柱体的轴线），如图 11-16a 所示，其他选项采用系统默认值。单击按钮，生成实体模型，如图 11-16b 所示。

a）

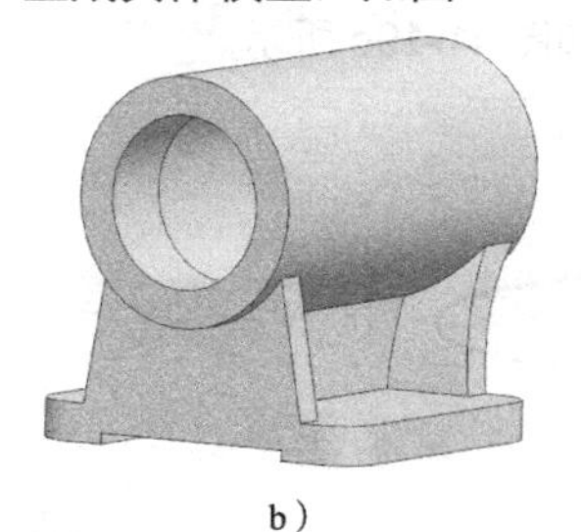

b）

图11-16　旋转切除内腔

a）“切除 - 旋转 1”对话框　b）完成旋转切除

（6）创建螺纹孔

1）单击“前视基准面”，在弹出的关联菜单中单击按钮，如图 11-17a 所示。绘制圆，作为虚构线，如图 11-17b 所示。绘制完成后单击按钮，退出草图绘制环境。

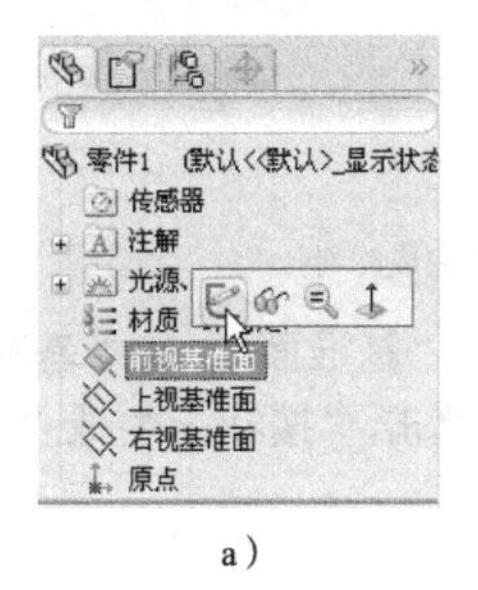

a）

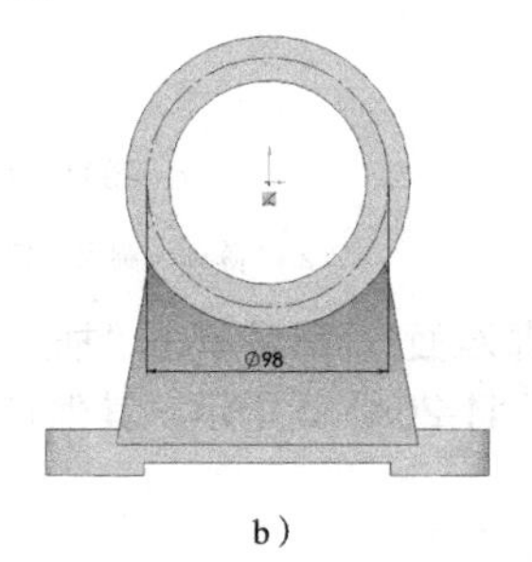

b）

图11-17　绘制孔的定位草图

a）选择草图绘制平面　b）绘制草图

2）单击异形孔向导按钮，在“孔规格”对话框中“类型”选项卡的“孔类型”选项区中选择直螺纹孔，并输入孔的相关尺寸，如图 11-18a、b 所示。单击“位置”选项卡，选择孔与虚构线重合，其他选项采用系统默认值。单击按钮，生成螺纹孔实体模型，如图 11-18c 所示。

a）

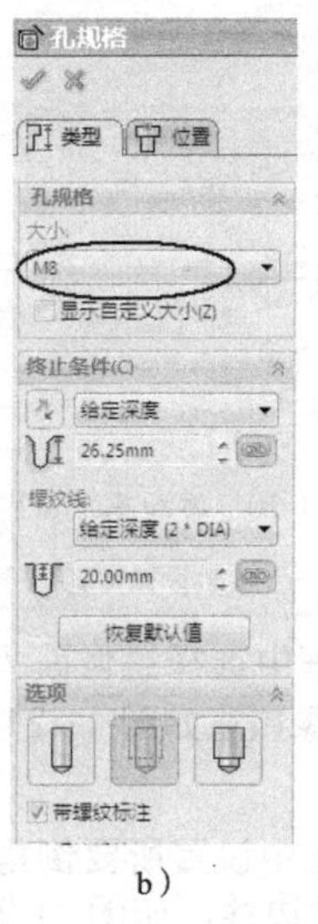

b）

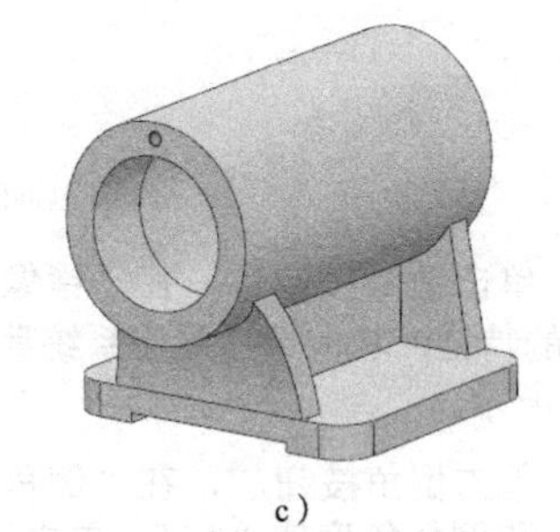

c）

图11-18　增加螺纹孔

a）选择直螺纹孔　b）设置螺纹孔参数　c）创建一个螺纹孔

3）单击圆周阵列按钮，打开“阵列（圆周）1”对话框，如图 11-19a。显示临时轴，选择圆柱体的轴线作为阵列中心线，并且输入相关数值，如图 11-19b 所示，其他选项采用系统默认值。单击按钮，生成圆周阵列模型，如图 11-19c 所示。

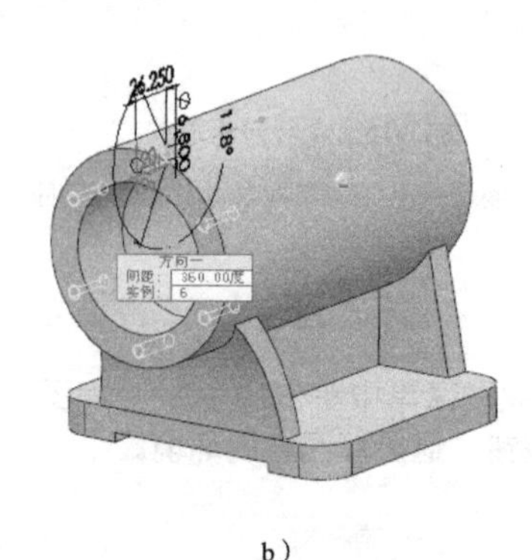

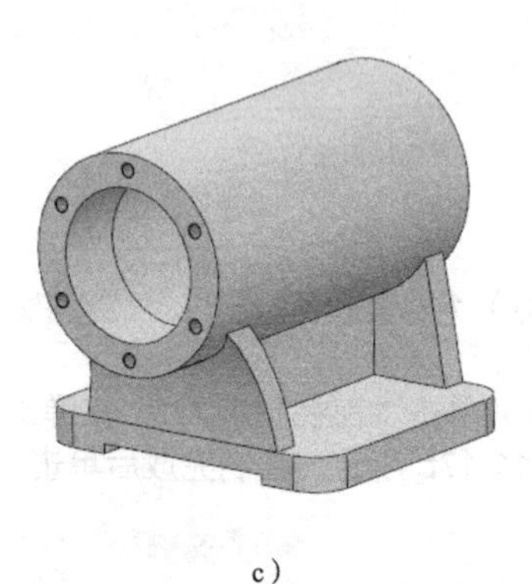

a）　b）　c）

图11-19　对螺纹孔进行圆周阵列

a）“阵列（圆周）1”对话框　b）选择中心线　c）完成阵列

4）单击“前视基准面”，然后单击“插入”→“参考几何体”→“基准面”，在“基准面 1”对话框中输入“107.5”，如图 11-20a、b 所示，其他选项采用系统默认值。单击按钮，生成“基准面 1”，如图 11-20c 所示。

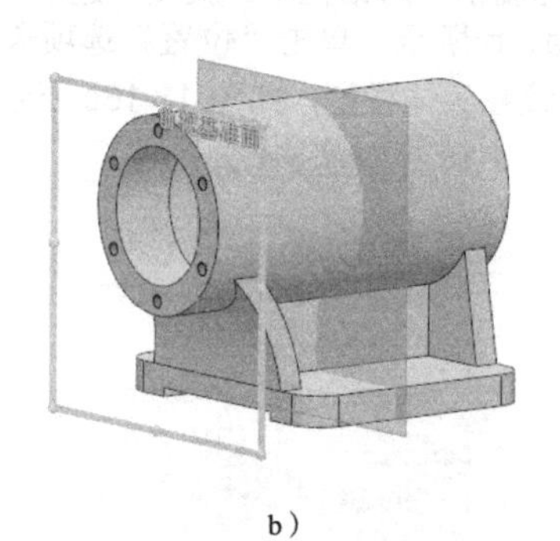

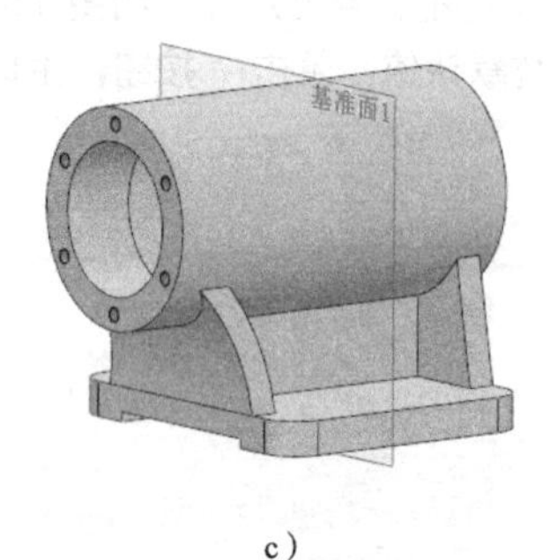

a）　b）　c）

图11-20　添加基准面1

a）“基准面 1”对话框　b）参数设置预览　c）基准面 1 添加成功

5）单击镜像按钮，在“镜像 1”对话框中选择镜像面为基准面 1，如图 11-21a 所示，然后选择所要镜像的特征，其他选项采用系统默认值，镜像预览如图 11-21b 所示。单击按钮，生成镜像模型，如图 11-21c 所示。

6）单击倒角按钮，在“倒角 1”对话框中设置所要倒角的位置，如图 11-22a 所示。输入倒角距离值“2”和倒角角度值“45”，单击所要倒角的边线，如图 11-22b 所示，其他选项采用系统默认值。单击按钮，生成倒角特征，如图 11-22c 所示。

a）

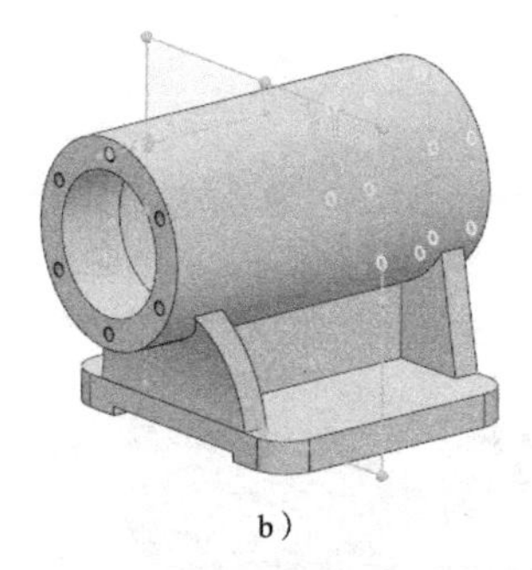

b）

c）

图11-21 对螺纹孔进行镜像

a）“镜像 1”对话框 b）镜像预览 c）完成镜像

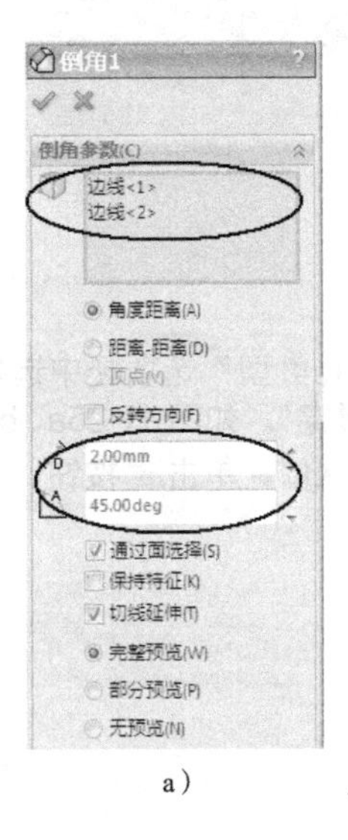

a）

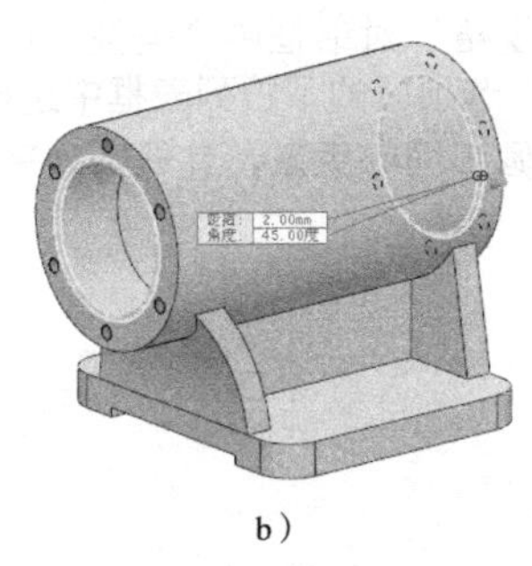

b）

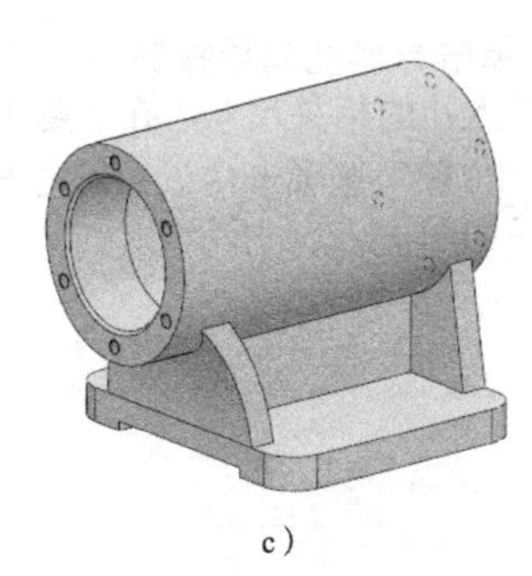

c）

图11-22 倒角

a）“倒角 1”对话框 b）选择需要倒角的边线 c）完成倒角

7）单击圆角按钮，在“圆角 1”对话框中设置所要倒圆角的位置，然后输入圆角半径值“2”，如图 11-23a 所示。单击所要进行倒圆角的边线，如图 11-23b 所示。单击按钮生成圆角特征，如图 11-23c 所示。

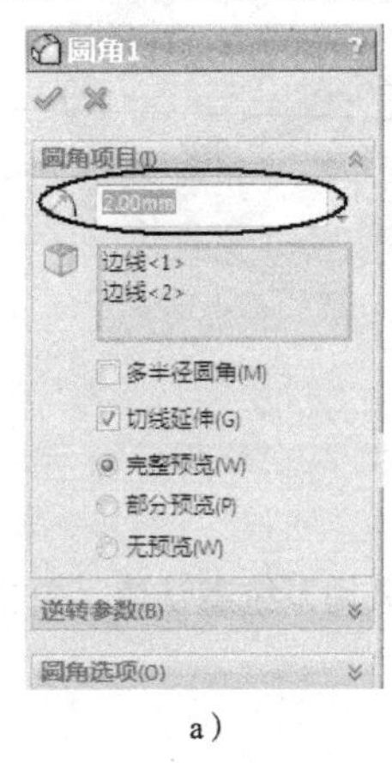

a）

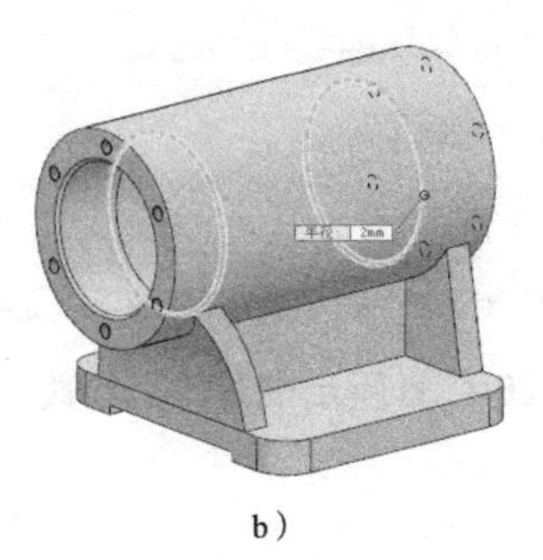

b）

c）

图11-23 倒圆角

a）“圆角 1”对话框 b）选择倒圆角的边线 c）生成圆角

8）再次单击圆角按钮，在“圆角 2”对话框中设置所要进行倒圆角的位置，然后输入圆角半径值“2”，如图 11-24a、b 所示，其他选项采用系统默认值。单击按钮，生成圆角特征，如图 11-24c 所示。

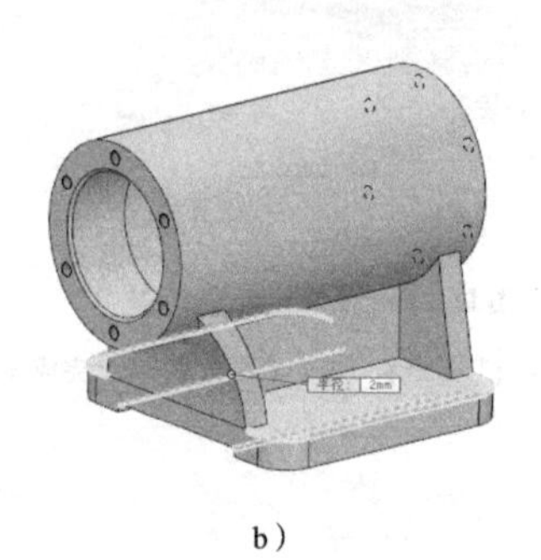

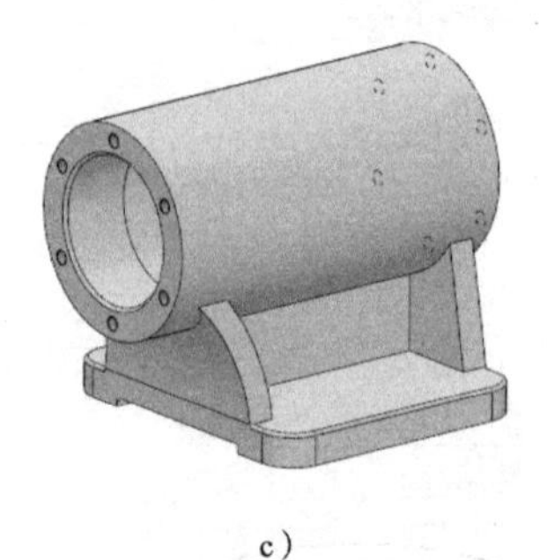

a）　　b）　　c）

图11-24　倒圆角

a）“圆角2”对话框　b）选择倒圆角的边线　c）生成圆角

9）单击异形孔向导按钮，在“孔规格”对话框中“类型”选项卡的“孔类型”选项区中选择旧制孔，并输入孔的相关尺寸，在“终止条件”选项区的下拉列表框中选择“完全贯穿”，如图 11-25a、b 所示。然后在“位置”选项卡中设置孔心与外围圆弧同心关系，其他选项采用系统默认值。单击按钮，生成实体模型，如图 11-25c 所示。

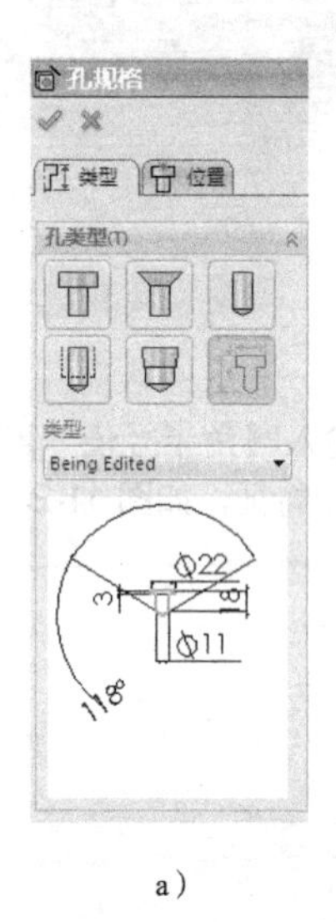

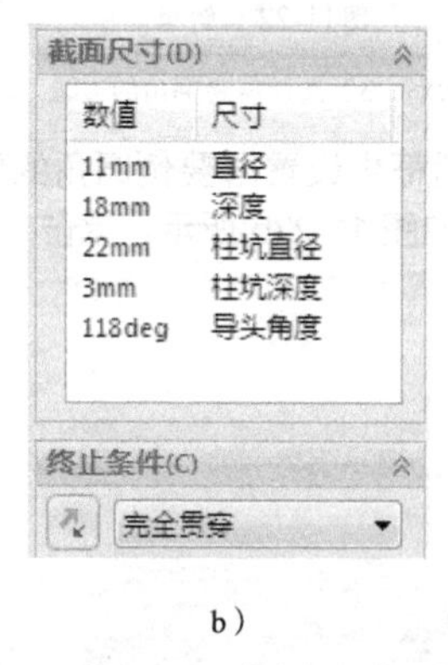

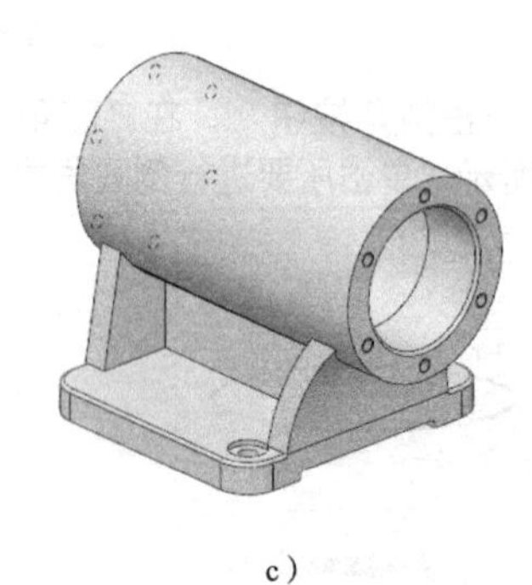

a）　　b）　　c）

图11-25　在底板上打孔

a）“孔规格”对话框　b）设置孔的参数　c）完成打孔

10）单击线性阵列按钮，按图 11-26a、b 所示设置阵列参数，其他选项采用系统默认值。单击按钮，生成阵列特征，如图 11-26c 所示。

a）

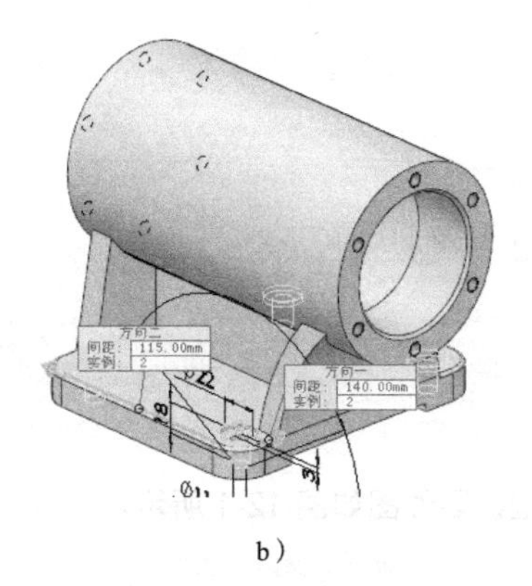

b）

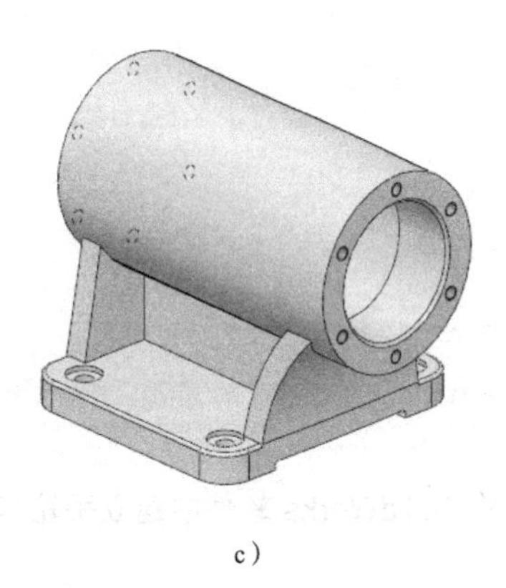

c）

图11-26　对孔进行线性阵列

a）“阵列（线性）1”对话框　b）线性阵列预览　c）完成阵列特征

至此建模完毕，操作全过程参见教学视频 11-1。

4.项目总结

本项目用到了多实体建模技术。3 种常用的多实体建模技术详见教学视频 11-2。

项目 12 手轮

【学习目标】

1. 掌握旋转成形的操作方法
2. 掌握扫描成形的操作方法

【重难点】

分析用于扫描的轮廓和路径草图所在基准面的关系。

1.项目说明

在 SolidWorks 软件中建立手轮模型，零件图如图 12-1 所示。

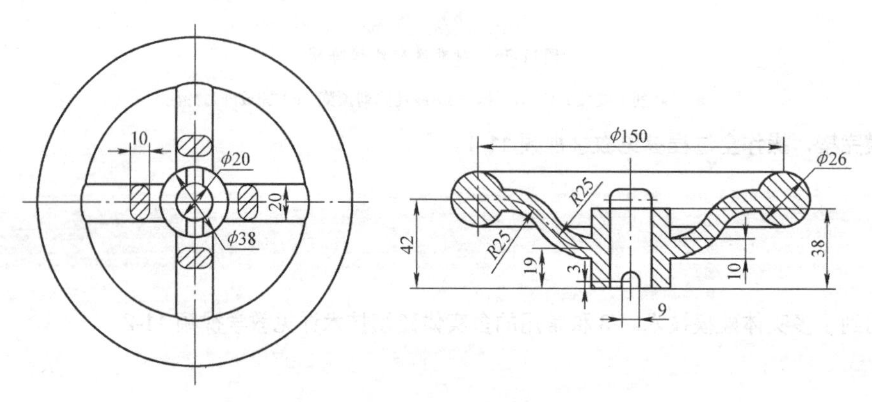

图12-1　手轮零件图

2.项目规划

该零件有细长弯曲的结构部分，如手轮的轮辐。这部分结构是通过扫描来实现的，即一个截面草图沿着一个路径草图扫描得到实体。该零件的建模步骤如下：

1）利用旋转成形创建手轮基本轮廓。

2）利用扫描成形创建手轮轮辐。

3）创建手轮细节特征。

建模整体思路见表 12-1。

表 12-1　建模整体思路

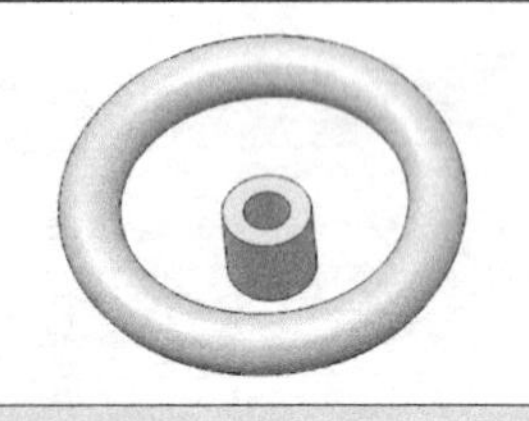	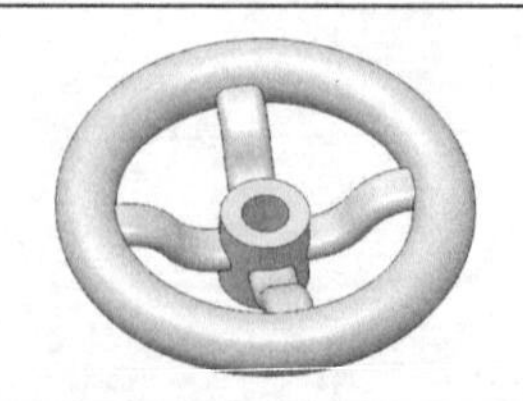	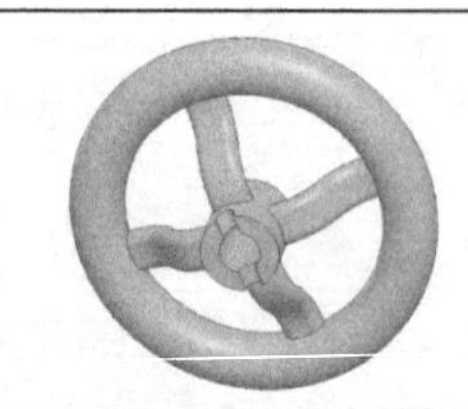
一、创建手轮基本轮廓	二、创建手轮轮辐	三、创建细节特征

3.项目实施

（1）创建手轮基本轮廓

1）单击“前视基准面”，在弹出的关联菜单中单击按钮，如图 12-2a 所示。绘制手轮基本轮廓草图，如图 12-2b 所示。绘制完成后单击按钮，退出草图绘制环境。

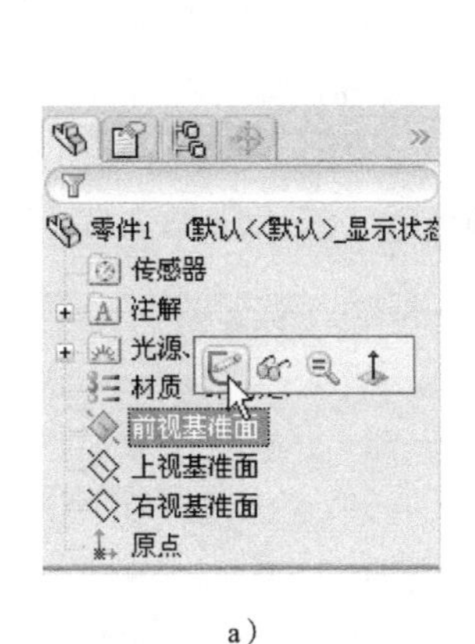

a）

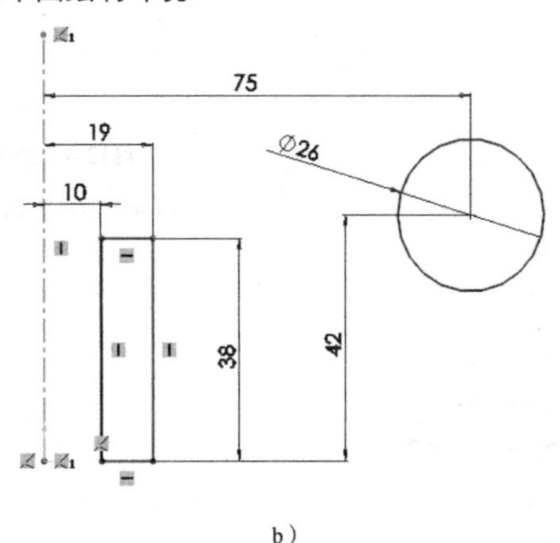

b）

图12-2　绘制手轮基本轮廓草图

a）选择前视基准面绘制草图　b）手轮基本轮廓草图

2）单击旋转凸台按钮，在“旋转 1”对话框中设置旋转中心线并输入相关参数，如图 12-3a 所示，其他选项采用系统默认值。单击按钮，生成手轮基本轮廓，如图 12-3b 所示。

a）

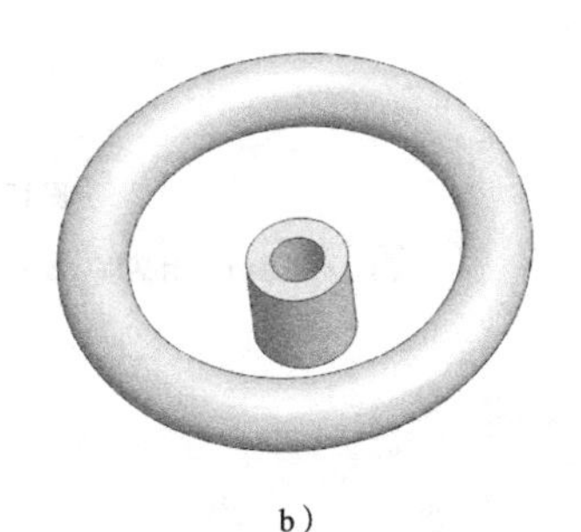

b）

图12-3　手轮基本轮廓旋转成形

a）“旋转 1”对话框　b）手轮基本轮廓

（2）创建手轮轮辐

1）单击“前视基准面”，在弹出的关联菜单中单击按钮，如图 12-4a 所示。绘制草图，如图 12-4b 所示。绘制完成后单击按钮，退出草图绘制环境。

2）单击“右视基准面”，单击“插入”→“参考几何体”→“基准面”，在弹出的“基准面 1”对话框中选择“第二参考”项，并单击草图 2 的一个端点，如图 12-5a、b 所示，其他选项采用系统默认值。单击按钮，即得基准面 1，如图 12-5c 所示。

3）单击“基准面 1”，在弹出的关联菜单中单击按钮，即以该基准面作为草图平面绘制草图，如图 12-6a 所示。绘制草图，如图 12-6b 所示。绘制完成后单击按钮，退出草图绘制环境。

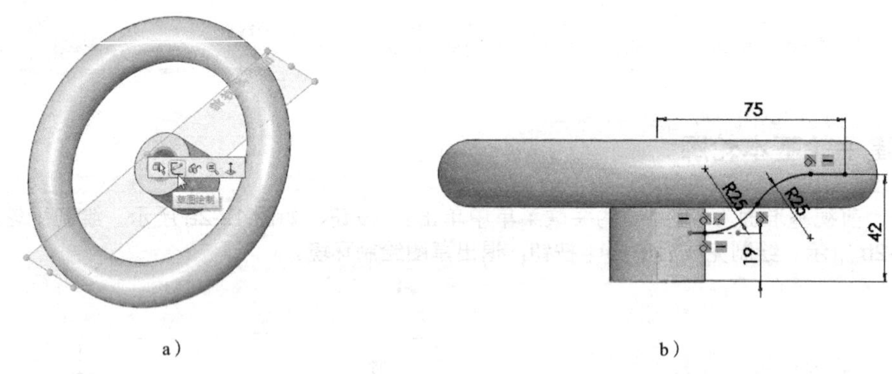

图12-4　绘制扫描草图

a）选择前视基准面　b）绘制草图

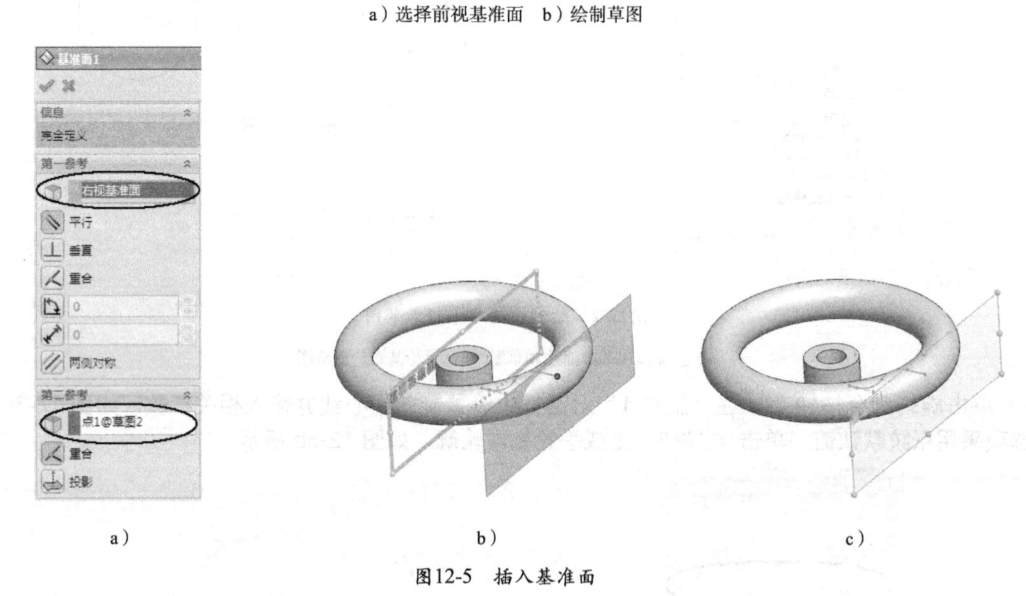

图12-5　插入基准面

a）“基准面 1”对话框　b）显示新建基准面　c）完成基准面 1 的插入

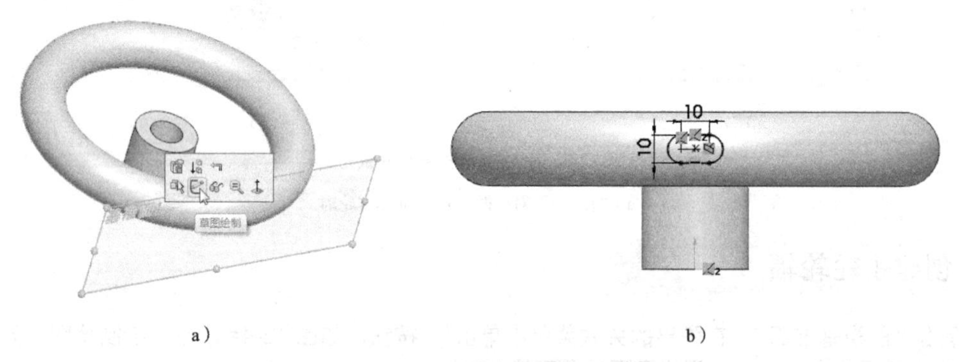

图12-6　绘制扫描草图

a）选择“基准面 1”　b）扫描草图

4）单击扫描按钮，在弹出的“扫描 1”对话框中设置扫描轮廓和扫描路径，在“特征范围”选项区选中“所选实体”单选按钮，其他选项采用系统默认值，如图 12-7a 所示。单击✔按钮，生成扫描实体，如图 12-7b 所示。

5）单击组合按钮，在弹出的“组合 1”对话框中单击所要组合的实体，如图 12-8a、b 所示，其他选项采用系统默认值。单击✔按钮，生成组合实体，如图 12-8c 所示。

a）

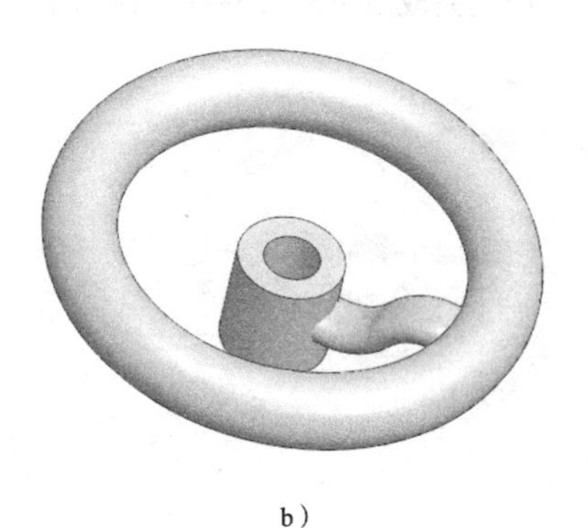

b）

图12-7 扫描过程

a）“扫描 1” 对话框 b）扫描实体

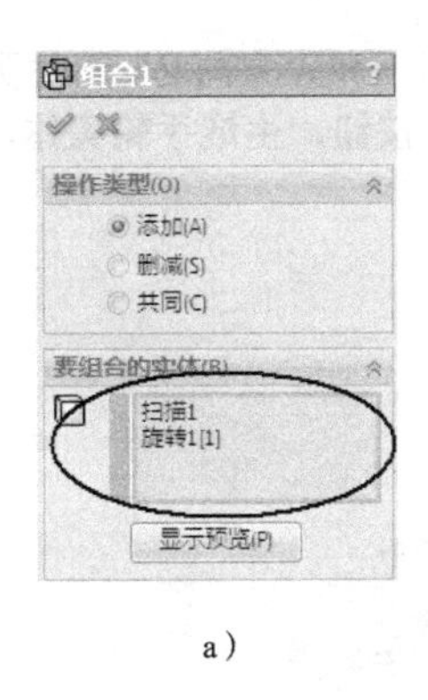

a）

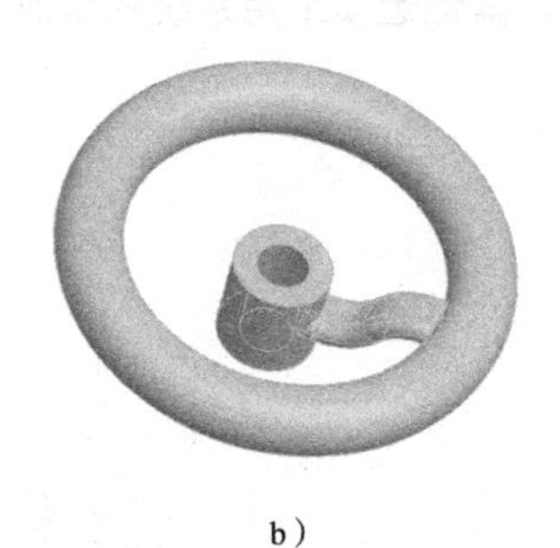

b）

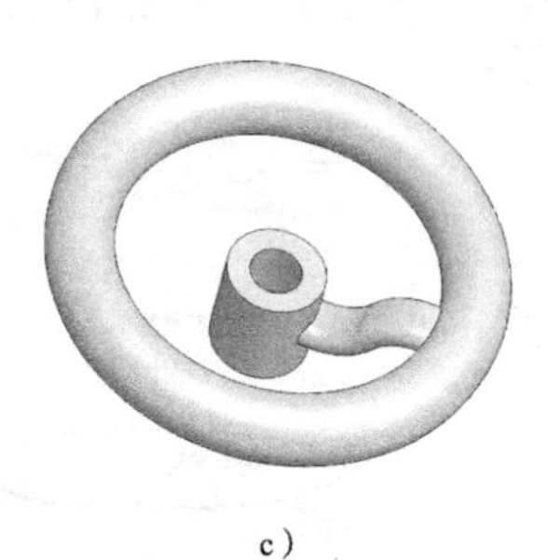

c）

图12-8 实体组合过程

a）“组合 1” 对话框 b）显示组合编辑状态 c）完成组合

6）单击圆周阵列按钮，打开“阵列（圆周）1”对话框，如图 12-9a 所示。选择中心圆柱临时轴作为阵列中心线，如图 12-9b 所示，其他选项默认。单击按钮，生成圆周阵列，如图 12-9c 所示。

a）

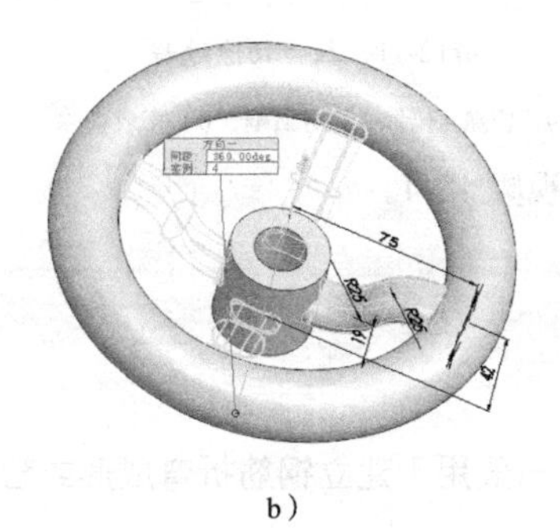

b）

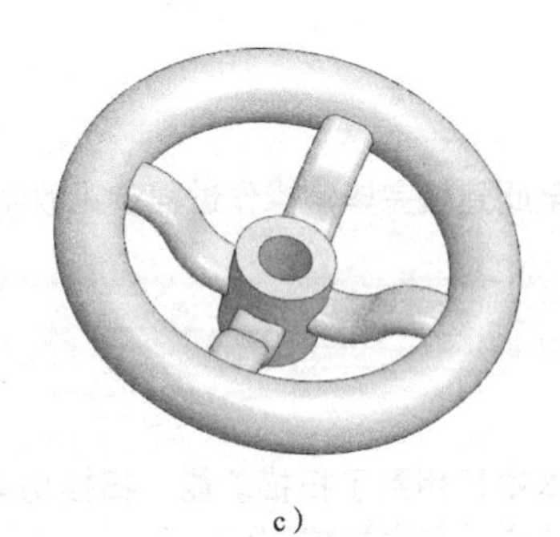

c）

图12-9 圆周阵列过程

a）“阵列（圆周）1” 对话框 b）选择中心线 c）生成圆周阵列

（3）创建细节特征

1）单击“前视基准面”，在弹出的关联菜单中单击按钮，如图 12-10a 所示。绘制草图，如图 12-10b 所示。绘制完成后单击按钮，退出草图绘制环境。

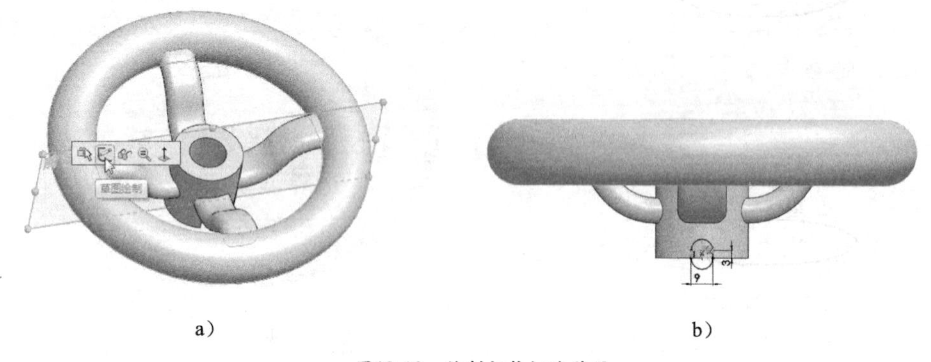

a）　　　　　　　　b）

图12-10　绘制拉伸切除草图

a）选择前视基准面　b）绘制草图

2）单击拉伸切除按钮，在弹出的“切除 - 拉伸 1”对话框中的“方向 1”和“方向 2”下拉列表中分别选择“完全贯穿”，如图 12-11a 所示，其他选项采用系统默认值。单击按钮，生成手轮实体，如图 12-11b 所示。

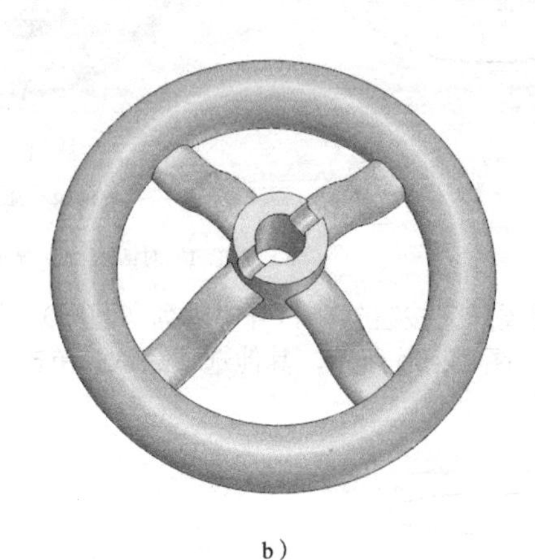

a）　　　　　　　　b）

图12-11　拉伸切除过程

a）“切除 - 拉伸 1”对话框　b）完成切除

至此建模完毕，操作过程参见教学视频 12-1。

4.项目总结

本项目用到了扫描功能。扫描功能一般用于建立钢筋折弯成形或管类零件的建模。更多扫描功能的使用方法详见教学视频 12-2。

项目 13 管接头

【学习目标】

1. 掌握扫描成形的操作方法
2. 掌握3D草图的绘制方法

【重难点】

3D草图的尺寸约束和标注方法。

1.项目说明

在 SolidWorks 软件中建立如图 13-1 所示的管道三维模型。

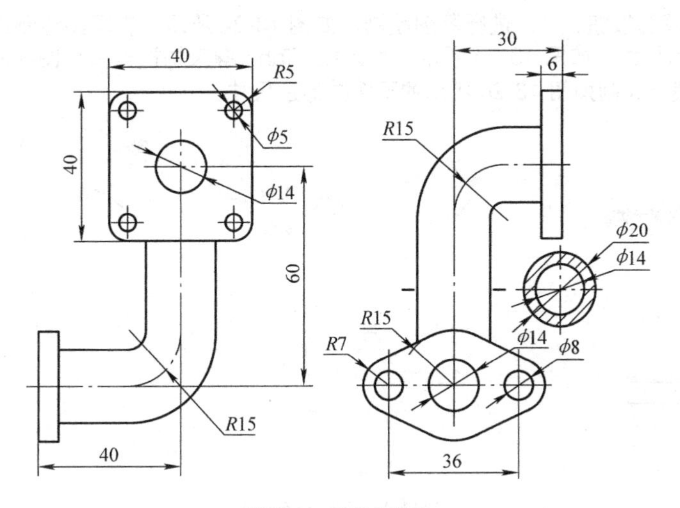

图13-1 水管零件图

2.项目规划

该零件建模主要使用通过扫描成形功能。和之前零件有所不同的是，管道的路径不是放在一个基准面里的草图，而是空间中的 3D 草图。该模型建模的步骤如下：

1）通过扫描创建管道。

2）拉伸创建两侧的管接头。

该零件的建模整体思路见表 13-1。

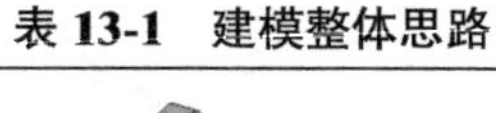

表 13-1　建模整体思路

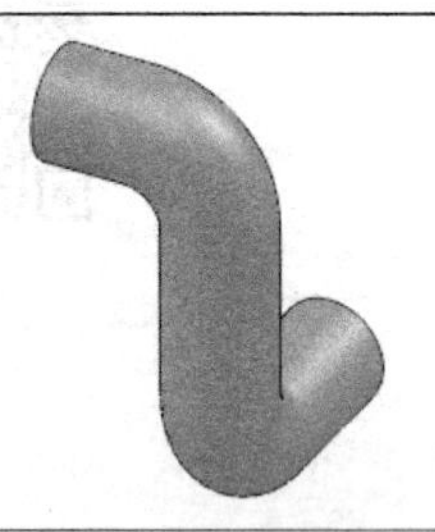	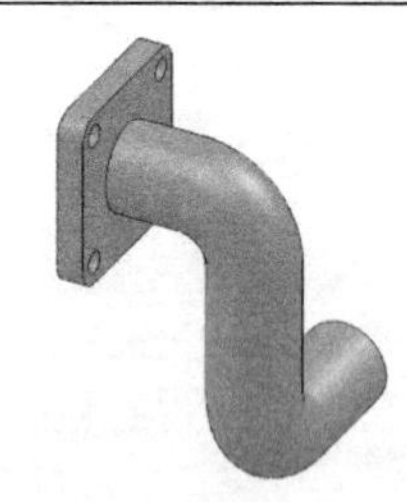	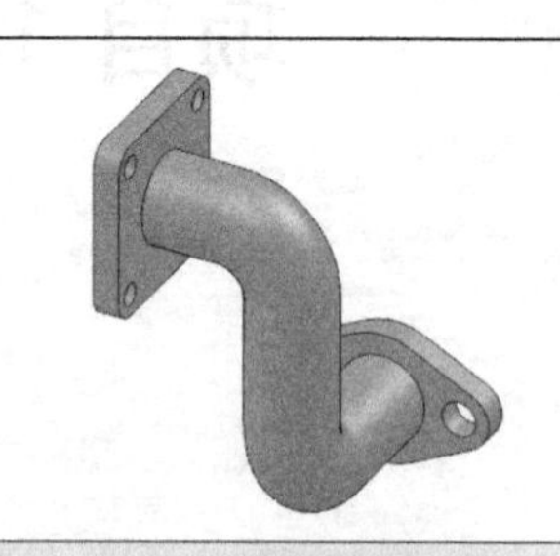
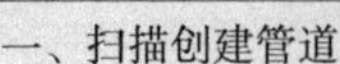 一、扫描创建管道	二、拉伸创建一侧的管接头	三、拉伸创建另一侧的管接头

3.项目实施

（1）扫描创建管道

1）单击插入 3D 草图按钮“，进行草图绘制，如图 13-2a 所示。在草图绘制过程中会出现红色坐标系提示当前草图所在的平面，如图 13-2b 所示。可以按 <Tab> 键来切换当前草图平面，从而实现在立体空间中绘制出连续的曲线。绘制如图 13-2c 所示的草图并标注尺寸。

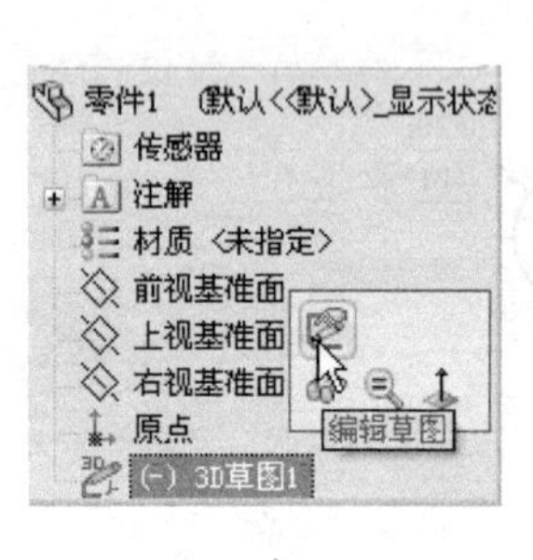

a）

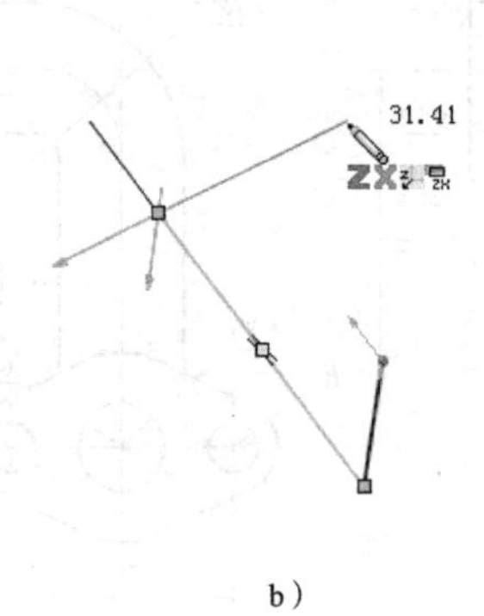

b）

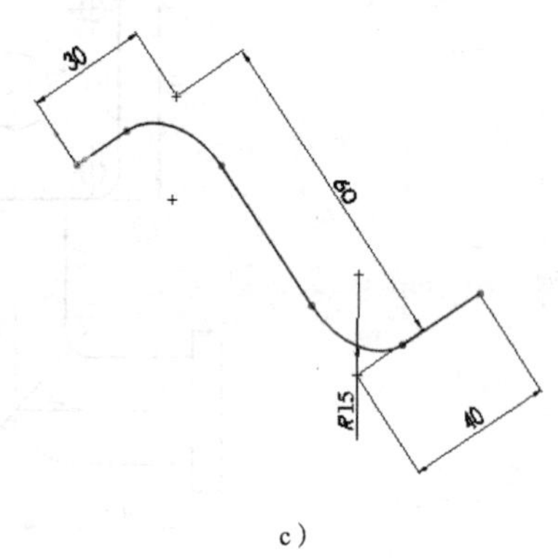

c）

图13-2　绘制管道路径

a）创建 3D 草图　b）红色坐标系　c）管道路径草图

2）单击“右视基准面”，在弹出的关联菜单中单击按钮，绘制如图 13-3b 所示的草图并标注尺寸。单击按钮，退出草图绘制环境。

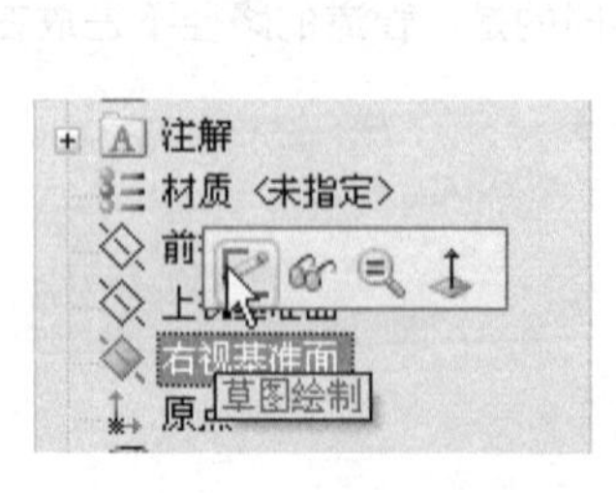

a）

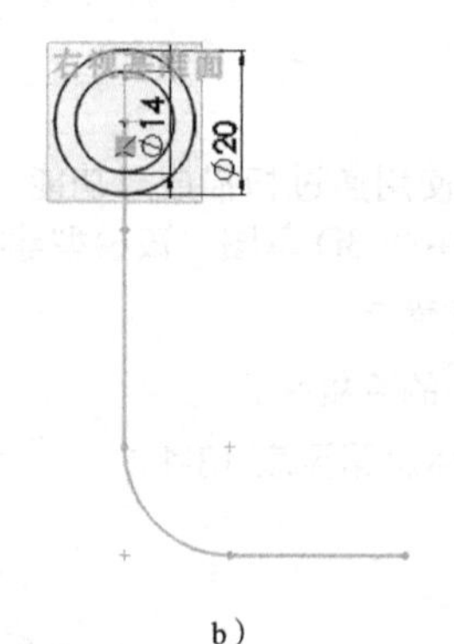

b）

图13-3　绘制管道截面

a）选择基准面绘制草图　b）绘制草图

3）单击扫描按钮，在弹出的对话框中选择要扫描的轮廓和路径，如图 13-4a 所示。单击按钮，生成扫描实体，如图 13-4b 所示。

a）

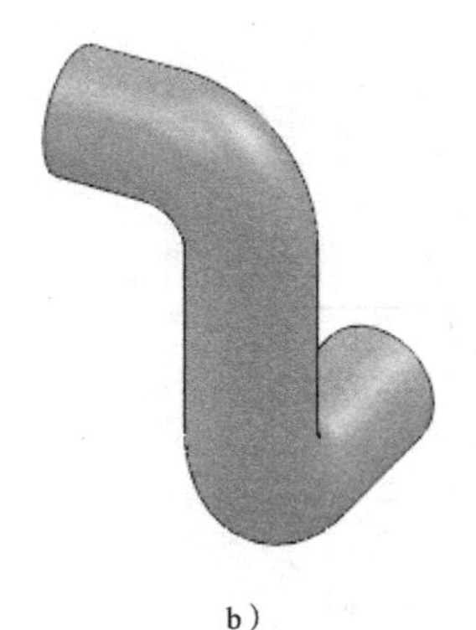

b）

图13-4　扫描成形管路

a）"扫描 1" 对话框　b）完成扫描

（2）拉伸创建一侧的管接头

1）单击管道的上圆环端面，然后单击按钮，如图 13-5a 所示。绘制草图并标注尺寸，如图 13-5b 所示。单击按钮，退出草图。

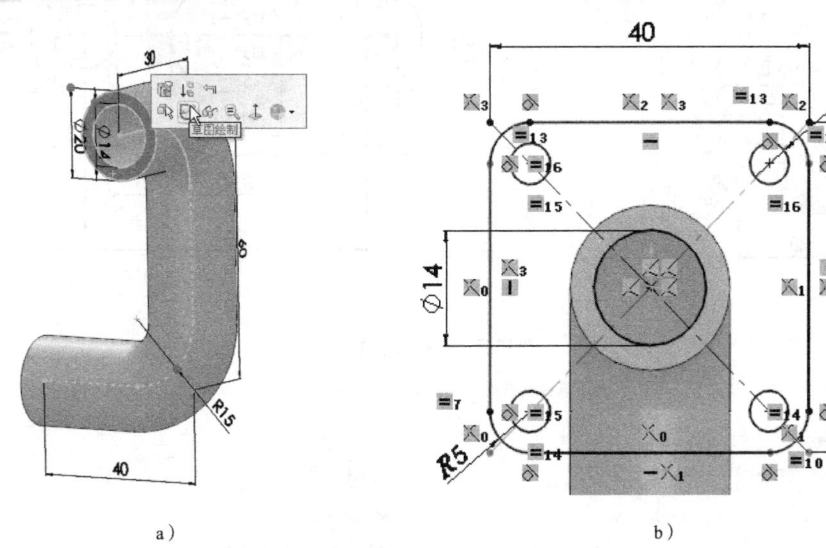

a）　　b）

图13-5　绘制管接头草图

a）选择草图绘制平面　b）绘制接头草图

2）单击拉伸凸台按钮，在弹出的"凸台 - 拉伸 1"对话框中的"方向 1"选项区中选择"给定深度"，并输入"6"，如图 13-6a 所示。单击按钮，生成管接头实体，如图 13-6b 所示。

（3）拉伸创建另一侧的管接头

1）单击管道的下圆环端面，然后单击按钮，如图 13-7a 所示。绘制草图并标注尺寸，如图 13-7b 所示。单击按钮，退出草图。

2）单击拉伸凸台按钮，在弹出的对话框中的"方向 1"选项区中选择"给定深度"并输入"6"，如图 13-8a 所示。单击按钮，如图 13-8b 所示。

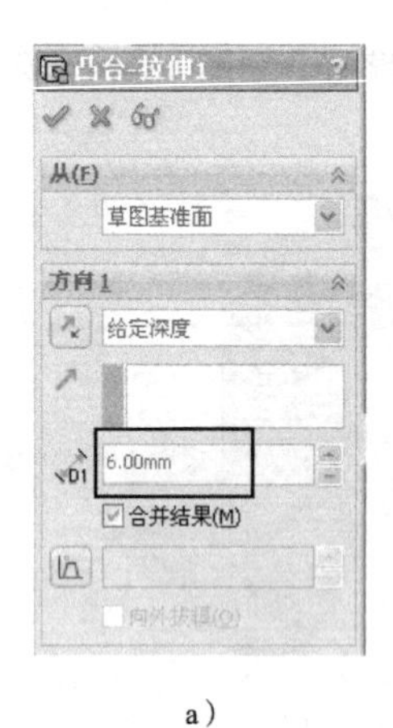

a）

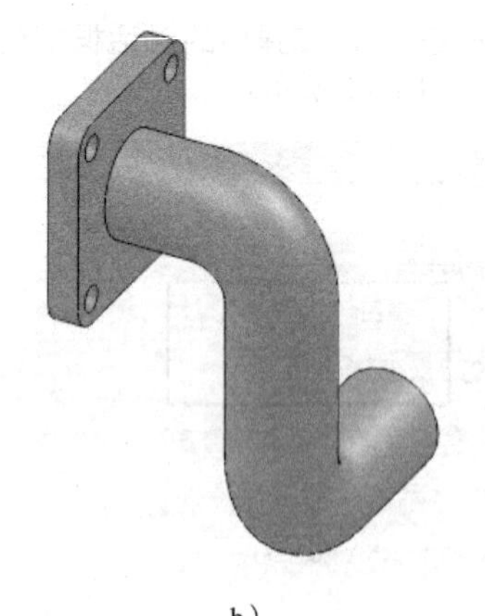

b）

图13-6　拉伸一侧的管接头

a）“凸台-拉伸1”对话框　b）完成拉伸

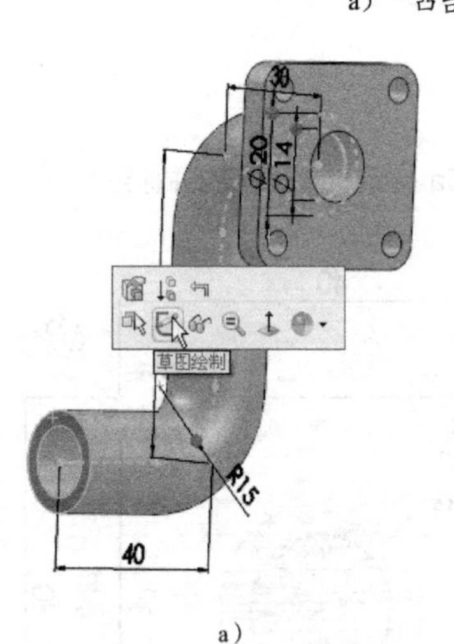

a）

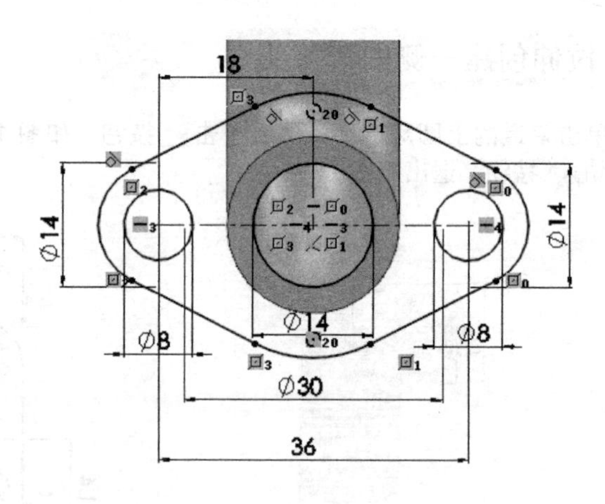

b）

图13-7　管接头草图

a）选择基准面绘制草图　b）绘制草图

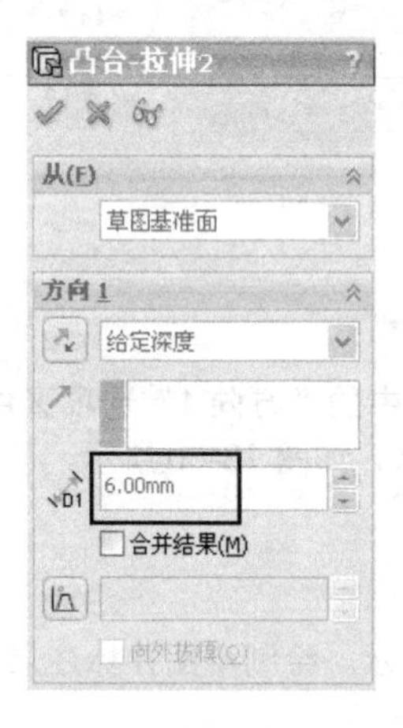

a）

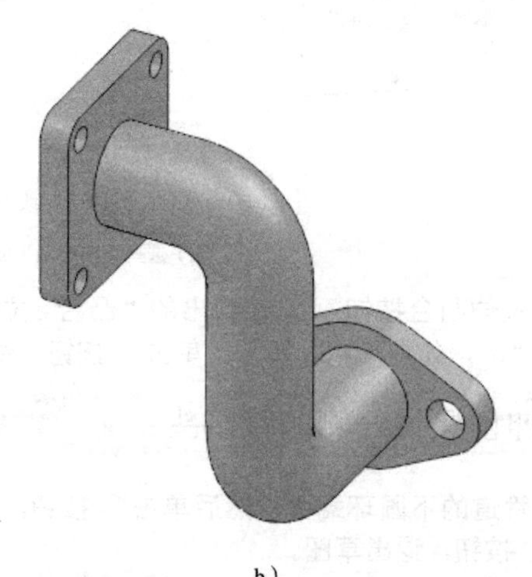

b）

图13-8　拉伸另一侧的管接头

a）“凸台 - 拉伸 2”对话框　b）拉伸另一侧管接头

至此建模完毕，操作过程参见教学视频 13-1。

4.项目总结

本项目用到了 3D 草图功能。3D 草图就是不用选取基准面作为载体，可以直接在图形区绘制空间曲线草图。3D 草图功能适用于一些复杂管类零件建模，详见教学视频 13-2。

项目 14 扇叶

【学习目标】

1. 掌握草图图块的制作和使用方法
2. 掌握放样特征成形的操作方法
3. 掌握反侧切除的使用方法

【重难点】

通过不同的草图形状生成变截面的几何体。

1.项目说明

在 SolidWorks 软件中建立扇叶模型，如图 14-1 所示。

图14-1 扇叶模型

2.项目规划

通过观察模型形状可知，扇叶是空间曲面，属于变截面的形体。该模型建模的步骤如下：

1）利用拉伸功能生成基体。

2）利用放样成形生成一片扇叶基体。

3）利用拉伸切除和圆周阵列完成扇叶的造型。

建模整体思路见表 14-1。

表 14-1 建模整体思路

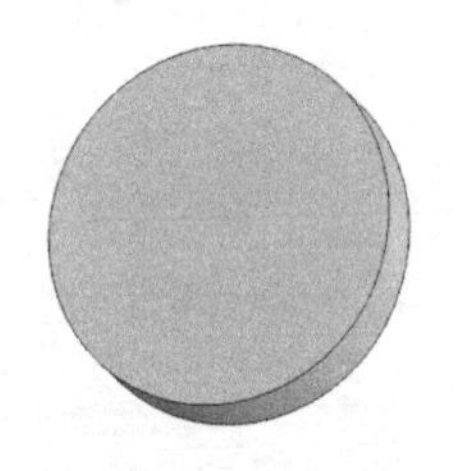	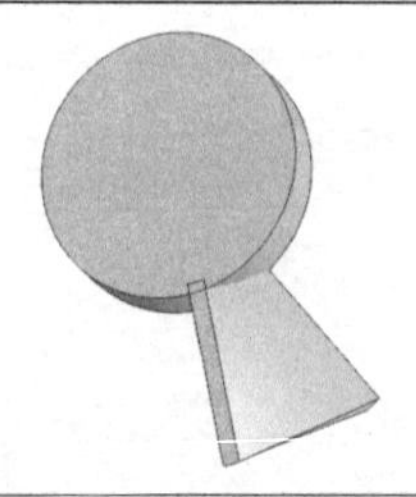	
一、生成基体	二、生成一片扇叶基体	三、完成扇叶的造型

3.项目实施

（1）生成基体

1）单击“前视基准面”，在弹出的关联菜单中单击按钮，如图 14-2a 所示。绘制草图，如图 14-2b 所示。绘制完成后单击按钮，退出草图绘制环境。

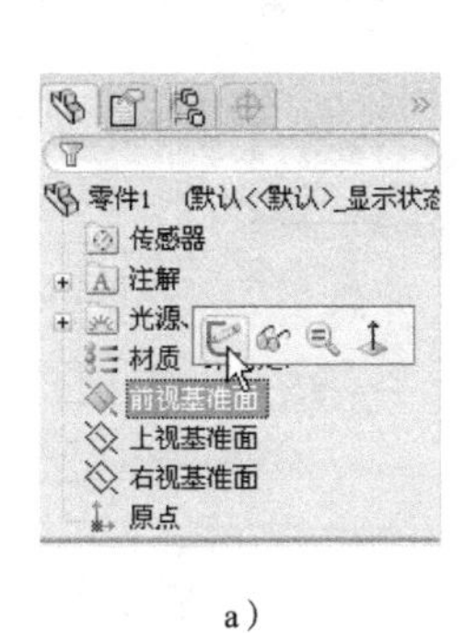

a）

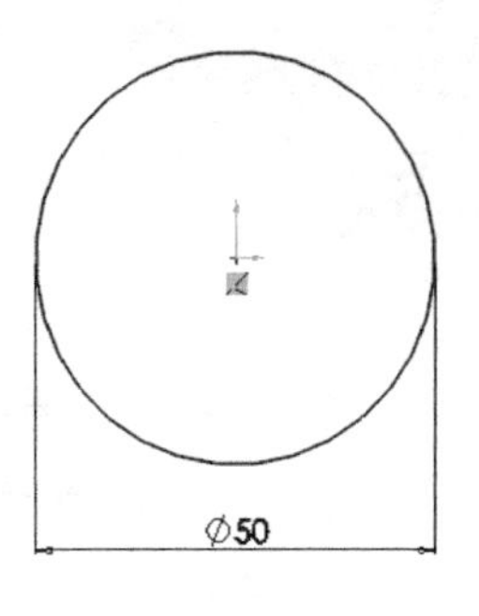

b）

图14-2　绘制基体草图

a）选择前视基准面　b）绘制圆形草图

2）单击拉伸凸台按钮，在弹出的“凸台 - 拉伸 1”对话框的“方向 1”选项区中输入“10”，如图 14-3a 所示，其他选项采用系统默认值。单击按钮，生成实体模型，如图 14-3b 所示。

a）

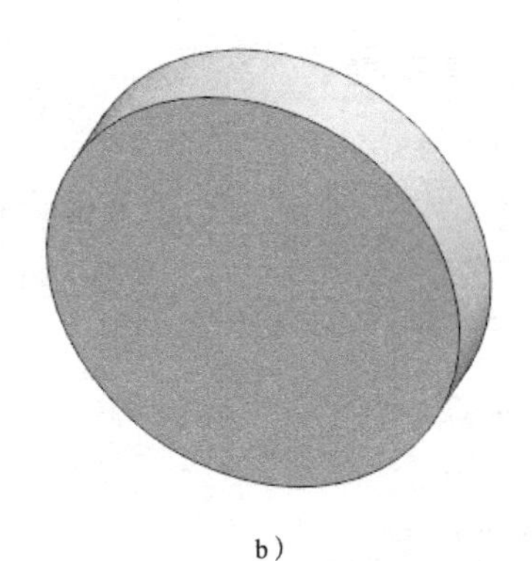

b）

图14-3　基体拉伸过程

a）“凸台 - 拉伸 1”对话框　b）完成基体拉伸

（2）生成一片扇叶基体

1）单击圆柱上表面，在弹出的关联菜单中单击草图绘制按钮，绘制草图，如图 14-4a、b 所示。

2）单击“工具”→“块”→“制作”命令，如图 14-5a 所示。选取所绘制的草图制作成块，并按照图 14-5b 所示的尺寸标注。绘制完成后单击按钮，退出草图绘制环境。

3）单击圆柱另一侧表面，在弹出的关联菜单中选择草图绘制按钮，如图 14-6a 所示。再次单击“工具”→“块”→“插入”命令将上一步制作好的图块插入，如图 14-6b 所示。按照图 14-6c 所示的尺寸标注，绘制完成后单击按钮，退出草图绘制环境。

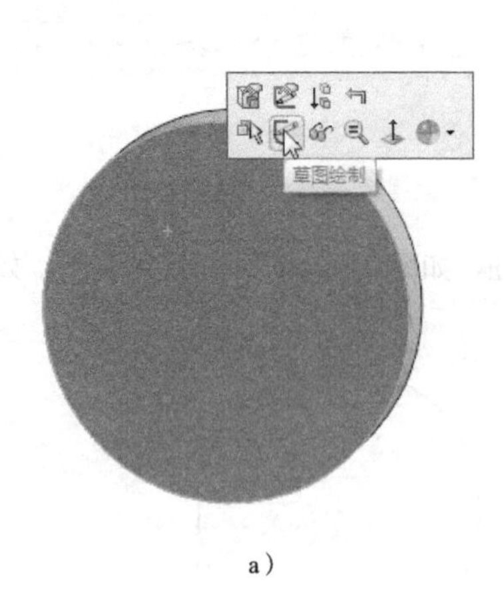

a）

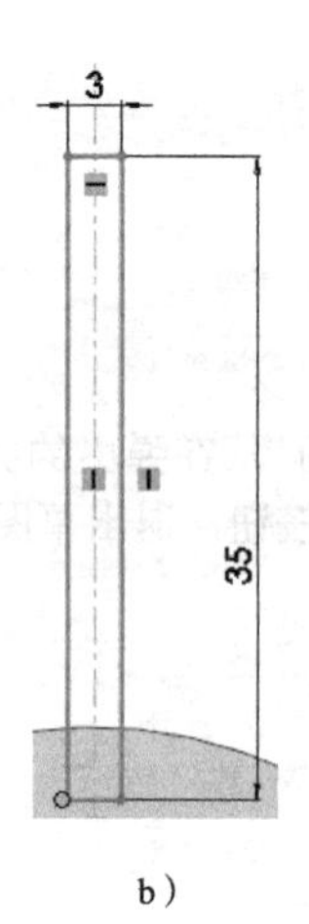

b）

图14-4 新建“块”的过程

a）选择圆柱上表面 b）绘制草图

a）

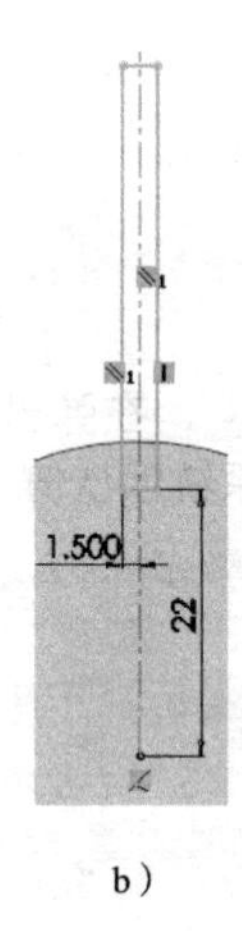

b）

图14-5 插入“块”的过程

a）制作块 b）图块标注

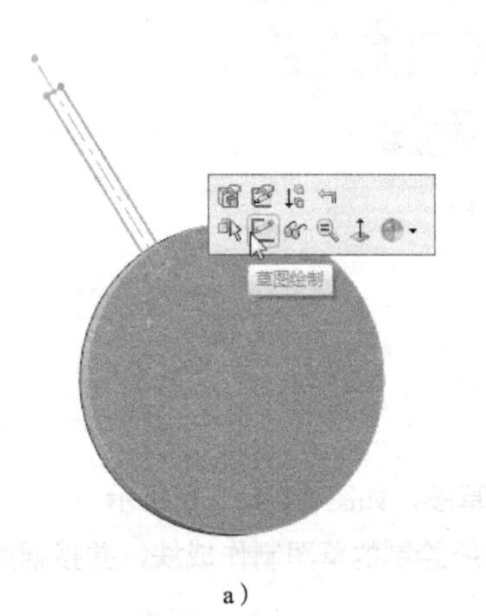

a）

b）

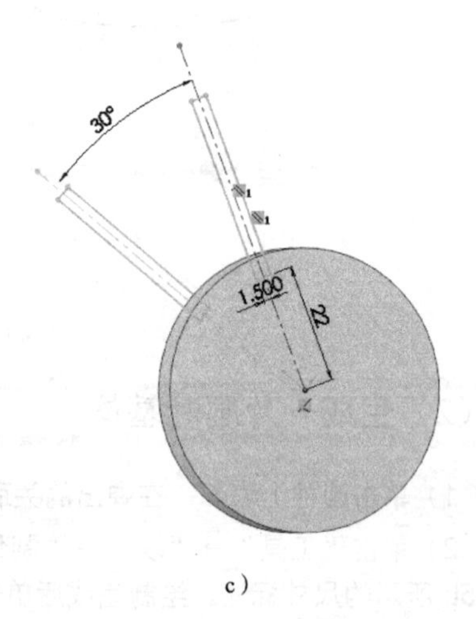

c）

图14-6 插入“块”

a）选择圆柱另一表面 b）插入块编辑状态 c）标注图块

4）单击“放样凸台/基体”按钮，在弹出的“放样 1”对话框中的“轮廓”选项区中选择放样的轮廓，如图 14-7a 所示。选择对应点，如图 14-7b 所示。单击按钮，生成放样实体模型，如图 14-7c 所示。

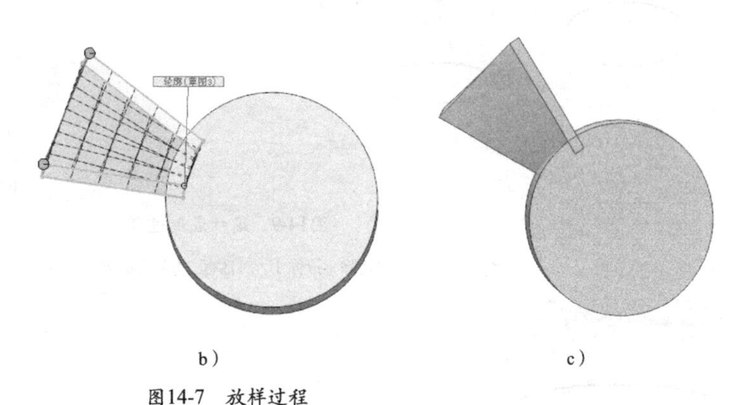

a）　　b）　　c）

图14-7　放样过程

a）“放样 1” 对话框　b）放样编辑状态　c）完成放样

（3）完善模型

1）单击圆柱上表面，在弹出的关联菜单中单击草图绘制按钮，如图 14-8a 所示。绘制草图，如图 14-8b 所示。草图绘制完成后单击按钮，退出草图绘制环境。

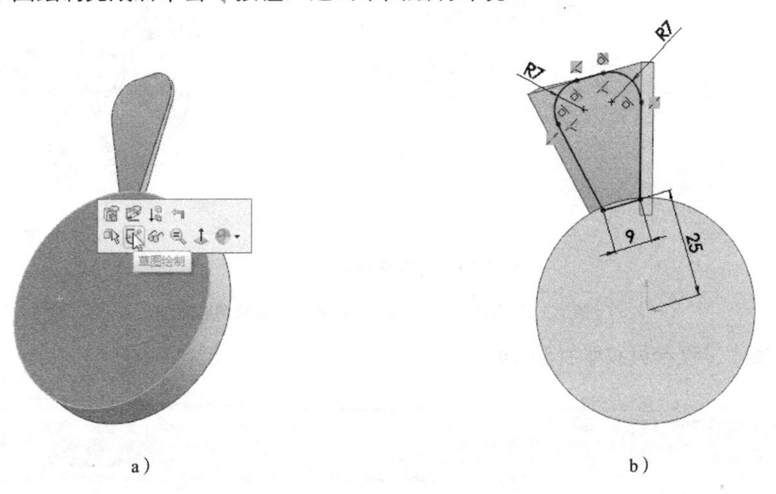

a）　　b）

图14-8　草图绘制过程

a）选择圆柱上表面　b）绘制草图

2）单击拉伸切除按钮，在“切除 - 拉伸 1”对话框中的“方向 1”选项区中输入“10”，并且选中“反侧切除”复选框，在“特征范围”选项区中选择“放样 1”，如图 14-9a 所示，其他选项采用系统默认值。单击按钮生成实体模型，如图 14-9b 所示。

3）单击圆周阵列按钮，在“阵列（圆周）2”对话框中选择圆柱体临时轴作为阵列的中心轴，并且选择所要阵列的实体，如图 14-10a、b 所示，其他选项采用系统默认值。单击按钮，生成实体模型，如图 14-10c 所示。

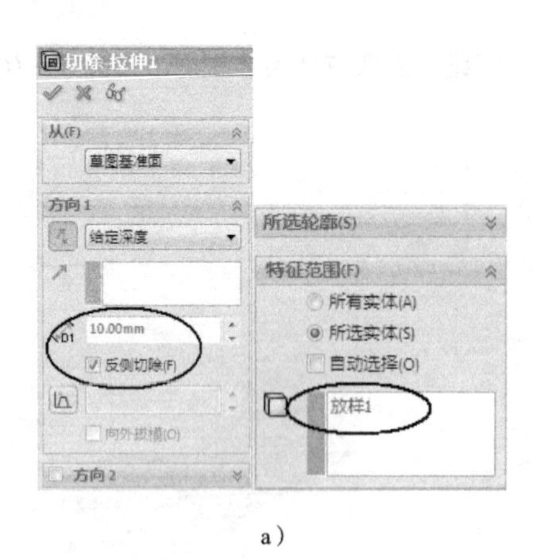

a）

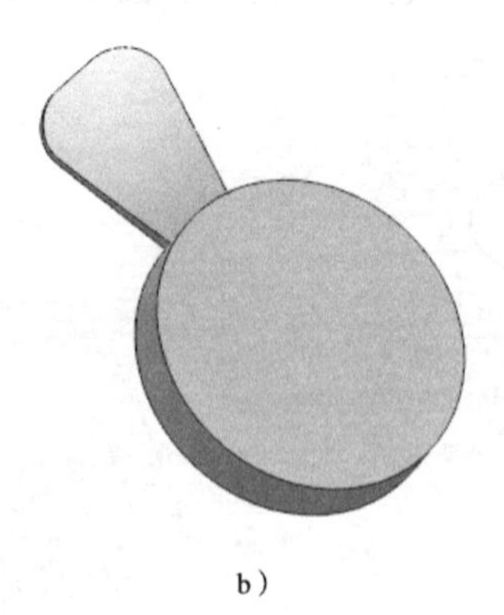

b）

图14-9　扇叶成形过程

a）“切除 - 拉伸 1”对话框　b）完成扇叶切除

a）

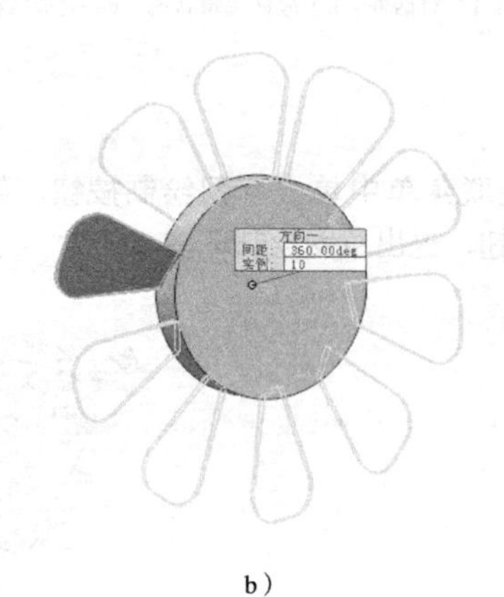

b）

c）

图14-10　圆周阵列过程

a）“阵列（圆周）2”对话框　b）选择中心轴　c）完成圆周阵列

至此建模完毕，操作过程参见教学视频 14-1。

4.项目总结

本项目用到了放样功能。放样功能适用于变截面形状的零件建模，也是实体建模中比较复杂的成形工具之一，详见教学视频 14-2。

项目 15 锤头

【学习目标】

1. 掌握放样成形的操作方法
2. 掌握弯曲成形的操作方法

【重难点】

选择合适位置确定正确的截面形状是放样成形的关键。

1.项目说明

在 SolidWorks 软件中建立如图 15-1 所示的锤头三维模型。

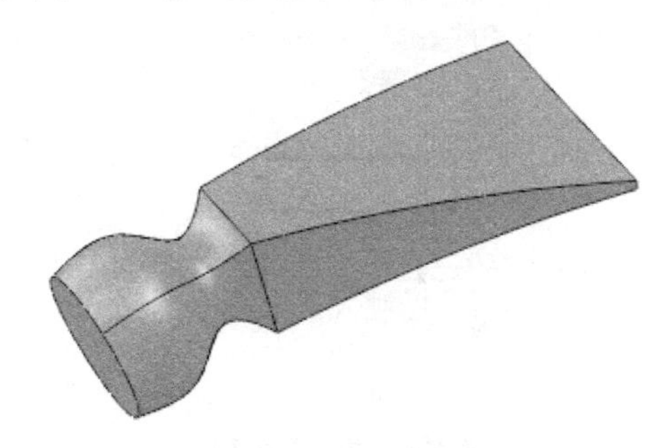

图15-1 垂头三维模型

2.项目规划

该零件主要的特征是变截面实体，即在不同的截面位置，其截面的形状都不一样。该类零件的建模方法主要采用放样成形。该零件的主要建模步骤如下：

1）利用放样功能创建锤头头部。

2）利用放样功能创建锤头尾部。

3）将锤头弯曲。

建模整体思路见表 15-1。

表 15-1 建模整体思路

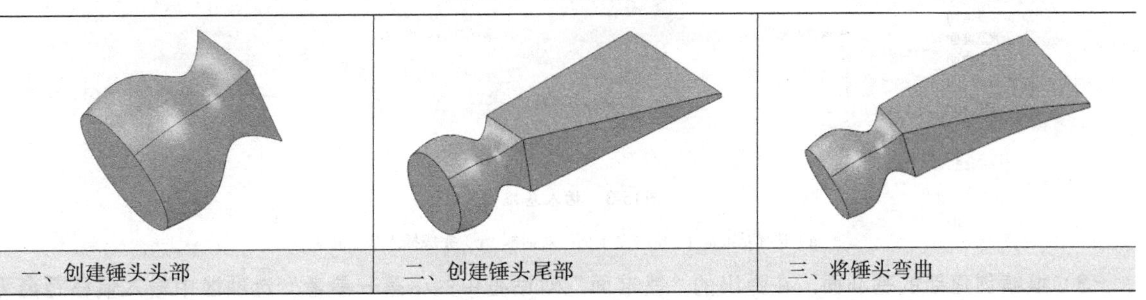

一、创建锤头头部	二、创建锤头尾部	三、将锤头弯曲

3.项目实施

（1）创建锤头头部

1）单击“前视基准面”，在弹出的关联菜单中单击按钮，如图 15-2a 所示。单击“前视基准面”，然后单击“插入”→“参考几何体”→“基准面”，创建新的基准面，在弹出的“基准面”对话框中的“第一参考”选项区中输入偏移距离“25”，生成基准面 1，如图 15-2b、c 所示。

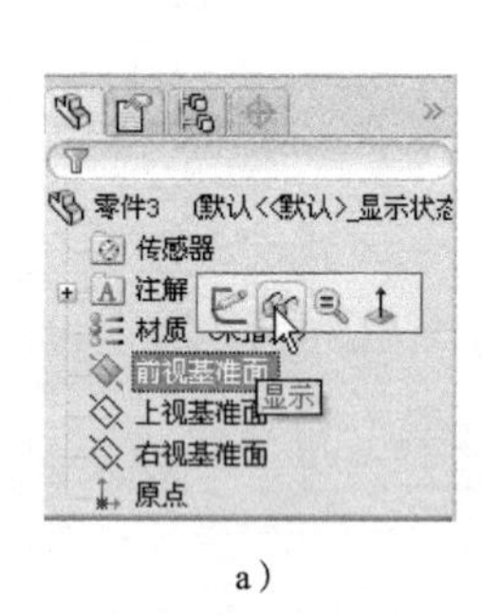

a）

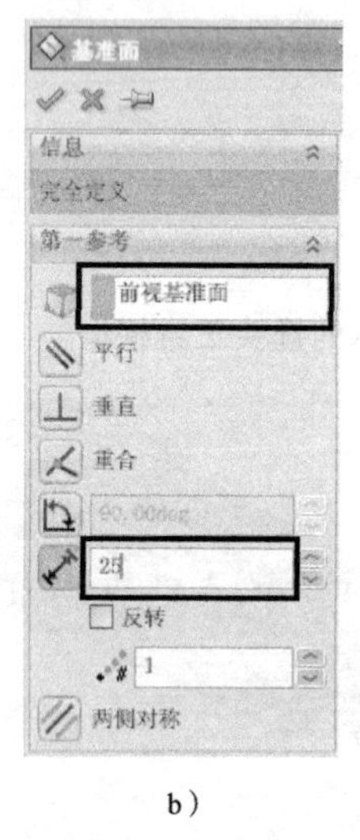

b）

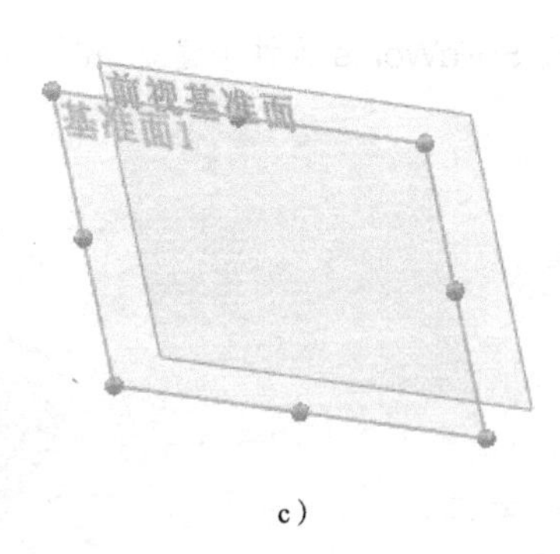

c）

图15-2　插入基准面1

a）选择前视基准面　b）“基准面”对话框　c）完成插入基准面 1

2）选择“基准面 1”，然后单击“插入”→“参考几何体”→“基准面”，在弹出的“基准面”对话框中的“第一参考”选项区中输入偏移距离为“25”，生成基准面 2，如图 15-3b、c 所示。

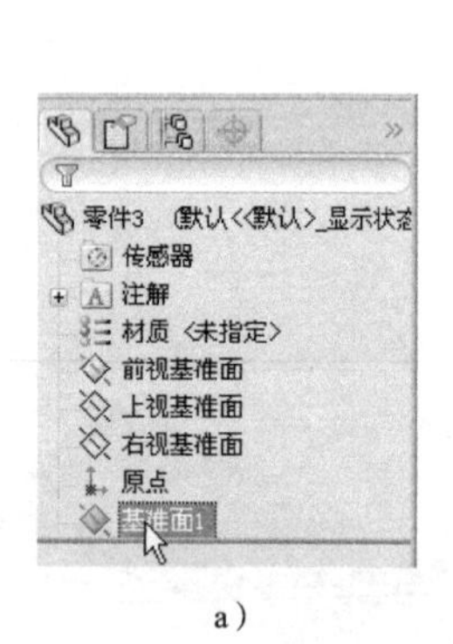

a）

b）

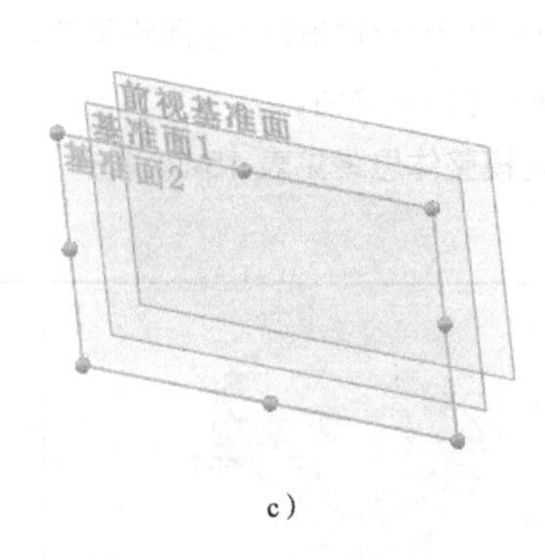

c）

图15-3　插入基准面2

a）选择基准面 1　b）“基准面”对话框　c）完成插入基准面 2

3）继续创建新的基准面，在弹出的“基准面”对话框中的“第一参考”选项区中输入偏移距离为“40”，生成基准面 3，如图 15-4 所示。

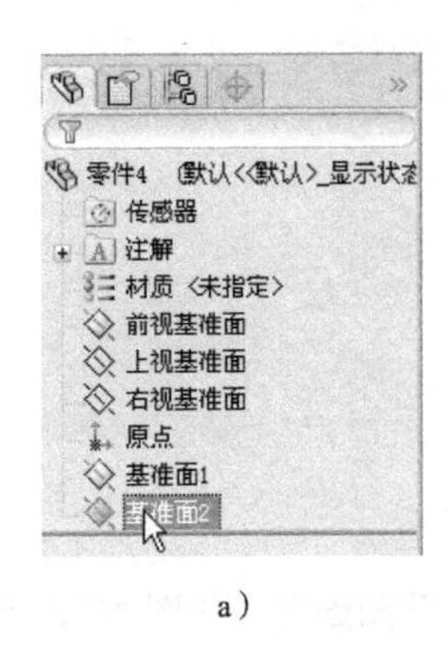

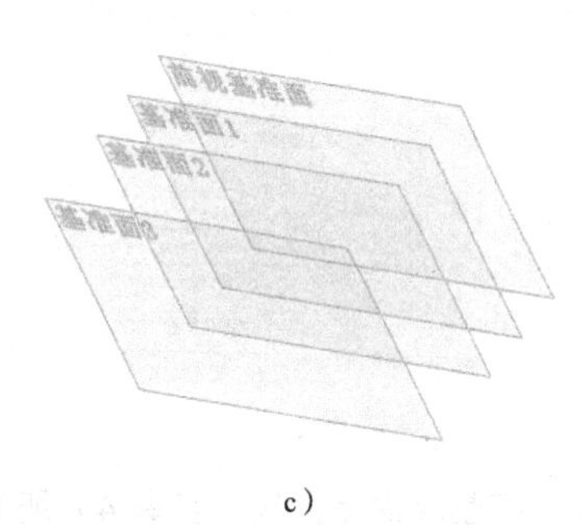

a） b） c）

图15-4 插入基准面3

a）选择基准面 2 b）“基准面”对话框 c）完成插入基准面 3

4）单击“前视基准面”，在弹出的关联菜单中单击按钮，如图 15-5a 所示。单击中心矩形按钮，绘制图 15-5b 所示的正方形。

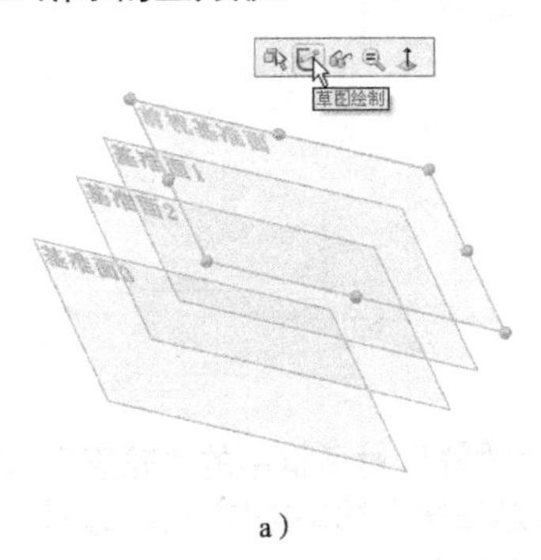

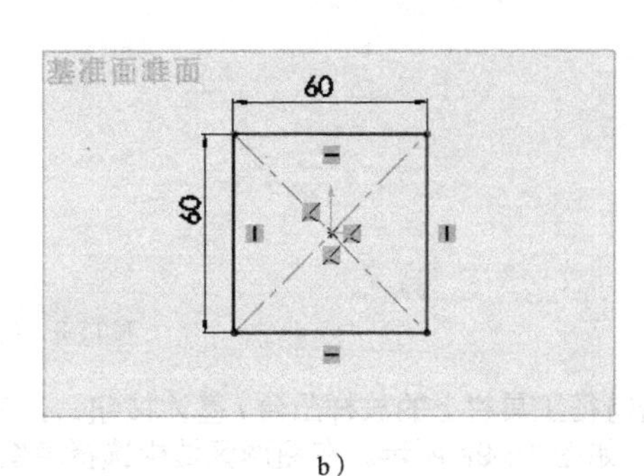

a） b）

图15-5 绘制草图1

a）选择前视基准面 b）绘制正方形草图

5）单击基准面 1，然后单击草图工具栏上的按钮，如图 15-6a 所示。在基准面 1 上绘制一个以原点为圆心、直径为 ϕ50mm 的圆，如图 15-6b 所示。

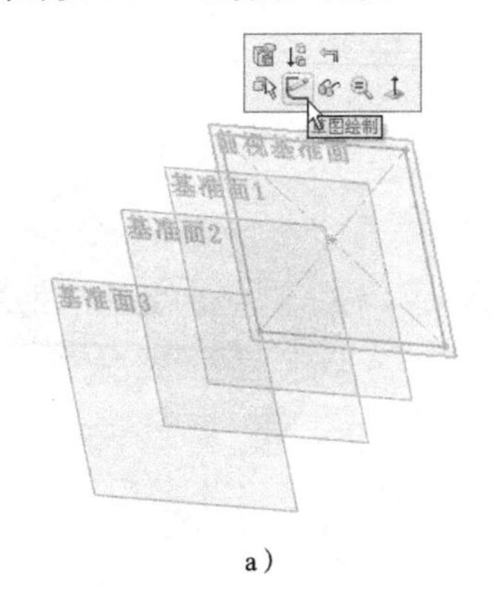

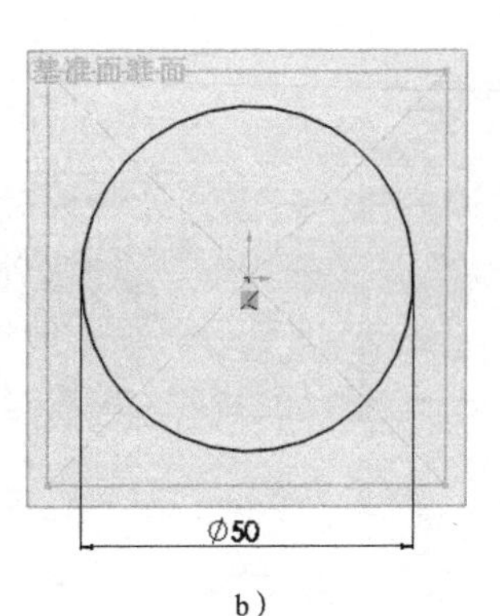

a） b）

图15-6 绘制草图2

a）选择基准面 1 b）绘制圆形草图

6）选择基准面 2，然后单击草图工具栏上的 按钮，如图 15-7a 所示。在基准面 2 上绘制步骤 4）所绘正方形的外接圆退出草图，如图 15-7b 所示。

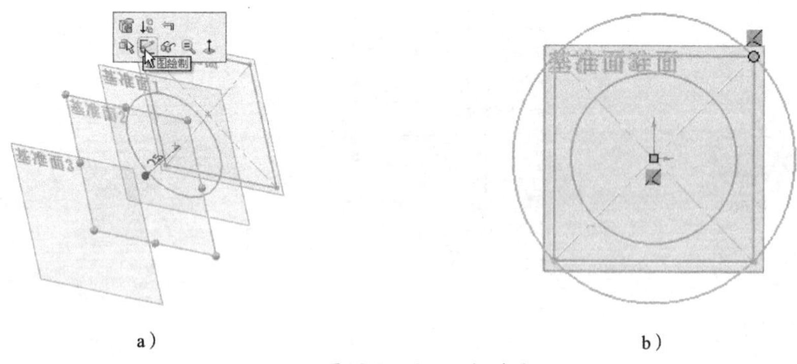

a） b）

图15-7 添加几何关系

a）选择基准面 2 b）绘制圆形草图

7）在基准面 3 上绘制步骤 4）所绘正方形的外接圆，退出草图，完成所有草图绘制，如图 15-8 所示。

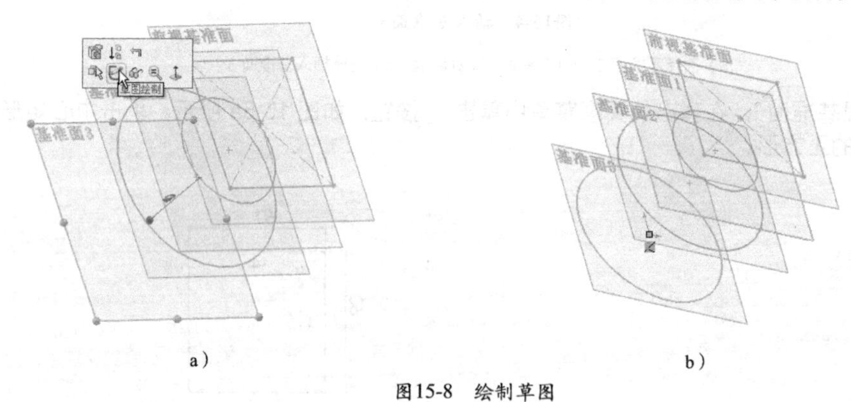

a） b）

图15-8 绘制草图

8）单击特征工具栏上的放样凸台 / 基体按钮 ，在弹出的“放样”对话框中的“轮廓”选项区中选择放样的轮廓，如图 15-9a 所示。在图形区域中选择草图时，要注意在每个轮廓的同一位置附近（如右上侧）单击，如图 15-9b 所示。单击 按钮，完成锤头的放样，如图 15-9c 所示。

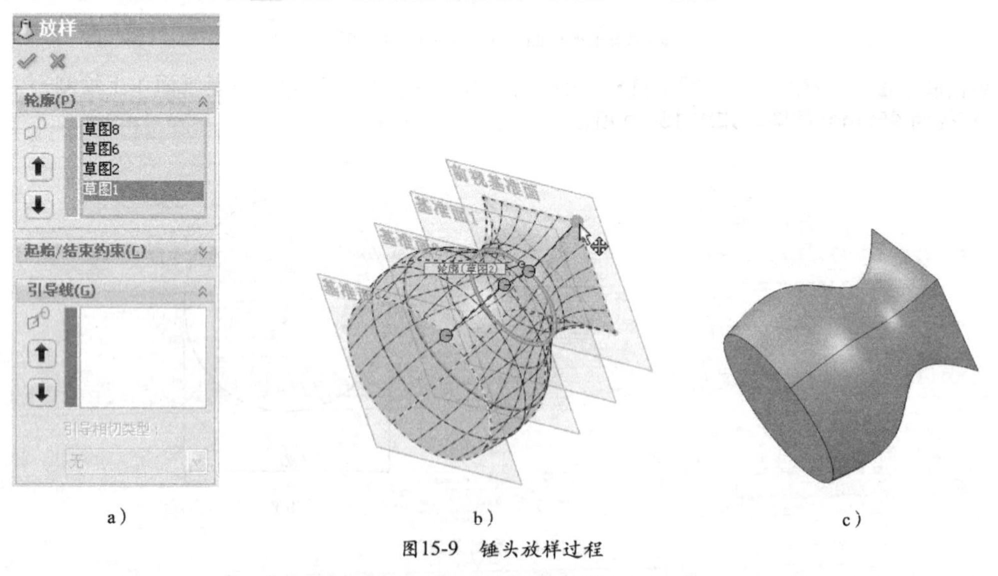

a） b） c）

图15-9 锤头放样过程

a）“放样”对话框 b）放样编辑状态 c）完成放样

（2）创建锤头尾部

1）单击“前视基准面”，然后单击“插入”→参考几何体→“基准面”，在弹出的“基准面”对话框中的“第一参考”选项区中输入偏移距离为“200”，并选中“反转”复选框，如图 15-10a 所示。新基准面将在“前视基准面”后侧生成。单击✔按钮，生成基准面 4，如图 15-10b 所示。

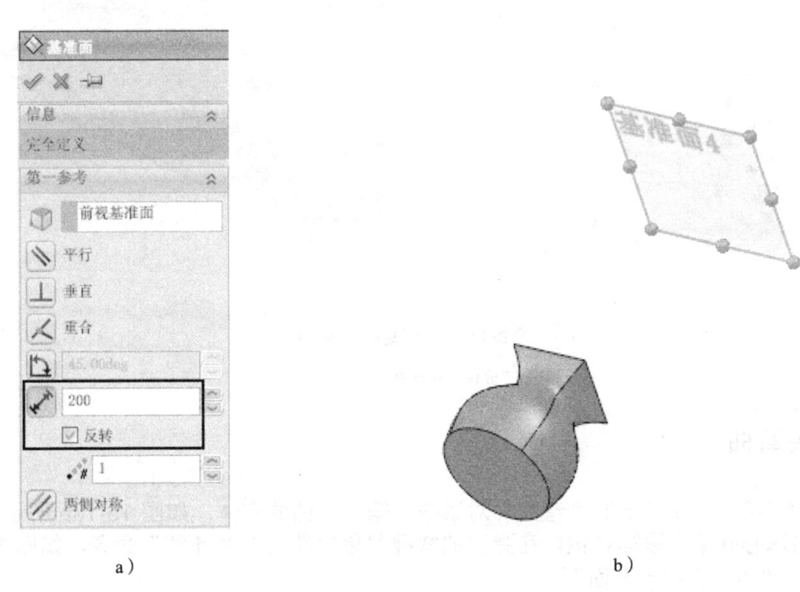

a）　　b）

图15-10　插入基准面过程

a）“基准面”对话框　b）创建基准面 4

2）单击基准面 4，单击草图绘制按钮，如图 15-11a 所示。单击中心矩形按钮，以原点为中心点绘制一个矩形并标注尺寸，单击✔按钮，退出草图，如图 15-11b 所示。

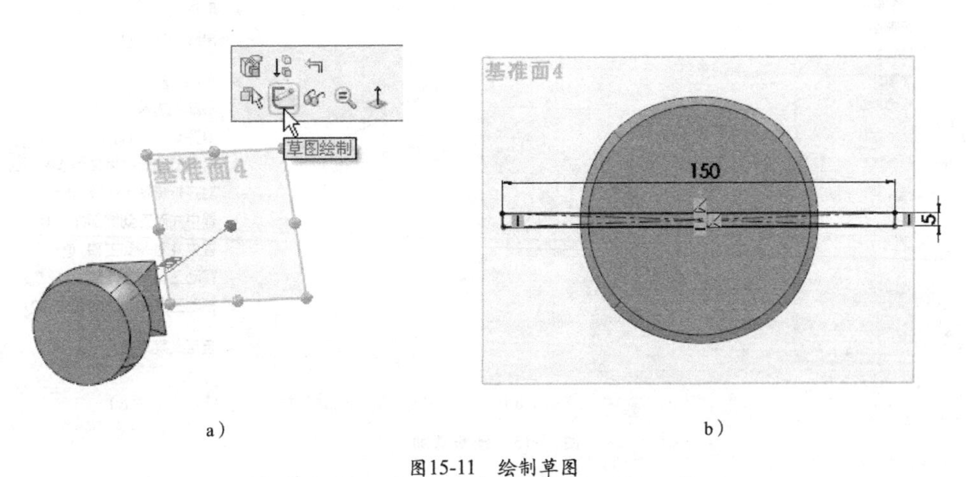

a）　　b）

图15-11　绘制草图

a）选择基准面 4　b）绘制草图状态

3）单击放样凸台 / 基体按钮，在弹出的“放样”对话框中选择锤头一面和基准面 4 绘制的草图，如图 15-12a 所示。单击✔按钮，完成锤头尾部的放样，如图 15-12b 所示。

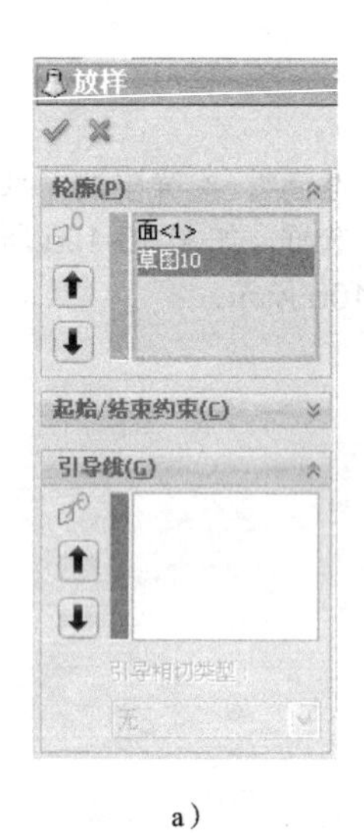

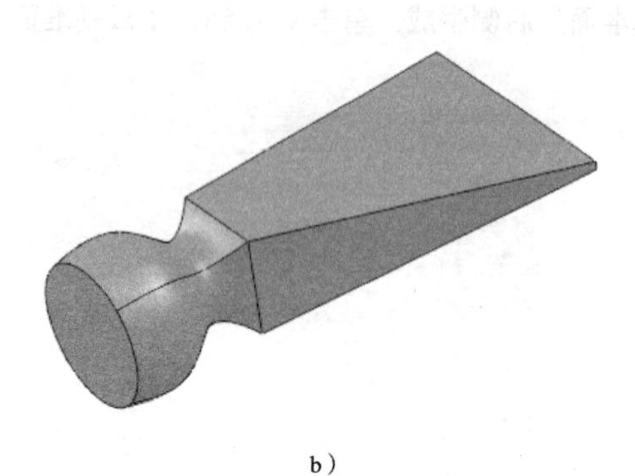

a)　　　　　　　　b)

图15-12　创建锤头尾部

a)"放样"对话框　b)完成放样

(3)将锤头弯曲

1)单击特征按钮，在弹出的"弯曲"对话框中输入弯曲的实体，如图 15-13a 所示。将鼠标移动到图 15-13b 所示的球心并单击鼠标右键，在弹出的快捷菜单中单击"对齐到"命令，如图 15-13c 所示。拓展弹出的设计树，单击"右视基准面"。

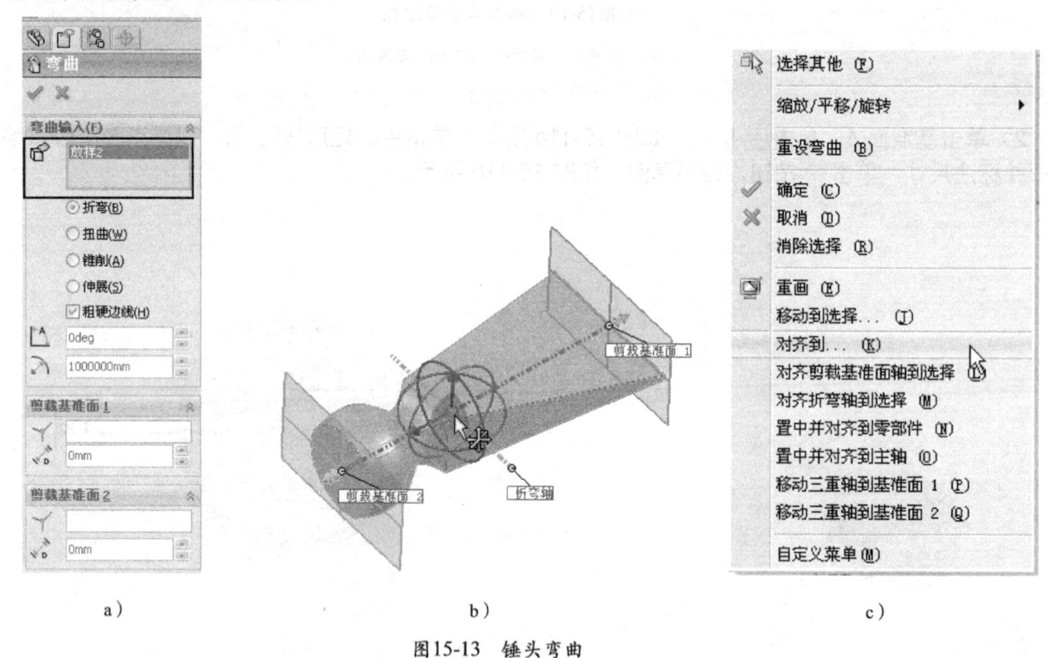

a)　　　　　　　　b)　　　　　　　　c)

图15-13　锤头弯曲

a)"弯曲"对话框　b)弯曲编辑状态　c)单击"对齐到"命令

2)单击"剪裁基准面 2"，再次移动鼠标至球心并单击右键，在弹出的快捷菜单中单击"移动三重轴到基准面 2"，如图 15-14a 所示。将鼠标移动到剪裁基准面 1 的边线之一上，如图 15-14b 所示。单击并上下拖动，如图 15-14c 所示。单击按钮，完成锤头的弯曲，如图 15-14d 所示。

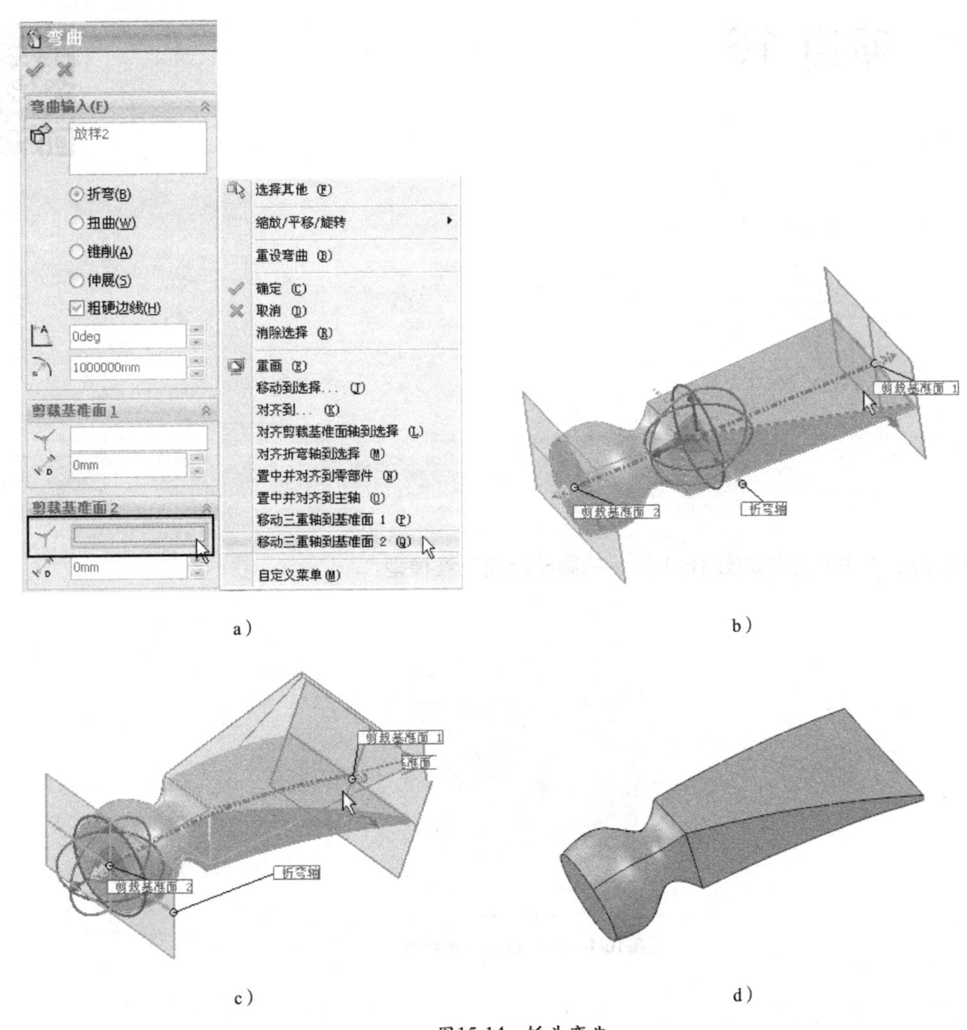

a)　　b)

c)　　d)

图15-14　锤头弯曲

a）“弯曲”对话框　b）弯曲编辑状态　c）显示弯曲状态　d）完成锤头弯曲

至此建模完毕，操作过程参见教学视频 15-1。

4.项目总结

本项目用到了弯曲特征。弯曲特征是一种比较特别的实体特征，它是以已经成形的实体特征为编辑对象的。弯曲特征提供了折弯、扭转、锥削和伸展 4 种方式。该特征的具体使用详见教学视频 15-2。

项目 16 圆柱凸轮

【学习目标】

1. 掌握样条曲线的绘制方法
2. 掌握方程式的使用方法
3. 掌握包覆特征的使用方法

【重难点】

通过方程式来构建变量之间的关系。

1.项目说明

在 SolidWorks 软件中建立如图 16-1 所示的圆柱凸轮三维模型。

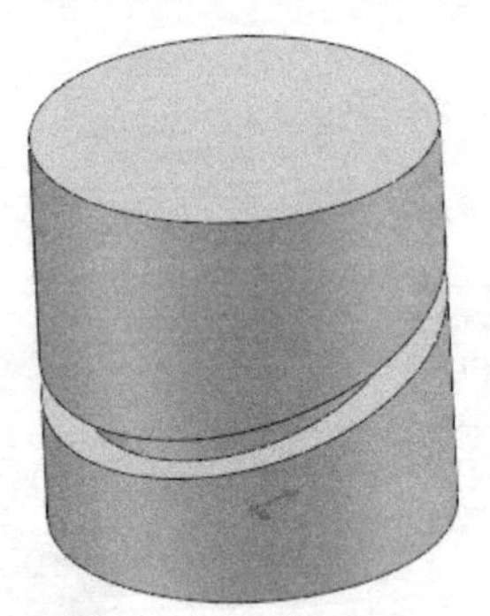

图16-1　圆柱凸轮三维模型

2.项目规划

圆柱凸轮主要依靠表面的沟槽来带动从动件运动，因此圆柱表面的沟槽是该零件最主要的特征。该零件的建模步骤如下：

1）创建圆柱基体。

2）绘制从动件运动线图。

3）切出沟槽。

建模整体思路见表 16-1。

表 16-1　建模整体思路

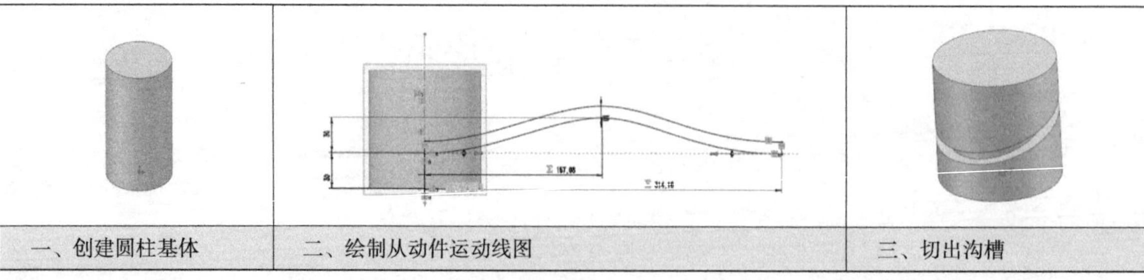

一、创建圆柱基体	二、绘制从动件运动线图	三、切出沟槽

3.项目实施

（1）创建圆柱基体

单击“前视基准面”，在弹出的关联菜单中单击按钮，绘制直径为 ϕ100mm 的圆，如图 16-2a 所示。将该圆拉伸成高度为 100mm 的圆柱体，如图 16-2b 所示。

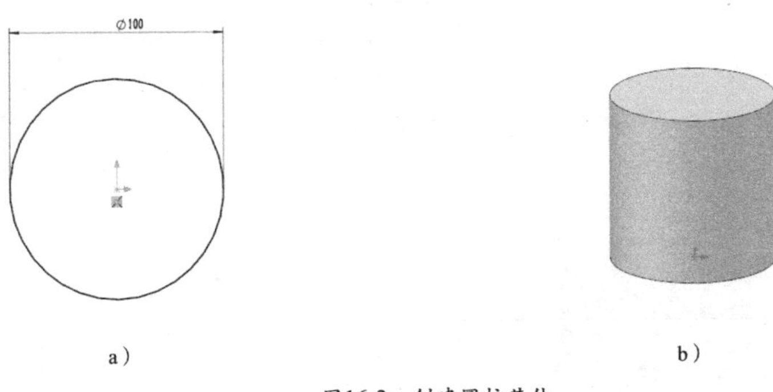

a）　　b）

图16-2　创建圆柱基体

a）绘制草图　b）拉伸实体

（2）绘制从动件运动线图

1）以上视基准面为参考，插入与其平行同时又与圆柱相切的基准面 1，如图 16-3 所示。

2）在基准面 1 上绘制草图，利用样条曲线功能绘制如图 16-4 所示的曲线。注意：该曲线是由 3 个点生成的。

3）单击智能尺寸标注，分别单击曲线的两个端点，标注其水平方向的距离，在弹出的“修改”对话框中输入“=100*pi”，如图 16-4 所示。

注意：①在“修改”对话框中输入“=”表示输入的是方程式，类似 Excel 软件；②这里输入的方程“100*pi”是求圆柱的周长，其中“pi”是 SolidWorks 软件默认的圆周率。

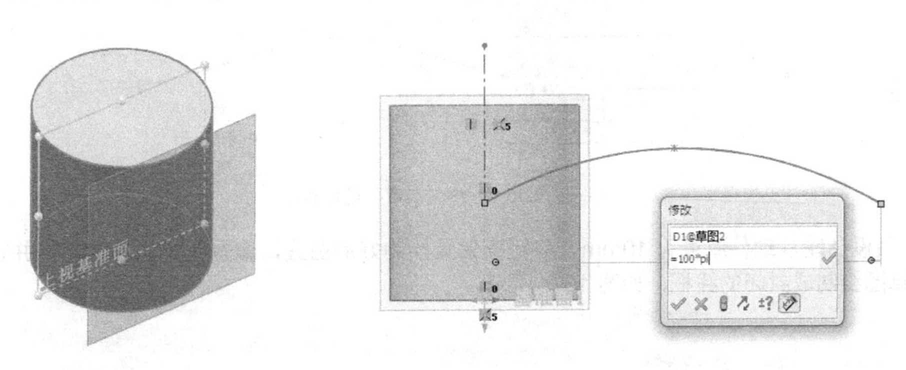

图 16-3　插入基准面　　图 16-4　绘制样条曲线并标注

4）利用智能尺寸标注样条线中间点与左端点的水平距离，这里输入的方程为“=100*pi/2”，即圆柱周长的一半，如图 16-5a 所示。确定后即可发现样条线中间点已经到了水平中间位置，如图 16-5b 所示。

5）选择样条曲线的两个端点，添加“水平”约束。分别选择样条曲线左右两个端点，再选择样条线的控制柄，约束为水平。标注左端点和圆柱底面的竖直距离为 30mm。标注左端点和样条曲线中间点的竖直距离为 30mm，如图 16-6 所示。

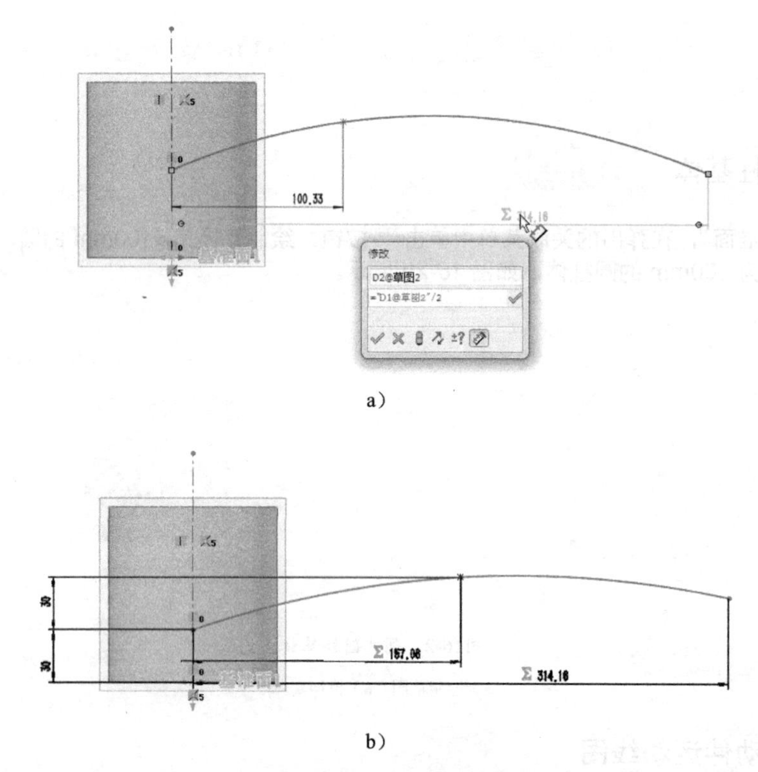

a）

b）

图16-5　确定样条曲线中间点的位置

a）插入方程式　b）标注效果

补充说明两点：①这里标注的左端点和样条曲线中间点的竖直距离就是从动件的推程，即凸轮能将从动件推出最大的位移量；②这里设置样条曲线两个端点控制柄水平约束，是为了保证从动件在运动过程中能减少冲击。

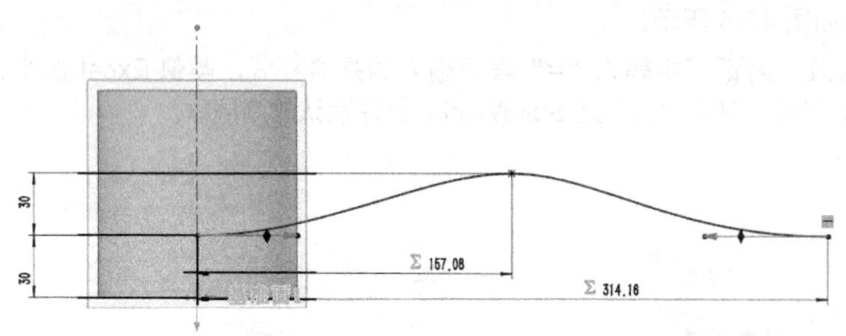

图16-6　绘制从动件运动线图

6）假设凸轮从动件厚度为 10mm，等距离偏置绘制好的曲线，偏置距离为 10mm，并在两端增加两条直线将草图绘制成封闭的线框，如图 16-7 所示。

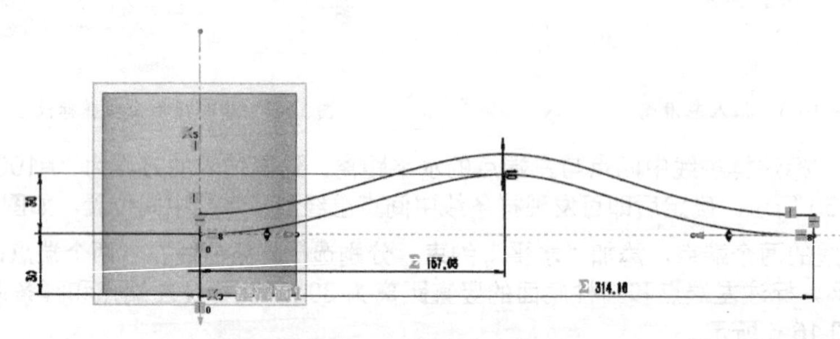

图16-7　绘制封闭的线框

（3）切出沟槽

单击包覆命令按钮，弹出“包覆 1”对话框，分别选择包覆面和包覆草图，如图 16-8a 所示。选中“蚀雕”单选按钮，并设置深度为 10mm，即可看到预览，如图 16-8b 所示。单击✓按钮，完成圆柱凸轮实体，如图 16-8c 所示。

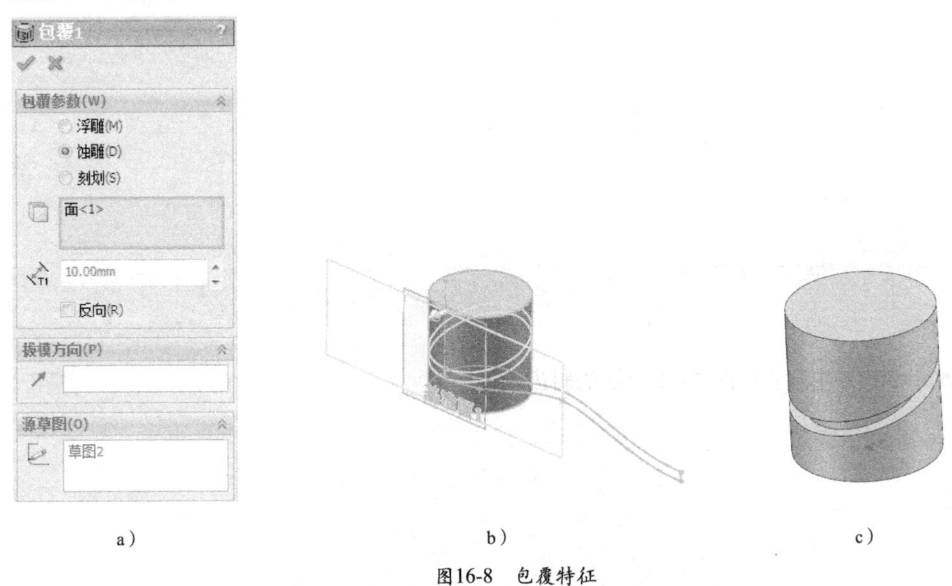

a）　　b）　　c）

图16-8　包覆特征

a）“包覆 1”对话框　b）包覆预览　c）圆柱凸轮实体

至此建模完毕，操作过程参见教学视频 16-1。

4.项目总结

本项目用到了样条曲线功能。样条曲线是一种非常灵活的曲线绘制工具，可根据给定点的位置、斜率等条件，绘制出各种形式的曲线。样条曲线在曲面建模中尤其常用，因此掌握样条曲线功能的使用方法对日后的学习有很大帮助。样条曲线的主要画法详见教学视频 16-2。

此外，本项目还用到了包覆特征，该特征的具体用法详见教学视频 16-3。

项目 17 参数化齿轮

【学习目标】

1. 掌握方程式的使用方法
2. 掌握利用辅助线绘制特定曲线的方法
3. 掌握成形特征参数赋值的操作方法

【重难点】

通过分析渐开线的形成原理，利用辅助线来模拟发生线，从而求出渐开线。

1.项目说明

在 SolidWorks 软件中建立如图 17-1 所示的斜齿轮模型。

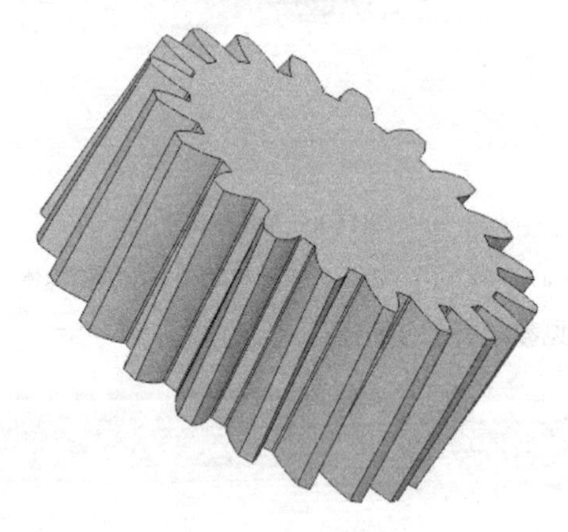

图17-1　斜齿轮模型

2.项目规划

渐开线齿轮是一种比较复杂的三维模型，如果要实现参数化，就必然要将参数与几何形状的关联起来，可用方程式实现。齿轮的建模步骤如下：

1）定义齿轮的设计参数和基本尺寸的计算方程式。

2）依据渐开线的原理和性质绘制出渐开线。

3）拉伸出单个齿的齿轮。

4）对轮齿进行阵列，得到完整的直齿轮。

5）利用弯曲特征形成斜齿轮。

6）改变参数，更新模型。

建模整体思路见表 17-1。

表 17-1　建模整体思路

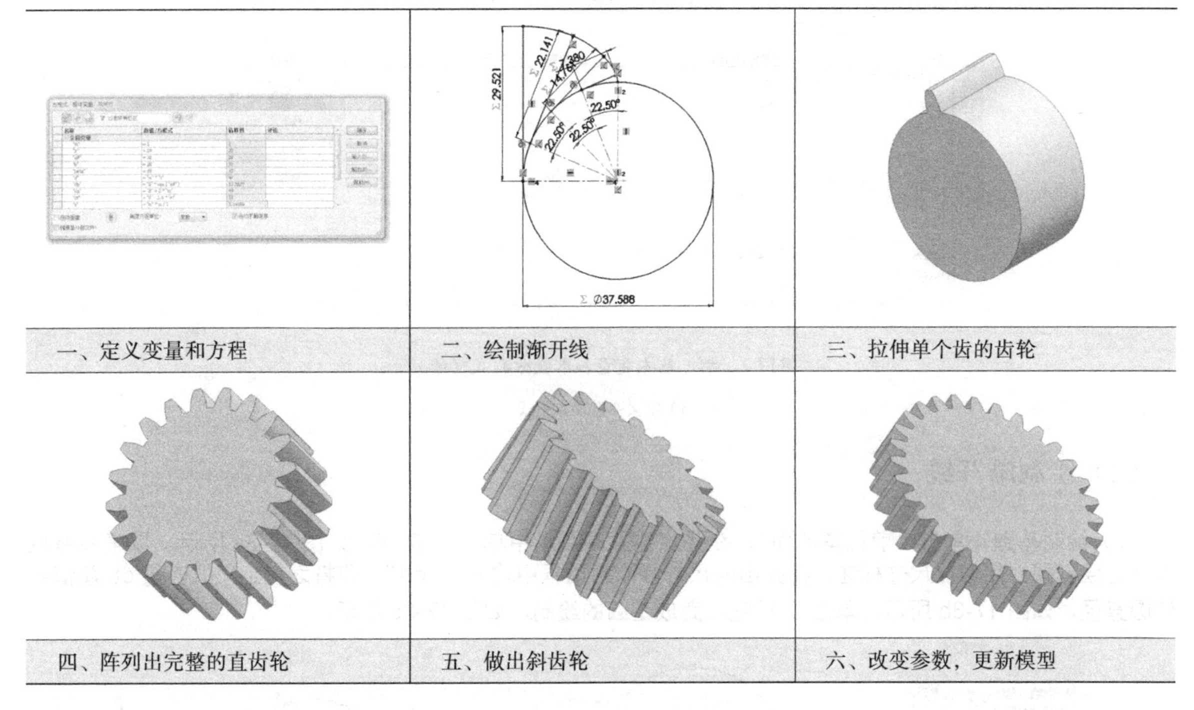

一、定义变量和方程	二、绘制渐开线	三、拉伸单个齿的齿轮
四、阵列出完整的直齿轮	五、做出斜齿轮	六、改变参数，更新模型

3.项目实施

（1）定义变量和方程式

在菜单栏中单击“工具”，选择“方程式”，打开方程式编辑窗口，如图 17-2a 所示。单击全局变量下的空格，输入“m”，按 <Enter> 键，输入“2”，此时即完成了齿轮模数初值的定义。

重复类似操作，输入以下变量：z=20（齿数）、alf=20（压力角）、b=20（齿宽）、beta=10（螺旋角）。

再输入以下几个齿轮的几何计算公式（图 17-2b）：

d=m*z（分度圆直径）、db=d*cos（alf）（基圆直径）、da=d+2*m（齿顶圆直径）、df=d － 2.5*m（齿根圆直径）、s=m*pi/2（齿厚）。

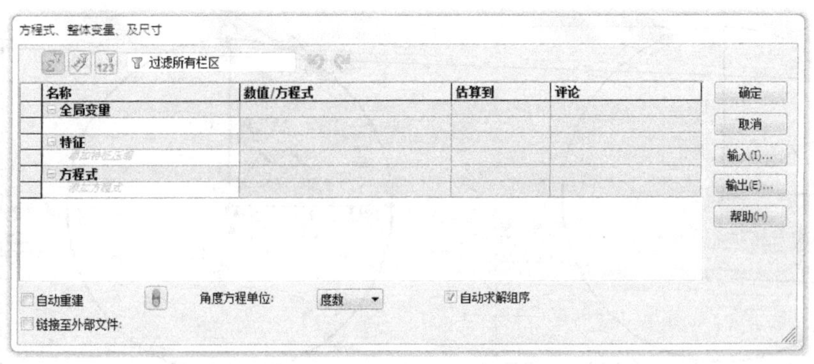

a）

图17-2　插入基本变量和参数方程式

a）方程式编辑窗口

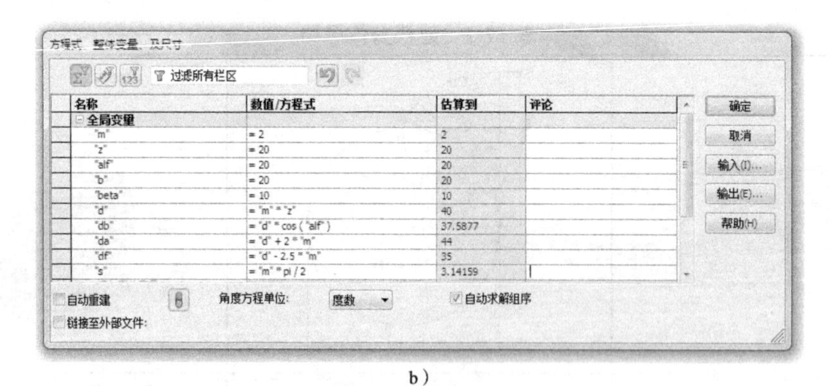

b）

图17-2　插入基本变量和参数方程式（续）

b）定义变量及方程式

（2）绘制渐开线

1）绘制基圆。单击“前视基准面”，在弹出的关联菜单中单击按钮，如图 17-3a 所示。以坐标原点为圆心绘制圆，用智能尺寸标注，在弹出的尺寸修改对话框中输入“=db”，即将之前定义的变量 db 赋值给该圆直径，如图 17-3b 所示。单击按钮，完成基圆的绘制，如图 17-3c 所示。

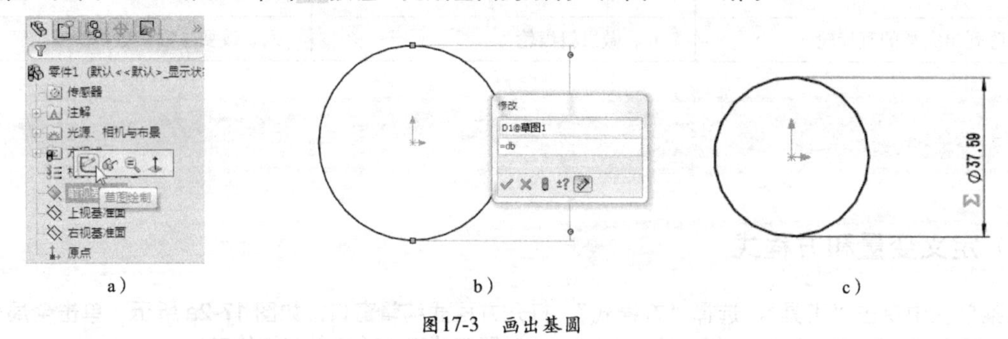

a）　　b）　　c）

图17-3　画出基圆

a）选择草图基准面　b）将 db 变量赋值给该圆直径　c）完成基圆的绘制

2）绘制发生线和渐开线。在基圆 1/4 圆弧范围里，对基圆进行三等分，如图 17-4a 所示。先做出第一个点的发生线，即与圆弧相切的线段并且长度等于相应弧长的线段，如图 17-4b 所示。由机械基础知识

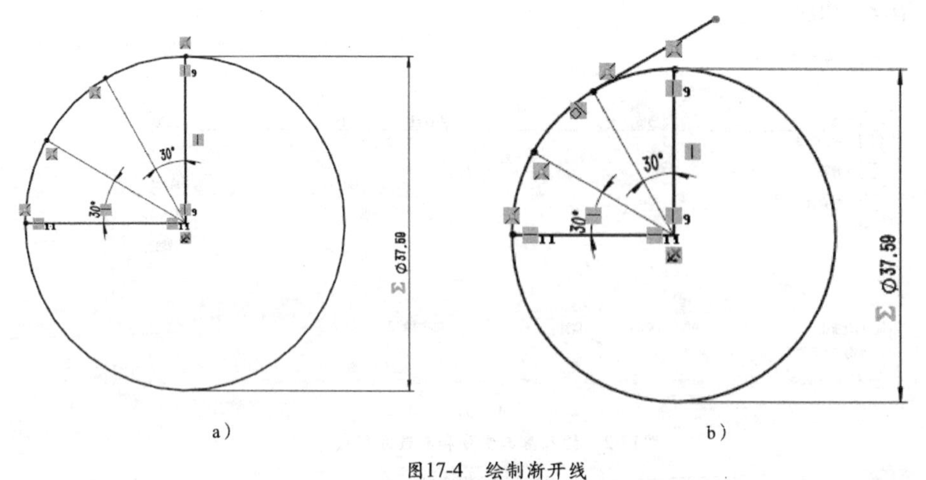

a）　　b）

图17-4　绘制渐开线

a）等分基圆　b）过第一点做与基圆相切的直线

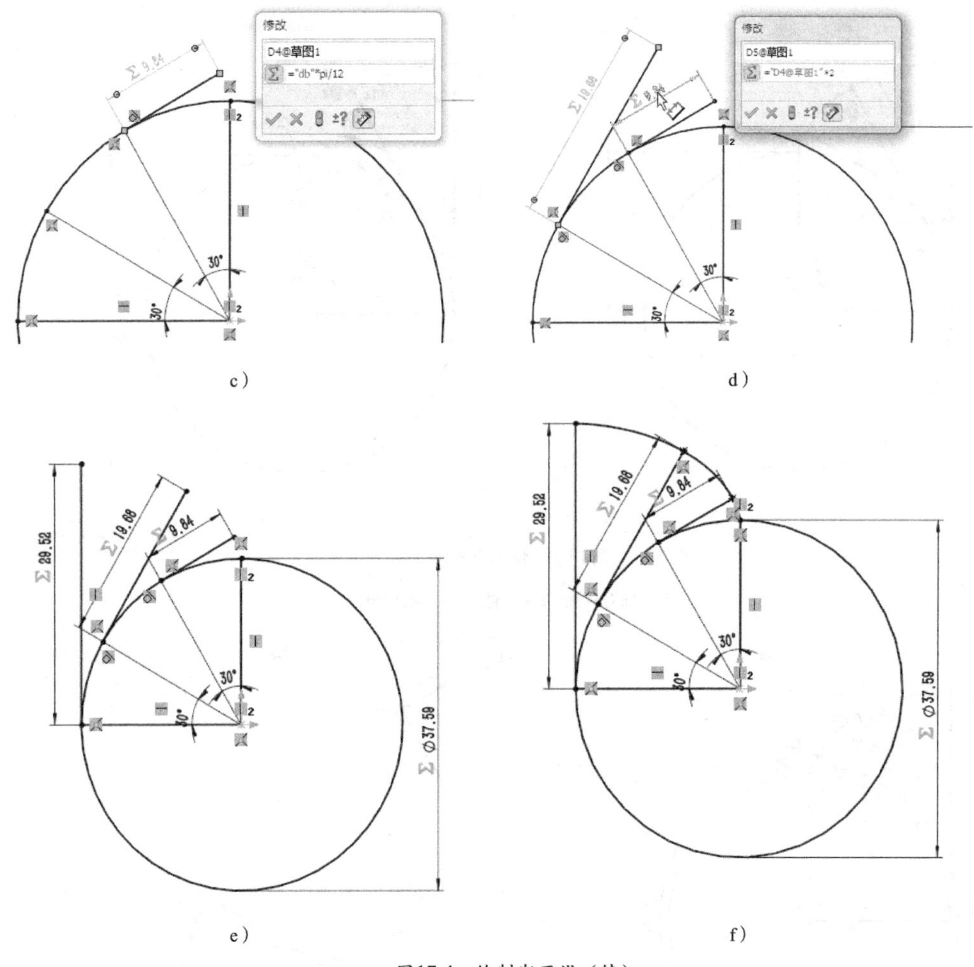

图17-4　绘制渐开线（续）

c）利用方程式标注第一段发生线　d）利用方程式标注第二段发生线　e）做出三段发生线　f）依次连接发生线的端点

可知，该段发生线长度应该是基圆周长的 1/12，在尺寸修改对话框中输入“=db*pi/12”，如图 17-4c 所示。接着做出剩下几个等分点的发生线，如图 17-4d、e 所示。最后用样条曲线依次连接发生线端点，即可获得渐开线，如图 17-4f 所示。

（3）拉伸单个齿的齿轮

1）绘制另一侧渐开线。因为齿轮的轮齿是左右对称的，因此可以考虑用镜像的方法做出另外一侧的齿廓曲线。首先过圆心绘制一条构造线，作为镜像中心线，如图 17-5a 所示。通过镜像操作即可得到另一侧渐开线，如图 17-5b 所示。

虽然通过镜像得到了另一侧渐开线，但是位置并没有确定下来。由机械基础的知识可知，在分度圆上齿厚和齿槽宽是相等的，都是齿距的一半，因此可以利用分度圆的关系来确定两根渐开线的位置。

绘制一个与基圆同心的圆，并将直径标注为“d”，即得分度圆，如图 17-6a 所示。然后剪裁分度圆，仅保留两根渐开线中间的一段（注意：一定要保证该圆弧与两根渐开线有重合约束关系），如图 17-6b 所示。

将该圆弧弧长标注为先前定义的变量“s”，具体标注方法是：打开尺寸标注，先单击圆弧，再分别单击两个端点即可，如图 17-6c 所示。确认操作后，即可发现两根渐开线已经完全约束了，如图 17-6d 所示。

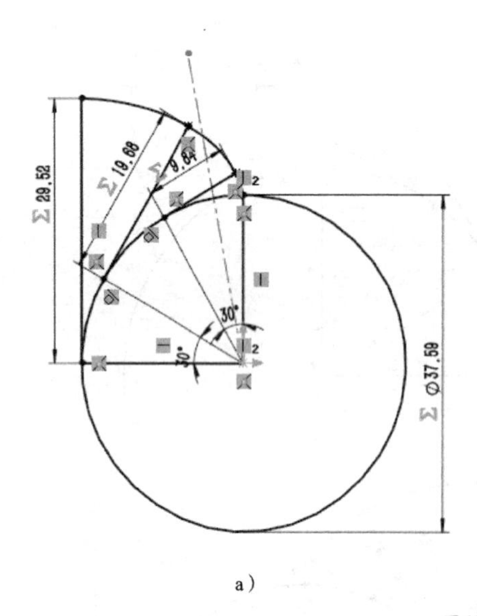

a）

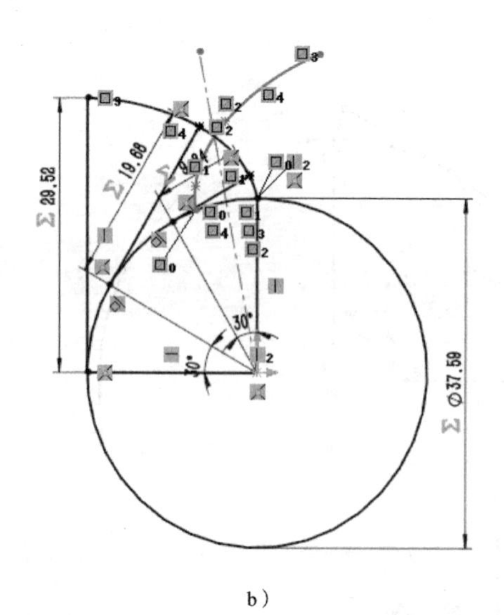

b）

图17-5　镜像渐开线

a）添加对称轴　b）镜像出另一侧渐开线

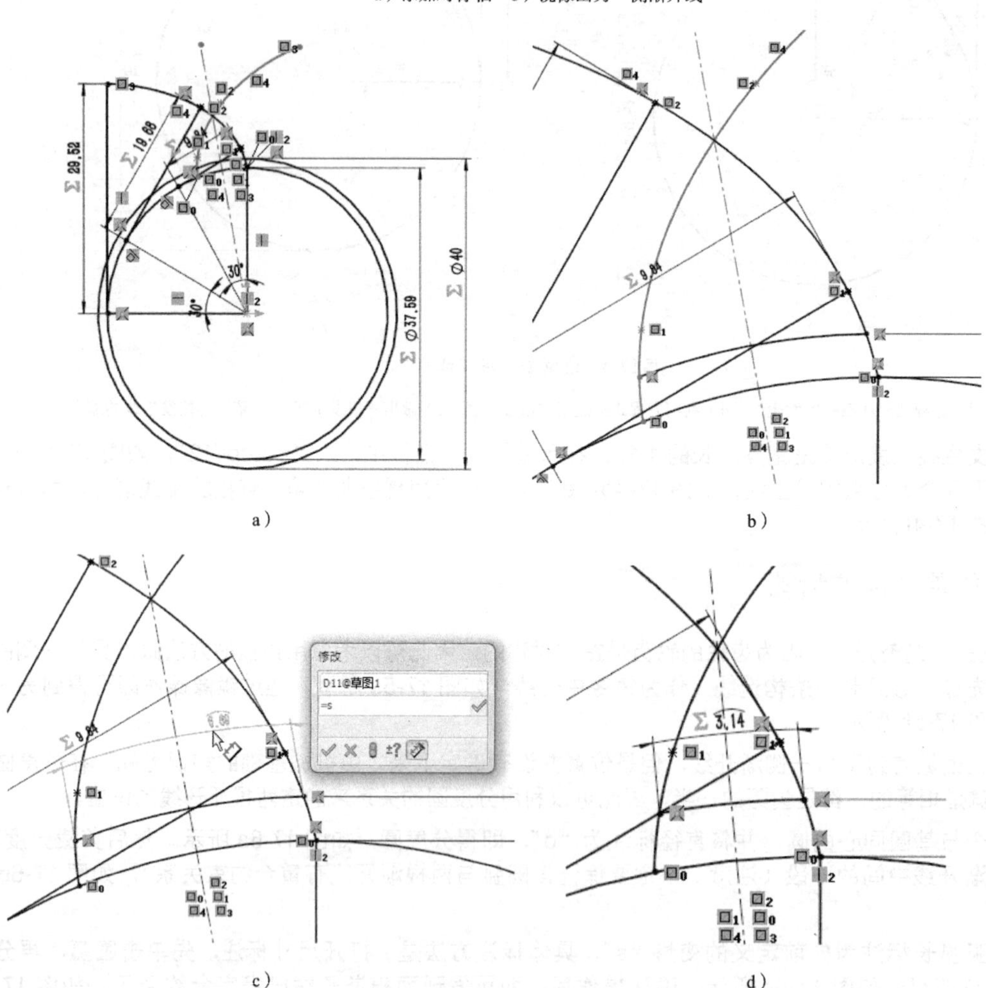

图17-6　根据分度圆齿厚确定位置

a）绘制分度圆　b）剪裁分度圆　c）利用方程式标注分度圆齿厚　d）完全约束单个齿的齿廓曲线

2）绘制齿顶圆和齿根圆。绘制与基圆同心的两个圆，分别将直径标注为“da”和“df”，即可得到齿顶圆和齿根圆，如图 17-7a 所示。此时一个齿的齿形已经基本形成，如图 17-7b 所示。

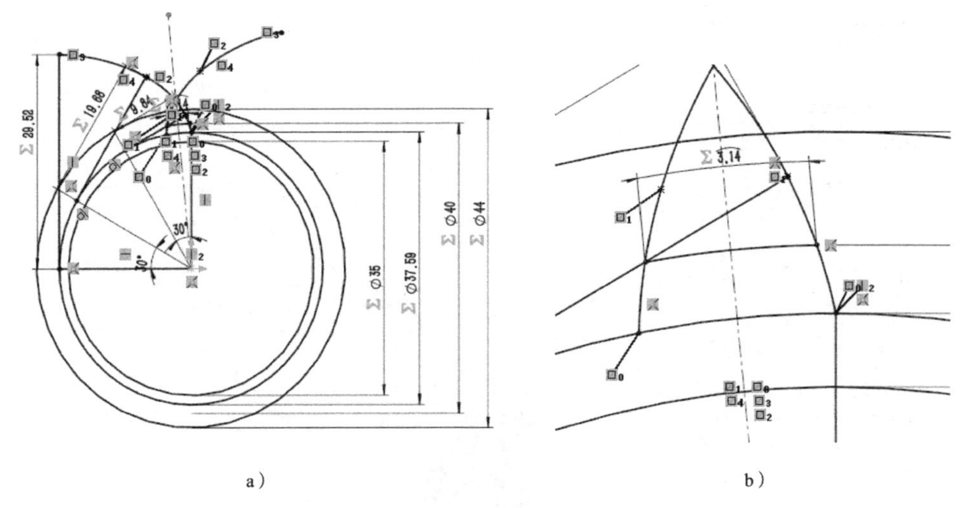

a）　　b）

图17-7　绘制齿顶圆和齿根圆

a）绘制齿顶圆和齿根圆　b）单个齿形基本形成

3）新建草图，引用实体。由于在草图中有大量的辅助线，不方便拉伸，因此考虑重现绘制草图。先单击按钮，退出草图 1，再次单击“前视基准面”，创建草图 2。此时只要把草图 1 中需要用到的两根渐开线、齿顶圆和齿根圆通过“转换实体引用”功能投影到草图 2 中即可，如图 17-8a 所示。隐藏草图 1，如图 17-8b 所示。修剪多余的线段，并将渐开线“延伸”到齿根圆上，即可得到一个完整的齿廓，如图 17-8c 所示。

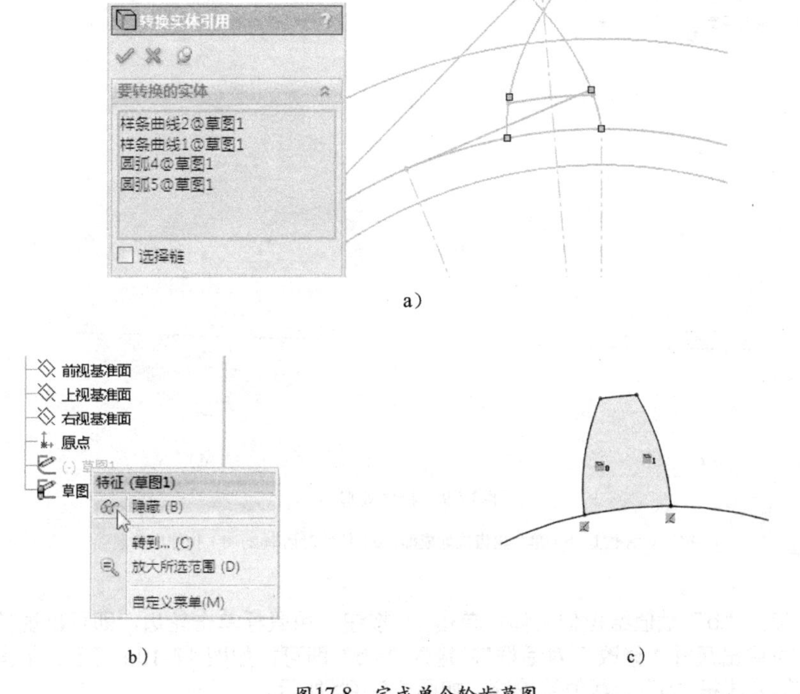

a）

b）　　c）

图17-8　完成单个轮齿草图

a）选择轮齿轮廓线投影到新草图中　b）隐藏草图 1　c）延伸渐开线到齿根圆

4）拉伸单个齿和轮坯。通过两次拉伸操作，分别拉伸出轮齿和轮坯，如图 17-9 所示。

a）

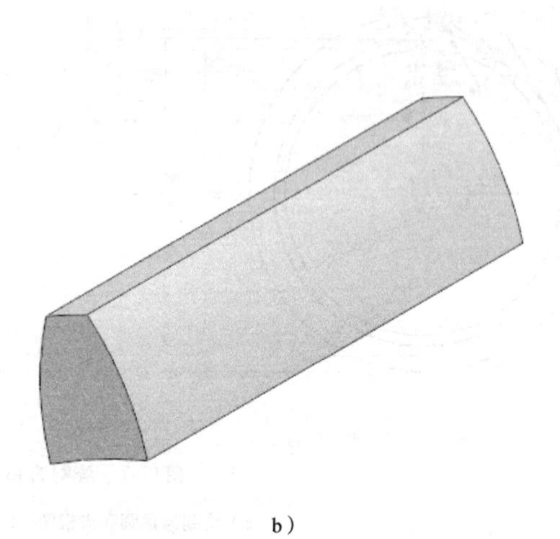

b）

c）

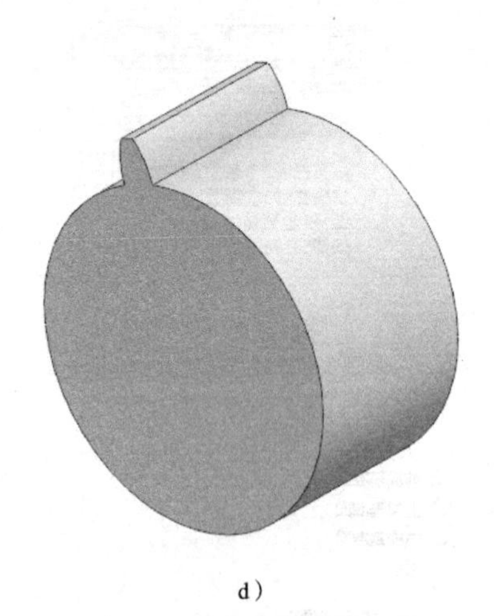

d）

图17-9 拉伸成形

a）拉伸对话框 1 b）单个轮齿拉伸成形 c）拉伸对话框 2 d）拉伸出轮坯

接下来就要将齿宽“b”赋值给拉伸实体。单击按钮，用鼠标单击轮齿，即可出现其拉伸高度的标注。双击该标注即可弹出尺寸“修改”对话框”，输入“=b”即可，如图 17-10a 所示。单击按钮，可以更新模型。按同样的方法将“b”也赋值给轮坯，如图 17-10b 所示。

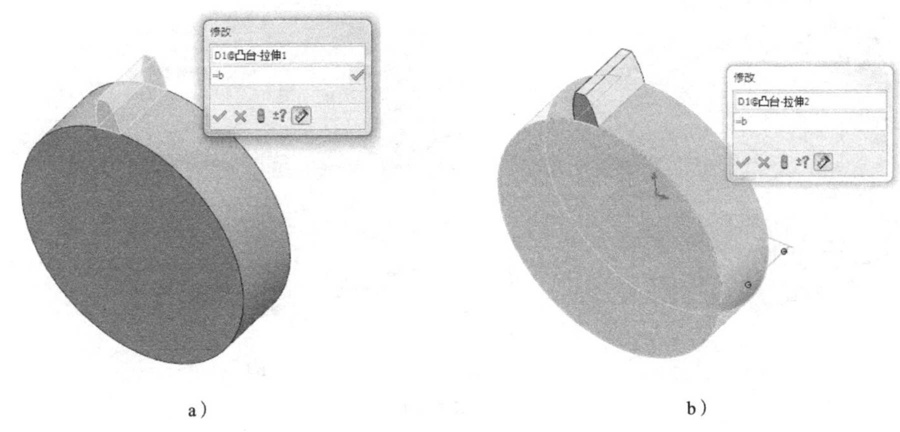

a）　　　　b）

图17-10　拉伸单个轮齿

a）将变量 b 赋值给齿宽　b）将变量 b 赋值给轮坯

（4）阵列出完整的直齿轮

显示出临时轴，利用圆周阵列，将轮齿拉伸特征在 360° 范围里等间距阵列 20 个，如图 17-11a 所示。选择圆柱临时轴为中心线，选择单个齿为要阵列的特征，如图 17-11b 所示。最终阵列效果如图 17-11c 所示。

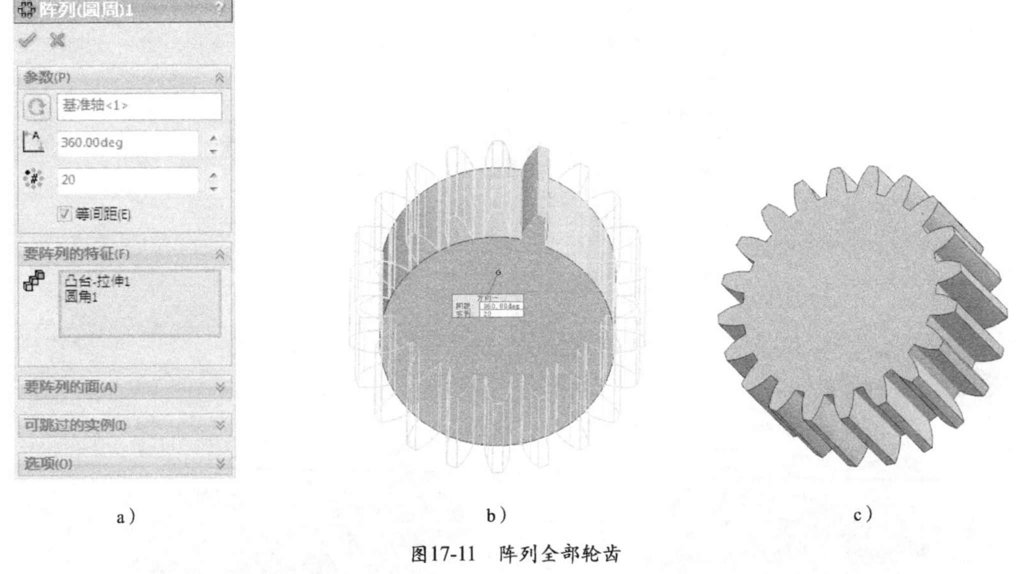

a）　　　　b）　　　　c）

图17-11　阵列全部轮齿

a）阵列对话框　b）阵列操作预览　c）最终阵列效果

单击某一轮齿，显示出阵列参数，如图 17-12a 所示。双击“20”，出现尺寸“修改”对话框，输入“=z”，即实现将齿数“z”赋值给阵列参数，如图 17-12b 所示。

（5）作出斜齿轮

单击“插入”→“特征”→“弯曲”命令，在弹出的“弯曲 1”对话框中的“弯曲输入”选项区中选中“扭曲”单选按钮，将齿轮两个端面相互扭曲 10°，即得到螺旋角为 10° 的斜齿轮，如图 17-13 所示。

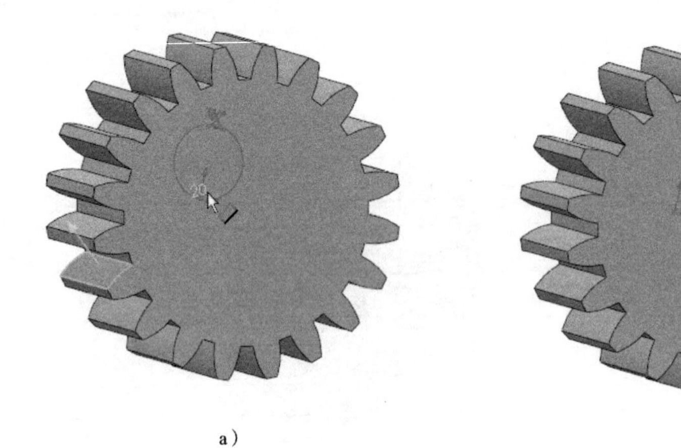

a）　　　　b）

图17-12　赋值齿数

a）双击尺寸“20”　b）将变量 z 赋值给阵列参数

a）

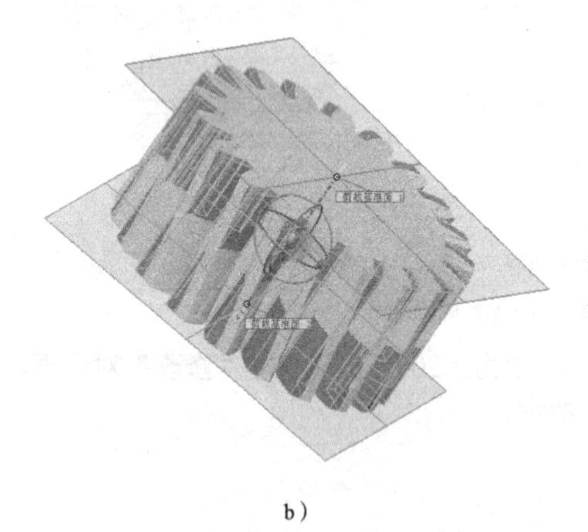

b）　　　　c）

图17-13　设置螺旋角

a）“弯曲 1”对话框　b）确定弯曲变形范围　c）完成弯曲

单击设计树里的“弯曲”（图 17-14a），在图形区域里即显示出弯曲的参数，双击该参数，弹出尺寸“修改”对话框，输入“=beta”，即把变量“beta”赋值给弯曲参数，如图 17-14b 所示。

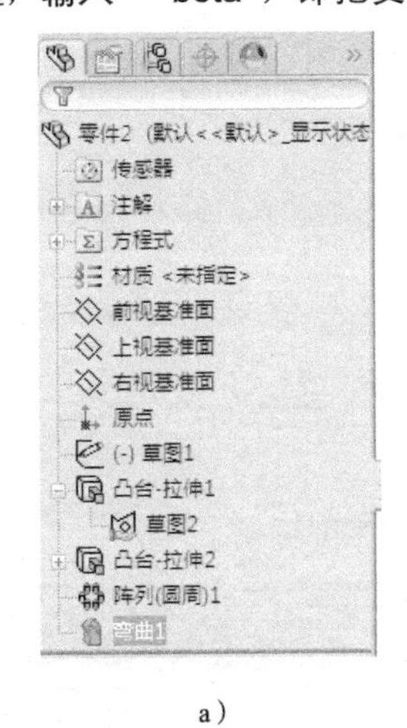

a）

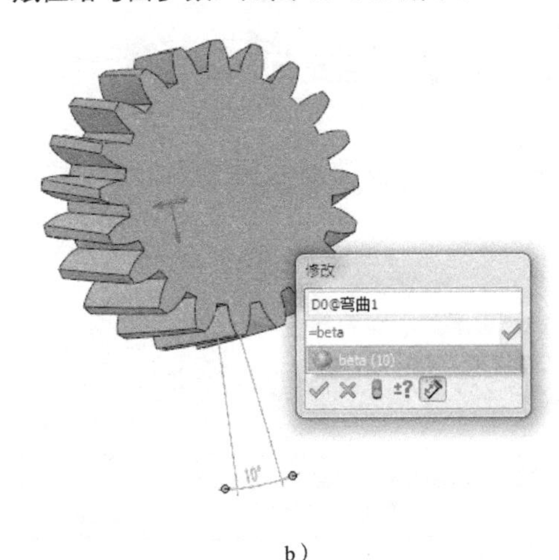

b）

图17-14　赋值螺旋角

a）弯曲参数　b）将变量 beta 赋值给弯曲参数

（6）改变参数，更新模型

此时得到的齿轮模型就是一个可以参数化的模型。打开方程式将模数、齿数、螺旋角分别改成 2、40、0，如图 17-15a 所示。确定后模型即发生更新，如图 17-15b 所示。

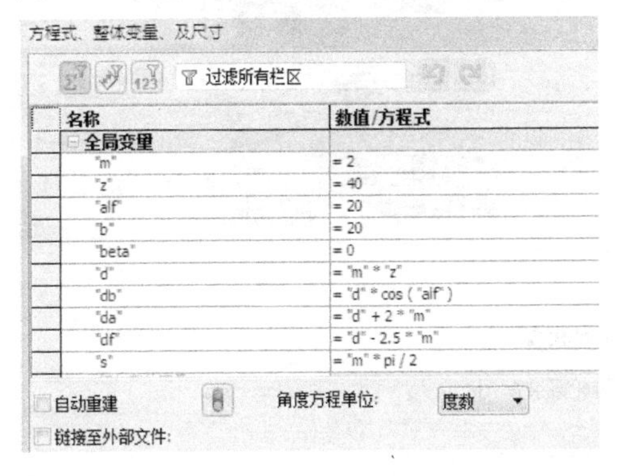

a）

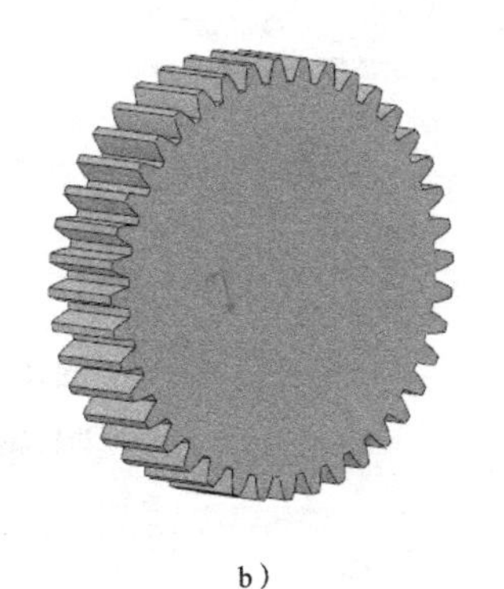

b）

图17-15　更改参数

a）修改变量　b）模型更新

至此建模完毕，操作过程参见教学视频 17-1。

4.项目总结

本项目用到了方程式。方程式是一种高级建模工具，利用方程式可以定义零件中相关尺寸或参数的规律。方程式的使用方法详见教学视频 17-2。

项目 18 齿轮泵装配体

【学习目标】

1. 掌握利用典型装配约束关系实现零件装配的方法
2. 掌握利用镜像、阵列等编辑工具简化装配过程的方法
3. 掌握在装配体中进行干涉检查的方法
4. 掌握创建爆炸视图的方法

【重难点】

分析零件配合之间的约束关系，并采用等效的几何约束关系替代。

1.项目说明

在SolidWorks软件中建立齿轮泵的装配模型，如图18-1所示。

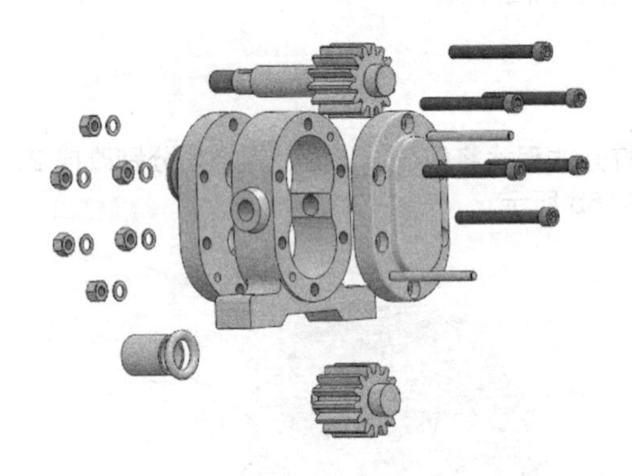

a）

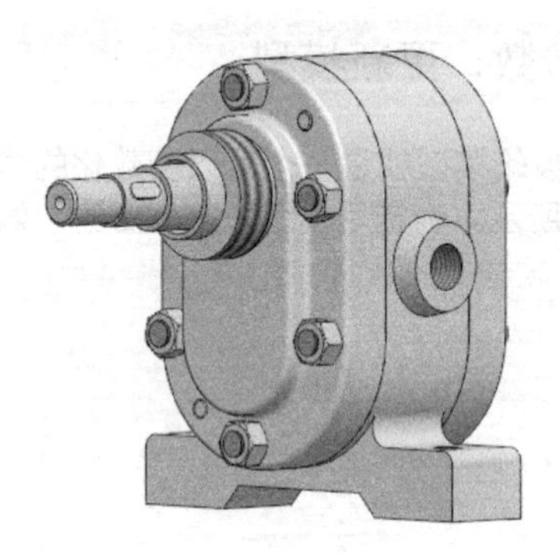

b）

图18-1 齿轮泵装配模型

a）齿轮泵爆炸图 b）齿轮泵装配图

2.项目规划

机械装配的一般思路是：首先确定装配定位基准，再装配内部核心零部件，最后装配外围的零件。齿轮泵装配的步骤如下：

1）首先确定一个装配基准零件，以此作为其他零件的装配定位基准。

2）装配齿轮泵的主要核心零件。

3）装配其他外围零件。

4）对装配体进行干涉检查。

5）创建爆炸视图。

建模整体思路见表 18-1。

表 18-1　建模整体思路

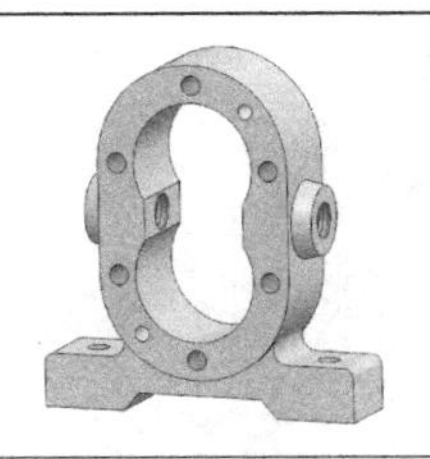		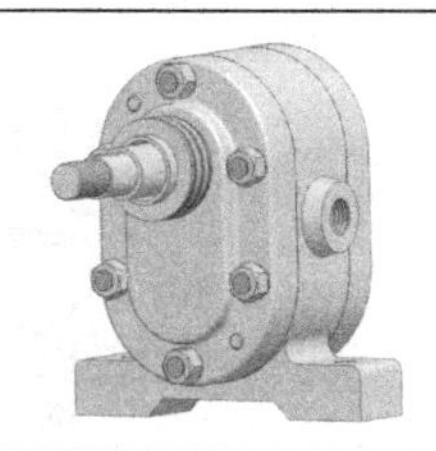
一、确定装配基准零件	二、装配核心零件	三、完成整体装配

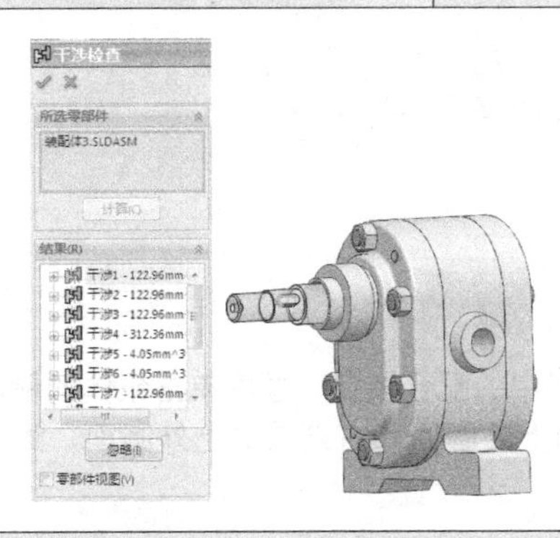	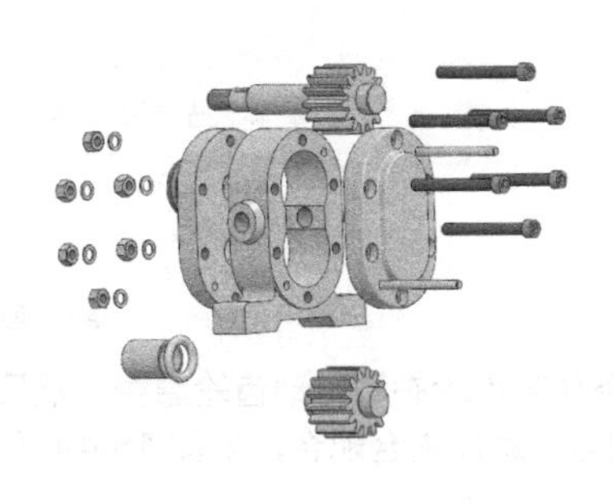
四、干涉检查	五、创建爆炸视图

3.项目实施

（1）确定装配基准零件

新建一个装配体文件，在“开始装配体”对话框中单击“浏览”按钮，在弹出的“打开”对话框中选择本书提供的素材文件“泵体 .SLDPRT”，在绘图区中单击导入该零部件，如图 18-2 所示。

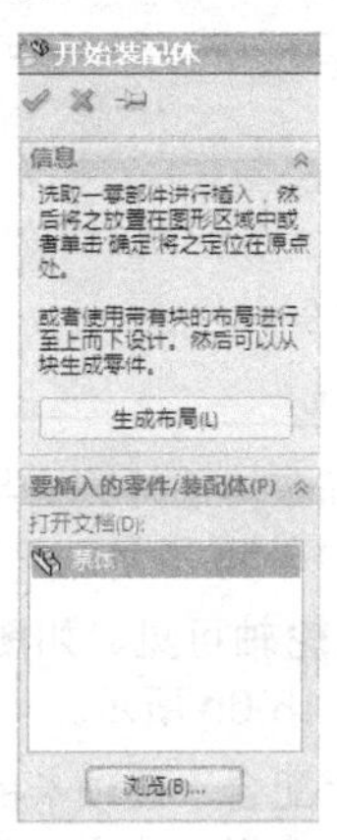

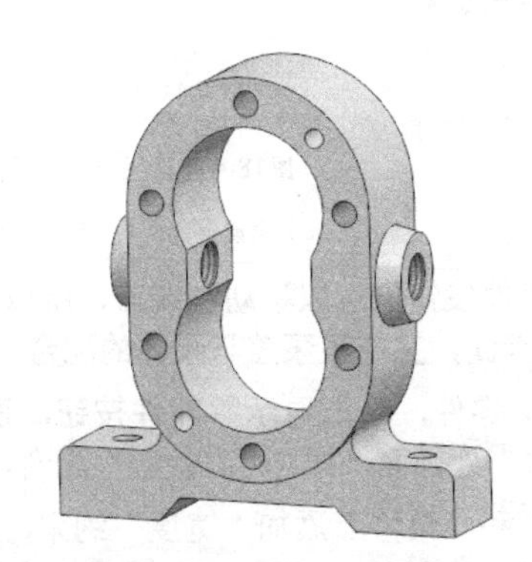

图18-2　导入泵体

（2）装配核心零件

1）单击“装配体”工具栏中的“插入零部件”按钮，打开“插入零部件”对话框，如图 18-3a 所示。单击“浏览”按钮，选择“左端盖 .SLDPRT”“齿轮轴 .SLDPRT”和“传动齿轮 .SLDPRT”文件，如图 18-3b 所示。

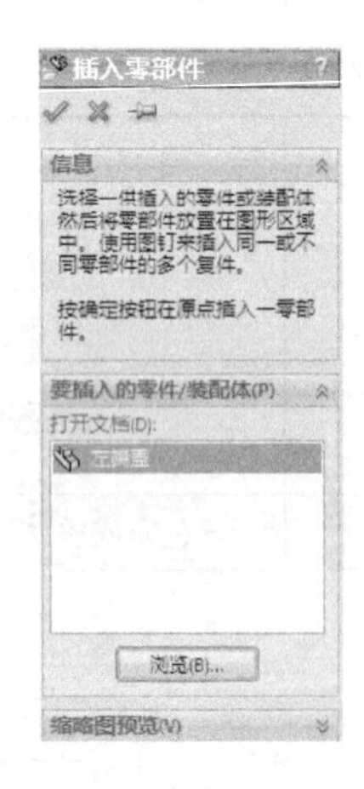

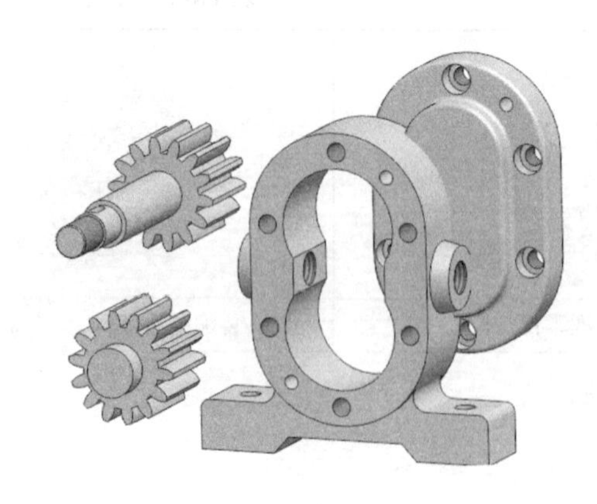

a)　　　　b)

图18-3　导入零件

a)“插入零部件”对话框　b) 插入零件

2) 首先将齿轮轴和传动齿轮隐藏，然后单击装配体工具栏中的配合按钮，顺序单击泵体的侧面和右端盖的内侧面，添加重合配合，如图 18-4a 所示。再选择泵体的上外圆面和右端盖的上外圆面，添加同轴心配合，如图 18-4b 所示。

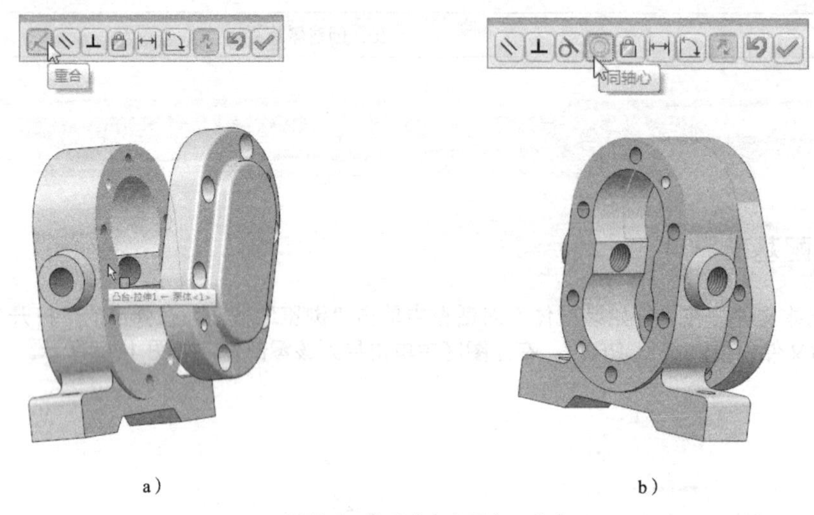

a)　　　　b)

图18-4　设置重合和同轴心配合

a) 设置重合配合　b) 设置同轴心配合

3) 此时单击移动零部件按钮仍可以移动右端盖，所以应添加泵体下外圆面与右端盖下外圆面的同轴心配合，如图 18-5a 所示。至此，完成了泵盖与泵体的配合，如图 18-5b 所示。

4) 单击模型树中的该零件，单击显示零部件按钮，设置齿轮轴可见，如图 18-6a 所示。再顺序单击“齿轮轴”圆柱面和“泵体”外圆面，添加“同轴心”配合，如图 18-6b 所示。

5) 继续为“齿轮轴”和“泵体”添加“宽度”约束，单击“配合”选项卡的“高级配合”选项区中的宽度按钮，弹出“宽度 1”对话框，如图 18-7a 所示。在“宽度选择”中单击泵体两侧，在“薄片选择”中单击齿轮轴的齿轮两侧，如图 18-7b 所示。装配效果如图 18-7c 所示。

6) 令传动齿轮可见，并为“传动齿轮”和“泵体”添加“同轴心”和“宽度”约束，完成传动齿轮的装配，如图 18-8 所示。

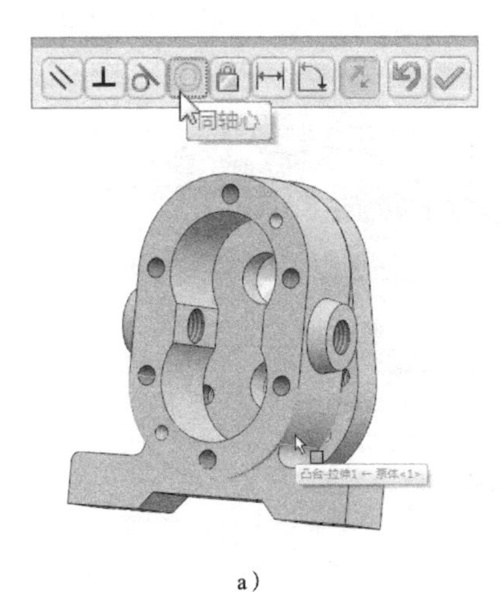

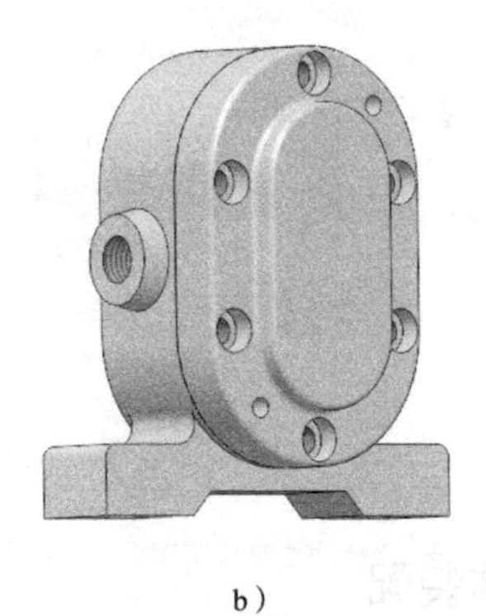

a）　　　　　　　　　　b）

图18-5　继续设置同轴心配合

a）设置同轴心配合　b）泵盖与泵体完全配合

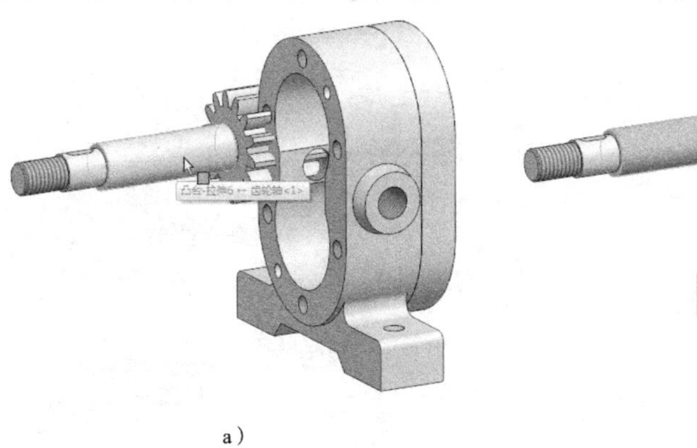

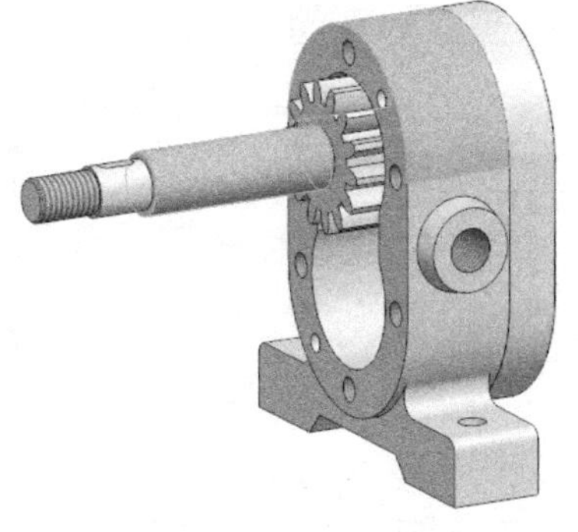

a）　　　　　　　　　　b）

图18-6　定位“齿轮轴”1

a）显示零件　b）设置同轴心配合

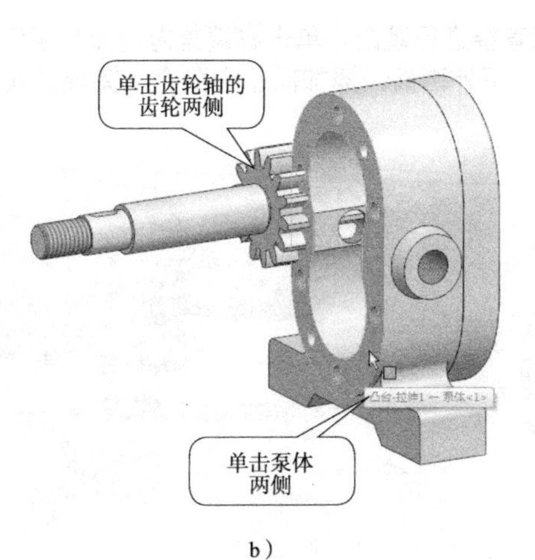

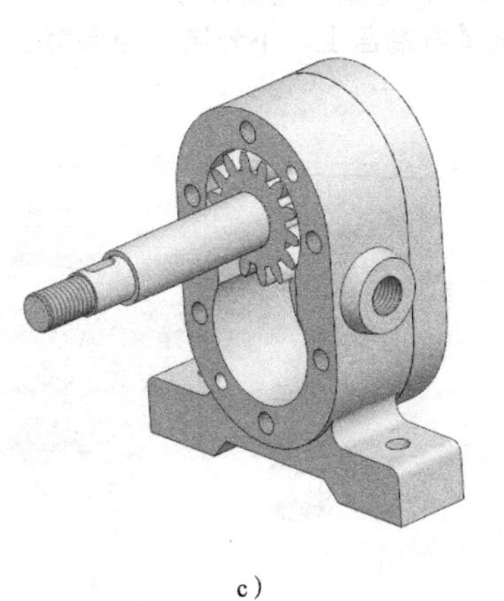

a）　　　　　　　　　　b）　　　　　　　　　　c）

图18-7　定位“齿轮轴”2

a）“宽度 1”对话框　b）宽度和薄片的选择　c）配合效果

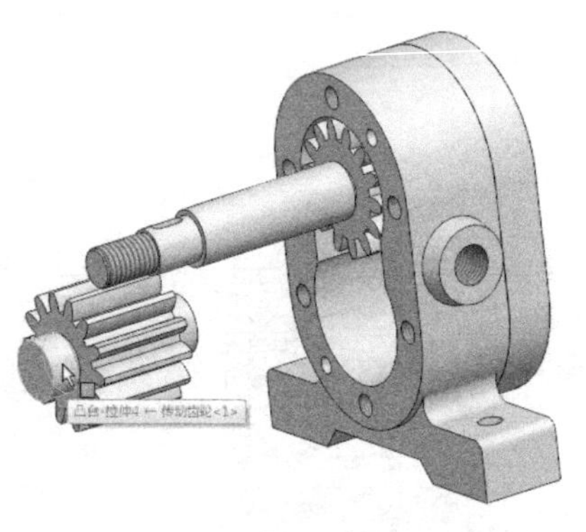
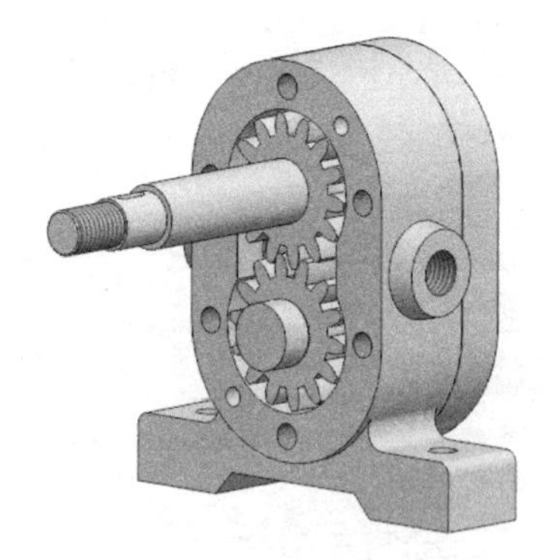

图18-8　装配传动齿轮

（3）完成整体装配

1）单击装配体工具栏中的插入零部件按钮，打开“插入零部件”对话框，如图 18-9a 所示。单击“浏览”按钮，选择“右端盖 .SLDPRT”“密封圈 .SLDPRT”和“轴套 .SLDPRT”文件，如图 18-9b 所示。

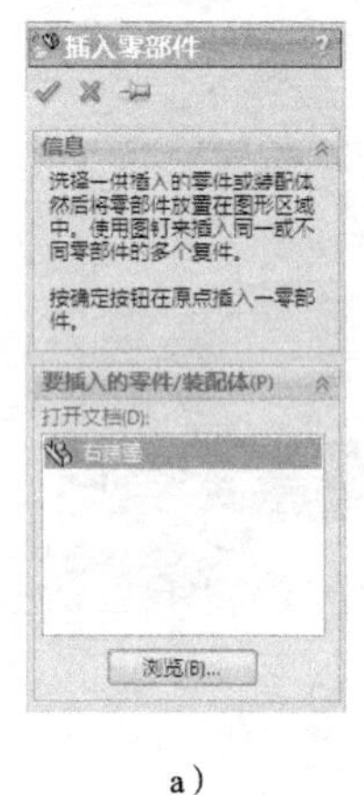

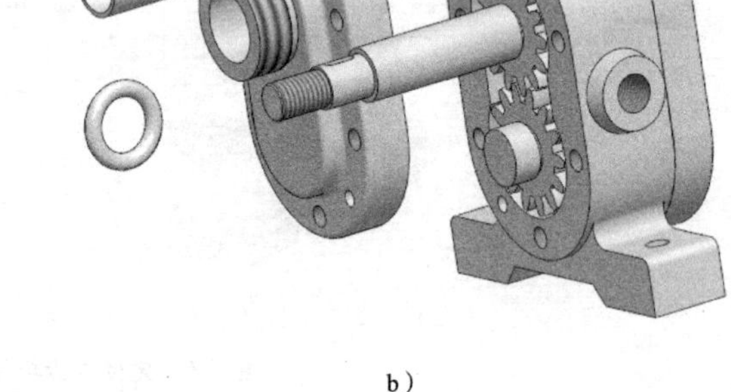

a）　　　　b）

图18-9　导入零件

a）插入零部件　b）隐藏暂时不用的零部件

2）此时，可隐藏密封圈轴套，也可以直接进行装配。单击右端盖内侧面与泵体侧面，添加重合配合；再分别选择右端盖上、下外圆面与泵体上、下外圆面，添加同轴心配合，完成右端盖的装配，如图 18-10 所示。

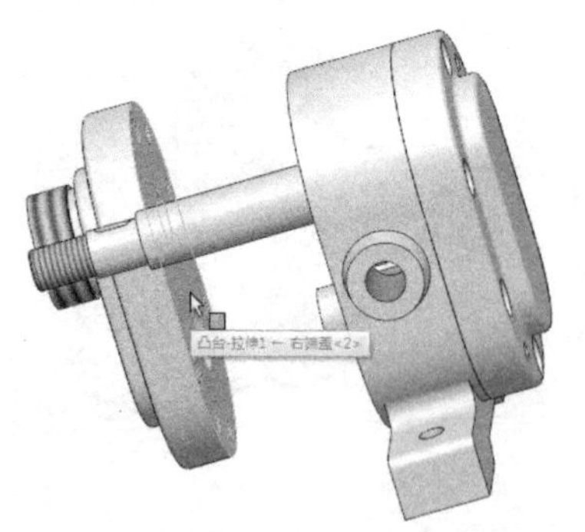
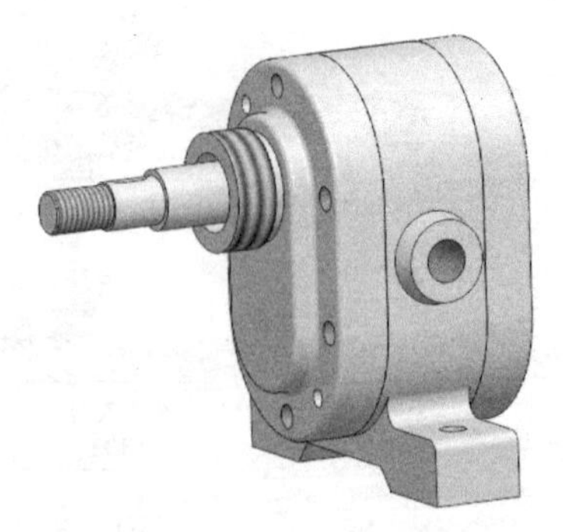

图18-10　装配右端盖

3）单击齿轮轴，单击隐藏零部件按钮进行隐藏，如图 18-11a 所示。再单击“视图 - 临时轴”打开临

时轴，该操作可以“打开 / 关闭”临时轴，如图 18-11b 所示。顺序单击密封圈和右端盖的临时轴，添加同轴心配合；再选择密封圈和右端盖的阶梯肩，添加“相切”配合，完成密封圈的装配，如图 18-11c 所示。

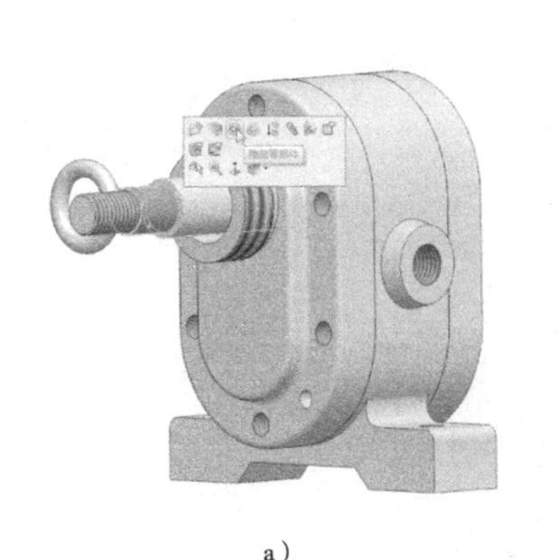
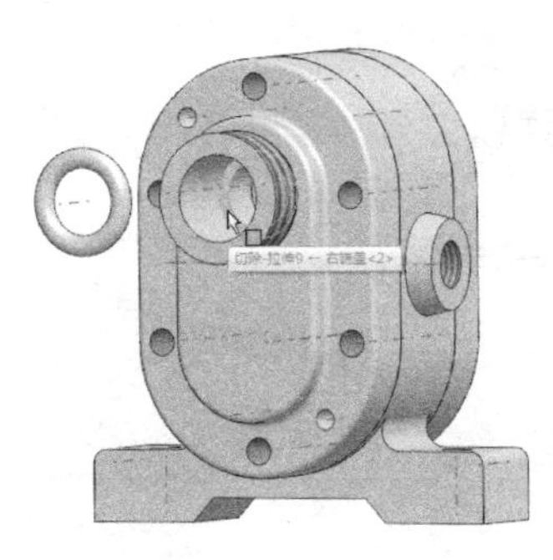
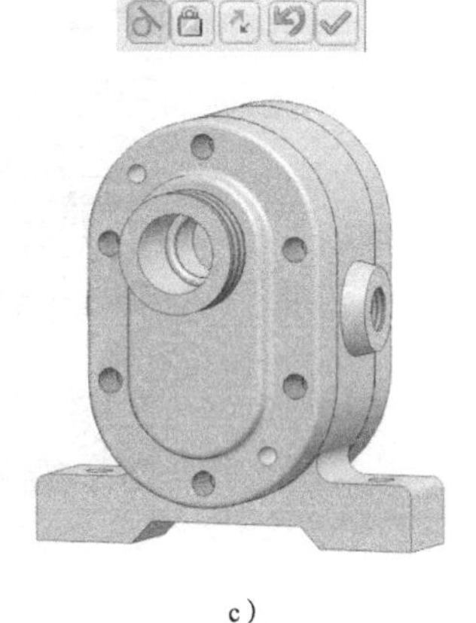

a）　　b）　　c）

图18-11　装配密封圈

a）隐藏齿轮轴　b）设置同轴心配合　c）设置相切配合

4）令齿轮轴可见，然后为轴套与齿轮轴添加同轴心配合，如图 18-12a 所示；再为轴套与密封圈添加相切配合，完成轴套的装配，如图 18-12b 所示。

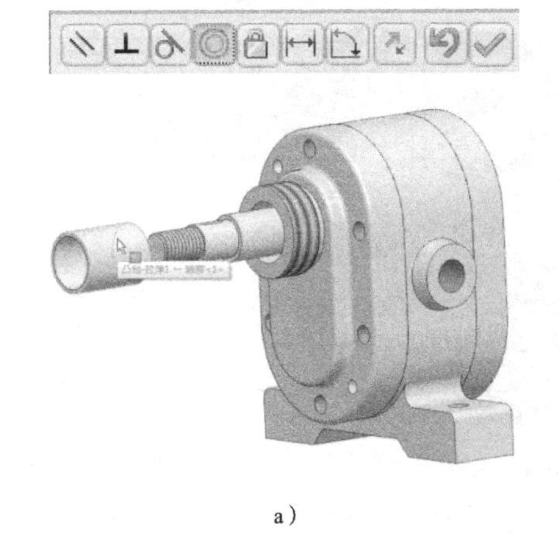
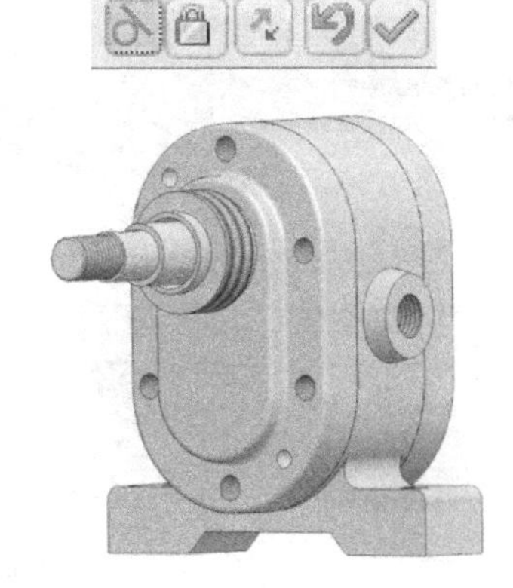

a）　　b）

图18-12　装配轴套

a）设置同轴心配合　b）设置相切配合

5）插入“螺钉 .SLDPRT”“垫圈 .SLDPRT”和“螺母 .SLDPRT”文件，如图 18-13 所示。

6）为螺钉与左端盖添加端面重合配合，再为其添加同轴心配合，如图 18-14 所示。

7）令垫圈和螺母可见，然后将垫圈、“螺母”装配到“螺钉”上，如图 18-15 所示。

8）打开临时轴，单击线性零部件按钮下的圆周零部件阵列按钮，选择阵列的中心轴，并选取要阵列的零部件，关闭临时轴，完成零部件的阵列，如图 18-16 所示。

9）选择泵体下表面，然后单击“插入”→“参考几何体”→“基准面”命令，在弹出的对话框中输入“75.7”，创建基准面 1，如图 18-17 所示。

10）选择“基准面 1”，然后单击“线性零部件”按钮和镜像“零部件”按钮，选择螺钉、垫圈和螺母进行镜像操作，如图 18-18 所示。

11）插入零件销，按住 <Ctrl> 键不放，用鼠标单击“销”进行拖动复制。然后按照前述操作添加销与右端盖的配合，如图 18-19 所示。

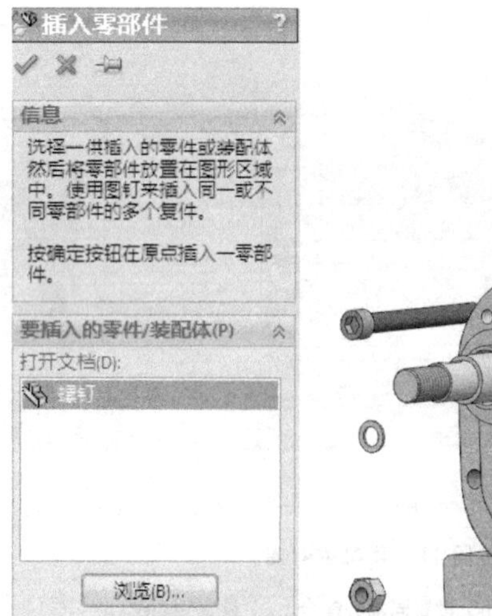

图18-13　插入零件

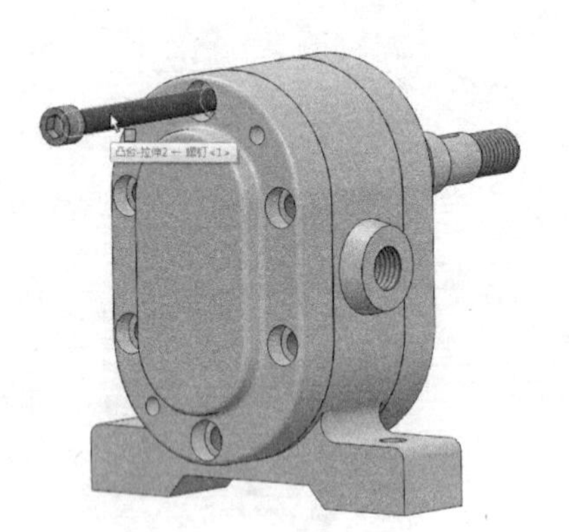
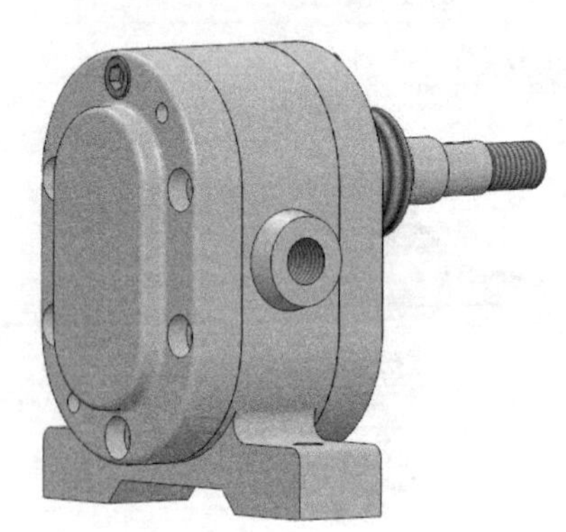

图18-14　装配螺钉

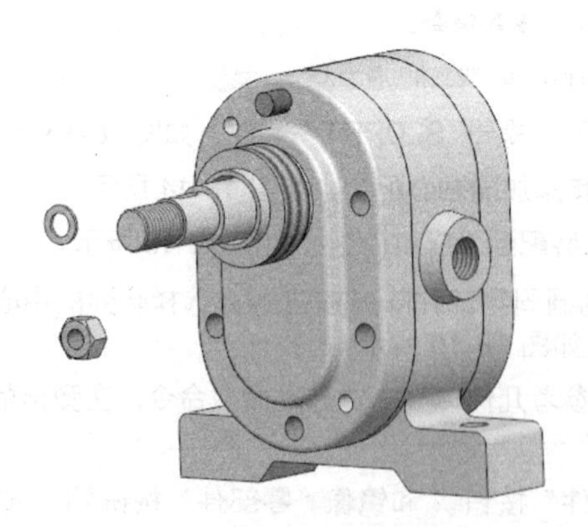
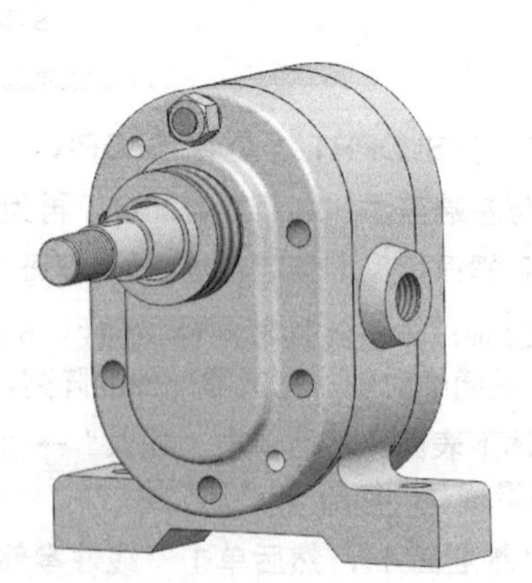

图18-15　装配垫圈和螺母

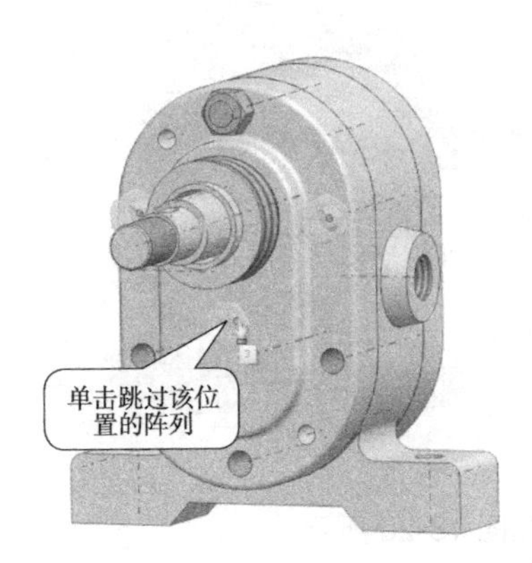

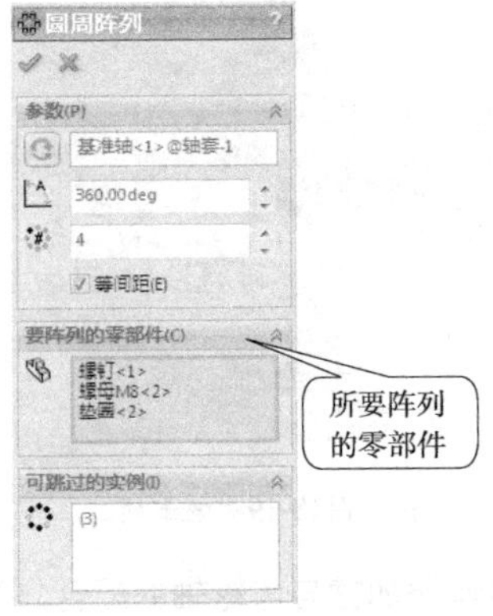

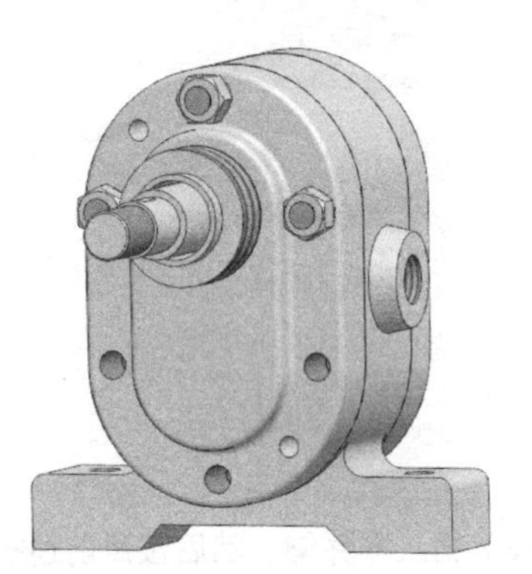

图18-16　阵列螺钉、垫圈和螺母

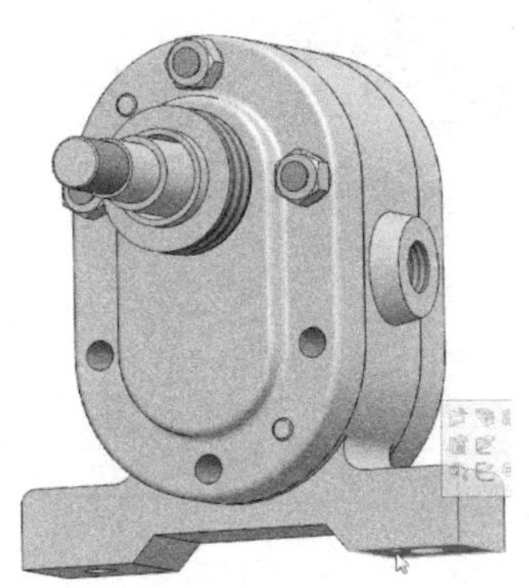

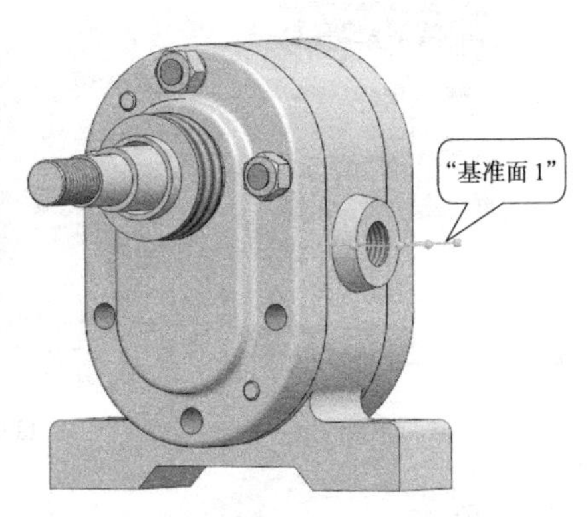

图18-17　创建"基准面1"

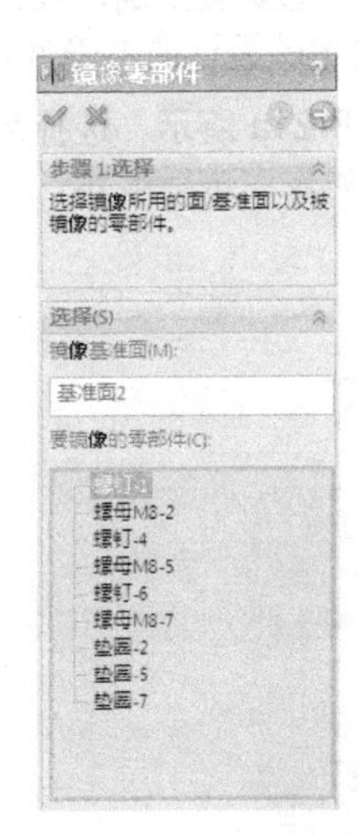

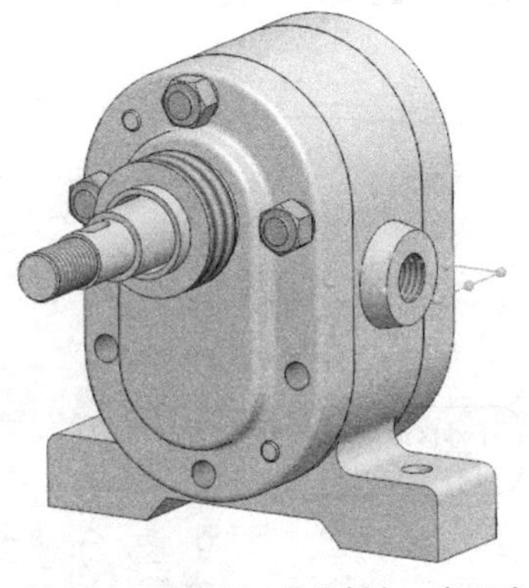
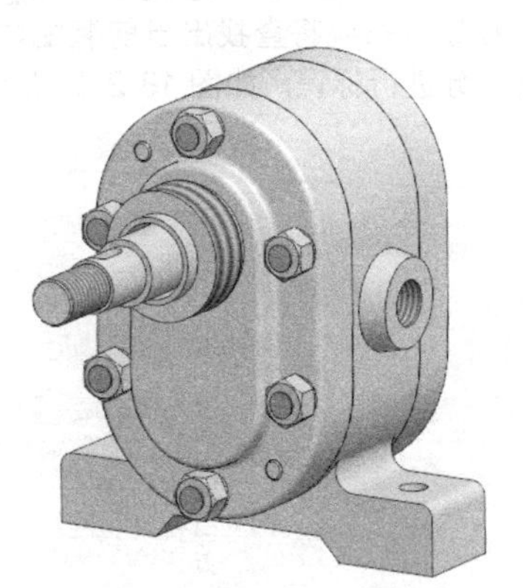

图18-18　镜像螺钉、垫圈和螺母

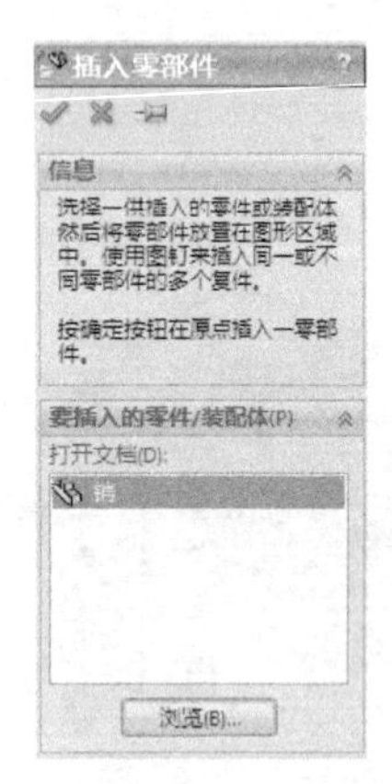

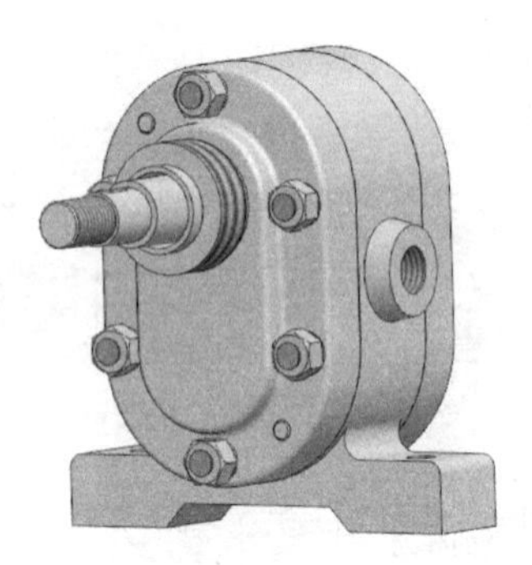

图18-19　装配销

12）插入零件键，然后按照前述操作添加键与齿轮轴的配合，如图 18-20 所示。

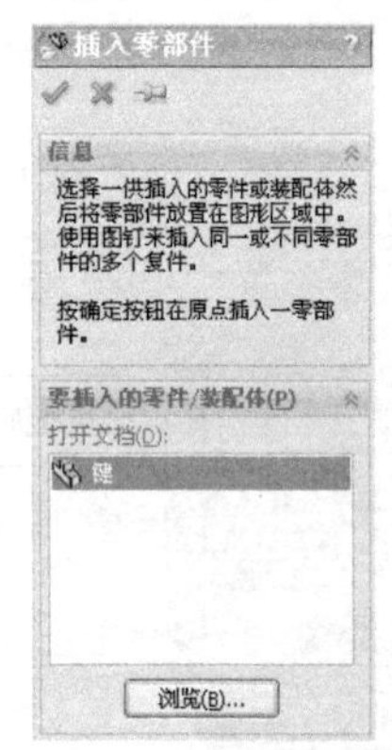

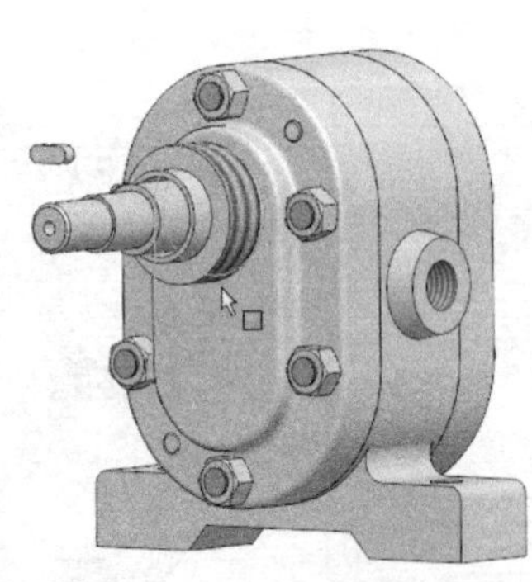
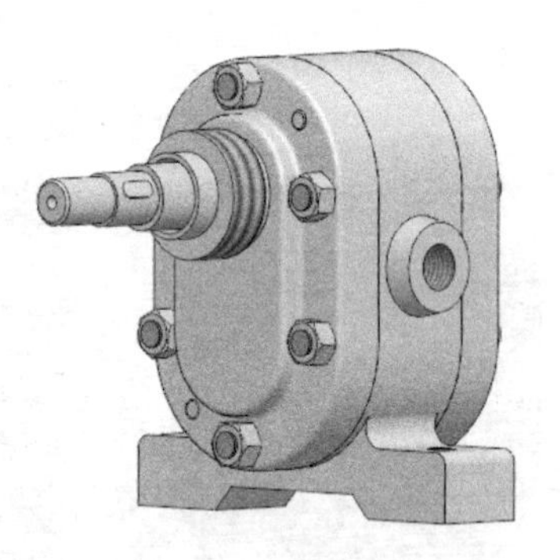

图18-20　装配键

（4）干涉检查

如果装配体中具有几十个甚至上百个零部件，将很难确定每个零部件是否都安装正确，或无法确认零部件间是否有交替冲突的地方，此时可以使用“干涉检查”操作来确认装配或零件设计的准确性。

单击装配体工具栏中的干涉检查按钮，打开干涉检查对话框，如图 18-21a 所示。选择装配件，单击“计算”按钮，系统将查找出当前装配体的干涉区域，并在“结果”下拉列表中进行显示，同时在绘图区中对干涉部分进行标识，如图 18-21b 所示。

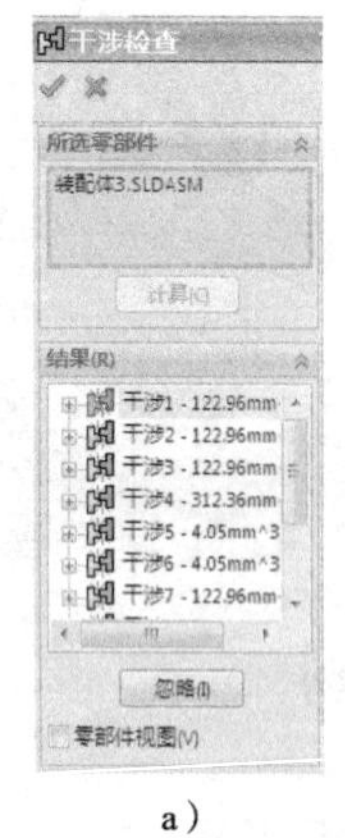

a）

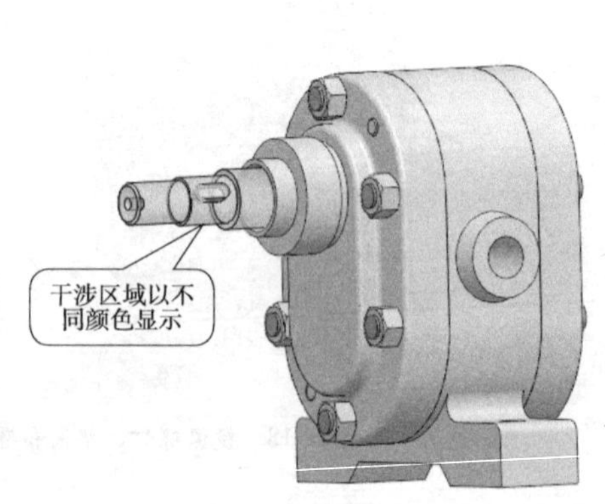

b）

图18-21　干涉检查操作

a）“干涉检查”对话框　b）干涉检查结果

（5）创建爆炸视图

在爆炸视图中，零部件按装配关系偏离原位置一定的距离，以便用户查看零件的内部结构。

在完成齿轮泵的装配后，即可进行爆炸视图的创建，单击装配体工具栏中的爆炸视图按钮，打开“爆炸”对话框，如图 18-22a 所示。选择零部件并进行适当方向的拖动，即可创建爆炸视图，如图 18-22b 所示。

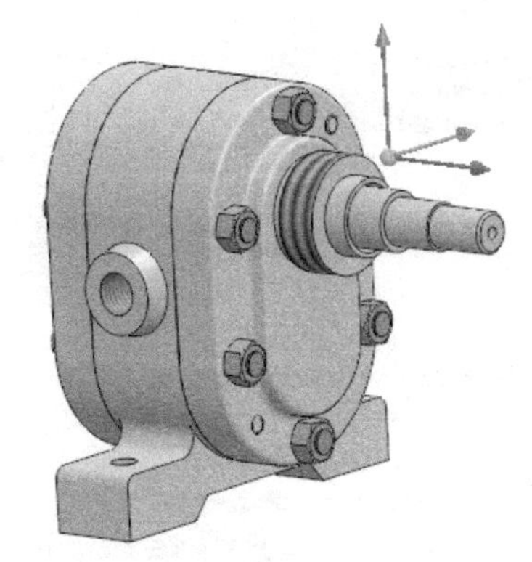

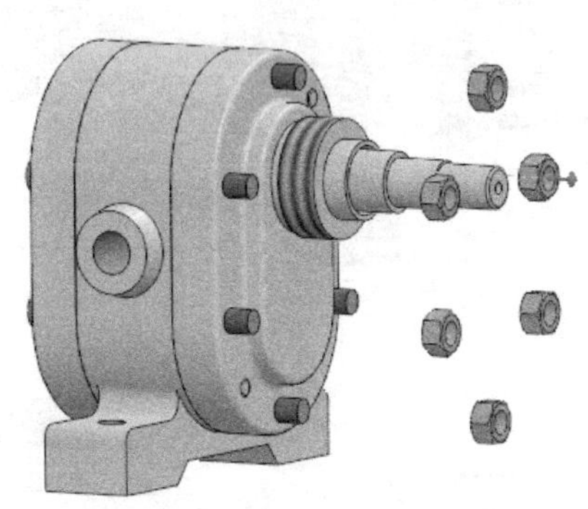

a）　　b）

图18-22　螺母的爆炸视图

a）“爆炸”对话框　b）选择零件并拖动

按照上述方法，对所有零部件进行爆炸视图的操作，如图 18-23~ 图 18-26 所示。

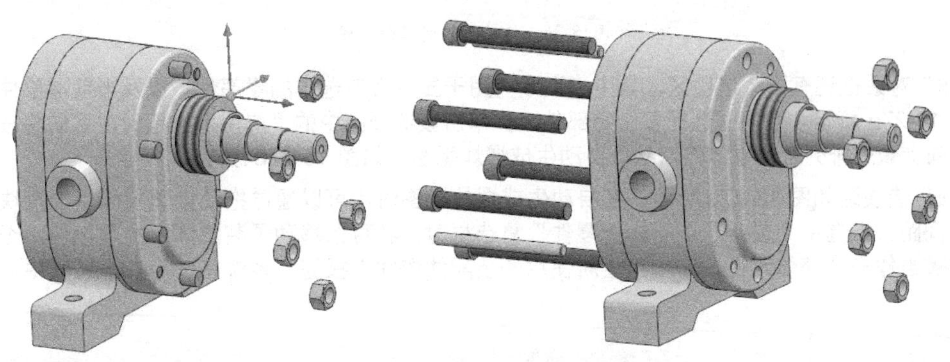

图18-23　螺栓与销的爆炸视图

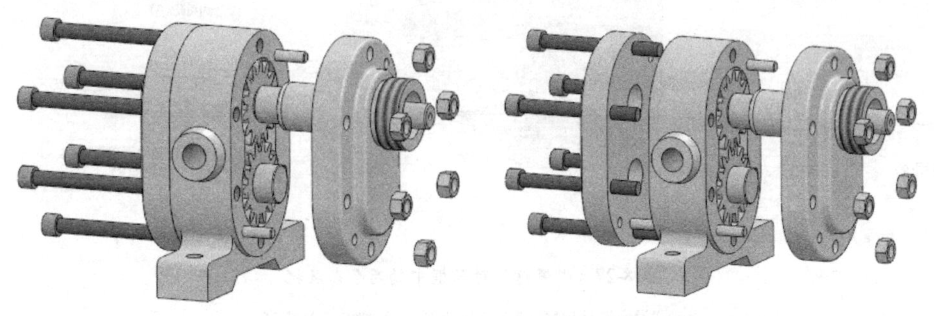

图18-24　左端盖与右端盖的爆炸视图

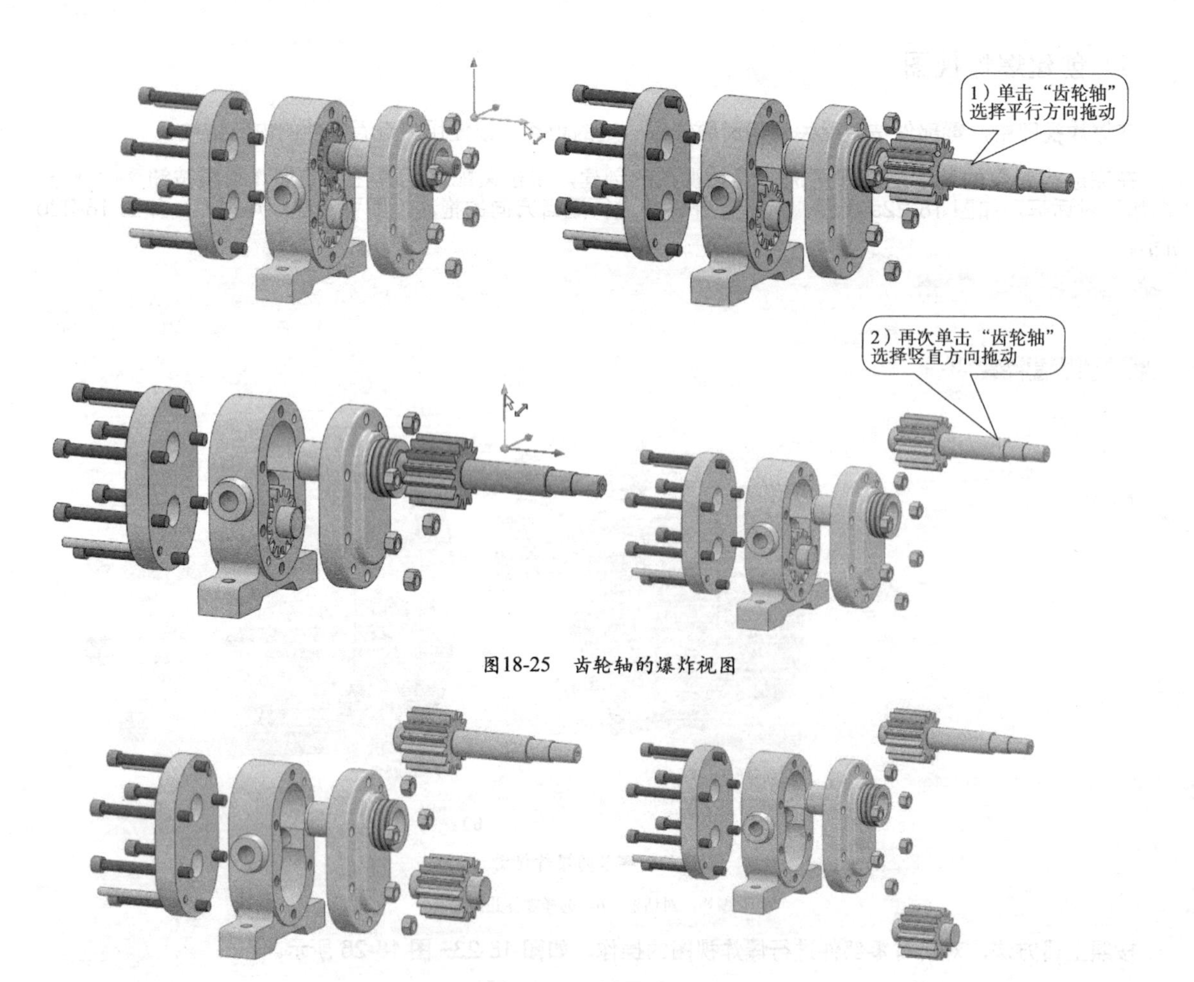

图18-25　齿轮轴的爆炸视图

图18-26　传动齿轮的爆炸视图

“爆炸”对话框还有两个选项区，其中“设定”用于显示当前选中的零部件，以及当前零部件的移动距离，如图 18-27a 所示。当同时选择多个零部件，并单击该选项区中的“应用”按钮时，系统将按固定间距在一个方向上顺序排列各个零部件，从而自动生成爆炸视图，如图 18-27b 所示。

“选项”选项区如图 18-27c 所示。在自动生成爆炸视图时，可以通过拖动该选项区中的滑块调整各零部件间的间距。当选中“选择子装配体的零件”复选框时，将可以移动子装配体中的零部件，否则整个子装配体将被当作一个整体对待。单击“重新使用子装配体爆炸”按钮，系统将使用在子装配中创建的爆炸视图。

a）

b）

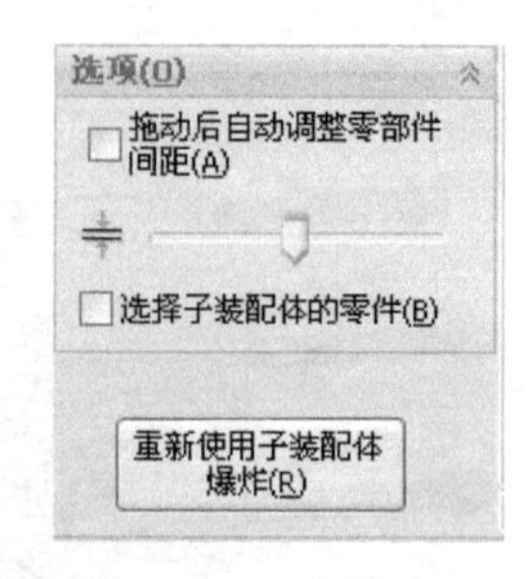

c）

图18-27　“爆炸”对话框中的两个卷展栏

a）“设定”选项区　b）爆炸效果　c）“选项”选项区

至此建模完毕，操作过程参见教学视频 18-1。

4.项目总结

机械的装配主要是在各个零件之间添加配合约束关系，通过这些约束关系限制零件的相关自由度，从而模拟出真实的配合状态。因此，选择合适的装配约束关系对模拟仿真至关重要。各种装配约束关系的使用方法详见教学视频 18-2。

项目 19 工程图

【学习目标】

1. 掌握各种视图的创建方法
2. 掌握尺寸、公差以及各种技术要求的标注方法
3. 掌握工程图格式设置和打印等操作方法

【重难点】

选择合适的表达方式及技术要求是绘制高质量图样的关键。

1.项目说明

在 SolidWorks 软件中建立如图 19-1 所示的齿轮泵泵盖工程图。

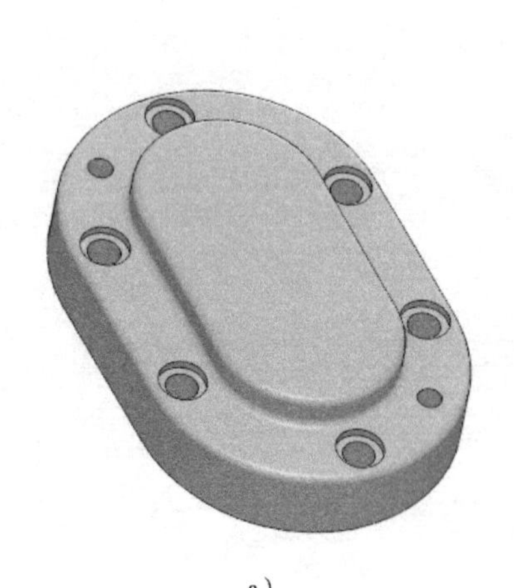

a）

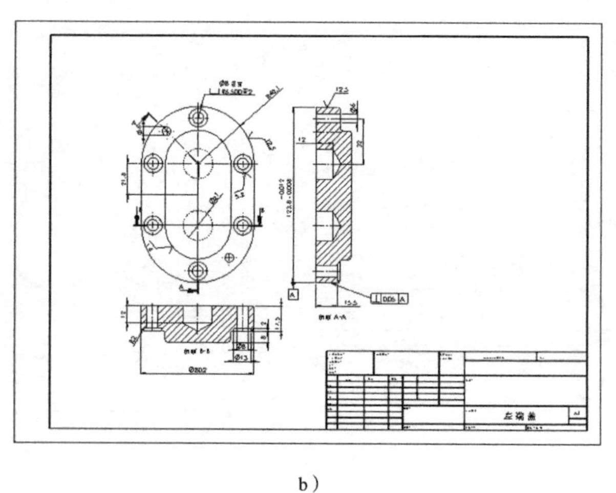

b）

图19-1 齿轮泵泵盖

a）三维模型 b）工程图

2.项目规划

在 SolidWorks 软件中创建了零件的三维模型后，即可利用该三维模型来创建工程图样。步骤如下：

1）选择合适的表达方式，创建视图。

2）标注尺寸。

3）标注公差。

4）标注表面粗糙度。

5）插入表格。

6）设置并打印工程图。

整体思路见表 19-1。

表 19-1　建模整体思路

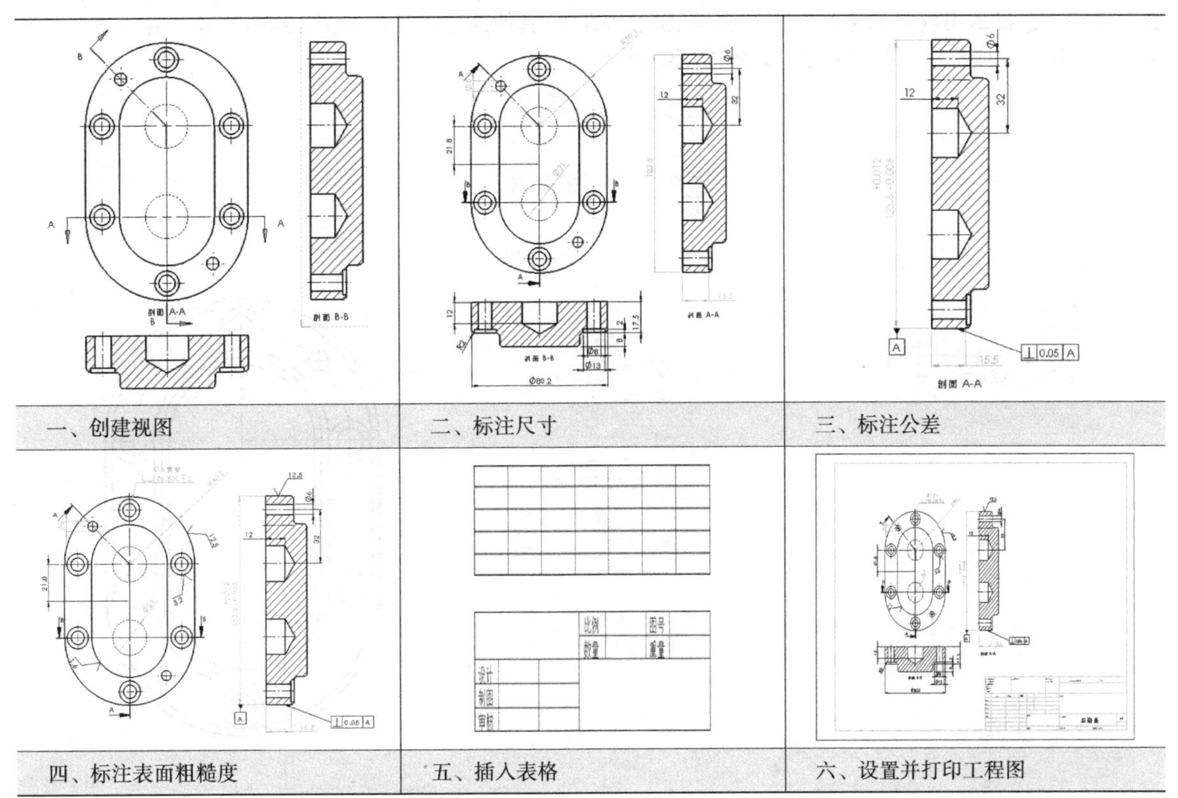

3.项目实施

（1）创建视图

本实例主要创建 3 个视图：标准视图、剖视图和旋转剖视图。其中，旋转剖视图的创建是难点也是重点，应领会其设计思路。在工程图创建完成后，可对视图进行适当的调整，如执行对齐视图和隐藏视图边线等操作，以符合制图规范。

1）选择合适的图纸。单击“文件”→“新建”命令，弹出“新建 SolidWorks 文件”对话框，如图 19-2a 所示。单击“工程图”按钮，再单击“确定”按钮，弹出“图纸格式 / 大小”对话框，如图 19-2b 所示。选择“A3（GB)”，单击“确定”按钮。

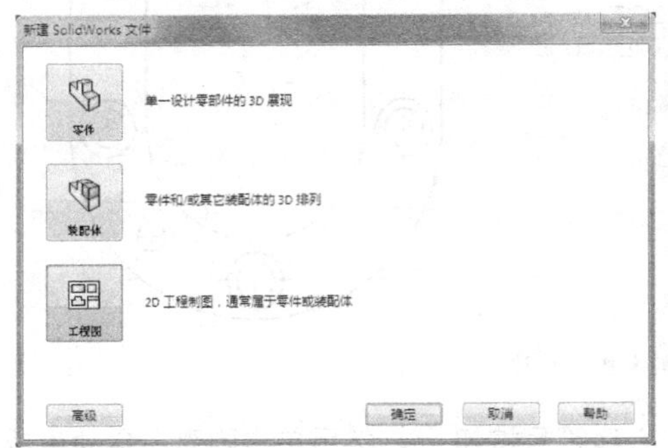

a）

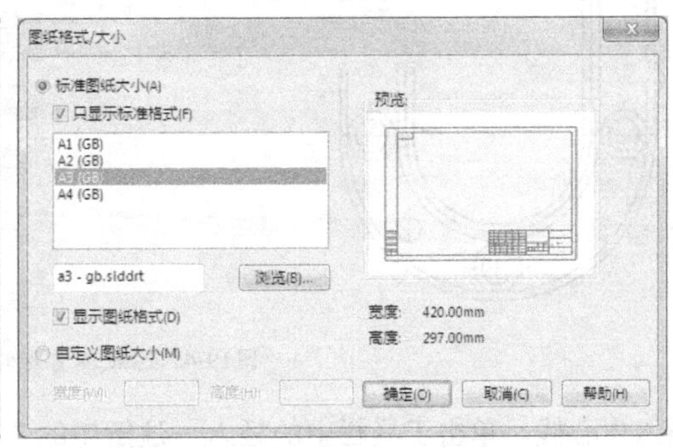

b）

图19-2　新建工程图

a）“新建 SolidWorks”对话框　b）“图纸格式 / 大小”对话框

2）创建标准视图。图纸设置完成后，系统自动打开“模型视图”对话框，如图 19-3a 所示。单击“浏览”按钮，选择本书提供的素材文件“泵盖 .SLDPRT”，其他选项默认，如图 19-3b 所示。在绘图区中单击鼠标左键，完成标准视图的创建，如图 19-3c 所示。

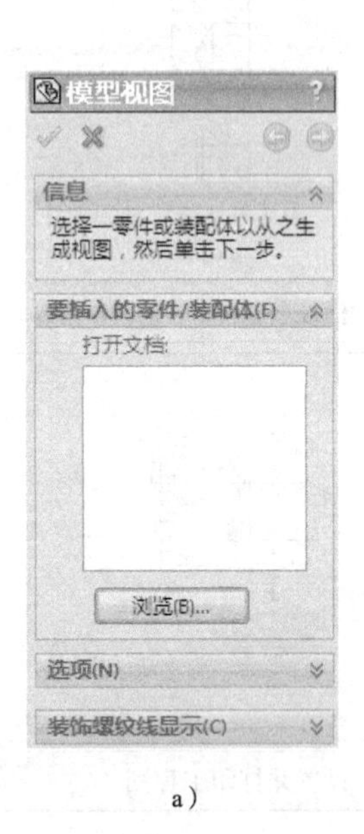

a）

b）

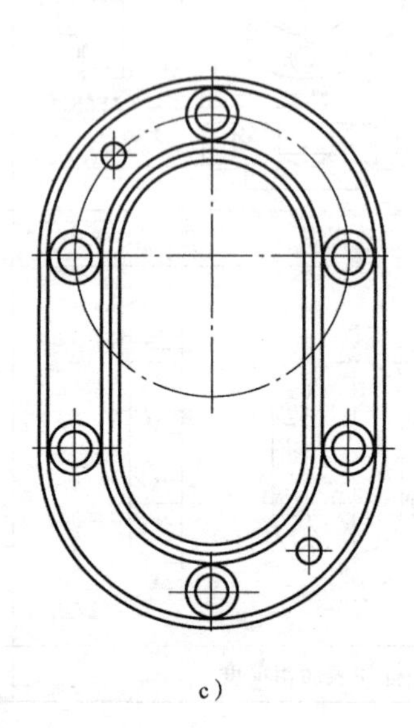

c）

图19-3　创建标准视图操作

a）“模型视图”对话框　b）“工程图视图 1”对话框　c）创建标准视图

3）隐藏视图切边。用鼠标右键单击视图中不需要的草图，在弹出的快捷菜单中单击“隐藏”命令来隐藏草图。再次用鼠标右键单击视图中的线段，在弹出的快捷菜单中选择“切边不可见”，可以对切边进行隐藏，如图 19-4 所示。

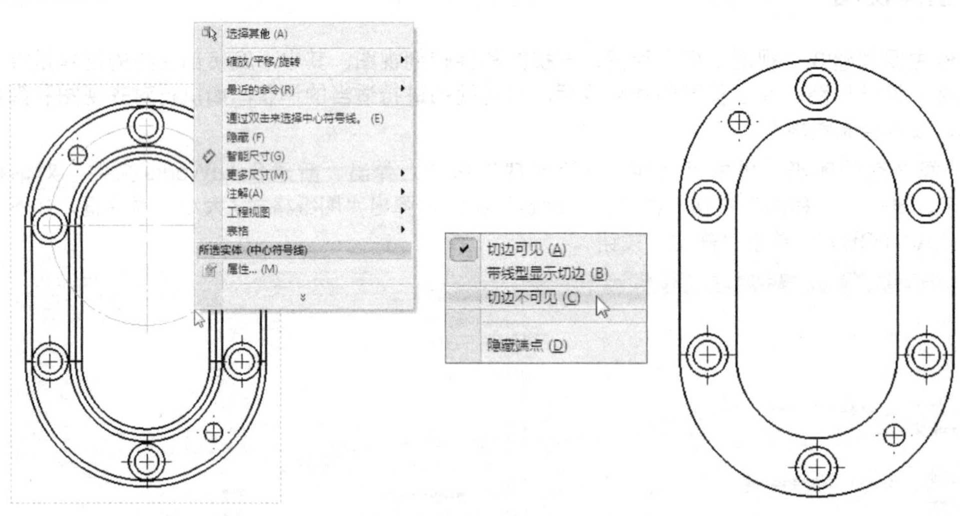

图19-4　隐藏不需要的草图和切边

4）插入中心线。单击工具栏中的插入→注解中的中心线符号按钮，然后单击圆弧，自动生成中心线，如图 19-5 所示。

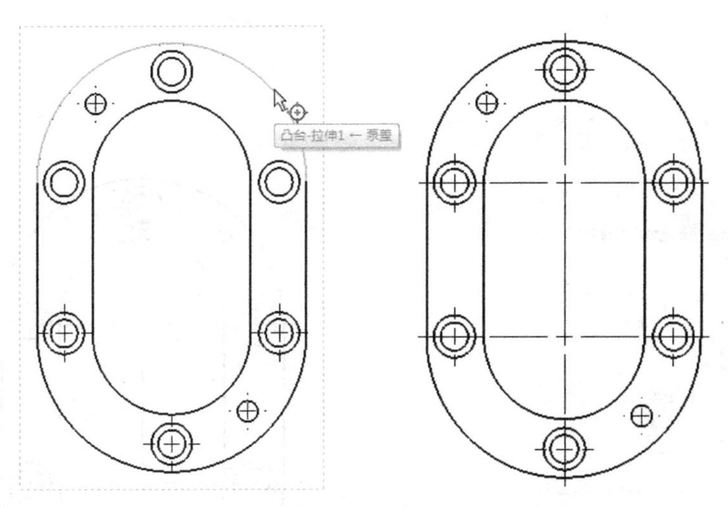

图19-5　插入中心线

5）显示草图。展开左侧的模型树，如图 19-6a 所示。用鼠标右键单击模型底部的“切除 - 旋转”，在弹出的快捷菜单中选择“显示 / 隐藏”，将该特征的草图显示在标准视图中，如图 19-6b 所示。

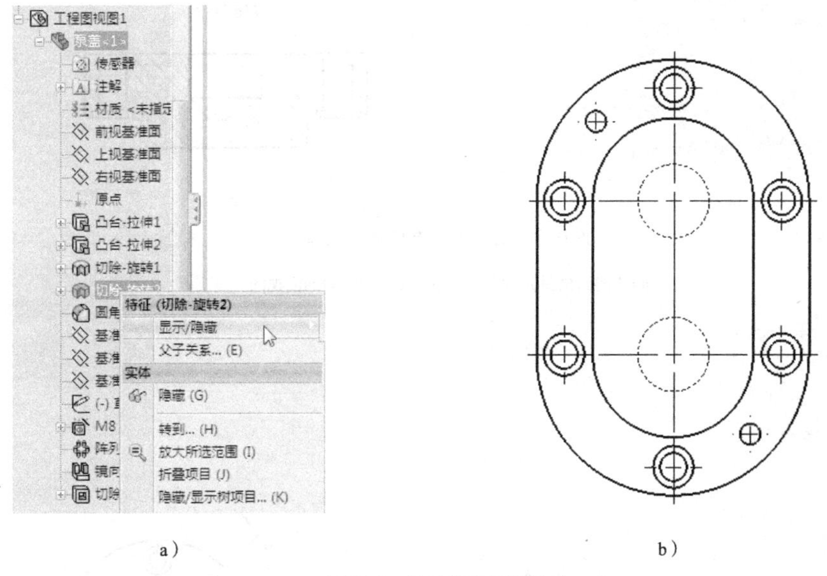

图19-6　显示草绘图形操作

6）创建全剖视图。单击工程图工具栏中的剖面视图按钮，在绘图区的标准视图上绘制一条经过模型中心的横向剖面线，打开“剖面视图 A–A”对话框，如图 19-7a 所示。向下拖动鼠标，创建一个剖面视图，如图 19-7b 所示。

7）创建旋转剖视图。单击工程图工具栏中的“剖面视图”下拉列表中的旋转剖视图按钮。在绘图区的标准视图上绘制两条经过模型中心、沉头孔和销孔的旋转剖面线，打开“剖面视图 B–B”对话框，如图 19-8a 所示。再拖动鼠标创建一剖面视图，如图 19-8b 所示。用鼠标右键单击剖视图，在弹出的对话框中单击“视图对齐 – 解除对齐关系”，移动剖视图至主视图的右侧。再次用鼠标右键单击剖视图，在弹出的对话框中单击“视图对齐”→原点水平对齐”命令，然后单击主视图即可，如图 19-8c 所示。

8）调整剖面线。双击剖面视图中的剖面线，在弹出的“区域部面线 / 填充”对话框中取消选中“立即应用更改”复选框，并单击“应用”按钮，调整剖面视图的剖面线，如图 19-9 所示。

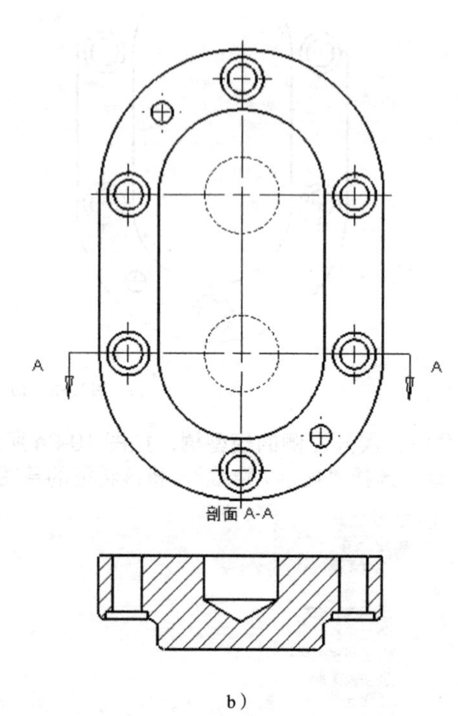

a）　　b）

图19-7　创建“剖面视图”操作

a）“剖面视图 A—A”对话框　b）创建的剖面视图

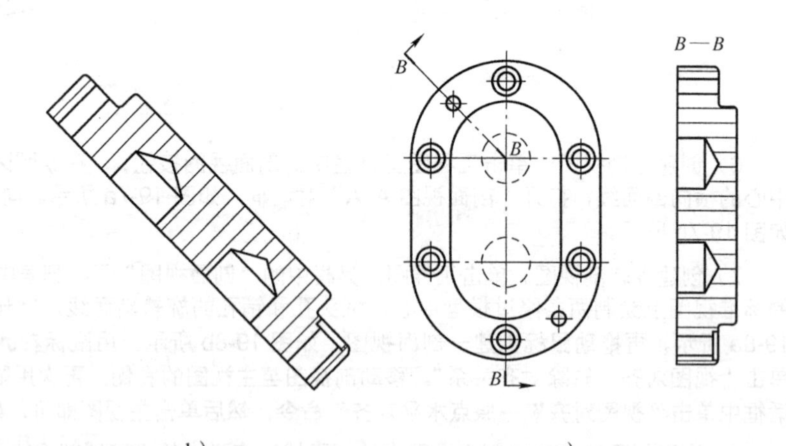

a）　　b）　　c）

图19-8　创建并调整旋转剖视图

a）“剖面视图 B—B”对话框　b）创建的剖面视图　c）调整视图对齐

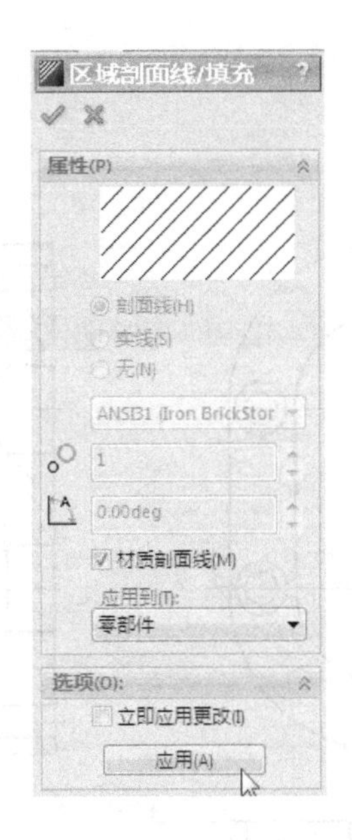

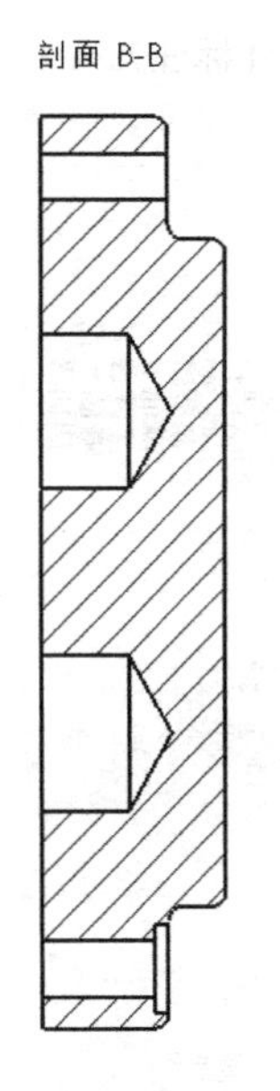

图19-9　调整剖面线

9）插入中心线。单击工具栏中的“插入”→“注解”中的中心线”按钮，然后单击视图中的孔位置即可，如图 19-10 所示。

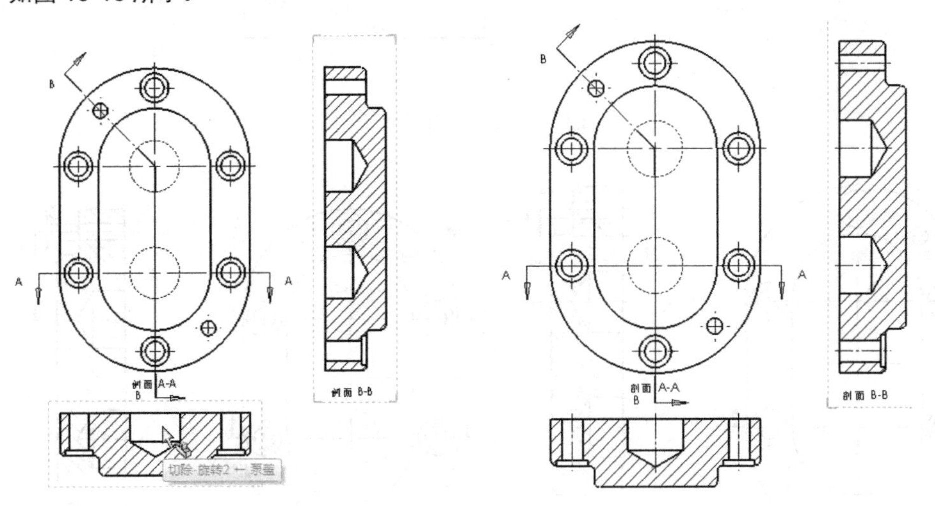

图19-10　插入中心线

（2）标注尺寸

标注是工程图的第二大组成要素，由尺寸、公差和表面粗糙度等组成，用于向工程人员提供详细的尺寸信息和关键技术指标。

视图的尺寸标注和“草图”模式中的尺寸标注方法类似，只是在视图中不可以对物体的实际尺寸进行更换。在视图中，既可以由系统根据已有约束自动标注尺寸，也可以由用户根据需要手动标注尺寸。

1）自动标注尺寸。单击模型项目按钮，打开“模型项目”对话框，如图 19-11a 所示。将“来源”选项设置为“整个模型”，并单击为工程图标注按钮，单击“确定”按钮即可自动标注尺寸，最后对自动标注的尺寸进行适当调整即可，结果如图 19-11b 所示。

2）手动标注尺寸。单击尺寸 / 几何关系工具栏中的相应按钮，可以手动为模型标注尺寸。其中，智能尺寸按钮较常用，可以完成竖直、平行、弧度、直径等尺寸标注，如图 19-12 所示（其使用方法可参考前面介绍的草图模式的尺寸标注）。

a）

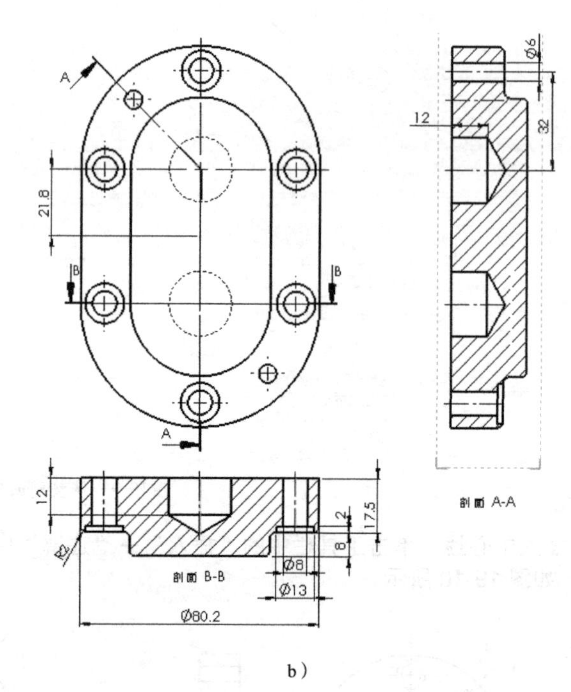

b）

图19-11　自动标注尺寸

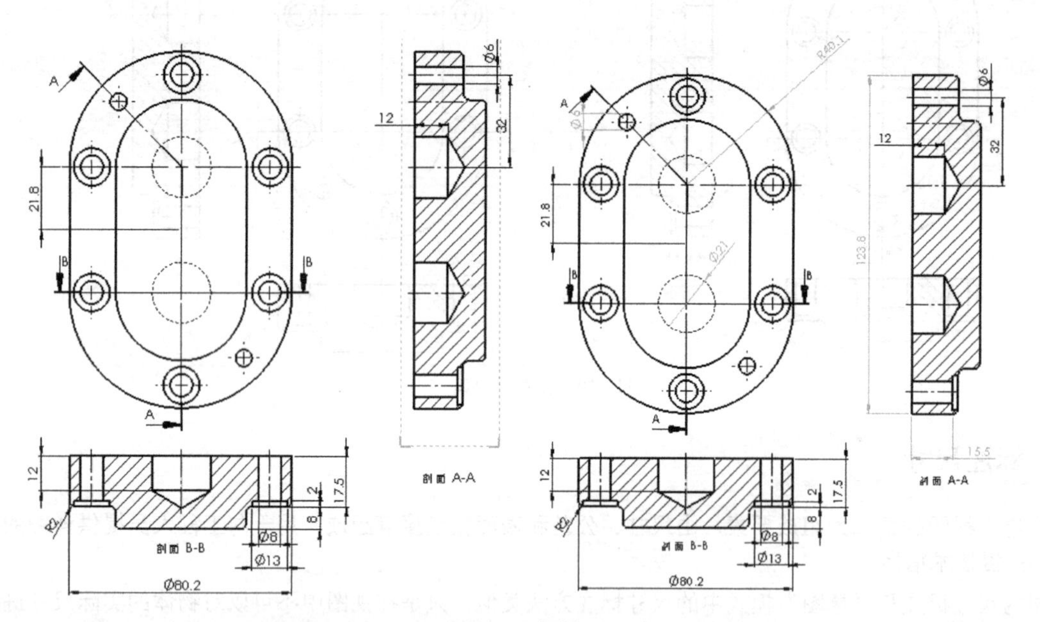

图19-12　手动标注尺寸

（3）标注公差

1）标注尺寸公差。零件加工后的实际尺寸不可能与图样中的尺寸完全相等，通常允许其在一定的范围内浮动，这个浮动的值就是所谓的尺寸公差。

选择一尺寸标注，系统将显示“尺寸”对话框，如图 19-13a 所示。在该对话框的“公差 / 精度”选项区的公差类型下拉列表中选择一公差类型，如选择“双边”选项。然后设置最大变量和最小变量的值（即上极限偏差和下极限偏差），单击“确定”按钮即可设置尺寸公差，结果如图 19-13b 所示。

a）

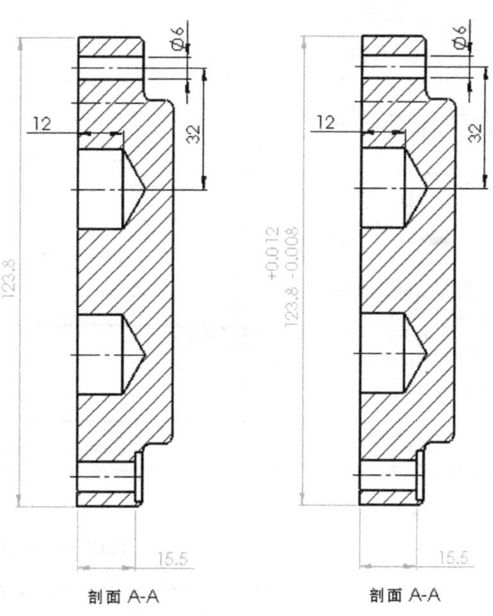

b）

图19-13　标注公差

下面介绍“尺寸”对话框中各个选项区的作用。

①“公差 / 精度”选项区：可以设置多种公差或精度样式。

②“主要值”选项区：用于覆盖尺寸值，如可以选中“覆盖数值”复选框，然后输入“尺寸未定”或输入其他值。

③“双制尺寸”选项区：设置使用两种尺寸单位（如 mm 和 inch）来标注同一对象。可以单击“工具”→“选项”命令，在打开的对话框中选择“文件属性”选项卡下的“单位”列表项来指定双制尺寸所使用的单位类型。

2）标注形位公差㊀。形位公差包括形状公差和位置公差。机械加工后零件的实际形状或相互位置与图样中规定的形状或相互位置不可避免地存在差异，形状上的差异就是形状误差，相互位置的差异就是位置误差，这类误差会影响机械产品的功能。设计时应规定相应的公差并按规定的符号标注在图样上，即标注形位公差。

标注形位公差的步骤如下：

① 单击注解工具栏中的形位公差按钮▣，打开“形位公差”属性管理器，同时打开“属性”对话框，如图 19-14a、b 所示。在“形位公差”属性管理器的“引线选项区中选择公差的引线样式。

② 在“属性”对话框的“符号”下拉列表中选择“垂直”符号，在“公差 1”文本框中输入公差“0.02”，在“主要”文本框中输入“A”（表示与右侧的基准 A 垂直）。

③ 在视图左侧竖直边线处单击鼠标，再拖动鼠标设置形位公差的放置位置，完成形位公差的创建，如图 19-14c 所示。

㊀ 为保持与软件界面相同，本书采用“形位公差”，而不用“几何公差”。

a）

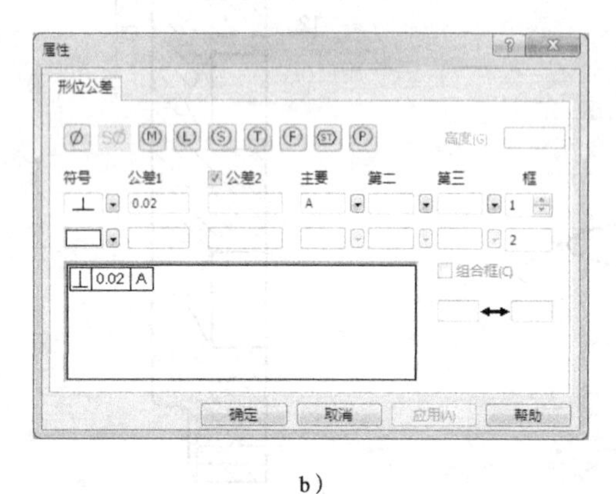

b）

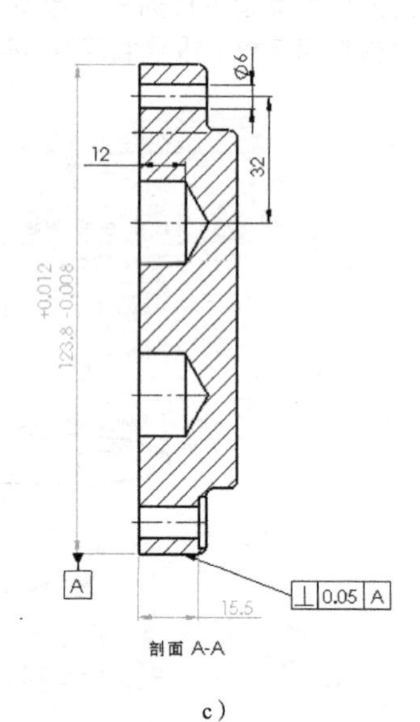

c）

图19-14　标注形位公差

a）“形位公差”卷展栏　b）“属性”对话框　c）创建形位公差

下面介绍形位公差“属性”对话框中各选项的作用。

① 直径按钮 ∅：当公差带为圆形或圆柱形时，可以在公差值前添加此标志。

② 球直径按钮 S∅：当公差带为球形时，可在公差值前添加此标志。

③ 最大材质条件按钮 Ⓜ：也称为最大实体要求，用于指出当前标注的形位公差是在被测要素处于最大实体状态下给定的，当被测要素的实际尺寸小于最大实体尺寸时，允许增大形位公差的值。

④ 最小材质条件按钮 Ⓛ：也称为最小实体要求，用于指出当前标注的形位公差是在被测要素处于最小实体状态下给定的，当被测要素的实际尺寸大于最小实体尺寸时，形位公差的值将相应减小。

⑤“无论大小如何”按钮 Ⓢ：表示无论被测要素处于何种尺寸状态，形位公差的值都不变。

⑥ 相切基准面按钮 Ⓣ：在公差范围内，被测要素与基准相切。

⑦ 自由状态按钮 Ⓕ：适用于在成形过程中对加工硬化和热处理条件无特殊要求的产品，表示对该状态产品的力学性能不作规定。

⑧ 统计按钮 ⓈⓉ：表示此公差值为“统计公差”。用“统计公差”既能获得较好的经济性，又能保证产品的质量，是一种较为先进的公差形式。

⑨ 投影公差按钮 Ⓟ：除指定位置公差外，还可以指定投影公差以使公差更加明确。可以使用投影公差控制嵌入零件的垂直公差带（单击 Ⓟ 按钮后，可以在右侧的“高度”文本框中输入最小的投影公差带）。

⑩“符号”下拉列表：通过该下拉列表可以设置公差符号，如可插入“直线度”—、“平面度”▱、“圆度”○和“圆柱度”⌭等形状公差符号，也可插入“平行”//、“垂直”⊥、“定位”⌖、“同心”◎和“对称”⌯等位置公差符号。

⑪“公差”选项：可以在“公差 1”和“公差 2”文本框中输入公差值。

⑫ “主要”“第二”“第三”文本框：用于输入“主要”“第二”和“第三”基准的名称（可以单击“基准特征”按钮在视图中标注作为基准的特征）。

⑬“框”选项：利用该选项可以在形位公差符号中生成额外框。

⑭“组合框”复选框：利用该复选框可以输入数值和材料条件符号。

⑮“介于两点间”选项：如果公差值适于在两个点或实体之间进行测量，则可在框中输入两点标号。

3）标注孔。孔标注用于指定孔的各个参数，如深度、直径和是否带有螺纹等信息。单击注释工具栏中的孔标注按钮⌴⌀，然后在要标注孔的位置单击鼠标，系统将按照模型特征自动标注孔的直径和深度等信息，如图 19-15 所示。

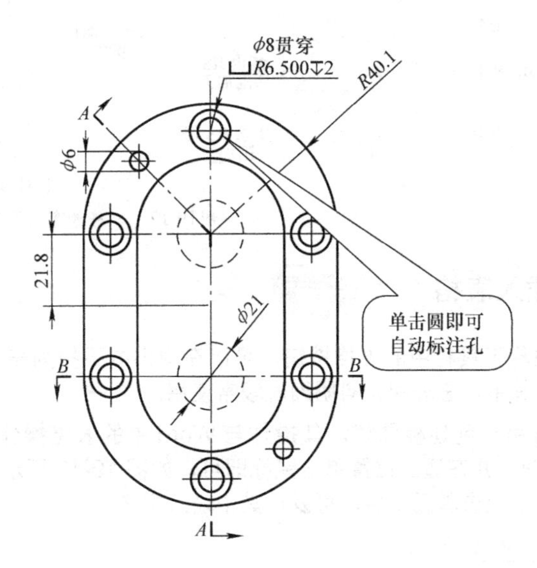

图19-15　标注孔

（4）标注表面粗糙度

零件加工后的实际表面是不平的，可以用表面粗糙度来度量。其值越小，则表面质量要求越高，加工难度越大。

单击注释工具栏中的表面粗糙度符号按钮√，在打开的“表明粗糙度”对话框中输入表面粗糙度值，然后在要标注的表面单击鼠标即可完成标注，如图 19-16 所示。

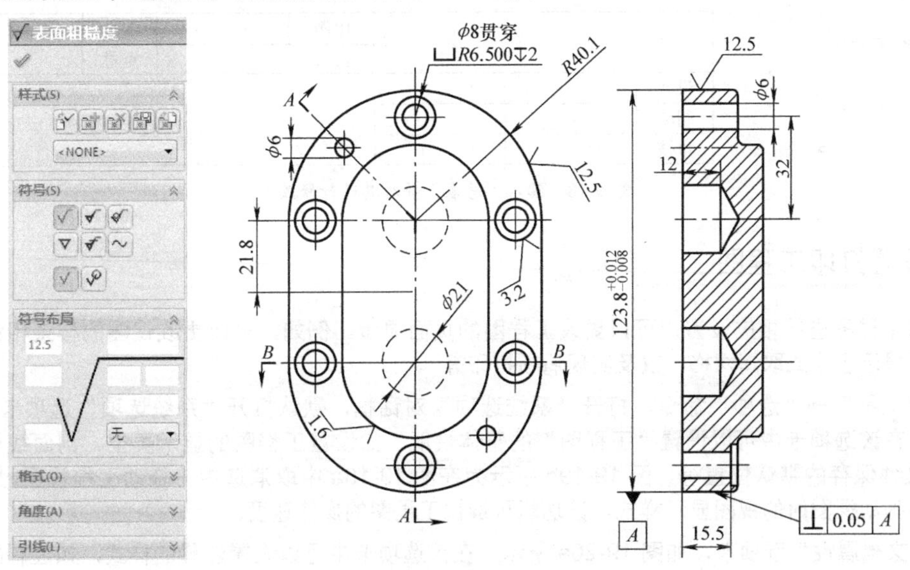

图19-16　标注表面粗糙度

在“表面粗糙度”对话框中，“符号布局”选项区的各文本框的作用如图 19-17 所示。

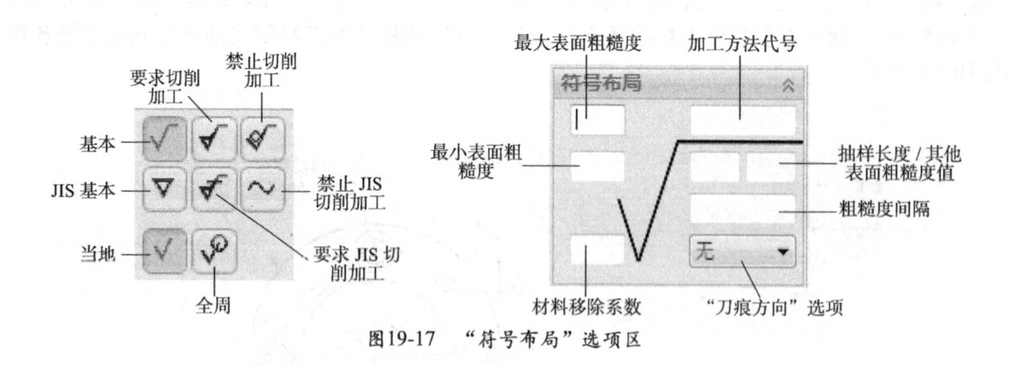

图19-17 "符号布局"选项区

（5）插入表格

单击注释工具栏中的表格按钮，可以在弹出的下拉列表中选择不同形式的表格，如总表、孔表和材料明细表等。其中，总表和材料明细表较常使用。

总表可用于创建标题栏，其操作与 Word 中的表格操作基本相同，只需输入行数和列数，然后单击"确定"按钮，并在适当位置单击鼠标即可，如图 19-18 所示。插入"总表"后，可以根据需要进行拖动和合并等操作；双击单元格后，可以在其中输入文字。

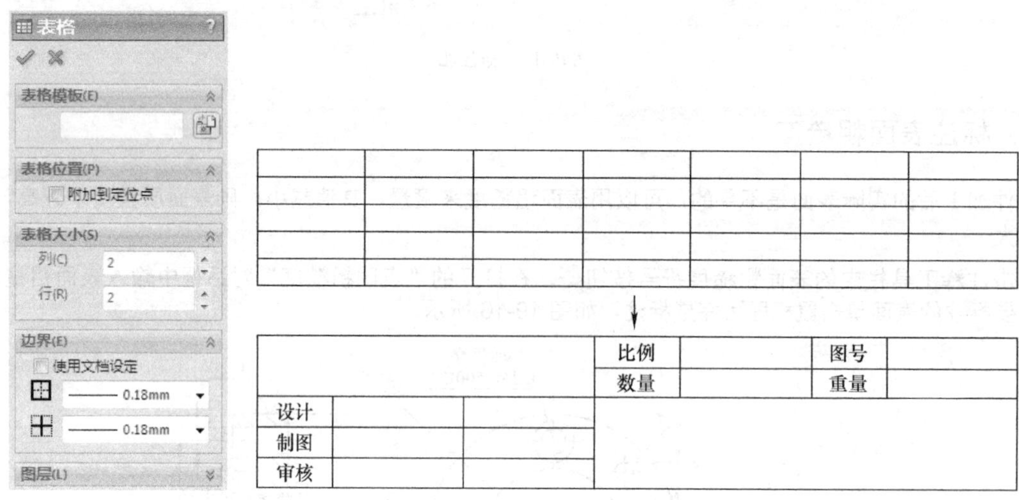

图19-18 插入"总表"并对其进行修改

（6）设置打印工程图

通过对工程图进行相应设置，可以更改工程图的页面显示。例如，可以更改视图的样条粗细、样条的颜色、是否显示虚线或取消网格，以及实现清晰打印等。

单击"工具"→"选项"命令，打开"系统选项"对话框，默认打开"系统选项"选项卡，如图 19-19a 所示。在该选项卡中可以设置"工程图"的整体性能，如设置工程图的显示类型、剖面线样式、线条颜色以及文件保存的默认位置等。图 19-19b 所示为在图 19-19a 中取消选中"拖动工程视图时显示内容"复选框时，拖动视图时的视图显示样式，该功能可加快工程图的操作速度。

选中"文档属性"选项卡，如图 19-20a 所示。在该选项卡中可以设置注释的样式，如注释的线性、尺寸和字体等参数。图 19-20b 所示为在图 19-20a 中改变注释箭头的显示样式的模型效果（"文档属性"设置只对当前正在操作的工程图文件有效）。

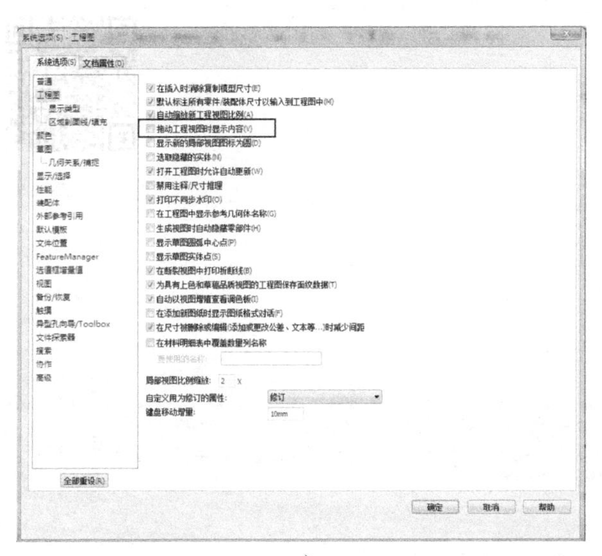

a）

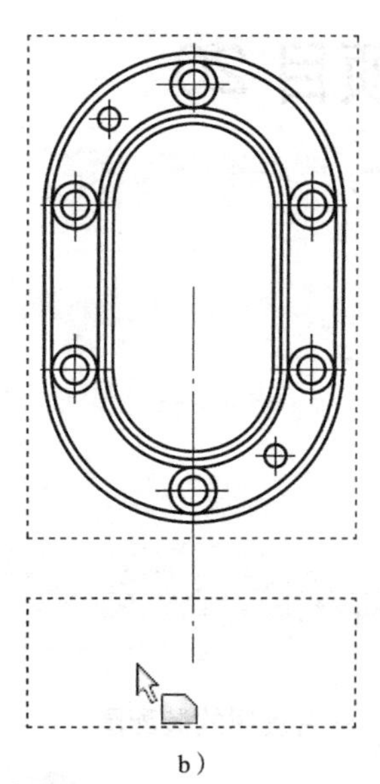

b）

图19-19　设置工程图的“系统选项”

a）

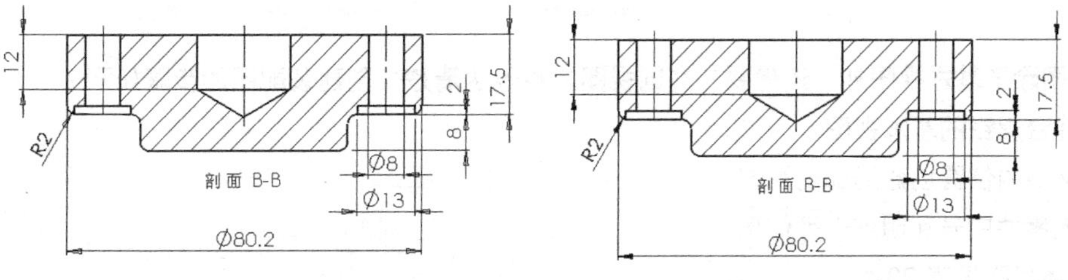

b）

图19-20　设置工程图的“文档属性”

至此建模完毕，操作全过程参见教学视频 19-1。

4.项目总结

本项目用到了工程图模块。工程图是将设计完成的三维模型导出图样的工具。工程图最主要的工作就是根据零件表达方法创建、编辑视图以及技术标注。关于视图创建和编辑的方法详见教学视频 19-2，关于技术标准详见教学视频 19-3。

项目 20 台虎钳装配图

【学习目标】

1. 掌握装配体视图的创建和编辑方法
2. 掌握尺寸、公差以及各种技术要求的标注方法

【重难点】

选择合适的表达方式及技术要求是绘制高质量图样的关键。

1.项目说明

创建图 20-1 所示的台虎钳的装配图。

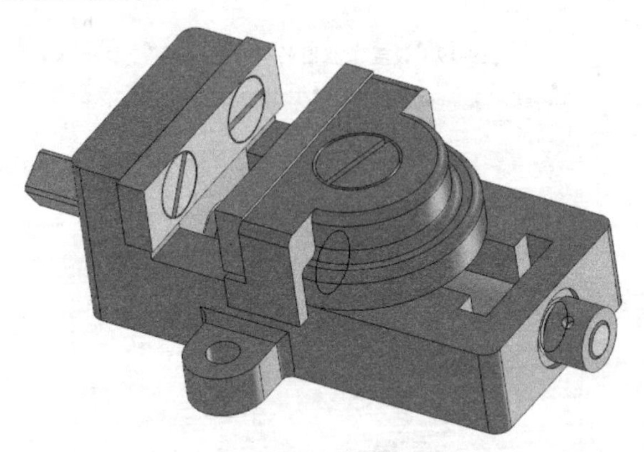

图20-1　台虎钳

2.项目规划

该装配图除了基本视图外，还需要补充剖视图才能表达清楚。创建装配图的步骤如下：

1）创建台虎钳的基本视图。

2）在必要的位置创建局部剖视图。

3）插入零件序号和明细表等信息。

建模整体思路见表 20-1。

表 20-1　建模整体思路

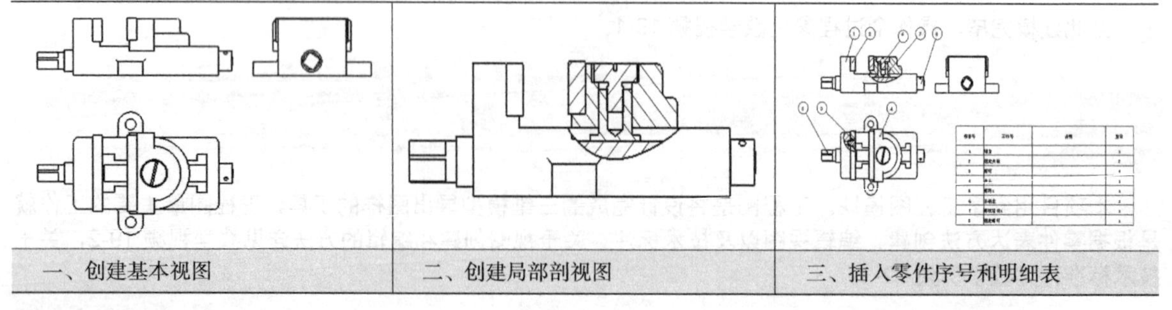

一、创建基本视图	二、创建局部剖视图	三、插入零件序号和明细表

3.项目实施

（1）创建基本视图

1）单击“文件”→“新建”命令，打开“新建 SolidWorks 文件”对话框，如图 20-2a 所示。单击“工程图”按钮，再单击“确定”按钮，弹出“图纸格式 / 大小”对话框，如图 20-2b 所示，选择“A3（GB）”，单击“确定”按钮继续。

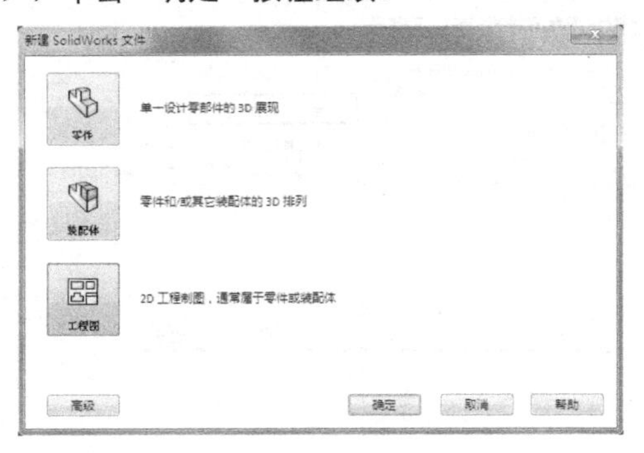

a）

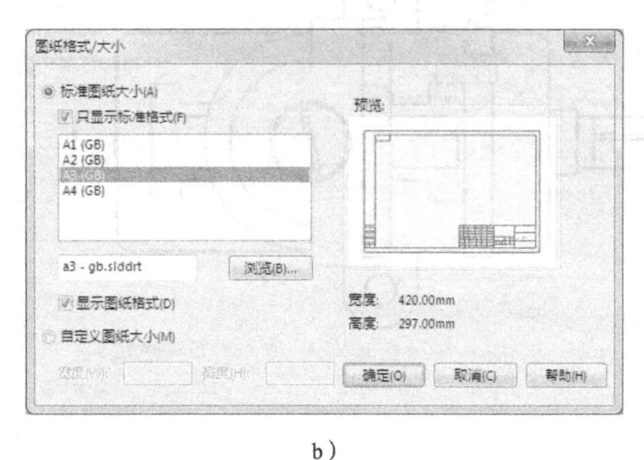

b）

图20-2　新建工程图操作

a）“新建 SolidWorks 文件”对话框　b）“图纸格式 / 大小”对话框

2）弹出的工程图视图界面如图 20-3a 所示。在右下角将台虎钳装配体的“下视”拉到工程图区域中，然后向下拖动成为“俯视图”，如图 20-3b 所示。再向右拖动成为“左视图”，如图 20-3c 所示。

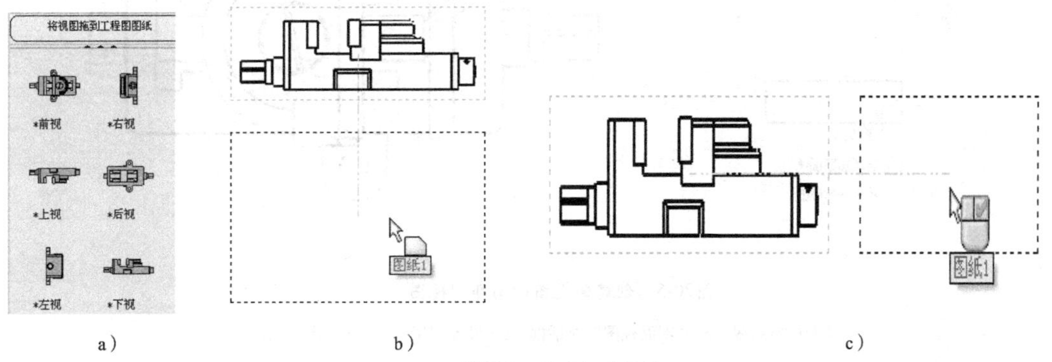

a）　b）　c）

图20-3　创建标准视图

a）工程图视图界面　b）插入俯视图　c）插入左视图

3）用鼠标右键单击主视图，在弹出的对话框的“切边”选项中选择“切边不可见”，对俯视图和左视图进行同样的操作，如图 20-4 所示。

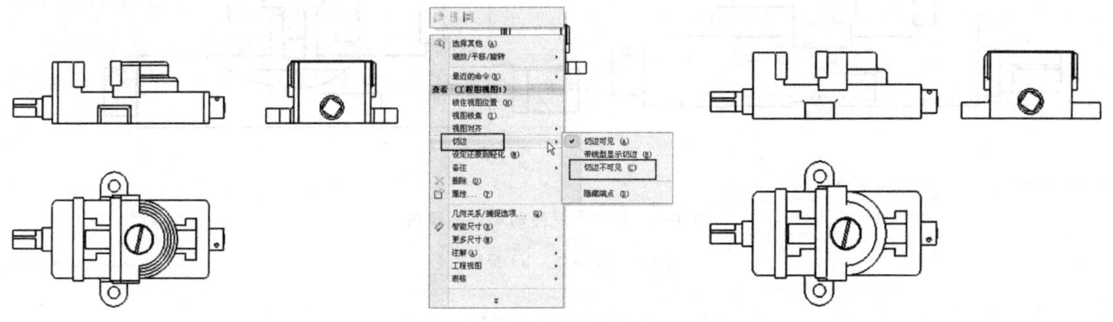

图20-4　隐藏视图切边

（2）创建局部剖视图

1）单击工程图工具栏中的断开的剖视图按钮，在俯视图的固定夹板上绘制如图 20-5a 所示的样条曲线，然后在弹出的“剖面视图”对话框中选中“自动打剖面线”复选框，如图 20-5b 所示。设置剖切深度为“11.5”，如图 20-5c 所示。单击按钮，俯视图的局部剖视图如图 20-5d 所示。

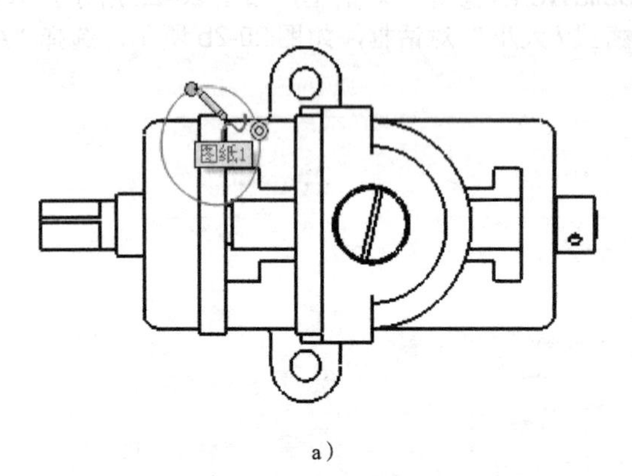

a）

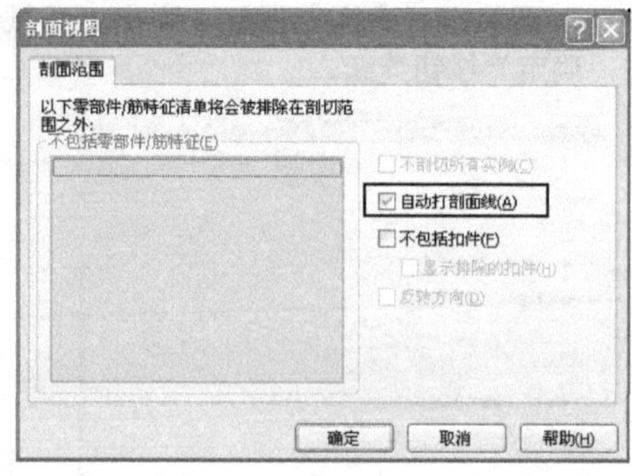

b）

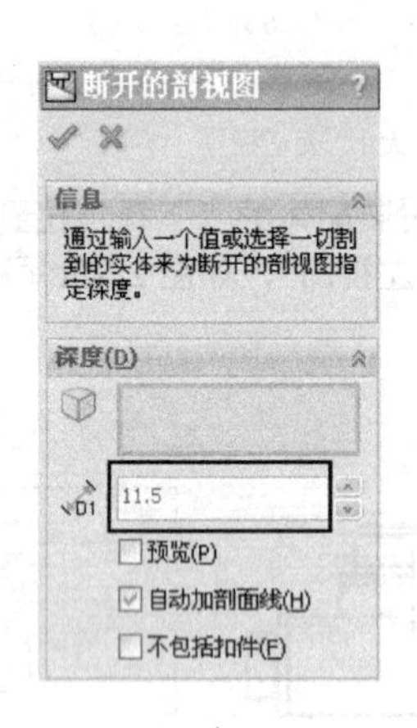

c）

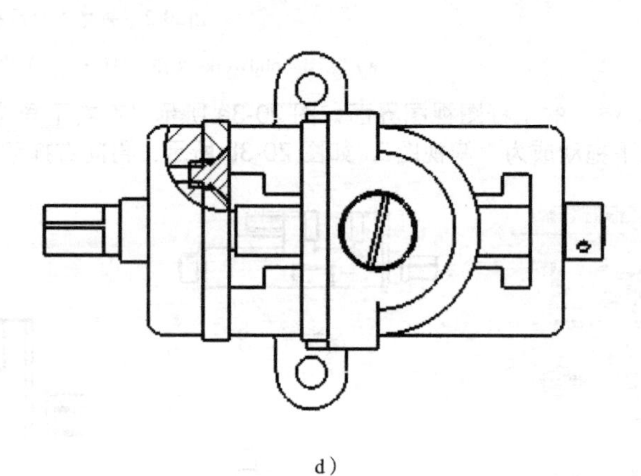

d）

图20-5　创建俯视图的局部剖视图

a）绘制样条曲线　b）“剖面视图”对话框　c）设置剖切深度　d）最终效果

2）按照上述步骤创建主视图的局部剖视图，如图 20-6 所示。

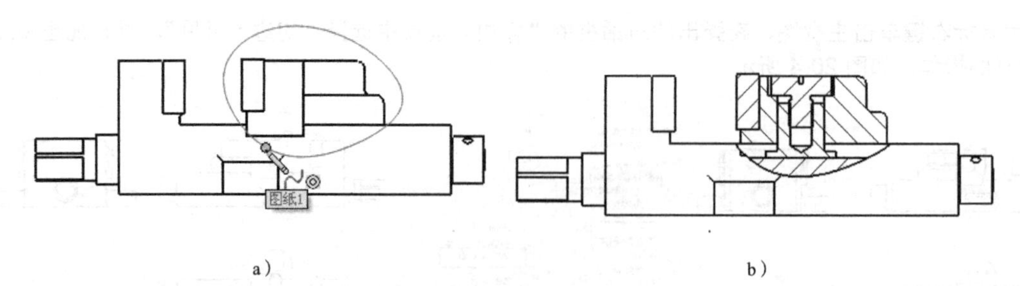

a）　　b）

图20-6　创建主视图的局部剖视图

a）绘制样条曲线　b）最终效果

（3）插入零件序号和明细表

1）单击“插入”→“注解”→“零件序号”命令，弹出“零件序号”对话框，在“零件序号设定“选项区的“样式”下拉列表中选择“圆形”，在“大小”下拉列表中选择“2 个字符”，如图 20-7a 所示。然后单击视图中不同的零件进行编序号，单击✓按钮，如图 20-7b 所示。

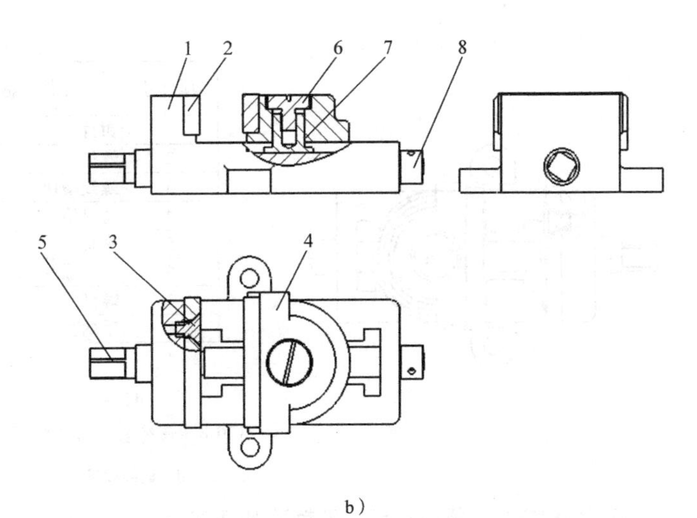

a）　　b）

图20-7　插入零件序号

a）零件序号对话框　b）插入零件序号效果

2）单击“插入”→“表格”→“材料明细表”，如图 20-8a 所示。弹出“材料明细表”对话框，在“材料明细表类型”选项区中选中“缩进”单选按钮，在下拉列表中选择“详细编号”，并在“零件配置分组”选项区中选中“将同一零件的所有配置显示为一个项目”单选按钮，如图 20-8b 所示。单击✓按钮，创建装配体工程图的“材料明细表”，如图 20-8c 所示。整体效果如图 20-8d 所示。

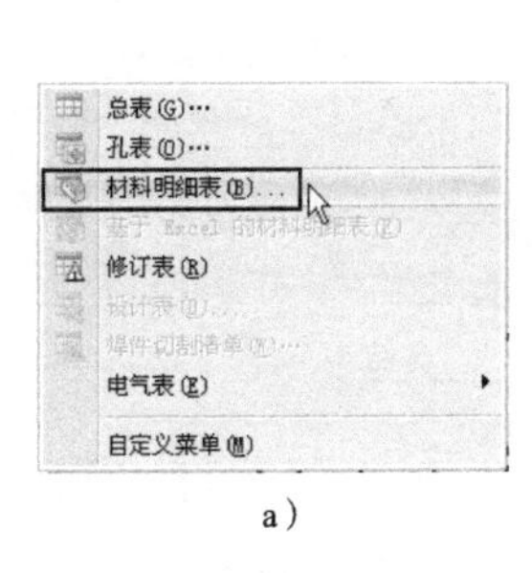

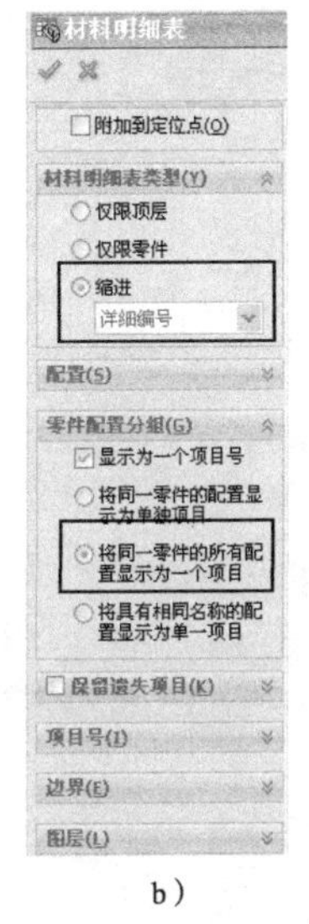

项目号	零件名称	说明	数量
1	钳身		1
2	螺杆		1
3	螺纹滑块		1
4	防滑垫		2
5	夹头		1
6	平头螺钉		1
7	螺钉		4
8	手柄套		1

a）　　b）　　c）

图20-8　最终装配图

a）快捷菜单　b）“材料明细表”对话框　c）材料明细表

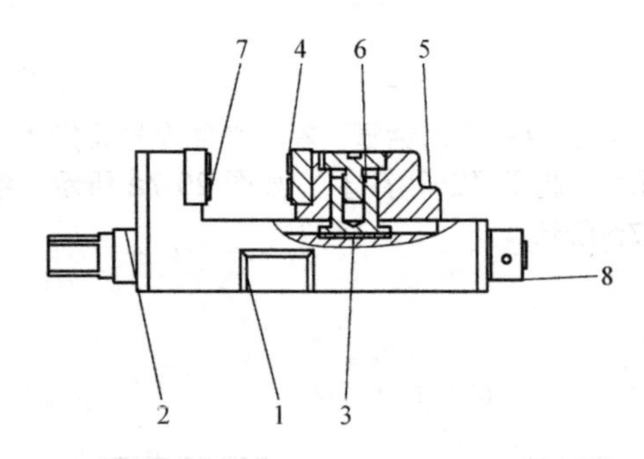

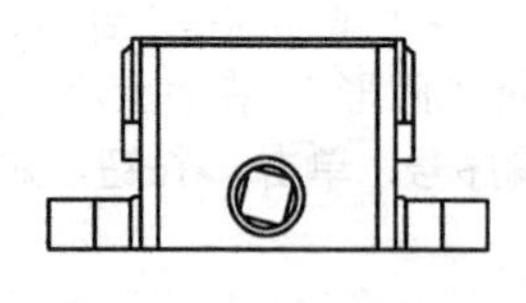

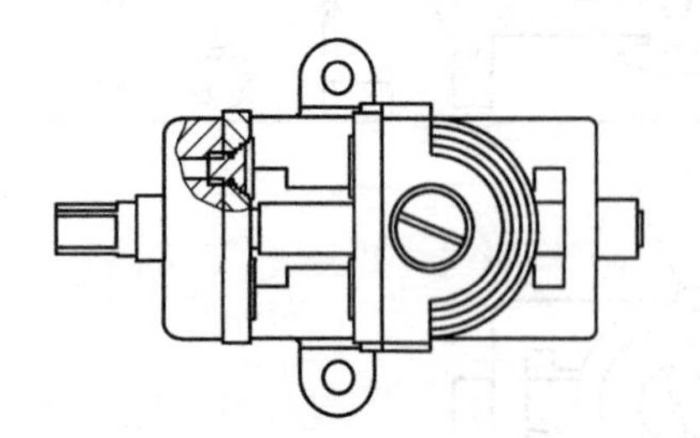

项目号	零件名称	说明	数量
1	钳身		1
2	螺杆		1
3	螺纹滑块		1
4	防滑垫		2
5	夹头		1
6	平头螺钉		1
7	螺钉		4
8	手柄套		1

d）

图20-8　最终装配图（续）

d）最终效果

装配图创建完毕，操作过程参见教学视频 20-1。

4.项目总结

在项目 19 中已经具体地讲解了视图的创建和编辑方法，但在规范的工程图样中除了视图，还有大量的尺寸标注、技术要求和各种表格，技术标注和表格的创建方法详见教学视频 20-2。

项目 21 槽扣钣金

【学习目标】

1. 掌握基体法兰和边线法兰等法兰创建工具的使用方法
2. 掌握断裂边角和异形孔向导等特征工具的使用方法
3. 掌握解除压缩、压缩的使用方法

【重难点】

注意区别实体特征与钣金特征的不同之处。

1.项目说明

在 SolidWorks 软件中建立如图 21-1 所示的槽扣钣金三维模型，并生成工程图。

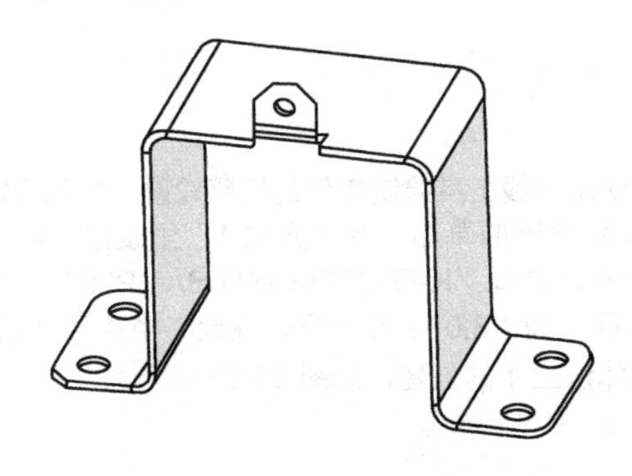

图21-1　槽扣钣金三维模型

2.项目规划

该零件的建模步骤如下：

1）在前视基准面绘制草图，创建基体法兰。

2）取顶面一根边线创建边线法兰，再切除 5 个孔。

3）给钣金件添加断裂边角。

4）生成工程图。在平板型式上取消压缩，新建工程图获得平板图。

建模整体思路见表 21-1。

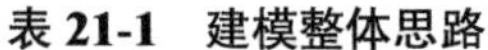

表 21-1　建模整体思路

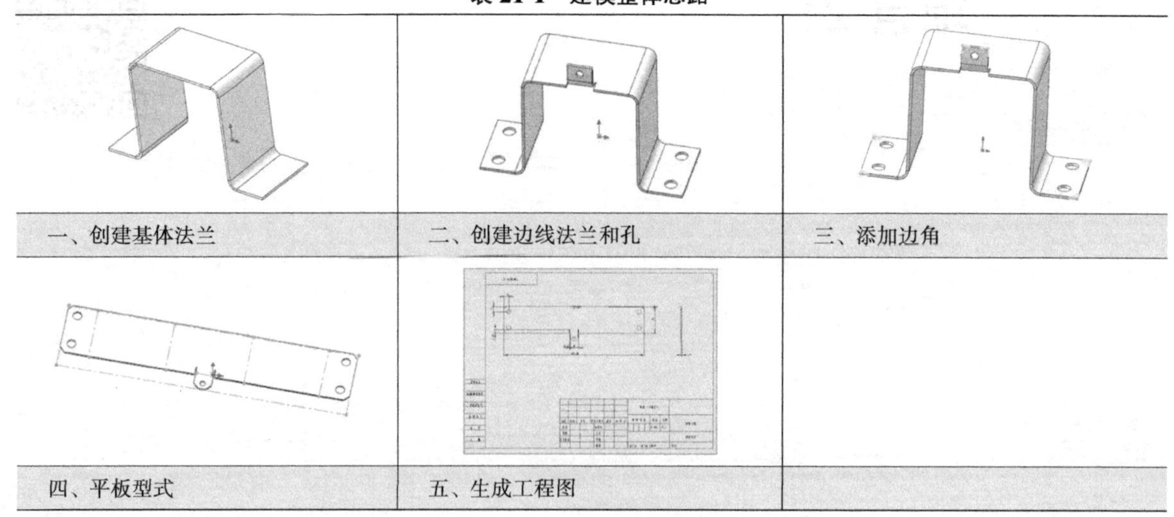

一、创建基体法兰	二、创建边线法兰和孔	三、添加边角
四、平板型式	五、生成工程图	

3.项目实施

（1）创建基体法兰

在前视基准面上建立草图，使用直线工具绘制零件的完整轮廓，如图 21-2a 所示。单击“插入”→“钣金”→“基体法兰”命令，选择刚绘制的草图，在“方向 1”里设定“给定深度”为“30”，在“钣金规格”中选中“使用规格表”复选框，选择“K-FACTOR MM SAMPLE”；在“钣金参数”中选择钣金厚度为“1.0”的“规格 5”，“折弯半径”为“3.0”；在“折弯系数”中选择“k 因子”为 0.5，其余默认，如图 21-2b 所示。单击✔按钮完成基体法兰 1 的创建，如图 21-2c 所示。

（2）创建边线法兰和孔

1）创建边线法兰。选取图 21-3a 所示的边线，单击“插入”→“钣金”→“边线法兰”命令，在“法兰参数”下单击“编辑法兰轮廓”，添加两条竖直直线到已有轮廓中，并剪裁实体，标注成如图 21-3b 所示的法兰轮廓。单击弹出窗口中的“finish”完成轮廓的编辑。在“法兰长度”里设定“给定深度”为“10”，“法兰位置”选择“材料在内”，其余默认，如图 21-3c 所示。单击“确定”按钮，完成边线法兰 1 的创建，如图 21-3d 所示。

2）创建直通孔。单击“插入”→“特征”→“孔”→“向导”命令，或直接在特征工具栏中单击异形孔向导按钮，选择顶面“孔类型”为“孔”，标准为“GB”，钻孔大小为“3.0”，在“位置”里单击如图 21-4 所示的位置为孔中心，并标注尺寸，单击✔按钮完成 3.0 直径孔 1 的创建，如图 21-5 所示。

重复该命令，在底面钻出 4 个 ϕ5mm 的孔，其中尺寸如图 21-5 所示。

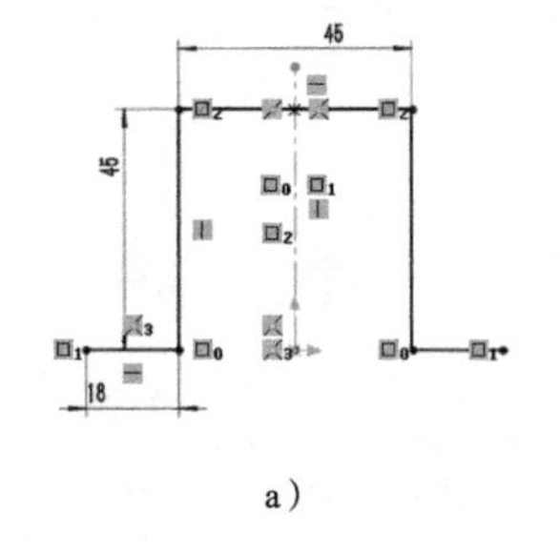

a）

b）

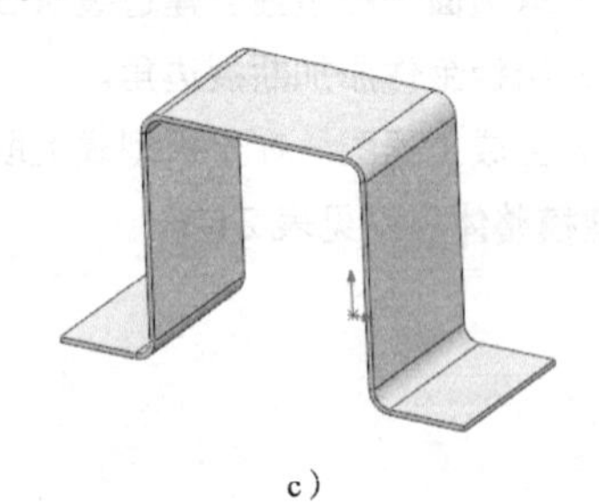

c）

图21-2　基体法兰草图

a）法兰草图　b）基体法兰属性对话框　c）完成基体法兰

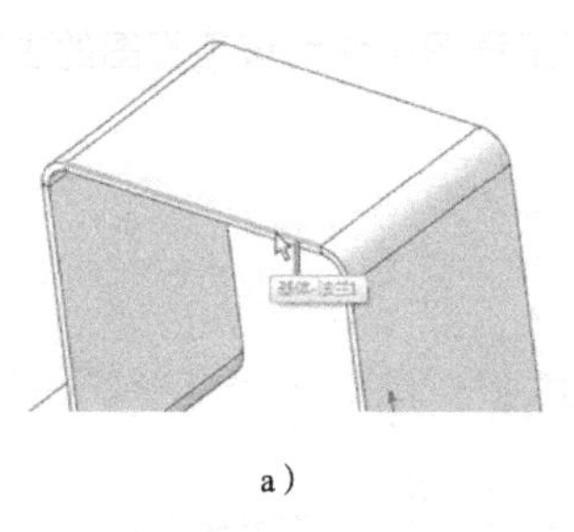

a）

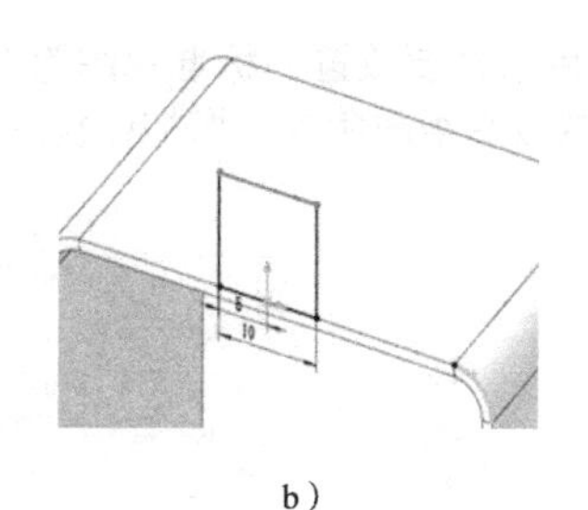

b）

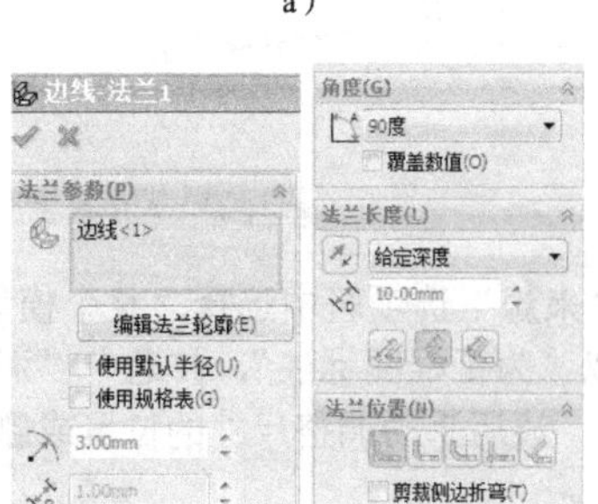

c）

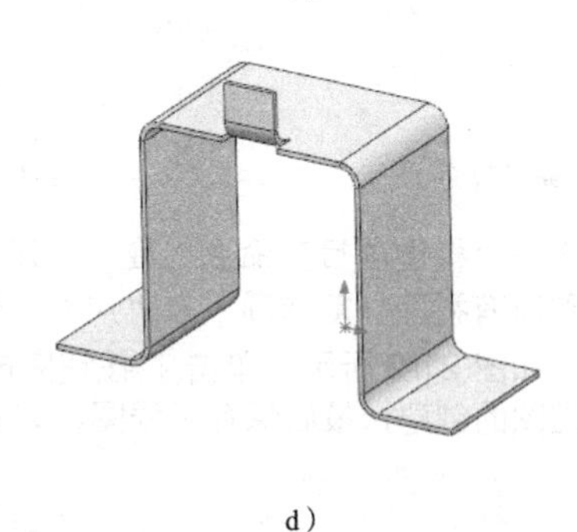

d）

图21-3　边线法兰草图

a）选边线　b）边线法兰草图　c）边线法兰属性对话框　d）完成边线法兰的创建

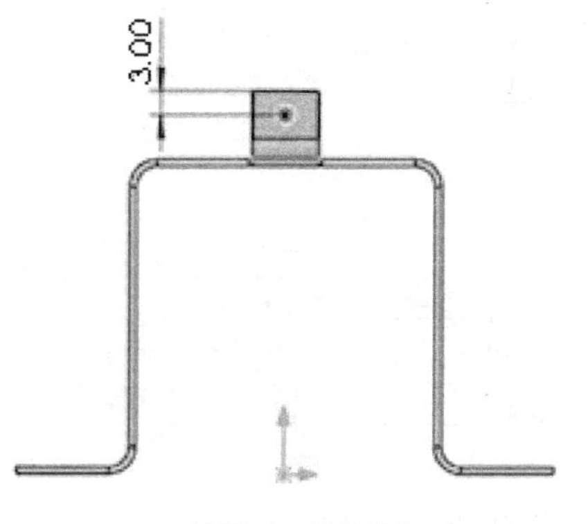

图 21-4　直径孔 1

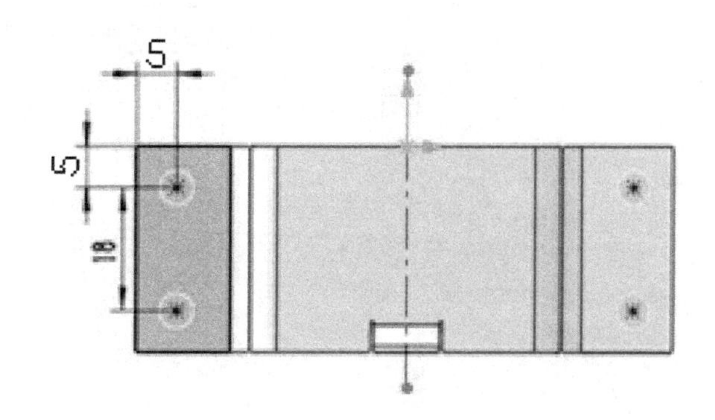

图 21-5　钻底面的 4 孔

（3）添加边角

选取图 21-6 所示的 6 条边线，单击“插入”→“钣金”→“断裂边角”命令，添加倒角距离为 3mm 的边角。

（4）平板型式

在设计树中用鼠标右键单击“平板型式 1”特征，在弹出的快捷菜单中单击“解除压缩”命令，使钣金展开成平板型式，如图 21-7、图 21-8 所示。此时在图形区的右上角有一个压缩平板型式按钮，单击该按钮可以将钣金恢复到弯曲状态。

单击菜单中的“保存”命令，把该零件保存为“槽扣 .sldprt”。

（5）生成工程图

新建一个 A4 的工程图图纸，在“要插入的零件 / 装配体”中单击“浏览”按钮，打开刚创建的槽

扣 .sldprt 文件，然后选择要放置的标准视图为上视图，将其置于工程图中作为该工程图的主视图。再利用视图布局工具栏中的投影视图命令，增加该视图的左视图即可。

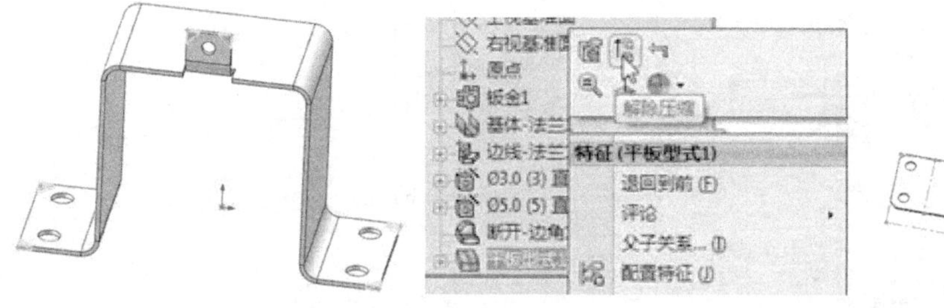

图 21-6　断裂边角　　图 21-7　取消压缩　　图 21-8　平板型式

单击“插入”→“模型项目”命令，在“来源 / 目标”的“来源”选项区中选择“整个模型”，然后选中“将项目输入到所有视图”复选项；在“尺寸”选项区中选取“为工程图标注”，并选中“消除重复”复选框，其余默认，如图 21-9 所示。单击✔按钮完成尺寸的标注。最后手动调整尺寸的位置或删除、更改尺寸标注，完成工程图的创建，最后保存工程图，如图 21-10 所示。

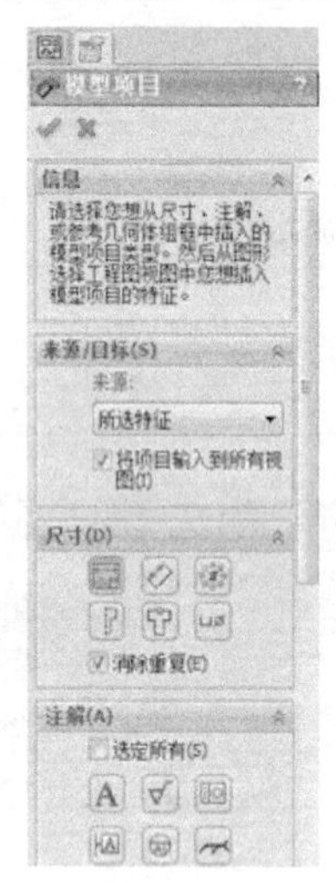

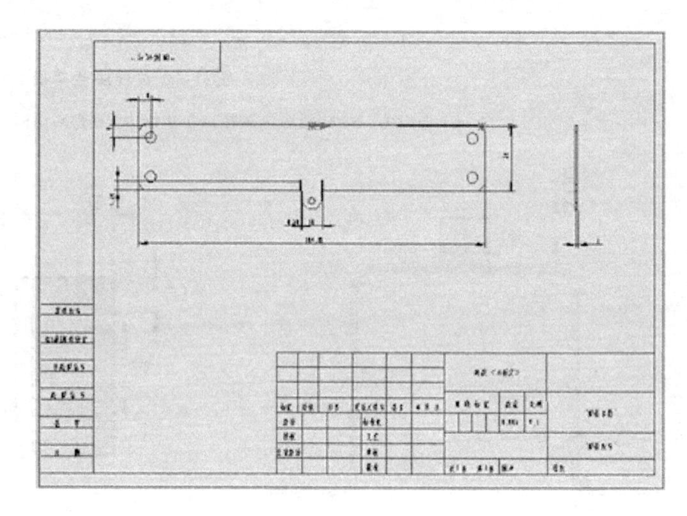

图 21-9　插入模型项目　　图 21-10　工程图

操作过程参见教学视频 21-1。

4.技术拓展

钣金件是机械中常用的零件。该零件的结构和工艺与普通机械加工零件有较大区别，因此在建模时，其建模的思路和方法也有明显不同。钣金建模中的基体法兰 / 薄片、边线法兰、斜接法兰 3 个工具的使用详见教学视频 21-2。

项目 22 机箱风扇支架钣金

【学习目标】

1. 掌握基体法兰和边线法兰等法兰创建工具的使用方法
2. 掌握褶边、自定义成形工具及通风口等钣金特征工具的使用方法
3. 掌握解除压缩、压缩的使用方法

【重难点】

理解钣金建模特征与实际钣金成形工艺之间的联系。

1.项目说明

在 SolidWorks 软件中建立如图 22-1 所示的机箱风扇支架的三维模型。

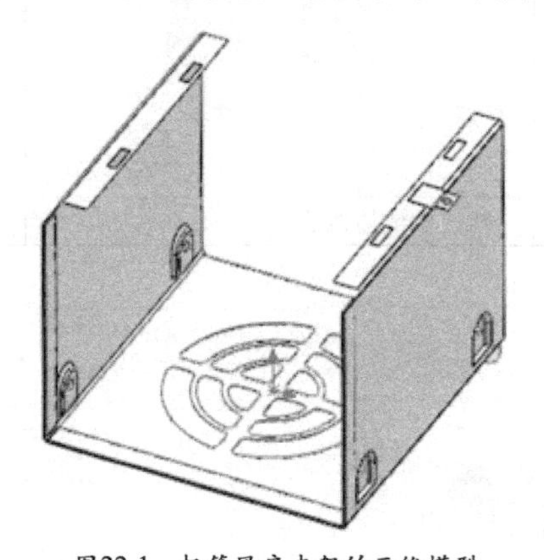

图22-1 机箱风扇支架的三维模型

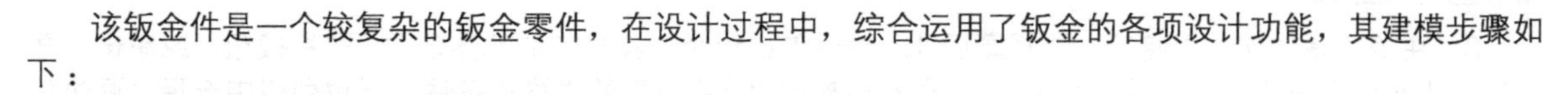

2.项目规划

该钣金件是一个较复杂的钣金零件，在设计过程中，综合运用了钣金的各项设计功能，其建模步骤如下：

1）在前视基准面上绘制草图，生成风扇支架基体法兰。

2）使基体法兰 3 个边向内褶边，形成扣边。

3）在顶面边线生成边线法兰，与上盖装配用。

4）拉伸切除 4 个槽，再生成另一边线法兰，钻孔。

5）新建零件，绘制库零件模型，另存为成形工具。

6）添加新建的成形工具，并阵列、镜像。

7）在底面绘制草图，利用通风口命令形成通风孔。

8）创建边线法兰和钻孔，形成往下的安装边。

9）展开机箱风扇支架：解除压缩，展开形成平板状态。

建模整体思路表 22-1。

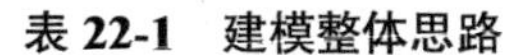

表 22-1　建模整体思路

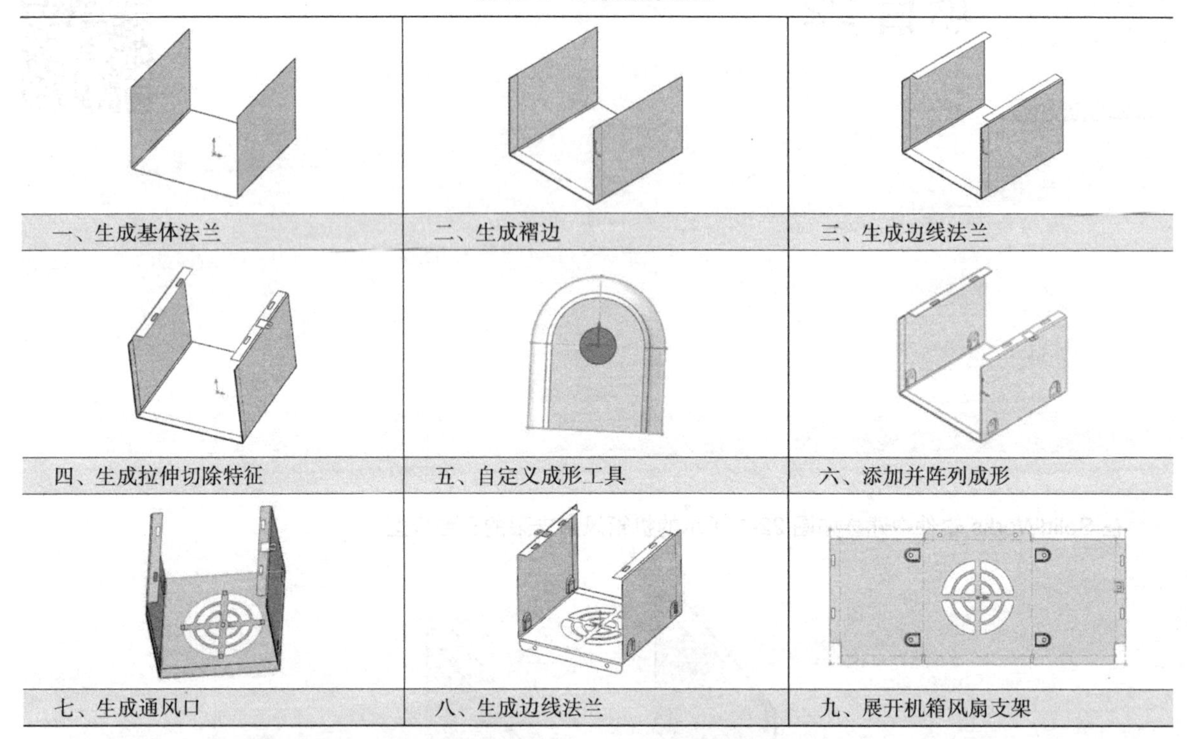

一、生成基体法兰	二、生成褶边	三、生成边线法兰
四、生成拉伸切除特征	五、自定义成形工具	六、添加并阵列成形
七、生成通风口	八、生成边线法兰	九、展开机箱风扇支架

3.项目实施

（1）生成基体法兰

1）新建零件。单击标准工具栏中的新建按钮，或单击“文件”→“新建”命令，在弹出的“新建 SolidWorks 文件”对话框中单击“零件”按钮。然后单击✓按钮，创建一个新的零件文件。

2）绘制草图。选择前视基准面作为草图平面。单击草图工具栏中的矩形按钮，绘制一个矩形，将矩形上面的直线删除，标注相应的尺寸，如图 22-2 所示。将水平线与原点添加“中点”约束，单击“退出草图”生成草图 1。

3）生成“基体法兰”特征。选择草图 1，然后单击钣金工具栏中的基体法兰 / 薄片按钮，或单击“插入”→“钣金”→“基体法兰”命令，在对话框中“方向 1”的“终止条件”下拉列表中选择“两边对称”，在“深度”文本框中输入“110”，在“厚度”文本框中输入“0.5”，设置圆角半径值为“1.0”，其他设置默认，单击✓按钮生成如图 22-3 所示的法兰。

（2）生成褶边

用鼠标单击拾取图 22-4 所示的 3 条边线，单击钣金工具栏中的褶边按钮，或单击“插入”→“钣金”→“褶边”命令。在对话框中单击“材料在内”按钮，在“类型和大小”栏中单击“闭合”按钮，设置长度为“8.0”。其他设置默认，如图 22-5 所示。单击✓按钮完成褶边 1 的创建。

（3）生成边线法兰

单击鼠标拾取图 22-6 所示的边线，单击钣金工具栏中的边线法兰按钮，或单击“插入”→“钣金”→“边线法兰”命令，在对话框中的“法兰长度”中输入“10”，单击“外部虚拟交点”按钮，在“法兰位置”选项区中单击“折弯在外”按钮，然后单击对话框中的“编辑法兰轮廓”按钮，进入编辑法兰轮廓状态，如图 22-6 所示。选择图 22-7 所示的边线，单击草图工具栏里的“显示 / 删除几何关系”按钮，删除其在边线上的约束。然后通过标注智能尺寸编辑法兰轮廓，如图 22-7 所示。单击✔按钮，完成对法兰轮廓的编辑。

重复该命令，生成钣金件的另一侧面上的边线法兰特征。

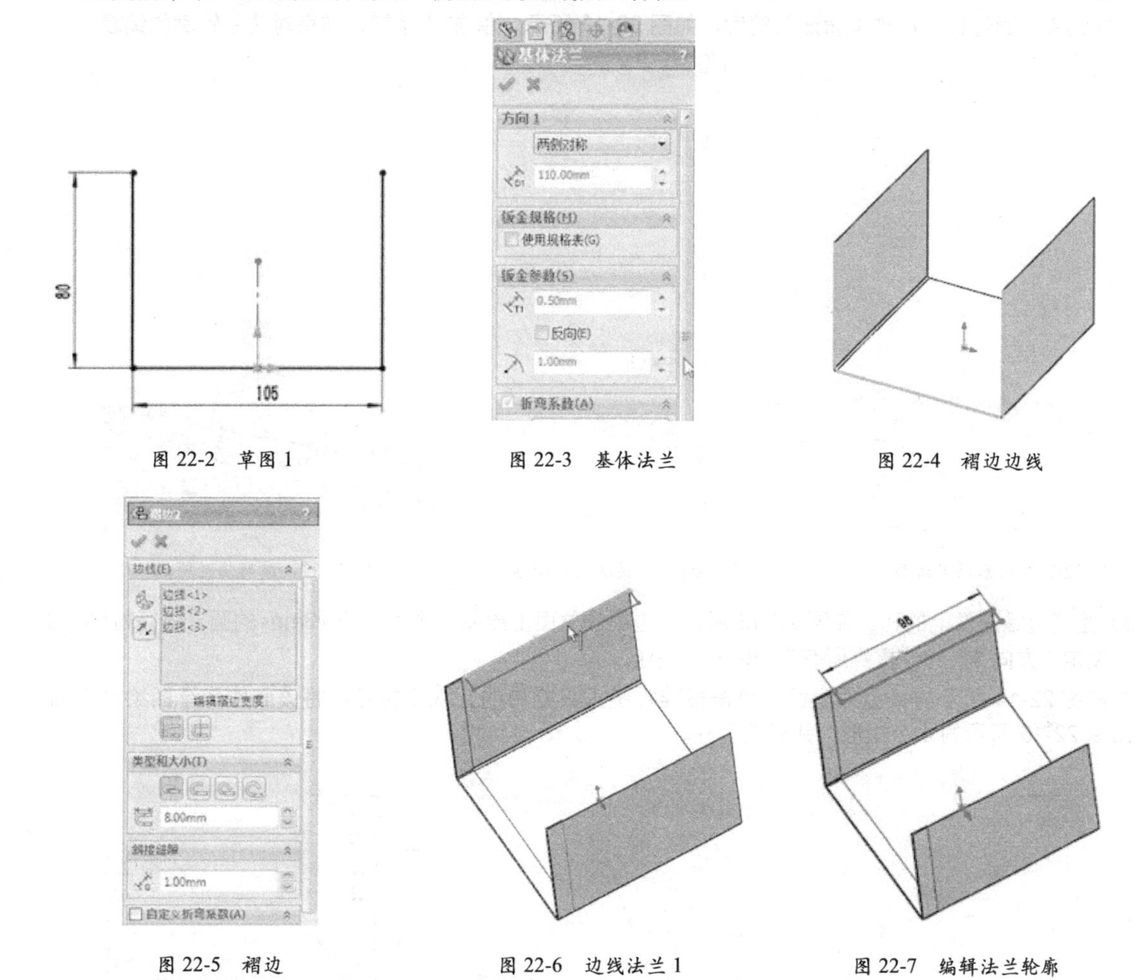

图 22-2　草图 1　　图 22-3　基体法兰　　图 22-4　褶边边线

图 22-5　褶边　　图 22-6　边线法兰 1　　图 22-7　编辑法兰轮廓

（4）生成拉伸切除特征

1）选择绘图基准面。单击图 22-8 所示的钣金件的面，单击标准视图工具栏中的正视于按钮，将该面作为草图绘制平面。绘制如图 22-9 所示的草图 2，并标注尺寸。

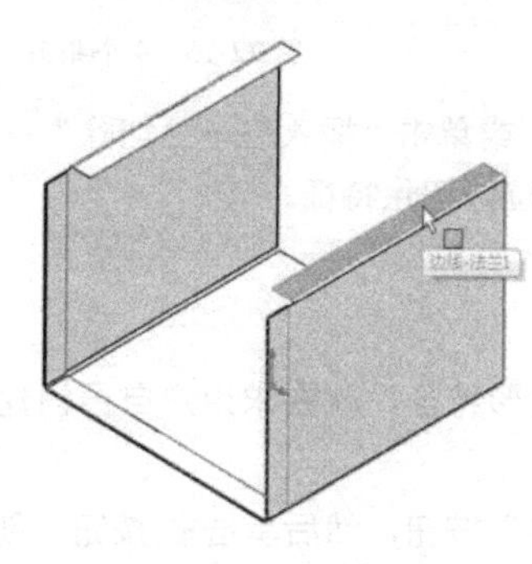

图 22-8　拉伸切除面

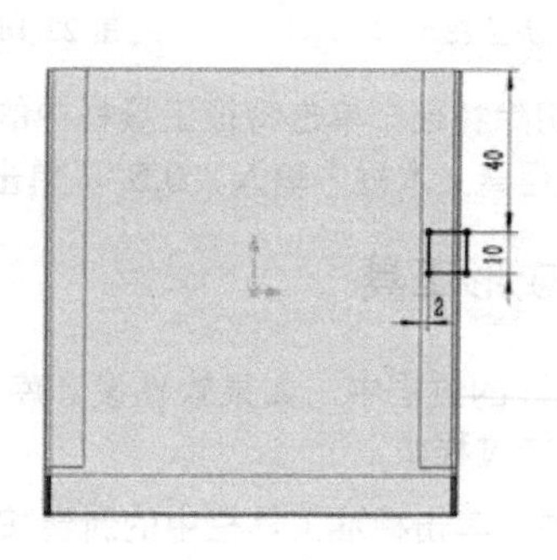

图 22-9　草图 2

单击特征工具栏中的拉伸切除按钮，在对话框中距离文本框中输入“1.5”，单击✔按钮。

2）添加边线法兰。选取图22-10所示的边线，单击钣金工具栏中的边线法兰按钮，在对话框中的法兰长度文本框中输入“6”，单击外部虚拟交点按钮，在“法兰位置”选项区中单击折弯在外按钮，其他设置默认，如图22-11所示。再单击对话框中的编辑法兰轮廓按钮，进入编辑法兰轮廓状态。删除边线“在边线上”的约束，通过标注尺寸编辑法兰轮廓，如图22-12所示。单击✔按钮，结束对法兰轮廓的编辑。

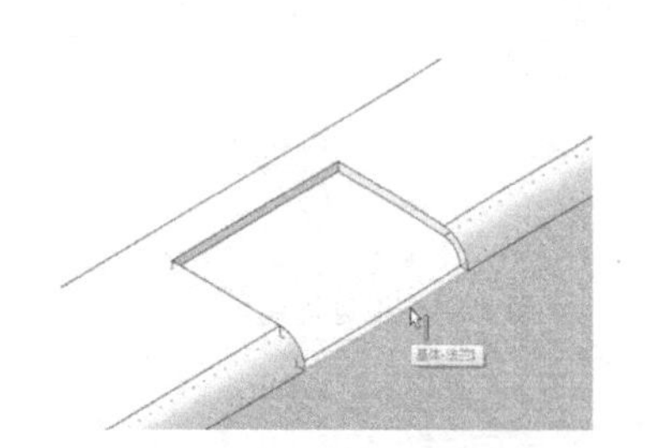

图22-10 选取法兰边线

图22-11 边线法兰对话框

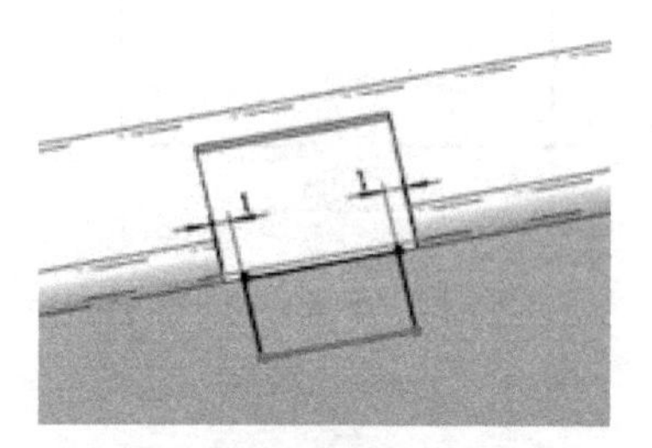

图22-12 编辑法兰轮廓

3）生成边线法兰上的孔。在图22-13所示的边线法兰面上绘制一个直径为ϕ3mm的圆，进行拉伸切除操作，设定“方向1”为“贯穿所有”，单击✔按钮。

单击图22-14所示的钣金件底面，单击标准视图工具栏中的正视于按钮，将该面作为草图绘制平面。绘制如图22-15所示的4个矩形，并标注尺寸。

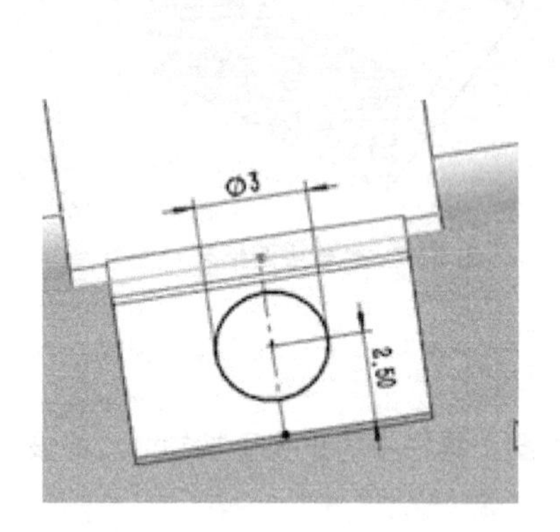

图22-13 法兰孔

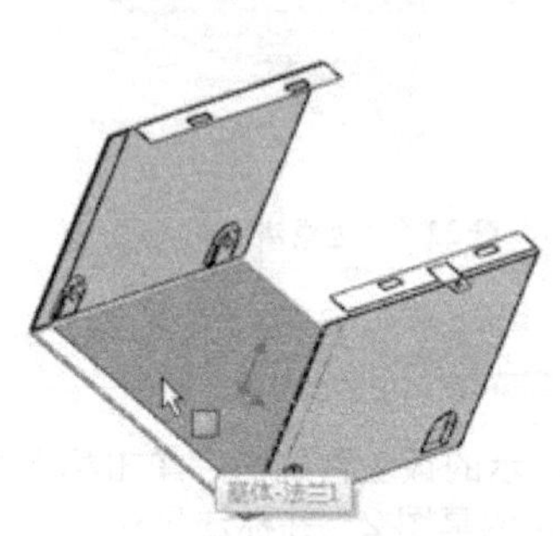

图22-14 钣金件底面

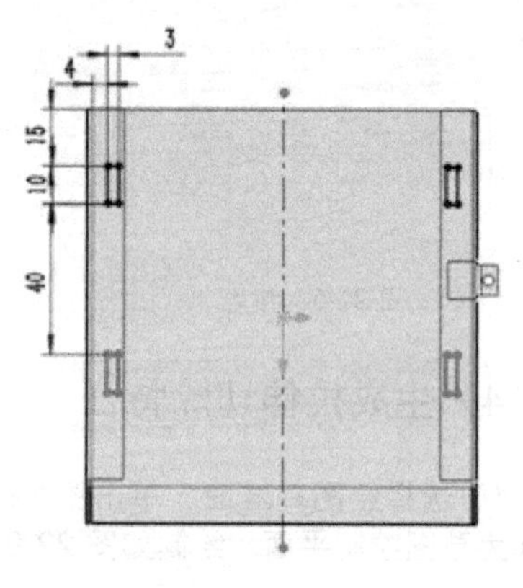

图22-15 4个矩形

4）生成拉伸切除特征。单击特征工具栏中的拉伸切除按钮，或单击“插入”→“切除”→“拉伸”命令，在对话框中的距离文本框中输入“0.5”，单击✔按钮，生成拉伸切除特征。

（5）自定义成形工具

在进行钣金设计的过程中，如果软件设计库中没有需要的成形特征，就要求用户自己创建。本项目钣金件创建成形工具的过程如下：

1）建立新文件。单击标准工具栏中的新建按钮，单击“零件”按钮，然后单击✔按钮，创建一个新的零件文件。

2）拉伸凸台。选择前视基准面作为草图绘制平面。在草图上绘制一个圆，将圆心落在原点上；添加 3 条直线，直线与圆为相切约束，如图 22-16 所示的草图 3。单击退出草图按钮完成草图绘制。在“方向 1”的距离文本框中输入“2.0”，单击✓按钮。

3）拉伸另一凸台。单击图 22-17 所示的拉伸实体的一个面作为草图绘制平面。绘制一个矩形，矩形要大于拉伸实体的投影面积，如图 22-18 所示的草图 4，单击退出草图按扭。在方向 1 的距离文本框中输入“5.0”，单击✓按钮。

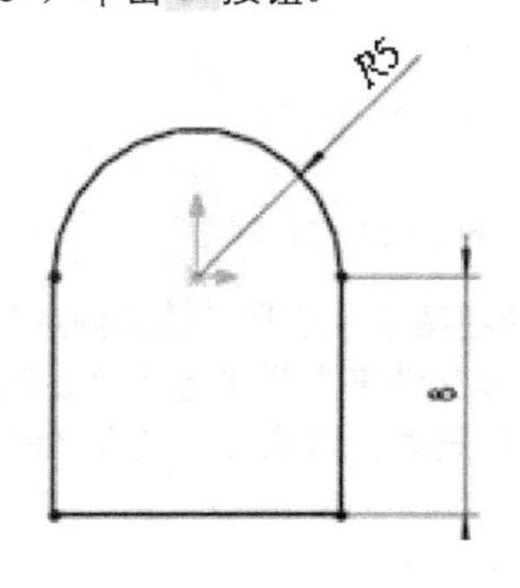

图 22-16　草图 3

图 22-17　拉伸凸台草图绘制平面

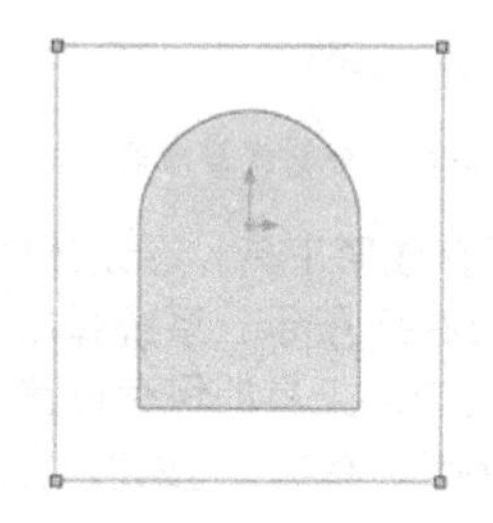
图 22-18　草图 4

4）生成圆角特征。单击特征工具栏中的圆角按钮，选择圆角类型为“等半径”，在圆角半径文本框中输入“1.5”，单击鼠标拾取图 22-19 所示的实体边线，单击✓按钮生成圆角 1。

重复该圆角命令，选取图 22-20 所示的实体另一条边线倒圆角，设置圆角半径为 0.5mm，单击✓按钮完成圆角 2 的创建。

5）拉伸切除。在实体上选择图 22-21 所示的面作为草图绘制平面。单击草图工具栏中的按钮，然后单击草图工具栏中的转换实体引用按钮，将选择的矩形表面转换成矩形图素。单击特征工具栏中的拉伸切除按钮，在对话框中“方向 1”的终止条件中选择“完全贯穿”，单击✓按钮，完成拉伸切除操作。

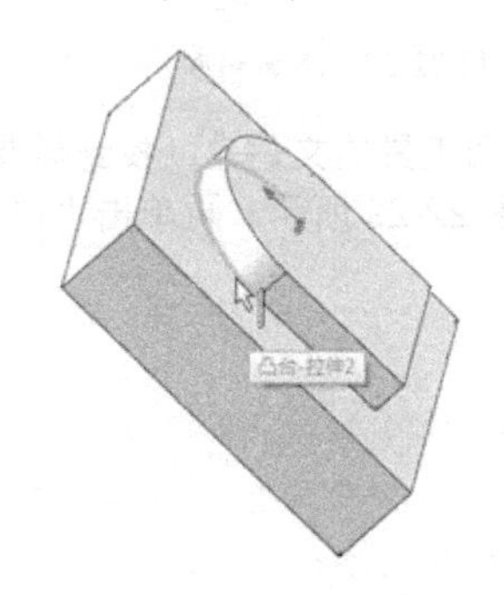

图 22-19　圆角 1

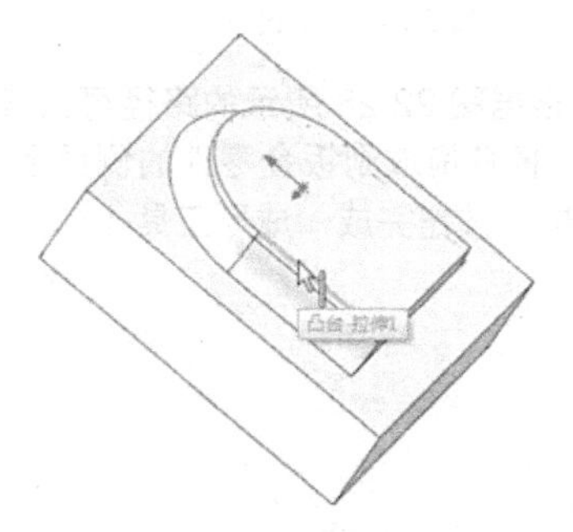

图 22-20　圆角 2

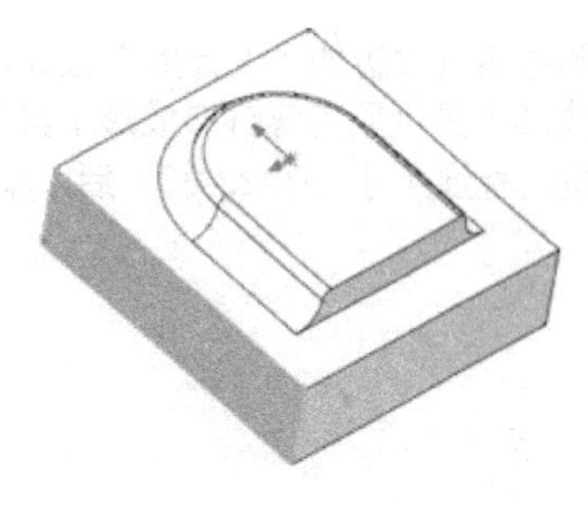
图 22-21　拉伸切除草图绘制平面

6）分割线。在实体上选择图 22-22 所示的面作为草图绘制平面，在平面上绘制一个圆，圆心与原点重合，标注尺寸，完成草图绘制，如图 22-23 所示。

单击“插入”→“曲线”→“分割线”命令，弹出“分割线”对话框，在分割类型中选择“投影”选项，在“要投影的草图中”栏中选择“圆”草图，在“要分割的面”栏中选择图 22-22 所示实体的上表面，单击✓按钮完成分割线操作。

7）更改成形工具切穿部位的颜色。在使用成形工具时，如果遇到成形工具中红色的表面，软件系统将对钣金零件作切穿处理。所以，在生成成形工具时，需要切穿的部位要将其颜色更改为红色。拾取图 22-24 所示的表面，单击标准工具栏中的编辑外观按钮，弹出“颜色”对话框。选择“红色”RGB 标准颜色（即 R=255，G=0，B=0），其他设置默认，单击✓按钮。

8）绘制成形工具定位草图。单击图 22-25 所示的表面作为草图绘制平面。单击草图绘制按钮，然后单击草图工具栏中的转换实体引用按钮，将选择的表面转换成图素。单击草图工具栏中的中心线按钮，绘制两条互相垂直的中心线，中心线交点与圆心重合，终点都与圆重合，如图 22-26 所示的草图 6，退出草图。

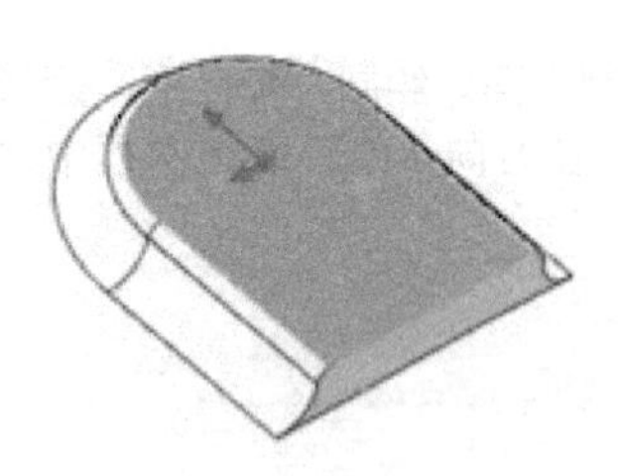
图 22-22　分割线基准面

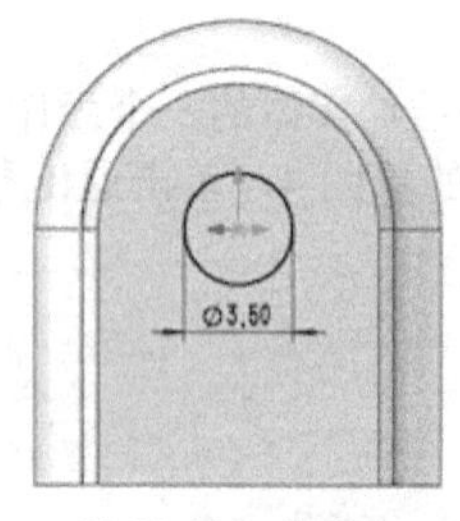

图 22-23　草图 5

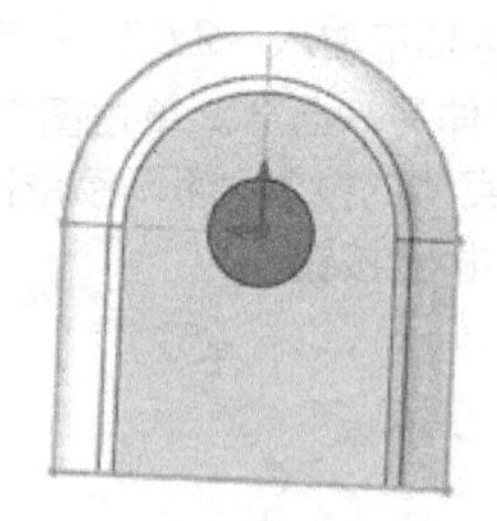
图 22-24　切穿部位

9）保存成形工具。在设计树中右键单击成形工具零件名称，在弹出的快捷菜单中选择“添加到库”命令，如图 22-27 所示。系统弹出“添加到库”对话框，在对话框中的“设计库文件夹”栏中选择“larices”文件夹作为成形工具的保存位置，如图 22-28 所示。将该成形工具命名为“风扇螺钉口成形工具”，保存类型为“sldprt”，单击✓按钮，完成对成形工具的保存。

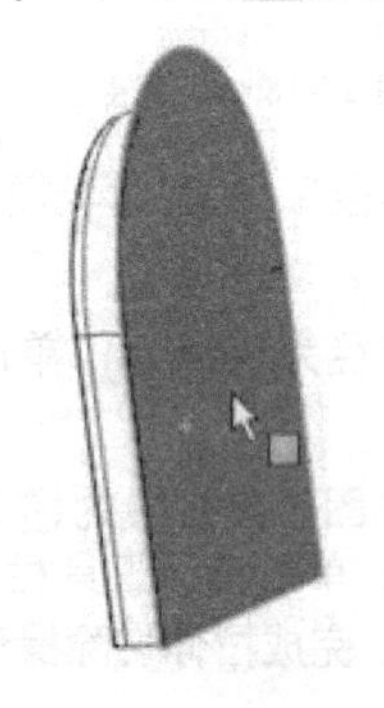
图 22-25　定位基准面

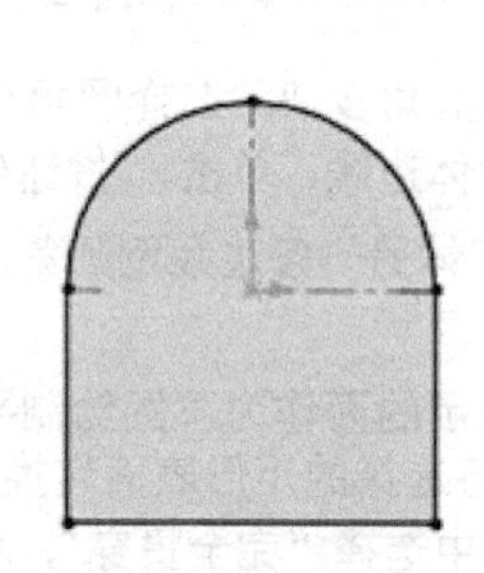
图 22-26　草图 6

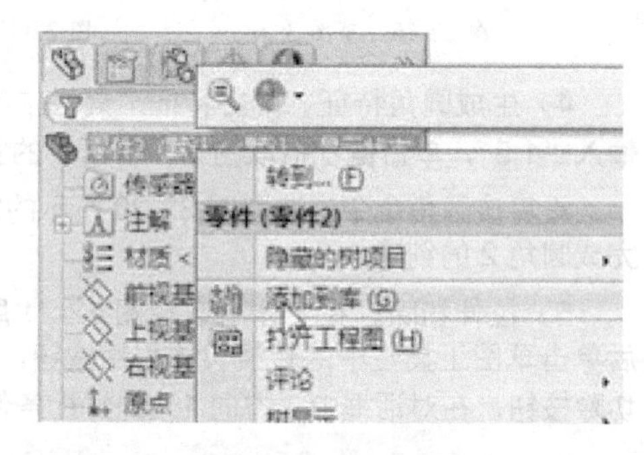

图 22-27　添加到库

单击系统右边的“设计库”按钮，根据图 22-28 所示的路径可以找到成形工具的文件夹，找到需要添加的成形工具“风扇螺钉口成形工具”，将其拖放到钣金零件的侧面上，如图 22-29 所示。再单击“位置”选项框，标注尺寸（图 22-30）后，单击✓按钮完成，成形工具 1。

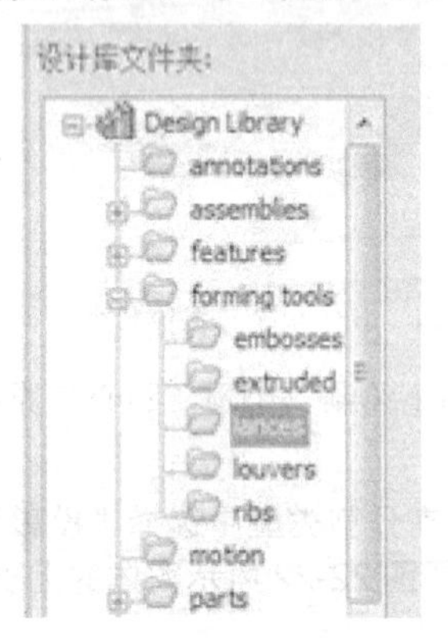

图 22-28　设计库

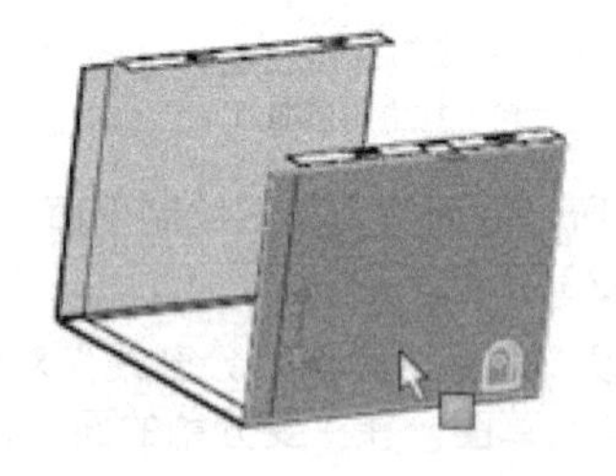
图 22-29　添加成形工具

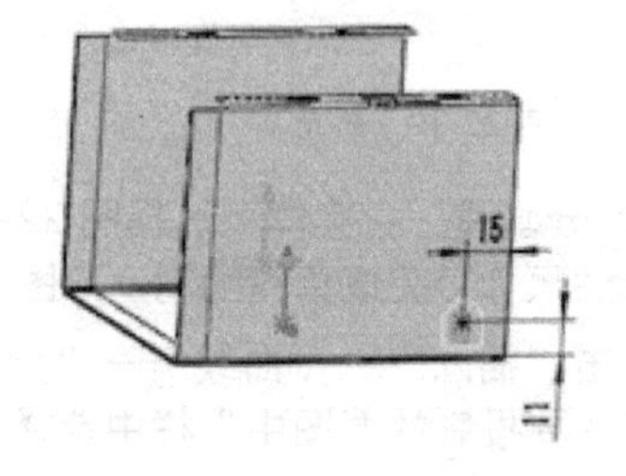

图 22-30　标注尺寸

（6）添加阵列成形

1）线形阵列。单击特征工具栏中的线性阵列按钮，在对话框中的“方向 I”选项区的“阵列方向”栏中单击鼠标，拾取钣金件的一条边线，单击切换阵列方向按钮，在“间距”文本框中输入“80”，设置“阵列数”为“2.0”，然后在设计树中单击“风扇螺钉口成形工具 1”，单击确定按钮，完成对成形工具的线形阵列，结果如图 22-31 所示。

2）镜像。单击特征工具栏中的镜像按钮，在对话框中的“镜像面 / 基准面”栏中单击鼠标，在设计树中单击“右视基准面”作为镜像面，单击“要镜像的特征”栏，在设计树中单击“风扇螺钉口成形工具 1”和“阵列（线形）1”作为要镜像的特征，其他设置默认，如图 22-32 所示，单击✔按钮，完成对成形工具的镜像。

（7）生成通风口

1）绘制草图。选取图 22-14 所示的底面作为草图绘制平面，绘制 4 个同心圆，标注直径尺寸。再单击草图工具栏中的直线按钮，绘制两条互相垂直的过圆心的直线，如图 22-33 所示，退出草图。

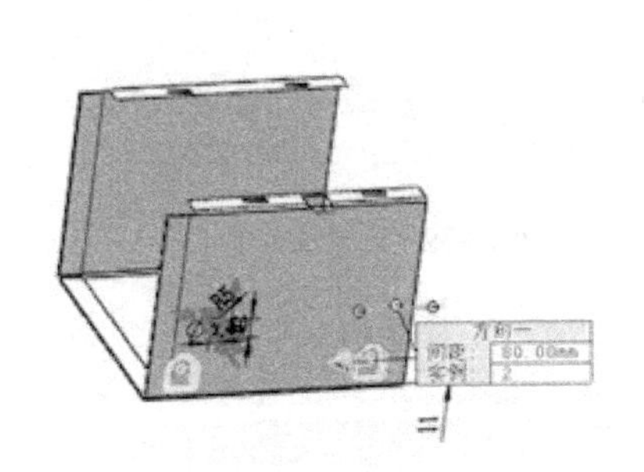

图 22-31　阵列

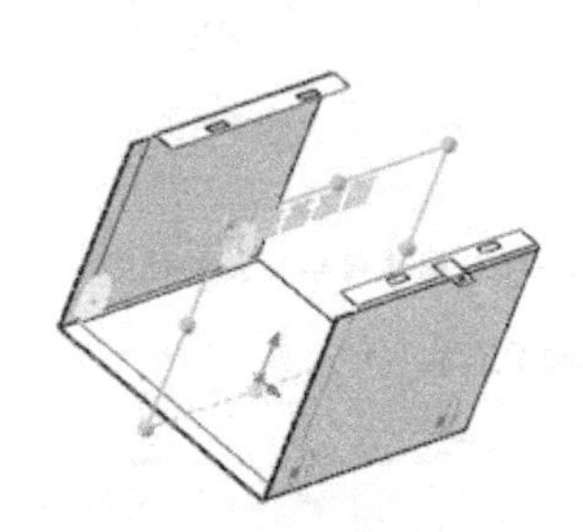

图 22-32　镜像

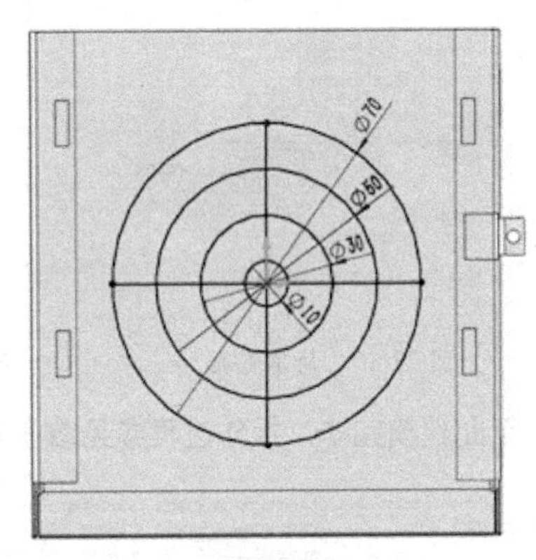

图 22-33　草图 7

2）生成通风口特征。单击“插入”→“扣合特征”→“通风口”命令，弹出“通风口”对话框。选择通风口草图中的直径最大的圆作为边界，输入圆角半径数值“2.0”；在草图中选择两条互相垂直的直线作为通风口的筋，输入筋的宽度数值“5.0”；在草图中选择中间的两个圆作为通风口的翼梁，输入翼梁的宽度数值“5.0”，结果如图 22-34 所示。

（8）生成边线法兰

1）生成边线法兰。选取图 22-35 所示的边线，再单击“插入”→“钣金”→“边线法兰”命令，在对话框中的“法兰长度”文本框中输入“10”，单击“外部虚拟交点”按钮，在“法兰位置”栏中单击“材料在内”按钮，选中“剪裁侧边折弯”选项，其他设置默认，单击✔按钮，形成向下的法兰。

2）断开边角。单击“插入”→“钣金”→“断裂边角”命令，选取图 22-36 所示的两条边线作为圆角对象，输入圆角半径值“5.0”，单击“确定”按钮，完成断开边角 1 的创建。

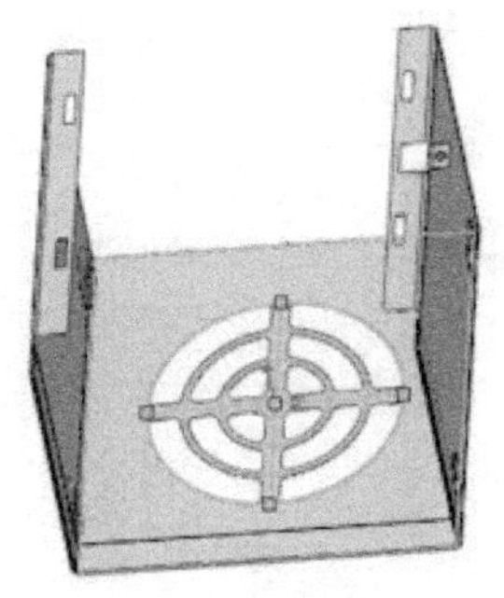

图 22-34　通风口

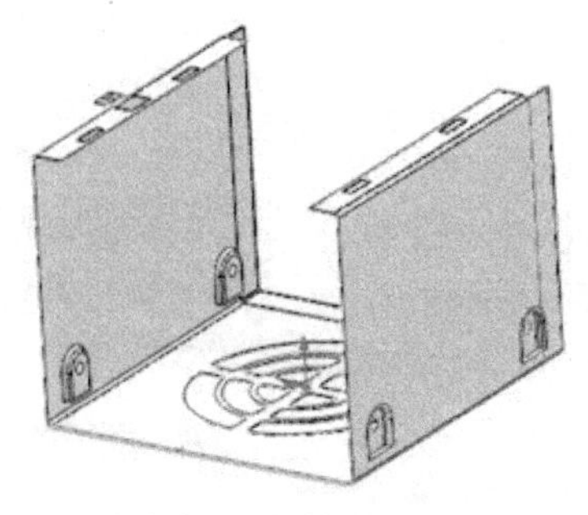

图 22-35　边线法兰

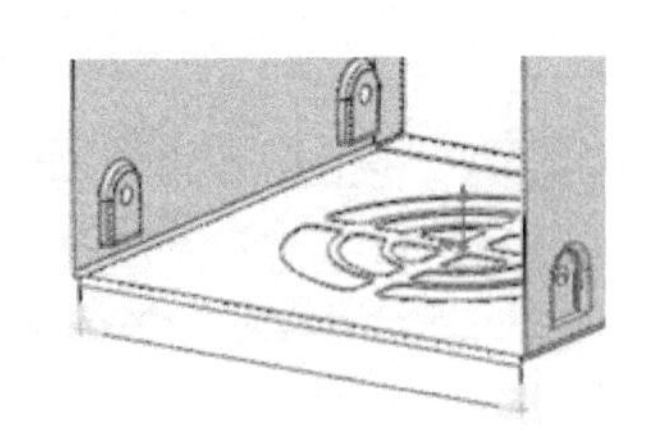

图 22-36　断开边角 1

3）简单直孔。单击“插入”→“特征”→“钻孔”→“简单直孔”命令。在“孔”对话框中选中“与厚度相同”选项，输入孔直径尺寸值“3.5”，如图 22-37 所示。单击✔按钮，生成简单直孔特征。

4）编辑简单直孔的位置。在生成简单直孔时，有可能孔位置并不是很合适，需要重新进行定位。在设计树中右键单击“孔 1”，在弹出的快捷菜单中单击“编辑草图”命令，进入草图编辑状态，标注智能尺寸并增加通过原点的中心线，把孔镜像到另一边，如图 22-38 所示。退出草图绘制环境。

（9）展开机箱风扇支架

用鼠标右键单击设计树中的“平板型式 1”，在弹出的快捷菜单中单击“解除压缩”命令，将钣金零件展开，如图 22-39 所示。单击保存按钮，保存文件。

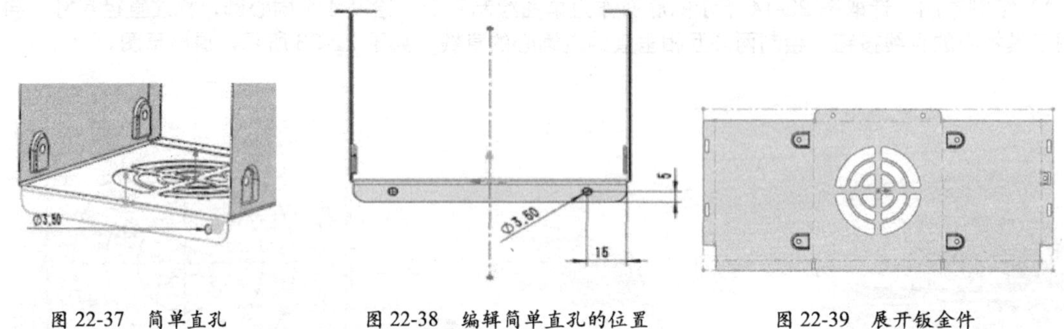

图 22-37　简单直孔　　图 22-38　编辑简单直孔的位置　　图 22-39　展开钣金件

至此建模完毕，操作过程参见教学视频 22-1。

4.项目总结

钣金件建模除了本项目中介绍的主要成形方法外，还有很多方便的特征工具，如放样折弯、绘制的折弯、褶边、转折、成形工具等，这些特征工具的具体用法详见教学视频 22-2。

项目 23 QQ公仔

【学习目标】

1. 掌握曲面建模的主要思路
2. 掌握旋转曲面、放样曲面等曲面工具的使用方法
3. 掌握曲面剪裁和缝合的方法

【重难点】

如何利用合适的曲线来生成曲面。

1.项目说明

完成图 23-1 所示的 QQ 公仔建模。

图23-1　QQ公仔

2.项目规划

QQ 公仔是一个简单的曲面建模案例。通过该案例，读者将初步了解曲面建模的基本思路和主要工具。QQ 公仔建模步骤如下：

1）利用旋转曲面来制作 QQ 公仔的身体。

2）利用放样曲面来制作 QQ 公仔的手臂。

3）利用旋转曲面来制作 QQ 公仔的脚部。

4）利用放样曲面来制作 QQ 公仔的嘴。

5）利用旋转和拉伸曲面制作 QQ 公仔的围巾。

6）利用分割线来制作 QQ 公仔的眼睛。

建模整体思路见表 23-1。

表 23-1　建模整体思路

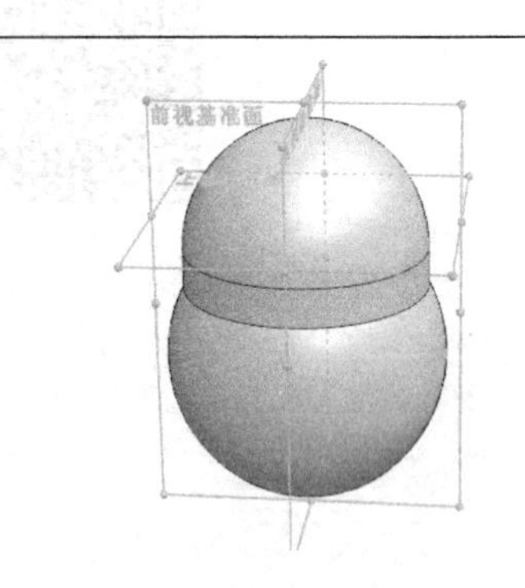	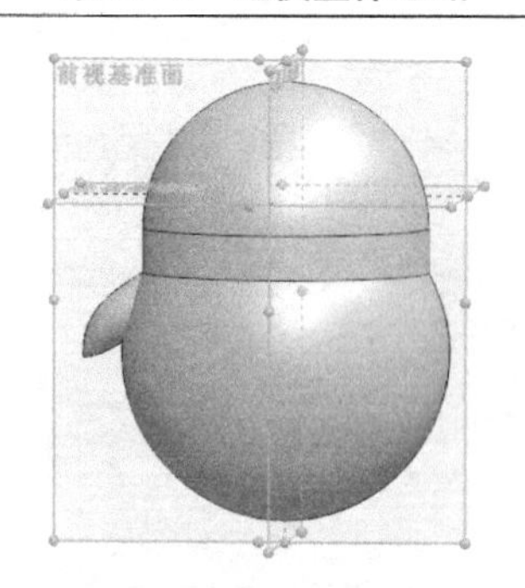	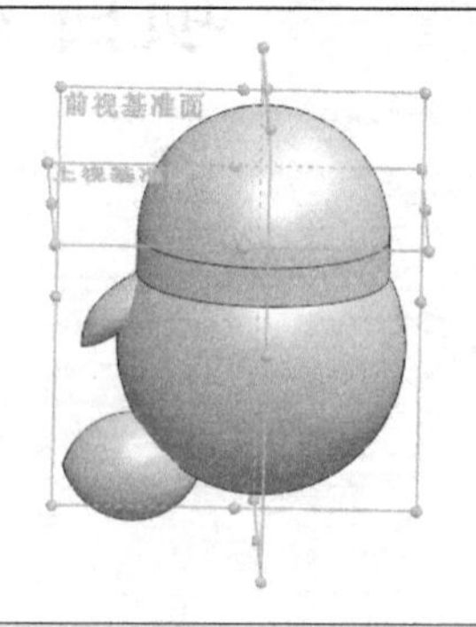
一、制作身体	二、制作手臂	三、制作脚部
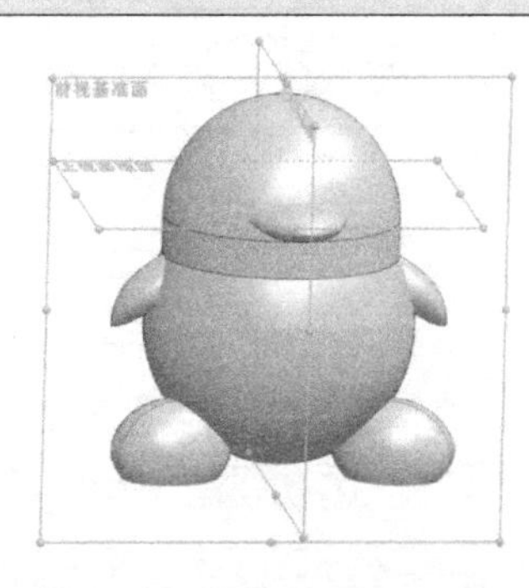	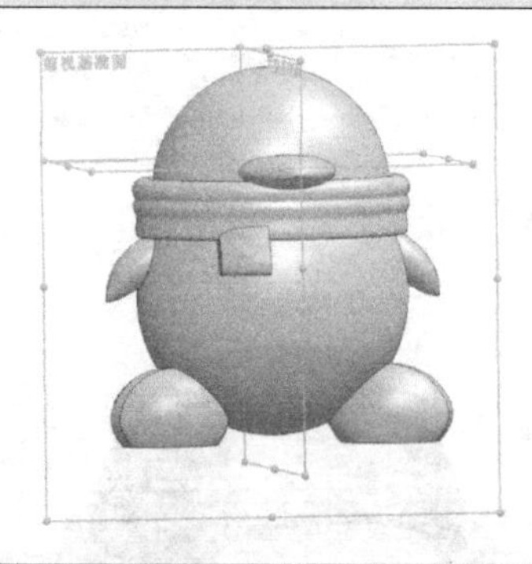	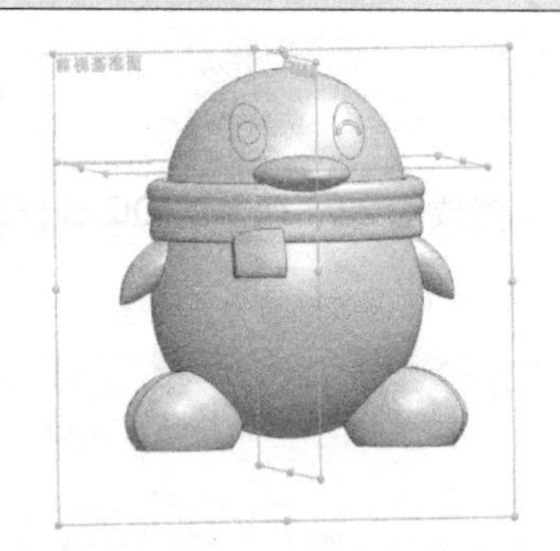
四、制作嘴	五、制作围巾	六、制作眼睛

3.项目实施

（1）制作身体

1）选择前视基准面绘制草图，如图 23-2 所示。绘制完成后单击按钮，退出草图绘制环境。

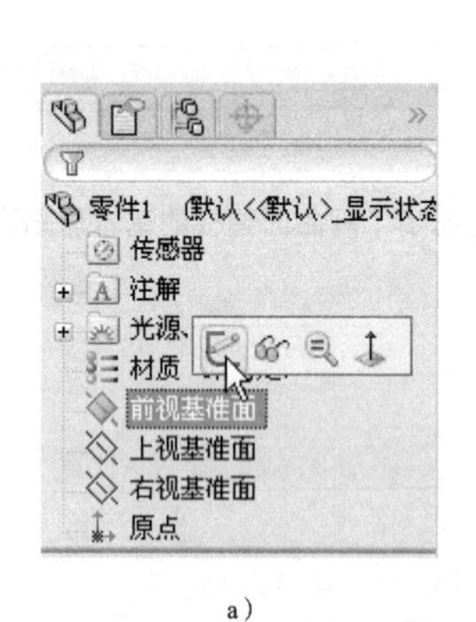

a）

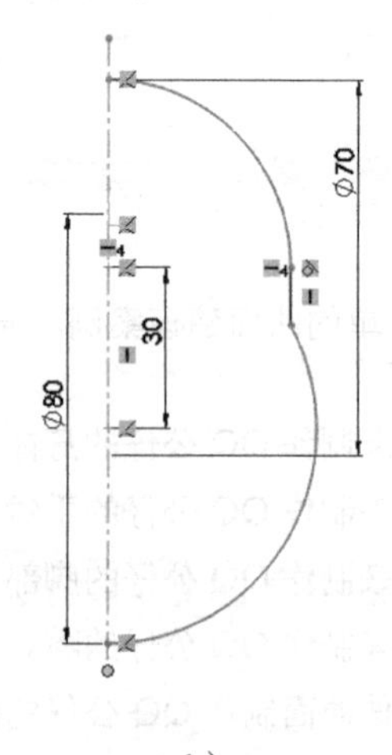

b）

图23-2　身体部分草图绘制过程

a）选择前视基准面绘制草图　b）身体部分的草图

2）单击旋转曲面按钮，在“曲面 - 旋转“对话框的“旋转参数”选项区中选择草图中心线，如图 23-3a 所示，其他选项默认。单击✓按钮生成实体模型，如图 23-3b 所示。

a）

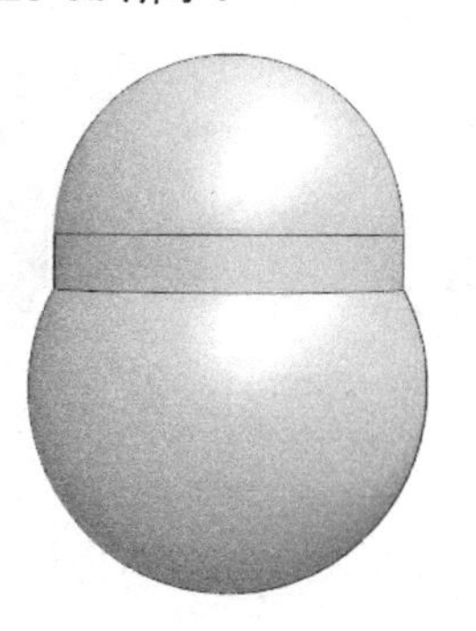

b）

图23-3　身体旋转过程

a）“曲面 – 旋转”对话框　b）旋转成形

（2）制作手臂

1）选择右视基准面，如图 23-4a 所示。再单击参考几何体按钮，在下拉菜单中选择“基准面”，如图 23-4b 所示。在打开的“基准面”对话框中，已经默认选择“右视基准面”作为第一参考，插入与之平行的基准面，在距离文本框中输入“30”，其余选项默认，如图 23-4c 所示。单击✓按钮插入基准面 1，如图 23-4d 所示。

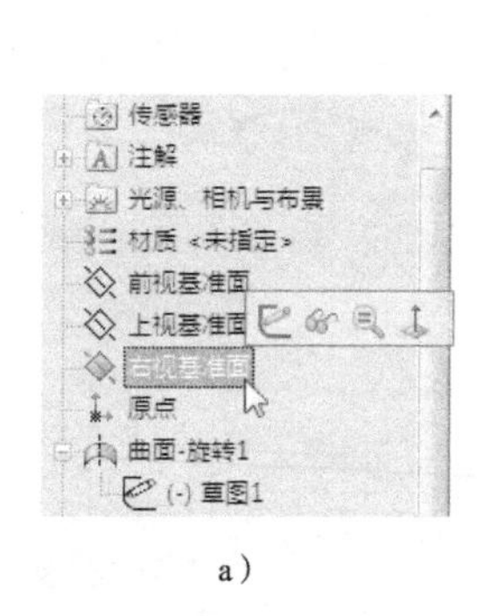

a）

b）

c）

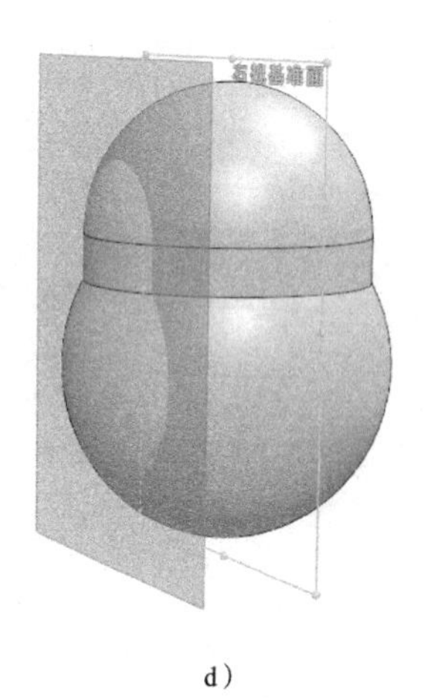

d）

图23-4　插入基准面

a）选择右视基准面　b）选择“基准面”　c）“基准面”对话框　d）插入基准面 1

2）单击“基准面 1”，在弹出的关联菜单中选择草图绘制按钮，如图 23-5a 所示。绘制椭圆草图，如图 23-5b、c 所示。

3）单击“前视基准面”，在弹出的关联菜单中选择草图绘制按钮，如图 23-6a 所示。绘制曲线草图，如图 23-6b、c 所示。

4）单击“前视基准面”，在弹出的关联菜单中选择草图绘制按钮，如图 23-7a 所示。绘制曲线草图，如图 23-7b、c 所示。

5）单击“草图绘制”下的“3D 草图”，如图 23-8a 所示。绘制曲线草图，如图 23-8b、c 所示。

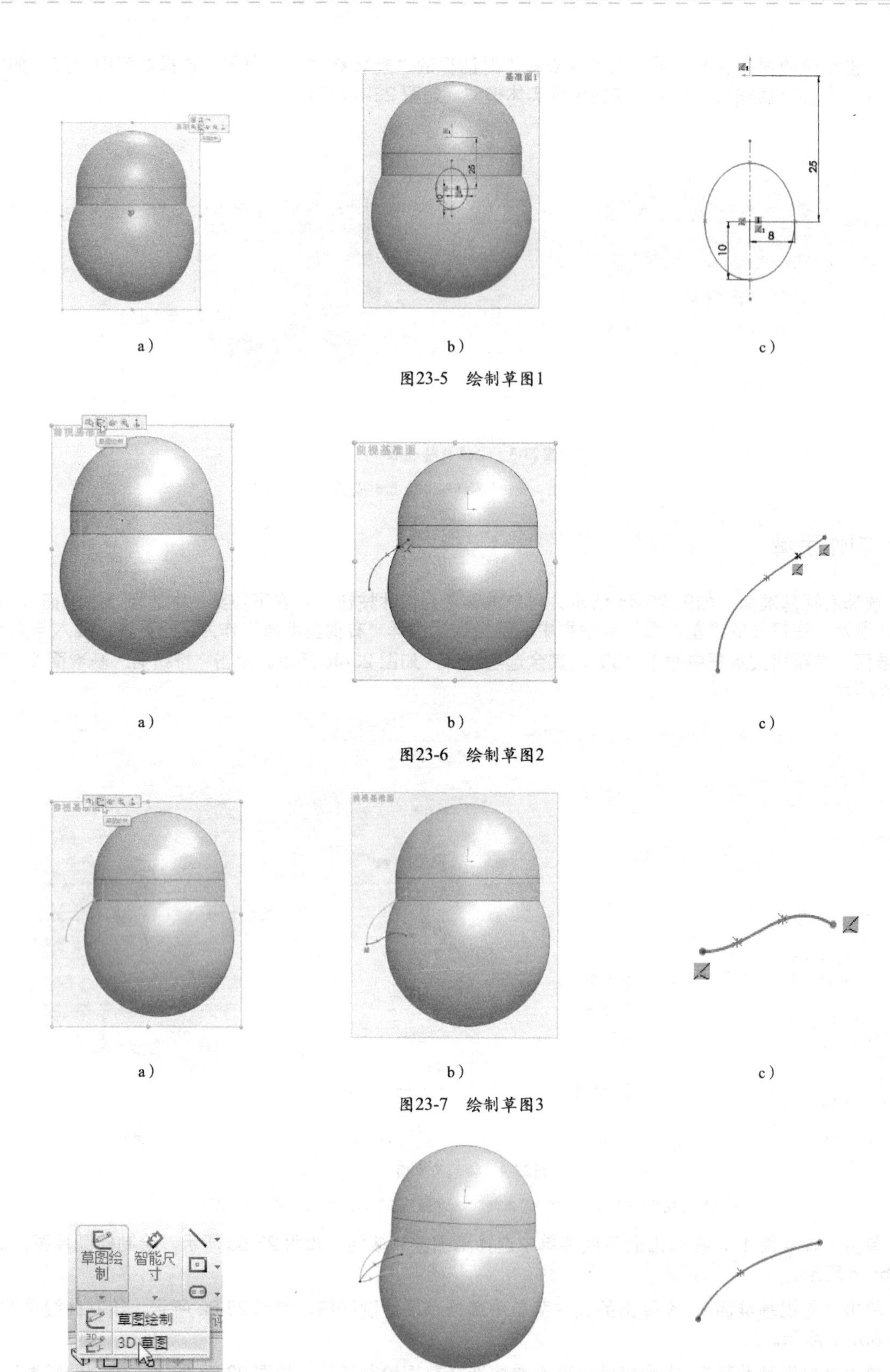

a)　　b)　　c)

图23-5　绘制草图1

a)　　b)　　c)

图23-6　绘制草图2

a)　　b)　　c)

图23-7　绘制草图3

a)　　b)　　c)

图23-8　绘制草图4

6）单击“放样凸台 / 基体”按钮，在“曲面 - 放样”对话框的“轮廓”选项区中选择“3D 草图 1”“草图 5”和“草图 6”，在“引导线”选项区中选择“草图 3”，在“选项选项区中选中“闭合放样”复选框，如图 23-9a 所示，其他选项默认。单击按钮，生成实体模型，如图 23-9b、c 所示。

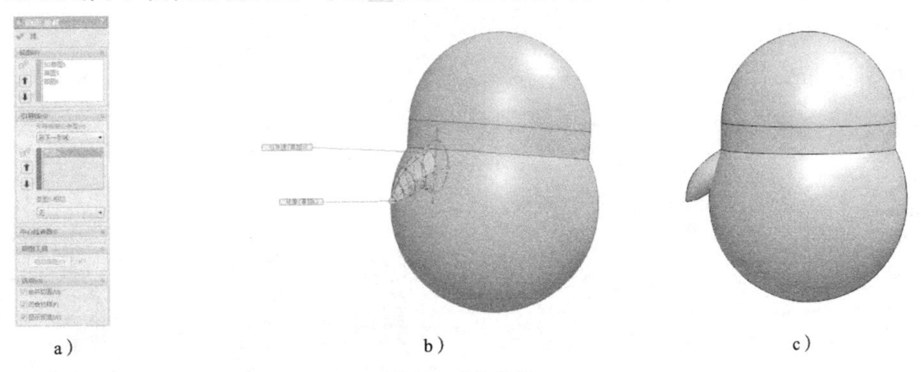

a）　　b）　　c）

图23-9　手部放样

a）“曲面 - 放样”对话框　b）实体放样编辑状态　c）放样成形

（3）制作脚部

1）单击“前视基准面”，在弹出的关联菜单中选择草图绘制按钮，如图 23-10a 所示。绘制曲线草图，如图 23-10b、c 所示。

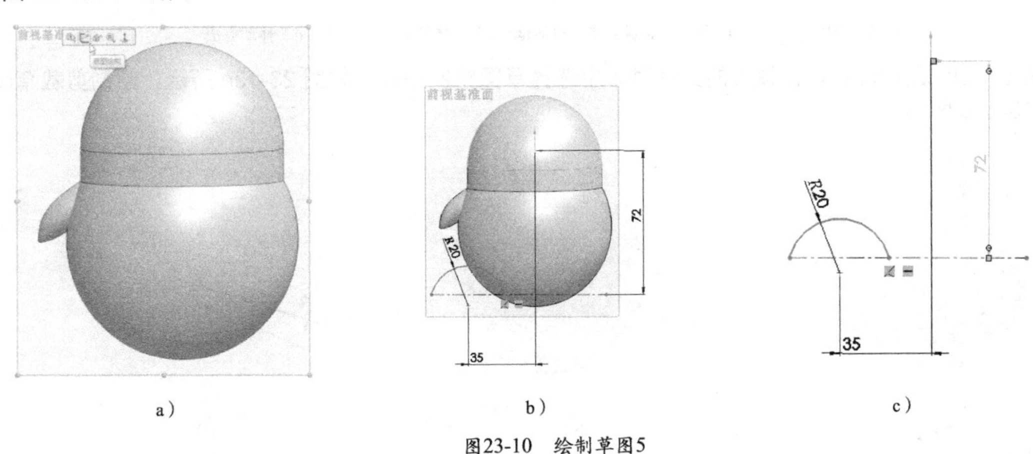

a）　　b）　　c）

图23-10　绘制草图5

2）单击旋转曲面按钮，在“曲面 - 旋转”对话框的“旋转参数”选项区中选择草图中心线，如图 23-11a 所示，其他选项采用系统默认值。单击按钮，生成实体模型，如图 23-11b、c 所示。

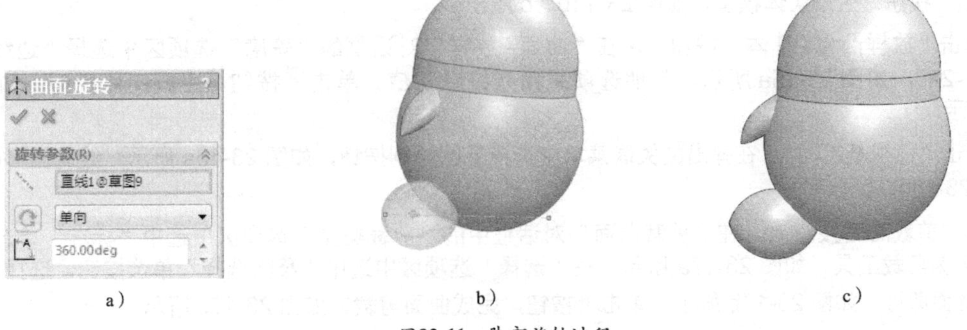

a）　　b）　　c）

图23-11　脚部旋转过程

a）“曲面 - 旋转”对话框　b）实体旋转编辑状态　c）旋转成形

3）在插入特征菜单中，单击“移动 / 复制”命令，如图 23-12a 所示。在弹出的“移动 / 复制实体”对话框的“要移动 / 复制的实体”选项区中选择上一步旋转生成的曲面，并在绕 y 轴旋转的角度文本框中输入“20”，如图 23-12b、c 所示，其他选项采用系统默认值。单击✔按钮即完成曲面的旋转，如图 23-12d 所示。

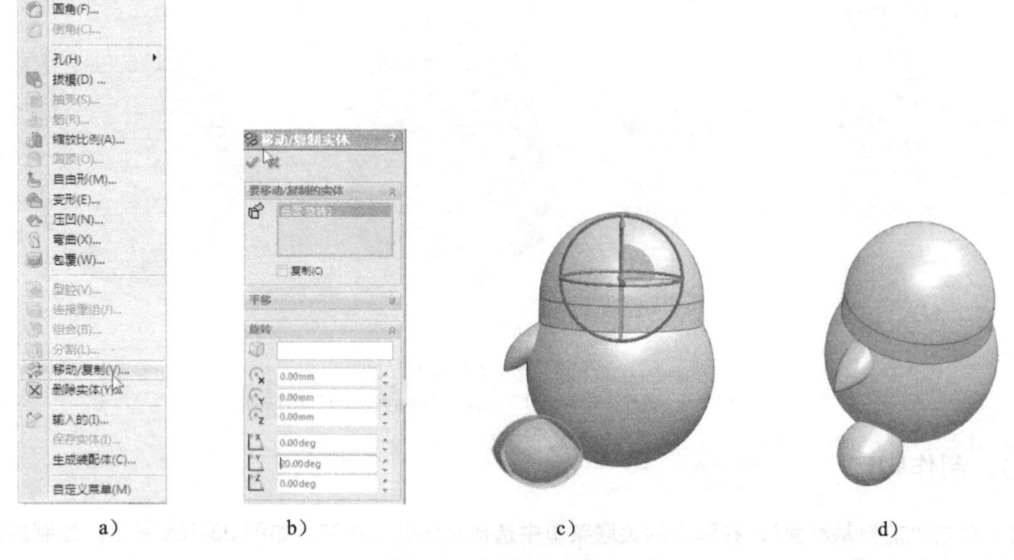

图23-12　脚部旋转移动

a）插入特征菜单　b）“移动 / 复制实体”对话框　c）实体移动编辑状态　d）移动完成

4）单击“上视基准面”，在弹出的关联菜单中选择草图绘制按钮，如图 23-13a 所示。绘制剪裁草图，如图 23-13b、c 所示。

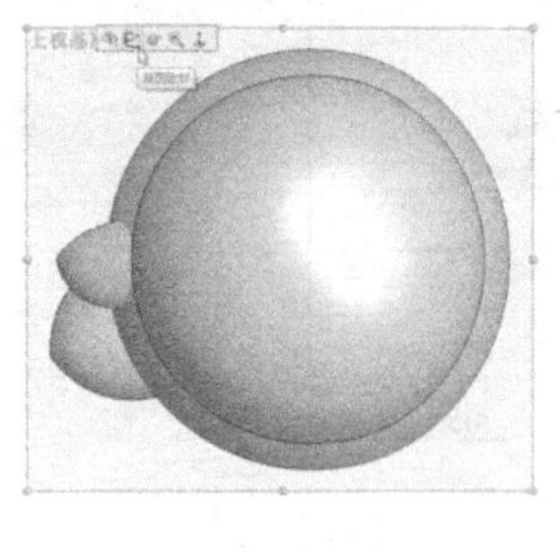

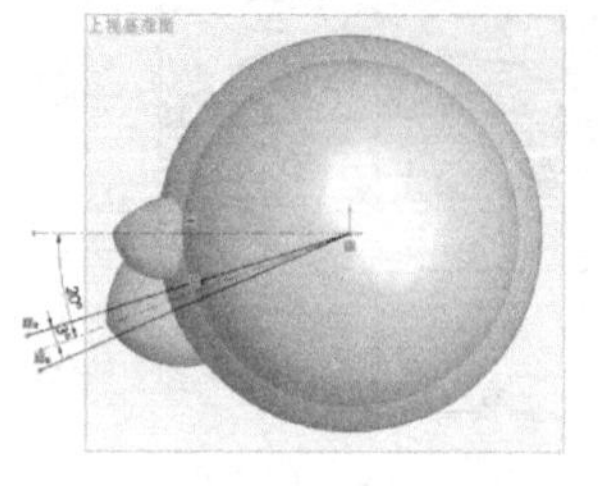

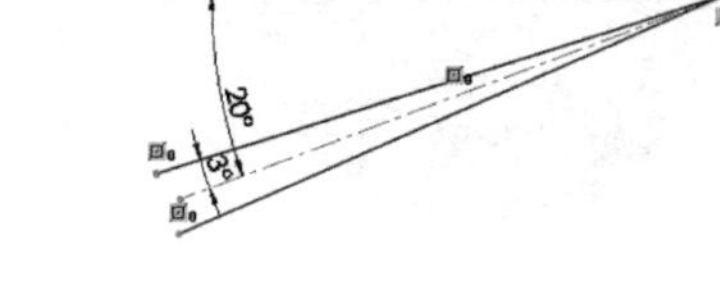

a）　b）　c）

图23-13　绘制草图6

5）单击剪裁曲面按钮，在“剪裁曲面”对话框的“选择”选项区的“剪裁工具”中选择“草图 6”，再选中“保留选择”单选按钮，在下面编辑对话框中选择，如图 23-14a 所示的特征，其他选项采用系统默认值。单击✔按钮，生成实体模型，如图 23-14b、c 所示。

6）单击“放样凸台 / 基体”按钮，在“曲面 - 放样”对话框的“轮廓”选项区中选择“边线 <1>”和“边线 <2>”，如图 23-15a 所示，其他选项采用系统默认值。单击✔按钮，生成实体模型，如图 23-15b、c 所示。

7）单击“前视基准面”，在弹出的关联菜单中选择草图绘制按钮，如图 23-16a 所示。绘制圆形凸台草图，如图 23-16b、c 所示。

8）单击剪裁曲面按钮，在“剪裁曲面”对话框中的“剪裁类型”选项区中选中“标准”单选按钮，选择草图 7 为剪裁工具，如图 23-17a 所示。在“选择”选项区中选中“移除选择”单选按钮，选择脚部的下半部分圆面即可，如图 23-17b 所示。单击✔按钮，完成曲面剪裁，如图 23-17c 所示。

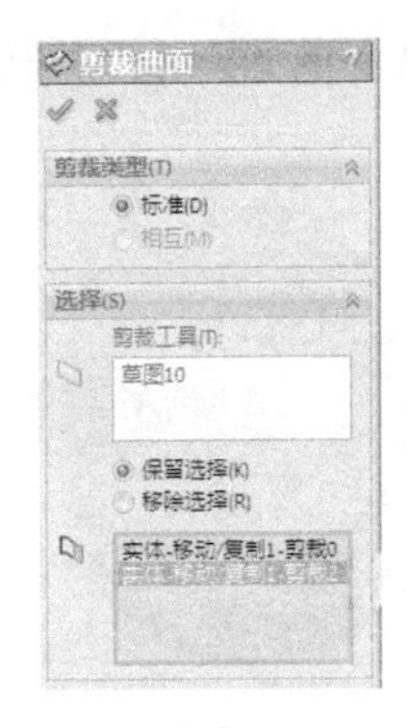

a）

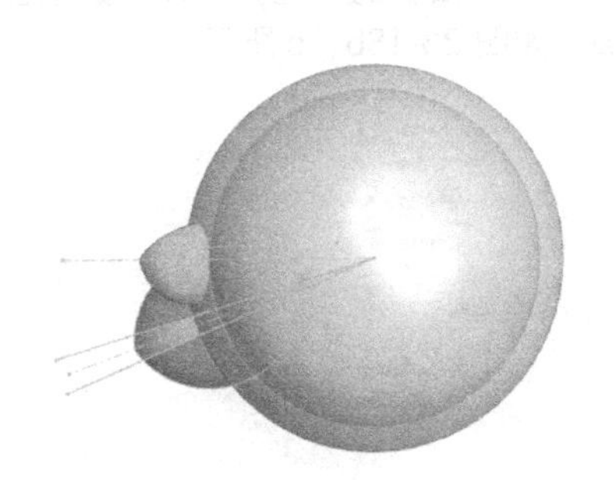

b）

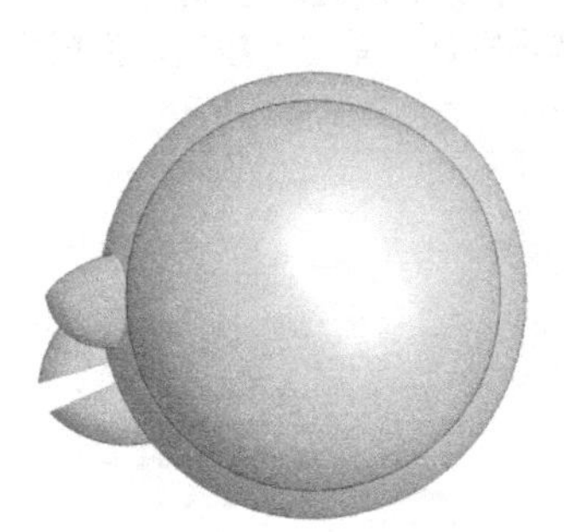

c）

图23-14　脚部剪裁过程

a）“剪裁曲面”对话框　b）实体剪裁编辑状态　c）剪裁成形

a）

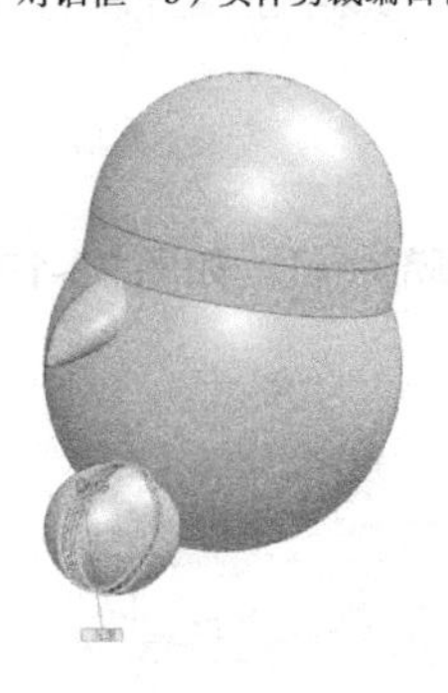

b）

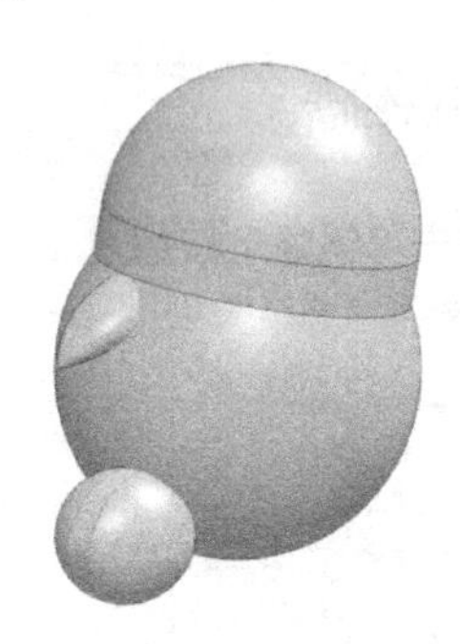

c）

图23-15　放样脚部

a）“曲面 – 放样”对话框　b）实体放样编辑状态　c）放样成形

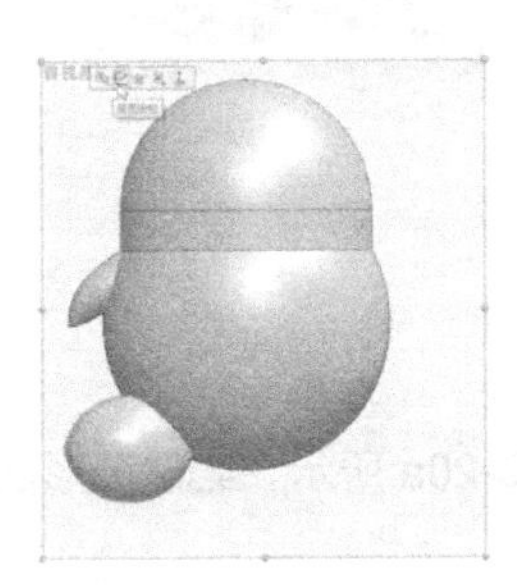

a）

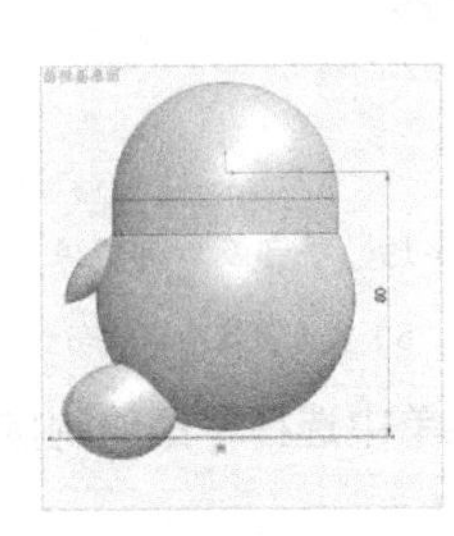

b）

c）

图23-16　绘制脚部剪裁草图

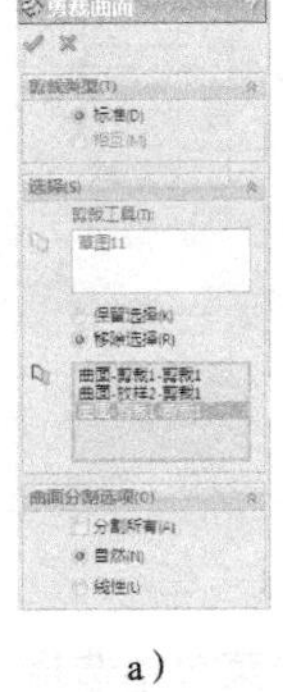

a）

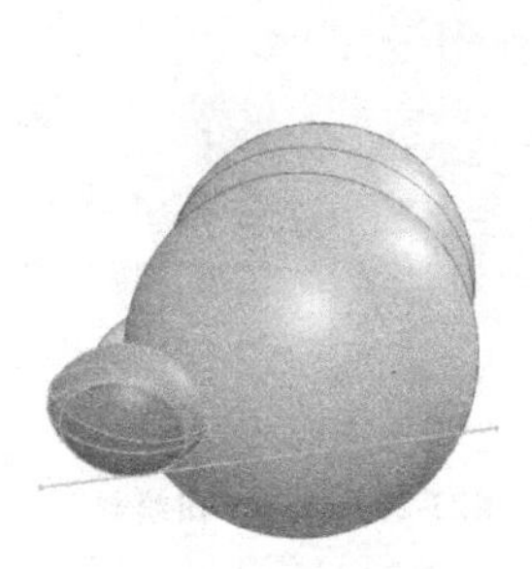

b）

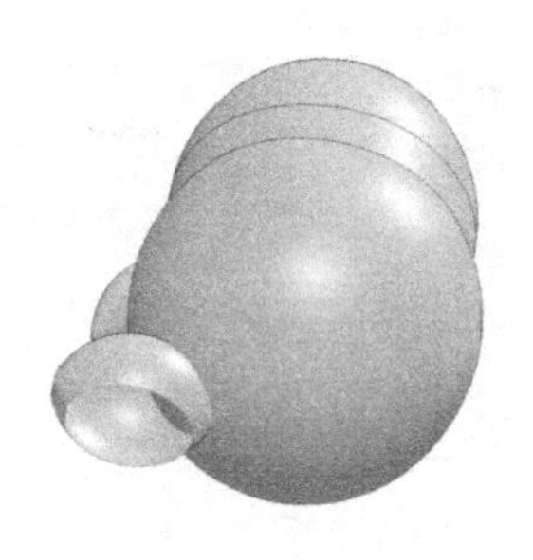

c）

图23-17　剪裁脚部

a）“剪裁曲面”对话框　b）实体剪裁编辑状态　c）剪裁成形

9）单击平面区域按钮，在“平面”对话框的“边界实体”选项区中，选择图 23-18a 所示的边线，其他选项默认。单击按钮，生成平面，如图 23-18b、c 所示。

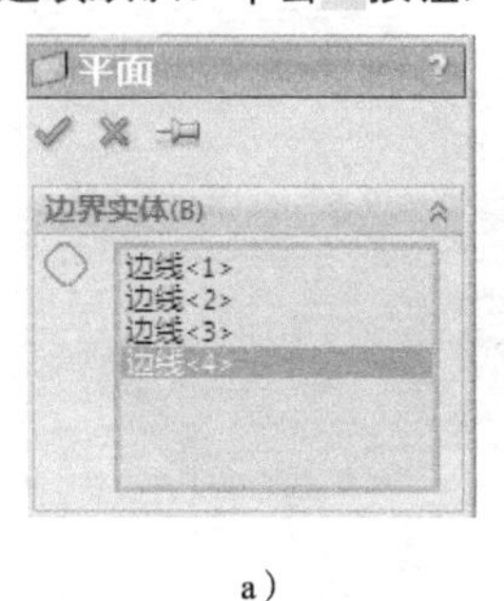

a）

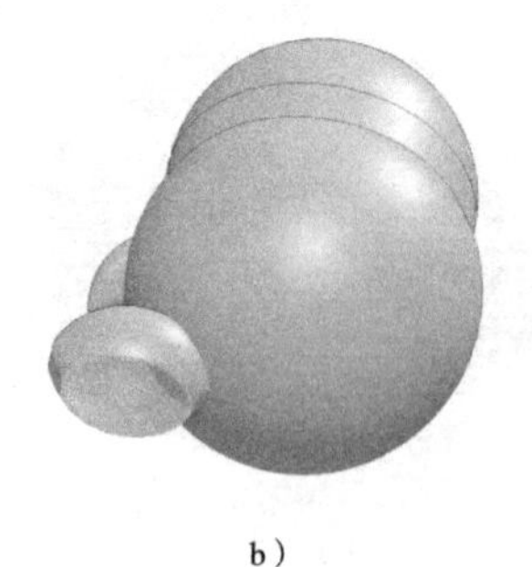

b）

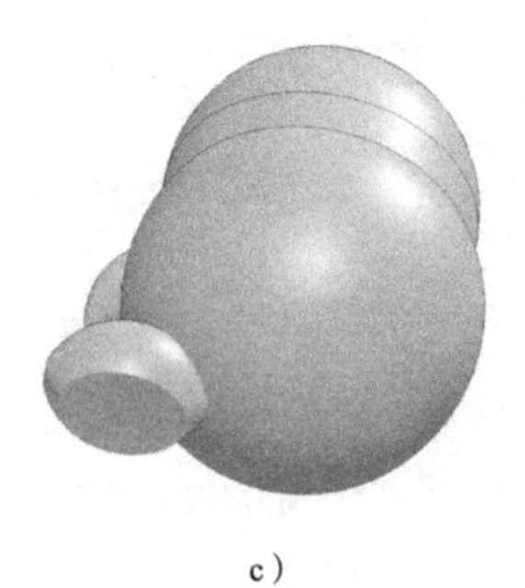

c）

图23-18　脚部平面

a）“平面”对话框　b）实体平面区域编辑状态　c）平面区域成形

（4）制作嘴

1）单击“镜像”按钮，镜像手部及脚部特征，如图 23-19 所示。

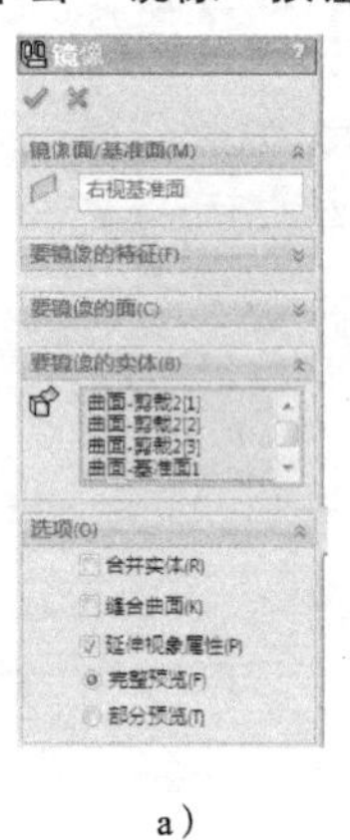

a）

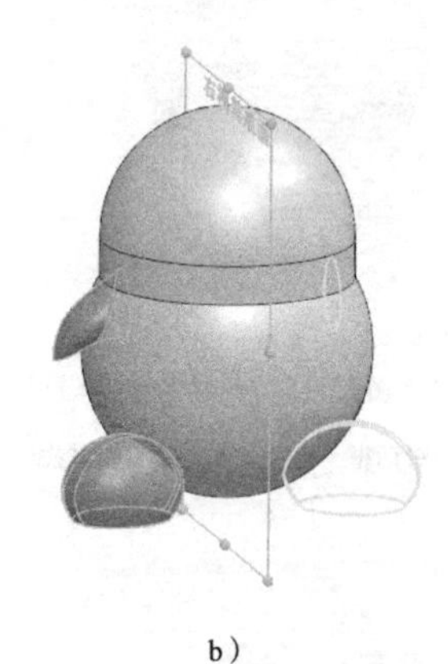

b）

c）

图23-19　手部及脚部镜像

a）“镜像”对话框　b）实体镜像编辑状态　c）镜像成形

2）单击“前视基准面”，在弹出的关联菜单中选择草图绘制按钮，如图 23-20a 所示。绘制圆形凸台草图，如图 23-20b、c 所示。

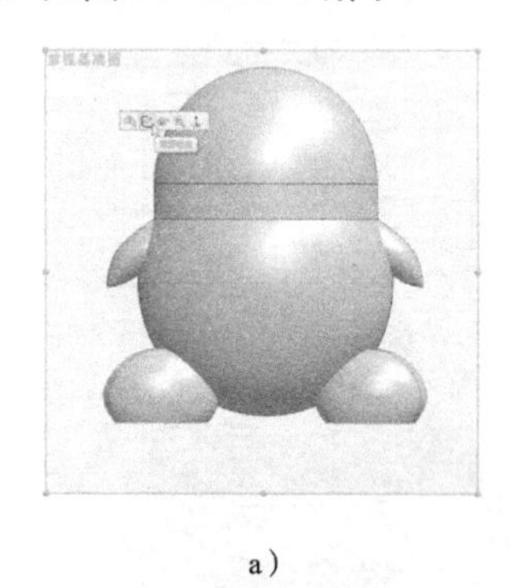

a）

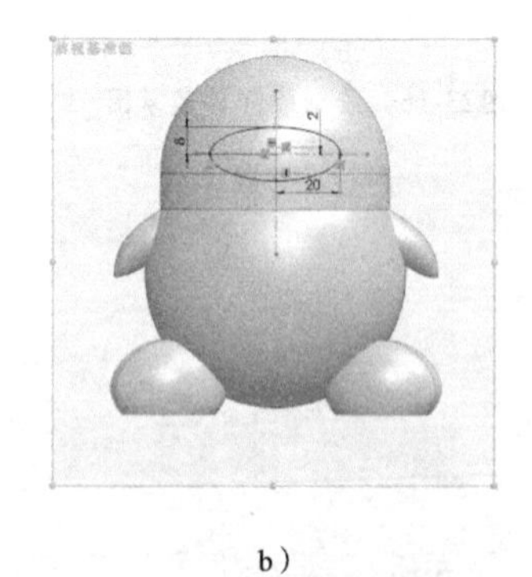

b）

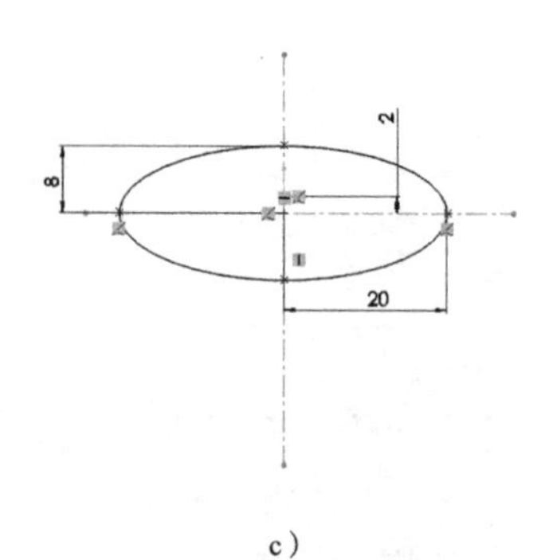

c）

图23-20　嘴的草图绘制

3）选择“前视基准面”，如图 23-21a 所示。再单击参考几何体按钮，在下拉菜单中选择“基准面”，如图 23-21b 所示。在打开的“基准面”对话框中已经默认选择“前视基准面”作为第一参考点，椭圆草图

的左右两个点分别为第二、第三参考点，其余选项采用系统默认值，如图 23-21c 所示。单击✔按钮，插入基准面 4，如图 23-21d 所示。

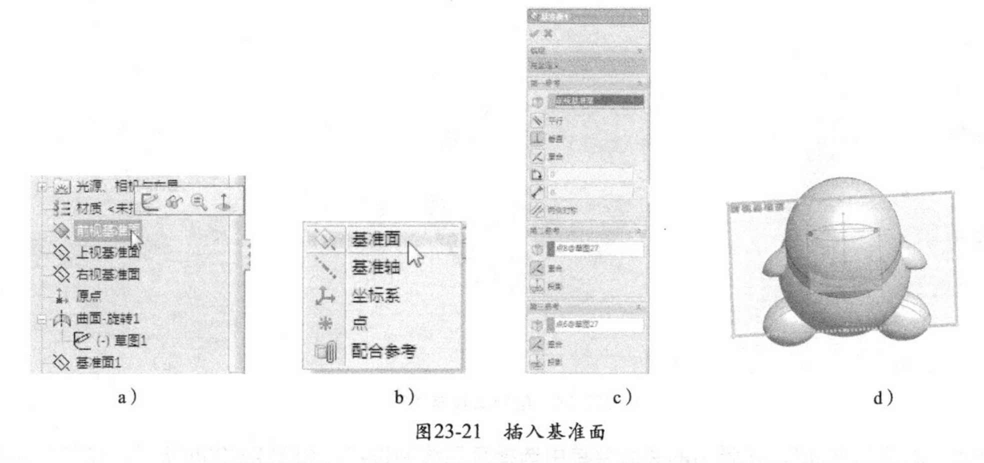

a）　　b）　　c）　　d）

图23-21　插入基准面

a）选择前视基准面　b）选择“基准面”　c）“基准面 4”对话框　d）插入基准面 4

4）单击“基准面 4”，在弹出的关联菜单中选择草图绘制按钮，如图 23-22a 所示。绘制曲线草图，如图 23-22b、c 所示。

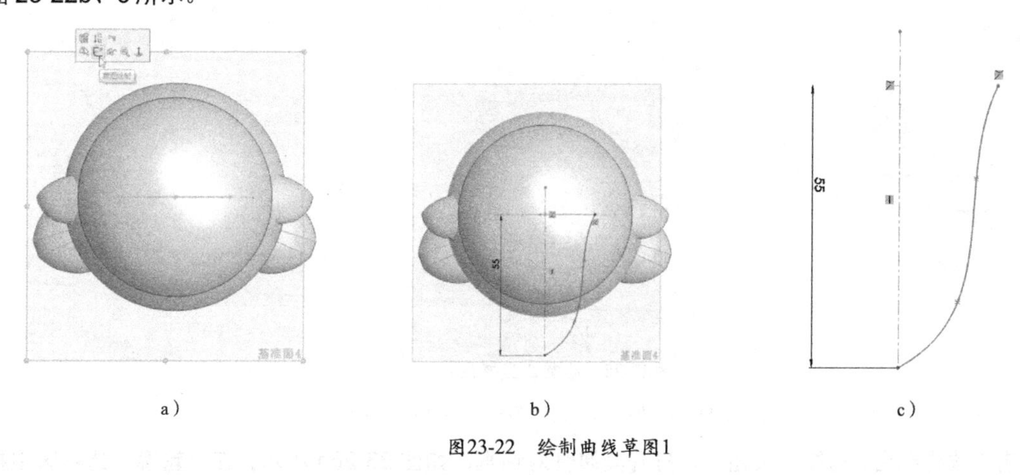

a）　　b）　　c）

图23-22　绘制曲线草图1

5）单击“基准面 4”，在弹出的关联菜单中选择草图绘制按钮，如图 23-23a 所示。绘制圆形曲线草图，如图 23-23b、c 所示。

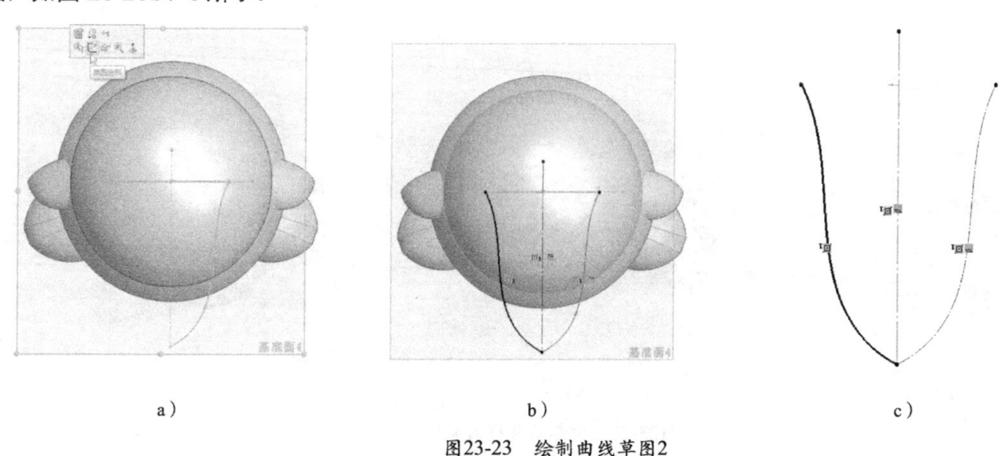

a）　　b）　　c）

图23-23　绘制曲线草图2

a）选择草图基准面　b）曲线草图 1　c）曲线草图 2

6）单击“右视基准面”，在弹出的关联菜单中选择草图绘制按钮，如图 23-24a 所示。绘制圆形曲线草图，如图 23-24b、c 所示。

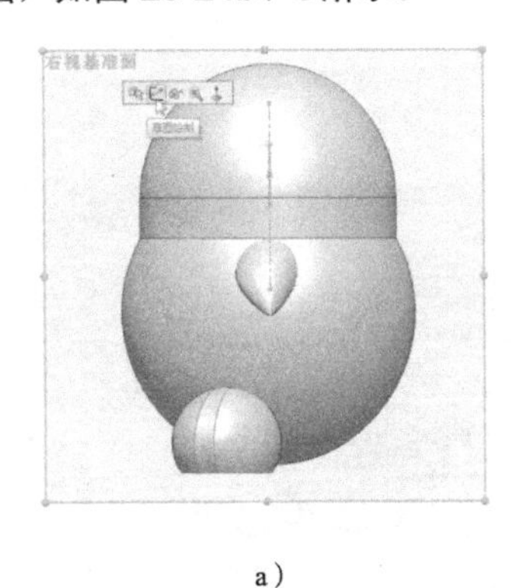

a）

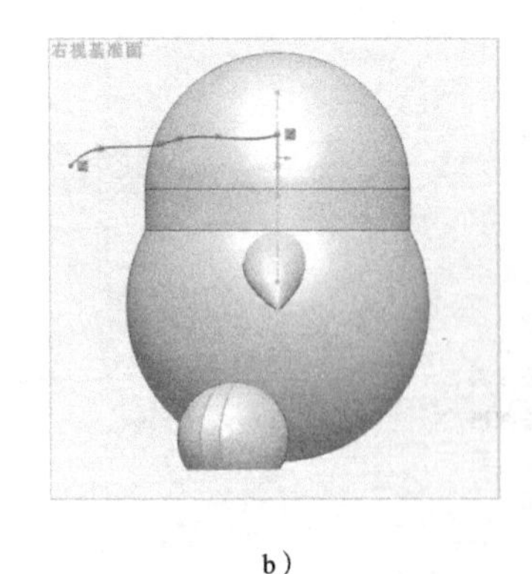

b）

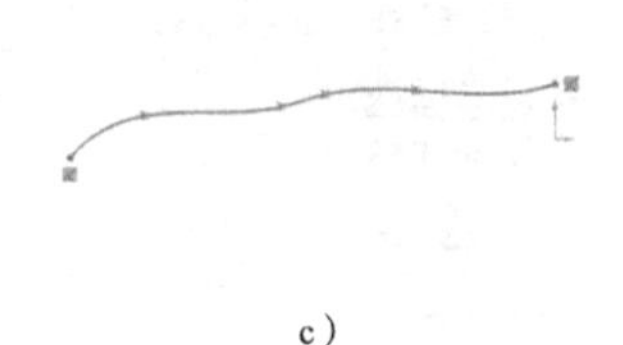

c）

图23-24 绘制曲线草图3

7）单击“右视基准面”，在弹出的关联菜单中选择草图绘制按钮，如图 23-25a 所示。绘制圆形曲线草图，如图 23-25b、c 所示。

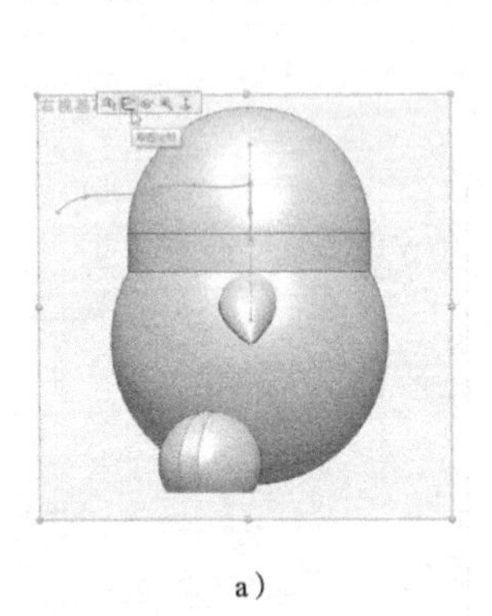

a）

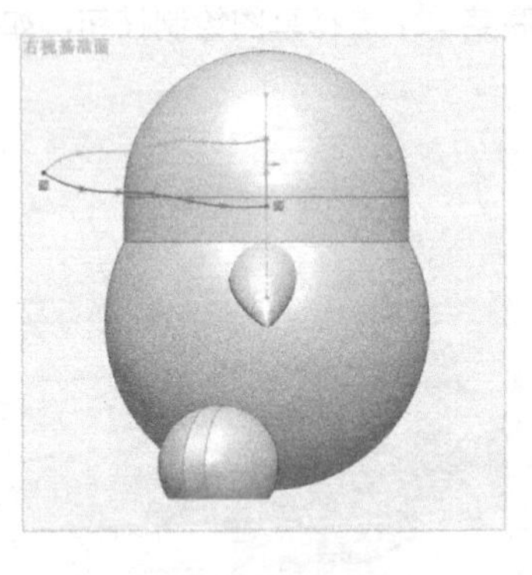

b）

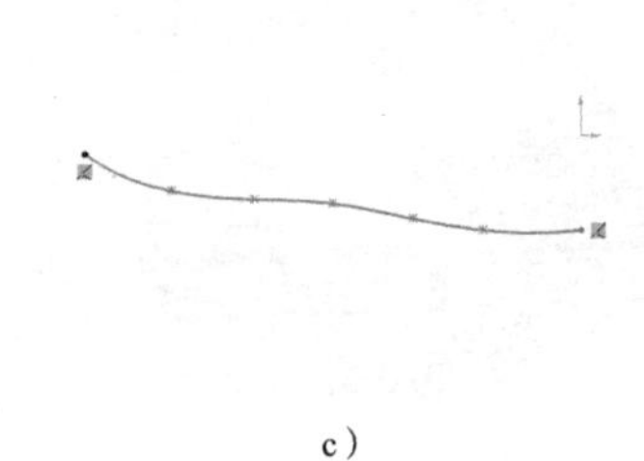

c）

图23-25 绘制曲线草图4

a）选择草图基准面 b）曲线草图 1 c）曲线草图 2

8）单击“放样凸台 / 基体”按钮，打开其属性对话框，如图 23-26a 所示。在“轮廓”选项区中按照如图 23-26b 中所标识的顺序，选择 1、2、3、4 四幅草图，并在“引导线”选项区中选择草图 5，其他选项采用系统默认值。单击按钮，生成嘴部实体模型，如图 23-26b、c 所示。

a）

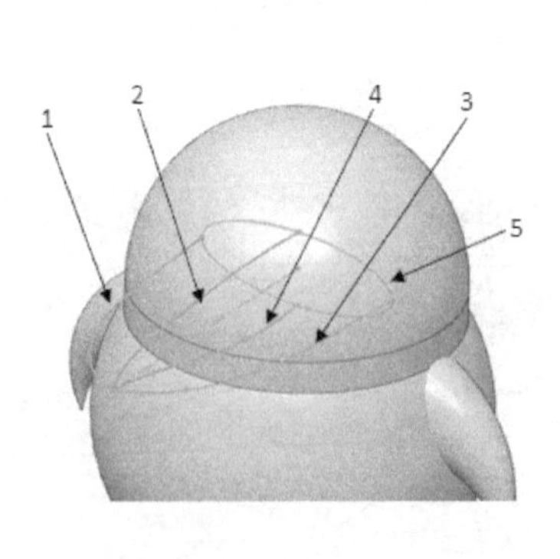

b）

c）

图23-26 嘴部的放样曲面1

a）“曲面 – 放样”对话框 b）实体放样曲面编辑状态 c）放样曲面成形

9）单击剪裁曲面按钮，打开“剪裁曲面”对话框，如图 23-27a 所示。在“剪裁类型”选项区中选中“相互”单选按钮，在“选择”选项区中的“曲面”中选择所有建好的曲面，选中“保留选择”单选按钮，在“保留选择”选项区中选择如图 23-27b 所示的曲面，其他选项采用系统默认值。单击按钮，剪裁结果如图 23-27c 所示。

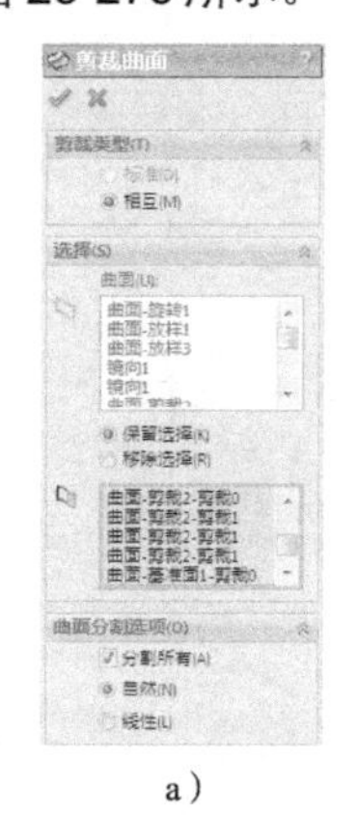

a）　b）　c）

图23-27　剪裁曲面

a）“剪裁曲面”对话框　b）剪裁曲面编辑状态　c）剪裁结果

10）单击缝合曲面按钮，在“曲面 - 缝合 1”对话框的“选择”选项区中选择“曲面 - 剪裁 3”“镜像 1[4]”和“曲面 - 基准面 1”，如图 23-28a 所示，其他选项采用系统默认值。单击按钮缝合曲面，如图 23-28b、c 所示。

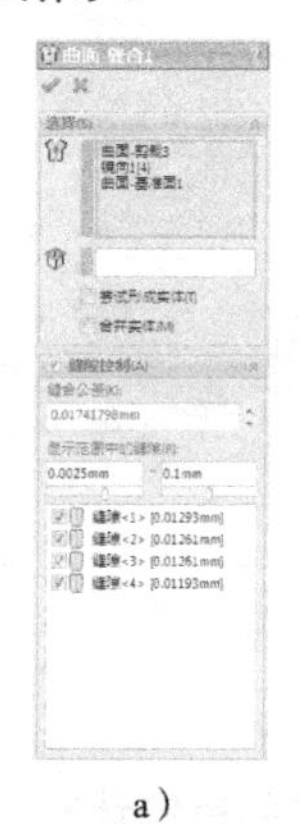

a）　b）　c）

图23-28　模型缝合曲面

a）“曲面－缝合”对话框　b）实体缝合曲面编辑状态　c）缝合曲面成形

11）单击“插入”→“凸台 / 基体”中的“加厚”命令，在“加厚 1”对话框的“加厚参数”选项区中选择“曲面 - 缝合 1”，选择加厚侧边 2 按钮，在厚度文本框中输入“1”，如图 23-29a、b 所示，其他选项采用系统默认值。单击按钮生成实体模型，如图 23-29c、d 所示。

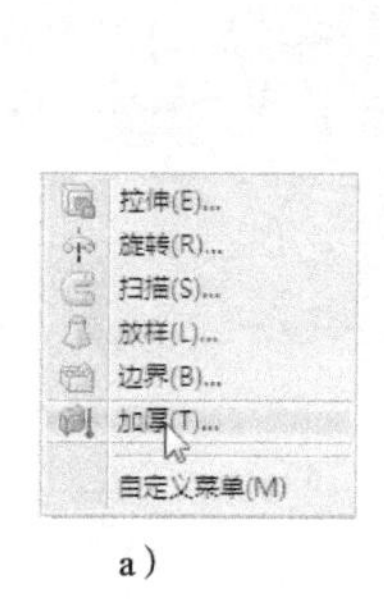

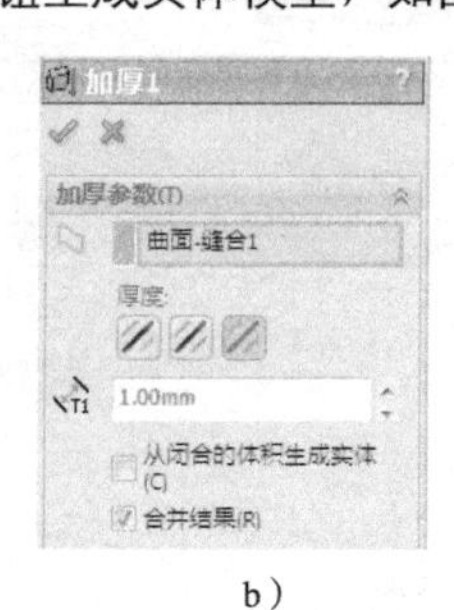

a）　b）　c）　d）

图23-29　模型加厚

a）选择“加厚”　b）“加厚 1”对话框　c）实体加厚曲面编辑状态　d）加厚曲面成形

（5）制作围巾

1）单击“前视基准面”，在弹出的关联菜单中选择草图绘制按钮，如图 23-30a 所示。绘制围巾草图 1，如图 23-30b、c 所示。

a）

b）

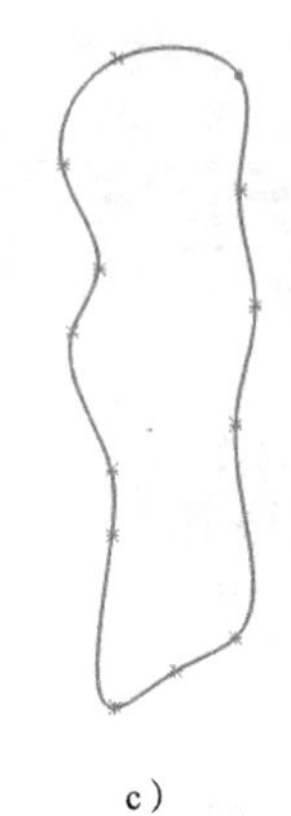

c）

图23-30　绘制围巾草图

2）单击旋转曲面按钮，在“曲面 - 旋转”对话框中的“旋转参数”选项区中选择“直线 1@ 草图 1”，如图 23-31a 所示，其他选项采用系统默认值。单击✔按钮生成实体模型，如图 23-31b、c 所示。

a）

b）

c）

图23-31　围巾建模

a）“曲面 – 旋转”对话框　b）曲面旋转编辑状态　c）旋转成形

3）选择“基准面 1”，如图 23-32a 所示。再单击参考几何体按钮，在下拉菜单中选择“基准面”，如图 23-32b 所示。在打开的“基准面”对话框中，已经默认选择基准面 1 作为第一参考，其余栏目保持默认值，如图 23-32c 所示。单击✔按钮插入基准面 6，如图 23-32d 所示。

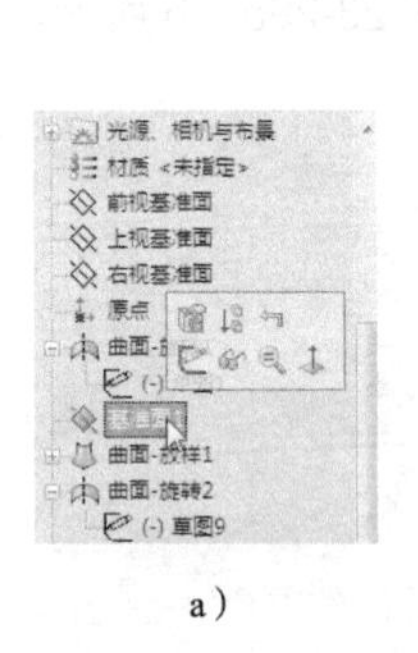

a）

b）

c）

d）

图23-32　插入基准面

a）选择基准面 1　b）选择“基准面”　c）“基准面”对话框　d）插入基准面 6

4）为了方便绘制草图，先打开消除隐藏线，如图 23-33a 所示。单击基准面 6，在弹出的关联菜单中选择草图绘制按钮，如图 23-33b 所示。绘制围巾草图 2，如图 23-33c、d 所示。

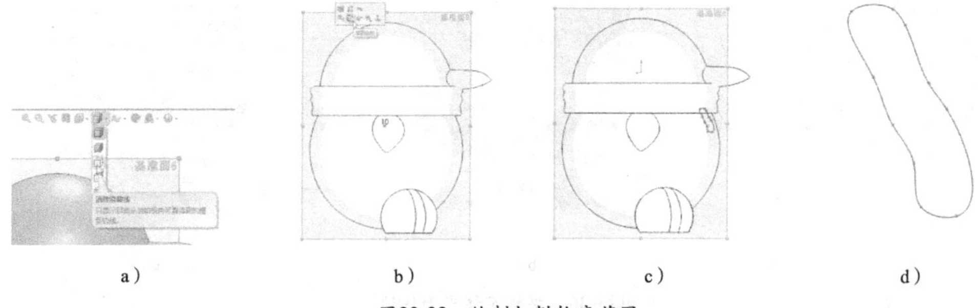

a）　　b）　　c）　　d）

图23-33　绘制扫描轮廓草图

5）单击“上视基准面”，在弹出的关联菜单中选择草图绘制按钮，如图 23-34a 所示。绘制围巾草图，如图 23-34b、c 所示。

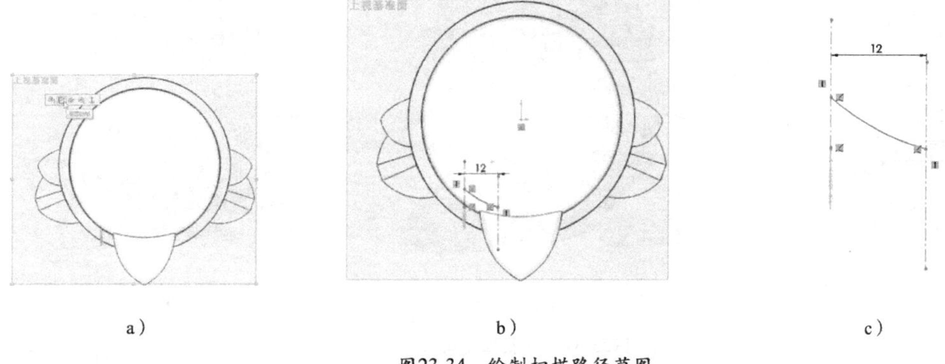

a）　　b）　　c）

图23-34　绘制扫描路径草图

6）单击曲面扫描按钮，在“曲面 - 扫描”对话框的“轮廓和路径”选项区中选择上述两个草图，如图 23-35a 所示，其他选项采用系统默认值。单击按钮生成实体模型，如图 23-35b、c、d 所示。

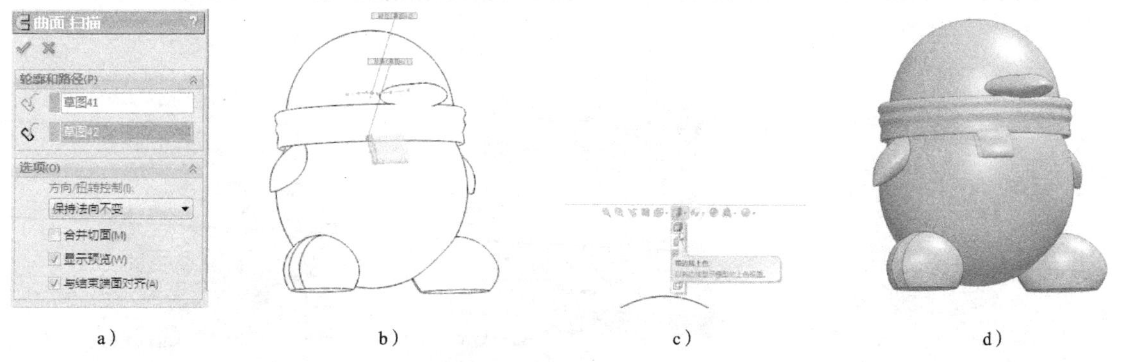

a）　　b）　　c）　　d）

图23-35　围巾扫描曲面

a）“曲面 – 扫描”对话框　b）实体扫描编辑状态　c）打开带边线上色　d）扫描曲面成形

7）单击平面区域按钮，在“平面”对话框中选择“边线 1”和“边线 2”，如图 23-36a 所示，其他选项采用系统默认值。单击按钮，结果如图 23-36b、c 所示。

8）单击剪裁曲面按钮，在“剪裁曲面”对话框的“剪裁类型”选项区中选中“相互”单选按钮，在“选择”选项区中选择，如图 23-37a、b 所示的曲面，其他选项采用系统默认值。单击按钮，剪裁结果如图 23-37c 所示。

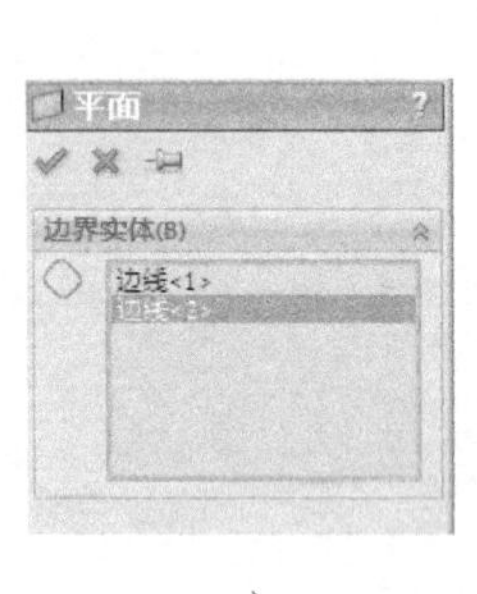

a）

b）

c）

图23-36　编辑实体平面区域

a）

b）

c）

图23-37　剪裁围巾曲面

a）“剪裁曲面”对话框　b）剪裁围巾曲面编辑状态　c）剪裁结果

9）单击缝合曲面按钮，在“曲面 - 缝合 2”对话框的“选择”选项区中选择“曲面 - 剪裁 4”，如图 23-38a、b 所示，其他选项采用系统默认值。单击按钮，缝合曲面结果如图 23-38c 所示。

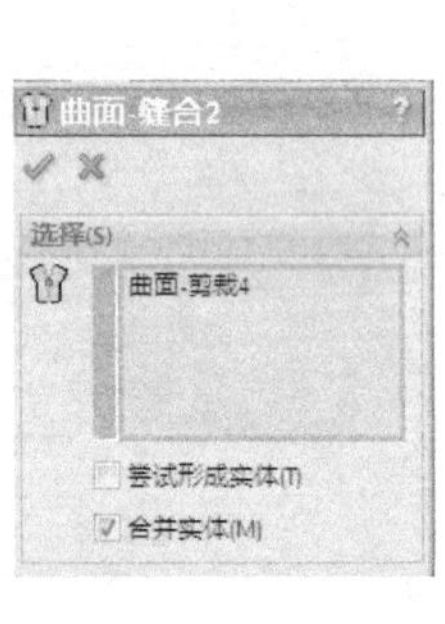

a）

b）

c）

图23-38　围巾缝合曲面

a）“曲面 – 缝合 2”对话框　b）实体缝合曲面编辑状态　c）缝合曲面成形

10）单击“插入”→“凸台 / 基体”中的“加厚”命令，在“加厚”对话框的“选择”选项区中选择“曲面 - 缝合 2”，选择加厚侧边 1，在“厚度”文本框中输入“1”，如图 23-39a、b 所示，选中“合并结果”复选框，其他选项采用系统默认值。单击按钮，实体如图 23-39c、d 所示。

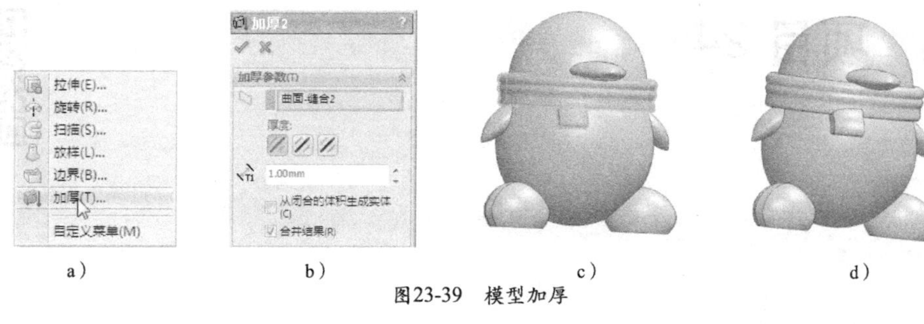

a）　b）　c）　d）

图23-39　模型加厚

a）选择“加厚”命令　b）“加厚 2”对话框　c）实体加厚曲面编辑状态　d）加厚曲面成形

（6）制作眼睛

1）单击“前视基准面”，在弹出的关联菜单中选择草图绘制按钮，如图 23-40a 所示。绘制眼睛草图，如图 23-40b、c 所示。

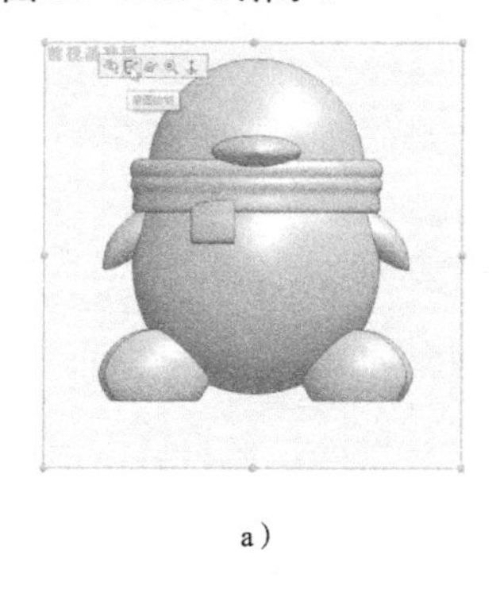

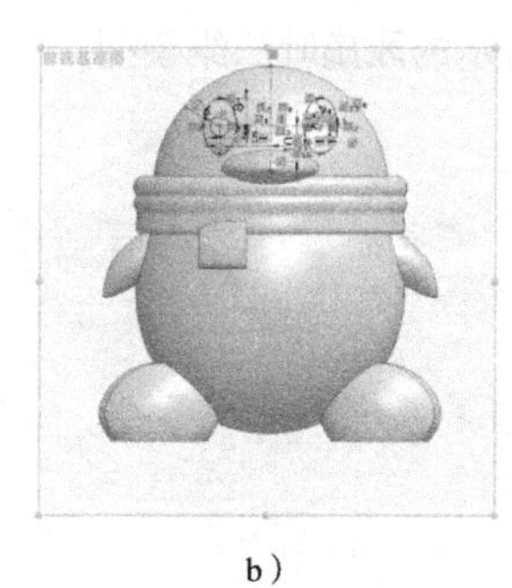

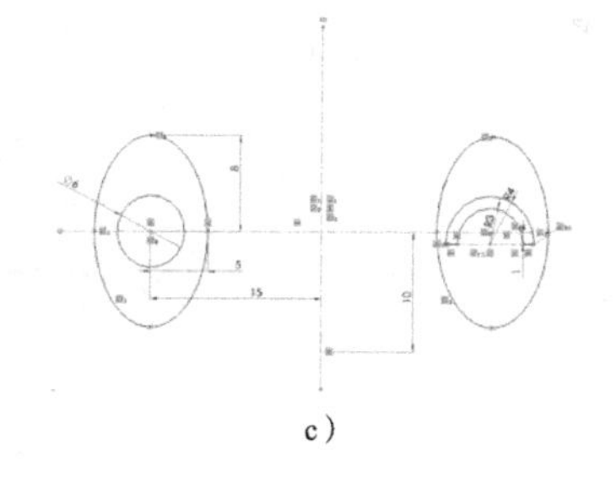

a）　b）　c）

图23-40　绘制眼睛草图

2）单击曲线中的“分割线”，如图 23-41a 所示。在弹出的“分割线”对话框中选择上一步绘制的草图作为要投影的草图在要分割的面中，选择 QQ 公仔的头部，即面“<1>”，选中“单向”和“反向”复选框，如图 23-41b 所示，其他选项采用系统默认值。单击✓按钮，实体如图 23-41c、d 所示。

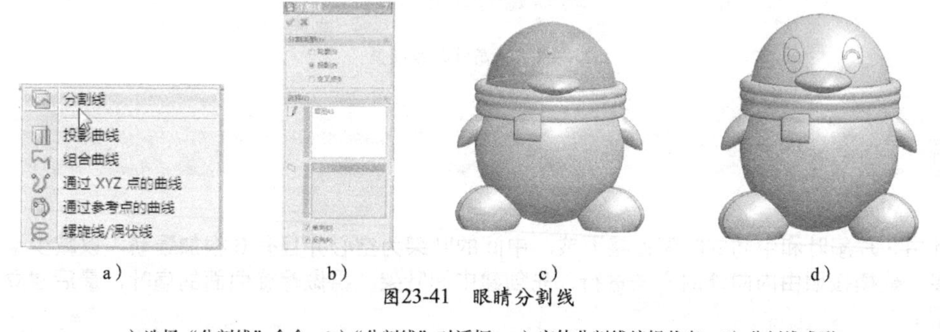

a）　b）　c）　d）

图23-41　眼睛分割线

a）选择“分割线”命令　b）“分割线”对话框　c）实体分割线编辑状态　d）分割线成形

至此建模完毕，操作过程参见教学视频 23-1。

4.项目总结

本项目是曲面建模案例，曲面建模常用于产品造型设计以及模具中。曲面创建的基本方法包括：拉伸曲面、旋转曲面、扫描曲面和放样曲面等，详见教学视频 23-2。

项目 24
风扇叶

【学习目标】

1. 掌握螺旋线、分割线等曲线绘制工具的使用方法
2. 掌握常用放样曲面以及拉伸切除的操作方法
3. 掌握参考基准面、临时轴的插入和使用方法

【重难点】

利用参考几何体来辅助曲面建模。

1.项目说明

在 SolidWorks 软件中建立如图 24-1 所示的风扇叶三维模型。

图24-1　风扇叶三维模型

2.项目规划

风扇叶由 3 片扇叶和中间的叶架连接而成。中间的叶架为空心并且有 6 根加强筋，以减少重量和保证必要的强度。建模按照由内向外的方法进行，先创建中间叶架，再做螺旋曲面的扇叶，最后建立筋板。建模步骤如下：

1）创建一个旋转实体作为叶架。

2）放样曲面。在上视基准面上分别生成两条螺旋线，利用这两条曲线来放样曲面。

3）将扫描曲面分割成两部分，删除外侧曲面。

4）加厚并阵列出 3 个等分扇叶。

5）建立加强筋。

6）阵列加强筋。

建模整体思路见表 24-1。

表 24-1　建模整体思路

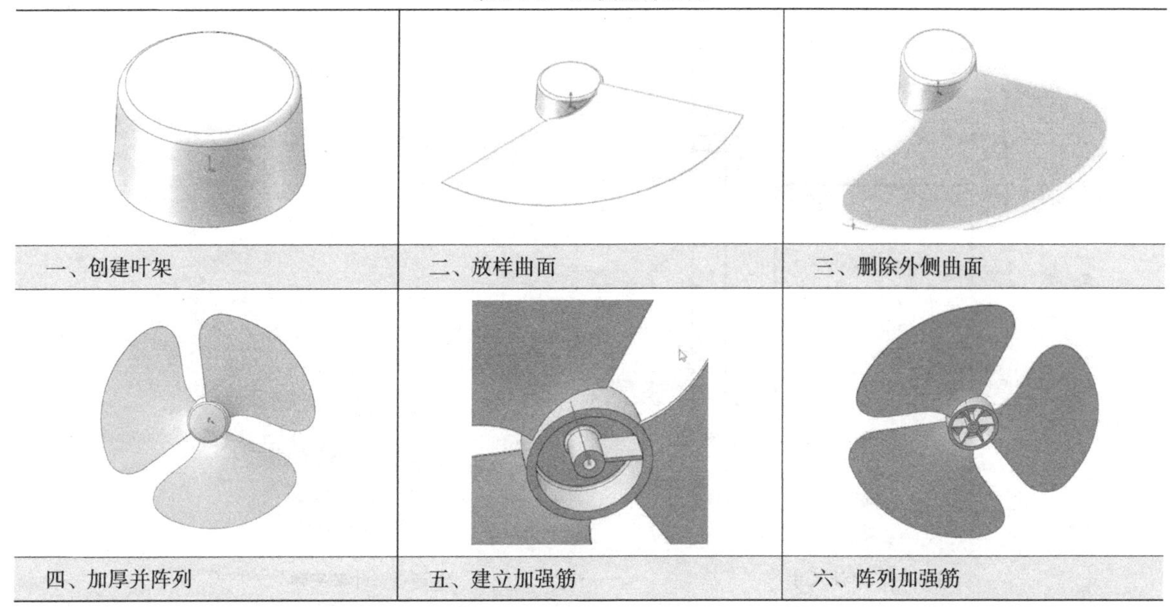

3.项目实施

（1）创建叶架

新建一个零件文件，单击“右视基准面”，以该基准面作为草图绘制平面。单击标准视图工具栏上的正视于按钮，并单击草图工具栏上的草图绘制按钮，进入草图绘制状态。先画一个通过原点的竖直中心线，再画 3 个矩形作为参考，并标注尺寸，3 个矩形的底边要求水平对齐，如图 24-2 所示。再在边长为 40mm 矩形左上角倒 *R*4mm 圆角，并标注圆心的水平和竖直尺寸；然后添加两条样条曲线，删除左侧和上侧辅助的直线；对其他两个矩形分别倒圆角、直角，并形成外形图，如图 24-3 所示。最后标注尺寸，并调整样条曲线，完成叶架草图的绘制，如图 24-4 所示。退出草图，单击特征工具栏里的旋转按钮，选择中心线为旋转轴，创建旋转特征，完成叶架实体的造型，如图 24-5 所示。

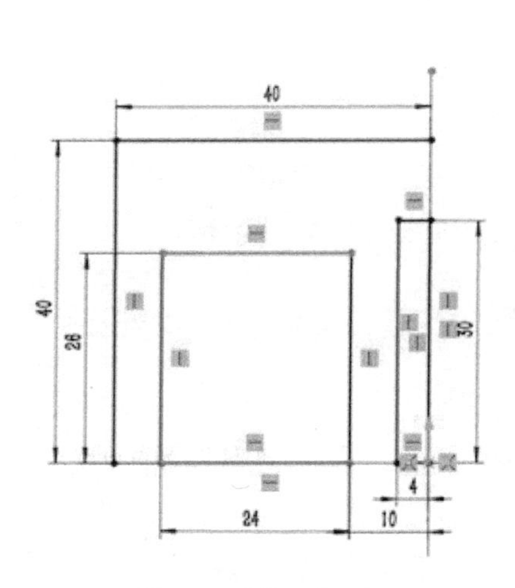

图 24-2　绘制 3 个矩形

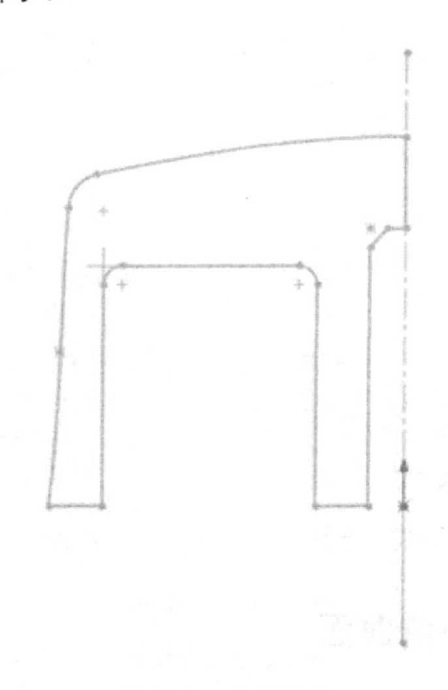

图 24-3　外形草图

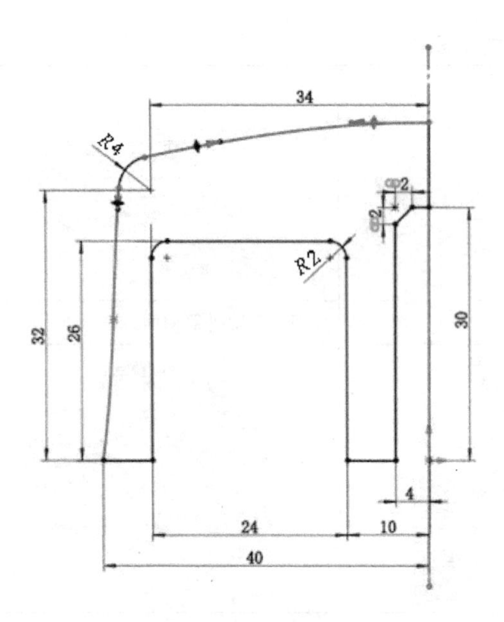

图 24-4　标注尺寸

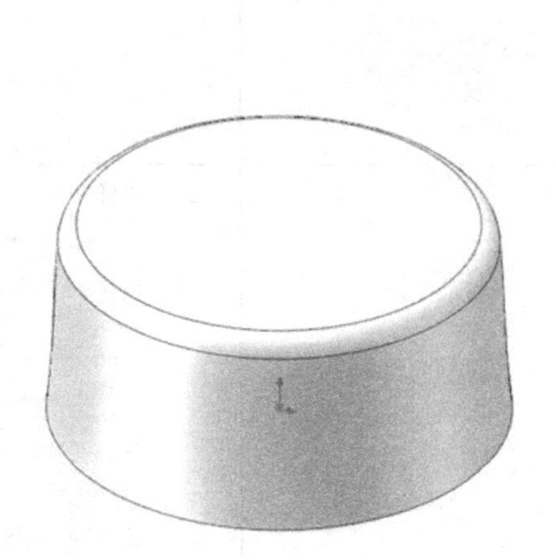

图 24-5　叶架实体

（2）放样曲面

1）创建螺旋线。选择“上视基准面”，以该基准面作为草图绘制平面，单击草图绘制按钮进入草图绘制环境。以原点为圆心绘制一个半径为 35mm 的圆。单击“插入”→“曲线”→“螺旋线”命令，设置螺旋线的“定义方式”为“螺距和线圈”，设置“螺距”为“120”、“圈数”为“0.325”，“起始角度”为“0”，选中“逆时针”单选按钮，其余选项采用系统默认值，如图 24-6 所示。单击✓按钮生成“螺旋线 1”，然后退出草图。再用同样的方法在“上视基准面”上绘制另一条螺旋线，设置“圆半径”为“210”、螺旋线的“螺距”为“100”，其他参数与螺旋线 1 相同，如图 24-7 所示。单击✓按钮生成“螺旋线 2”，然后退出草图。

2）放样曲面。利用这两条螺旋线来生成扫描曲面，单击“插入”→“曲面”→“放样曲面”命令，选择刚刚绘制的螺旋线 1 和螺旋线 2 为“轮廓”进行放样，生成“曲面 - 放样 1”，如图 24-8 所示。

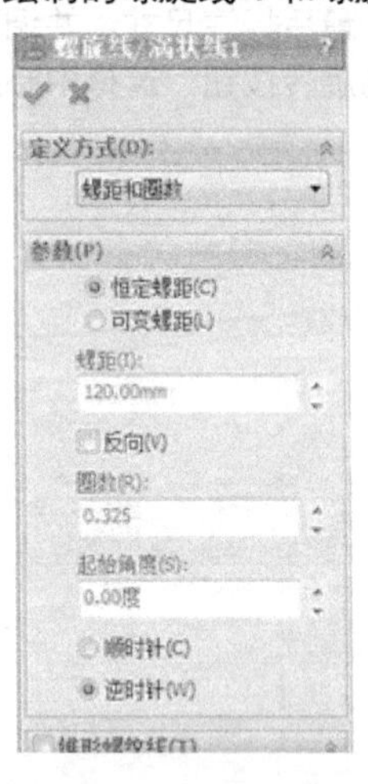

图 24-6　螺旋线 1 参数

图 24-7　螺旋线 2 参数

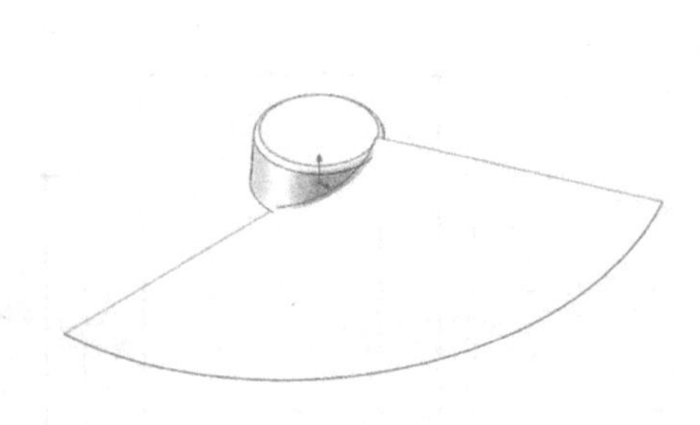

图 24-8　放样曲面

（3）删除外侧曲面

1）新建基准面。单击上视基准面，再单击特征工具栏中“参考几何体”下的“基准面”，选择“等距平

面”，设置距离为“80”。单击✓按钮，创建“基准面 1”。

2）绘制分割线。选中基准面 1 作为草图绘制平面，然后单击草图绘制按钮进入草图绘制。分别以原点为圆心，绘制半径为 33mm 和半径为 200mm 的两个圆；再绘制两条样条曲线，样条曲线与小圆相交，与大圆的圆弧线相切。单击剪裁实体按钮，剪裁多余线段，与两段圆弧线形成一个风扇叶片，如图 24-9 所示。单击✓按钮，退出草图绘制，生成“草图 4”。

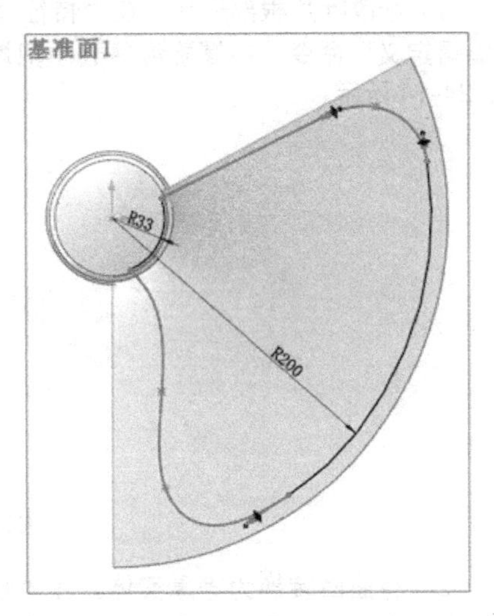

图24-9　分割线形状

3）分割曲面。单击“插入”→“曲线”→“分割线”命令，在“分割类型”中选择“投影”，然后选择刚生成的“草图 4”为“要投影的草图”，选择“曲面 - 放样 1”为“要投影的面”，其余选项默认，单击确定按钮形成分割线，把曲面分割成两部分。这时选择曲面时会发现分割线外和分割线内的面是要分别选择的，说明表面已经被分割成功，如图 24-10 所示。

4）删除曲面。用鼠标右键单击分割线外的多余曲面，使其改变颜色，在弹出的快捷菜单的“面”选项下单击“删除”命令，在“选项”选项区中选中“删除”单选按钮，如图 24-11 所示。单击✓按钮，将多余的外侧曲面删除，形成叶片的曲面形状，如图 24-12 所示。注意：要先按快捷菜单最底下的双箭头把该菜单全部命令显示出来，如图 24-13 所示；否则，选择的将会是“特征”选项中的“删除”命令。

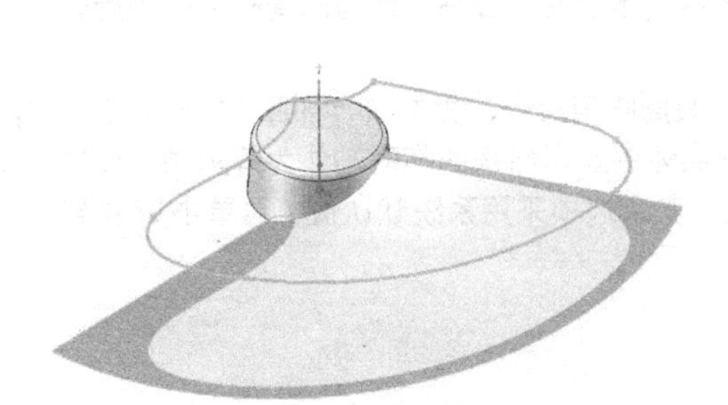
图 24-10　分割曲面

图 24-11　“删除面”对话框

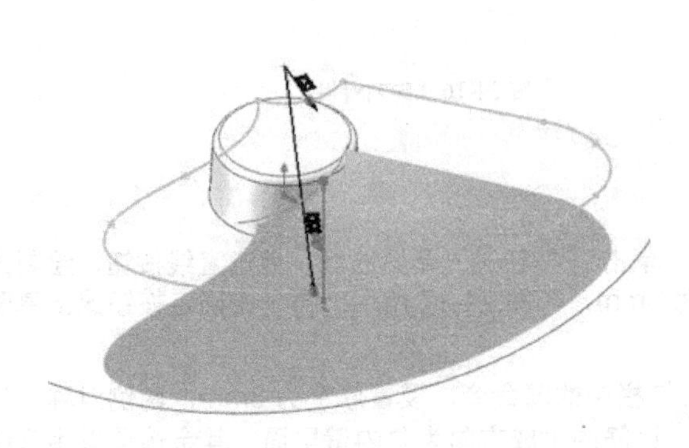
图 24-12　叶片曲面最后的形状

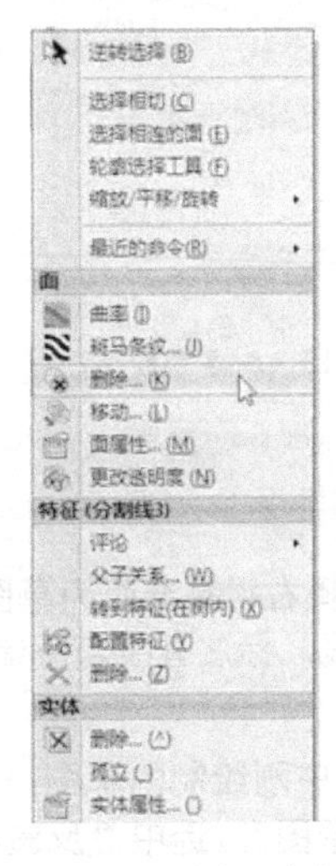

图 24-13　删除面参数

（4）加厚阵列

将曲面向下加厚并圆周阵列出 3 个等分扇叶。

1）修改叶片根部形状。在“特征管理器”区域内用鼠标右键单击螺旋线 1，在弹出的快捷菜单中选择“编辑定义”命令，在螺旋线参数中把螺距参数改成“100”。单击✔按钮后，软件自动修改放样曲面，如图 24-14 所示。

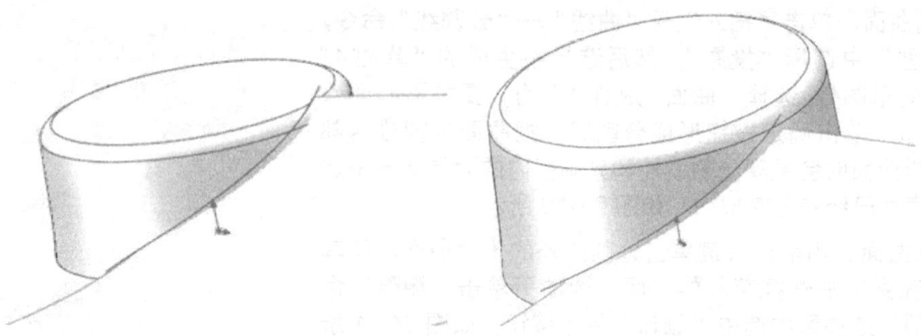

图24-14　修改前后的放样曲面位置对比

2）将曲面转换为等厚实体。在“特征管理器”区域内选中“曲面 - 放样 1”，再单击“插入”→“凸台 / 基体”→“加厚”命令，设置“厚度”为“2”，参数选择“加厚侧面 2”，选中“合并结果复选框”，让生成的曲面和旋转的实体合并成一个实体，得到实体特征“加厚 1”，如图 24-15 所示。单击✔按钮，完成等厚实体转换。

3）显示临时轴。单击“视图”下的“临时轴”来显示实体中的中心轴，作为圆周阵列时的旋转轴。再次单击该命令则不显示所有临时轴。

4）圆周阵列叶片。单击特征工具栏中线性阵列下的圆周阵列命令，先选取“加厚 1”作为要阵列的特征，然后用鼠标单击“参数”下的“阵列轴”，再选择在实体中显示出来的临时轴作为阵列轴；设置总角度为 360°、阵列复制的实例数为 3，选中“等间距”选项，其余选项采用系统默认值；再单击✔按钮，阵列出 3 个等分叶片，如图 24-16 所示。

图 24-15　加厚参数

图 24-16　阵列叶片

（5）建立加强筋

1）绘制筋草图。选择右视基准面为草图绘制平面，单击按钮进入草图绘制。单击直线按钮，绘制连接叶架的内壁两侧轮廓线，标注直线与下端面的距离为 3mm，如图 24-17 所示。再单击确定按钮退出草图绘制。

2）生成加强筋。选中刚绘制的草图，单击特征工具栏中的筋命令，设置厚度为 3mm，两侧对称；设置拉伸方向为“平行于草图”，选中“反转材料方向”，让筋的生成方向为向内壁里面，其余选项采用系统默认值。单击✔按钮，完成筋的创建，如图 24-18 所示。

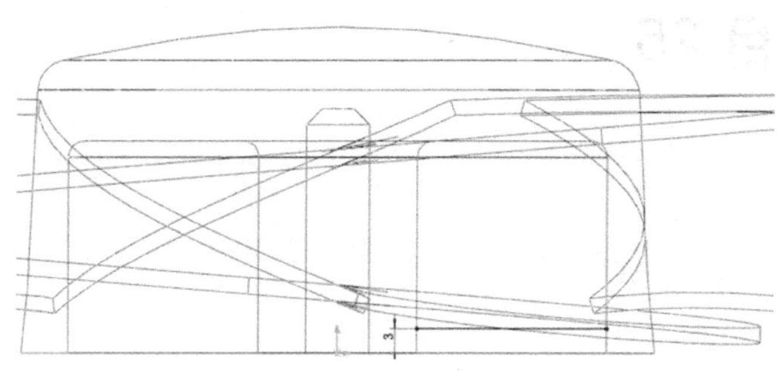

图24-17　加强筋直线位置

（6）阵列加强筋

单击特征工具栏→线性阵列→圆周阵列命令，先选取“筋 1”作为要阵列的特征；然后选择在实体中显示出来的临时轴作为阵列轴；设置总角度为 360°、阵列复制的实例数为 6，选中“等间距”选项，其余选项采用系统默认值；再单击✓按钮，阵列出 6 个等分加强筋，如图 24-19 所示。

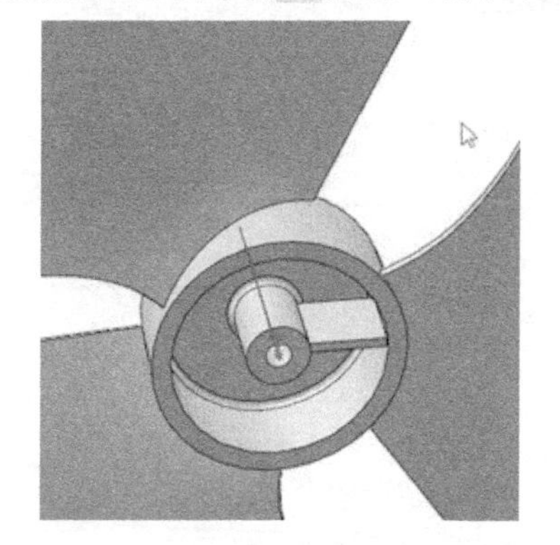

图 24-18　加强筋

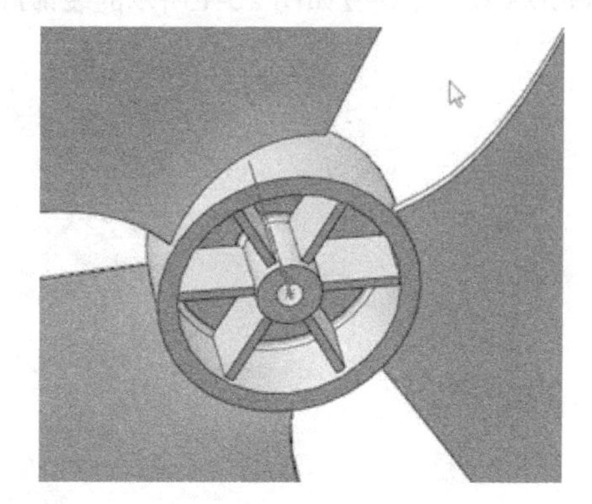

图 24-19　阵列加强筋

至此建模完毕，操作全过程参见教学视频 24-1。

4.项目总结

通过本项目的学习可以发现，曲面建模中大量用到了曲线，曲线是创建曲面的有效定位基准，创建合适的曲线对于曲面建模有很大的帮助。各种类型的曲线创建工具详见教学视频 24-2。

项目 25 装饰灯台

【学习目标】

1. 掌握旋转曲面、扫描曲面等曲面生产工具的使用方法
2. 掌握交叉曲线的操作方法
3. 掌握垂直曲线的参考基准面、3D草图的使用方法

【重难点】

在曲面建模中如何选择最便捷的曲线绘制工具。

1.项目说明

在 SolidWorks 软件中建立如图 25-1 所示的装饰灯台三维模型。

图25-1 装饰灯台三维模型

2.项目规划

该灯台由 3 部分组成：上、下两部分为旋转支撑台面，用旋转实体命令可以完成；中间为以空间曲线作为扫描路径、圆形为截面扫描而成的实体，而扫描路径为由两个参考曲面交叉形成的曲线。该模型的建模步骤如下：

1）创建一个旋转实体作为底座。

2）创建一个旋转曲面，曲面外形用样条曲线旋转而成，样条曲线关于自身中心对称。

3）创建一个扫描曲面。

4）利用旋转曲面和扫描曲面形成的交叉曲线为扫描路径扫描出螺旋实体。

5）利用临时轴和扫描实体圆周阵列出 6 个等分造型。

6）在前视基准面上建立一个旋转实体作为顶面。

建模整体思路见表 25-1 所示。

表 25-1　建模整体思路

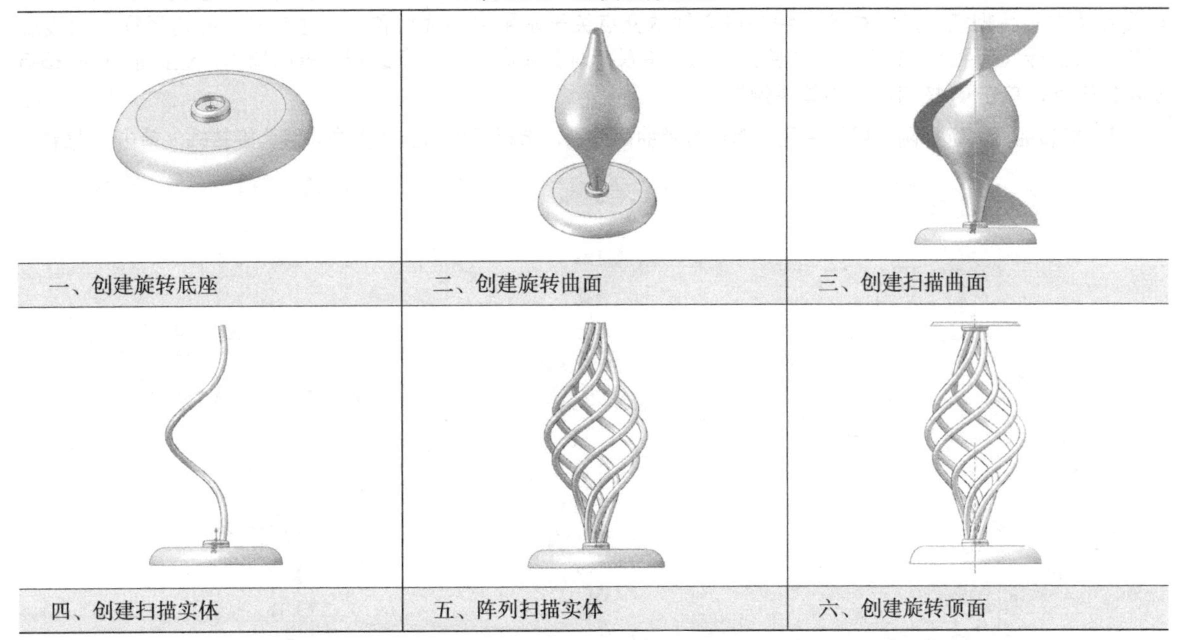

一、创建旋转底座	二、创建旋转曲面	三、创建扫描曲面
四、创建扫描实体	五、阵列扫描实体	六、创建旋转顶面

3.项目实施

（1）创建旋转底座

新建一个零件文件，单击“右视基准面”，以该基准面作为草图绘制平面。单击标准视图工具栏上的正视于按钮，并单击草图工具栏上的草图绘制按钮，进入草图绘制状态。利用草图工具栏中的中心线、直线、圆弧和智能尺寸等命令，绘制草图并标注尺寸，如图 25-2 所示。注意：坐标原点与尺寸“1.5”的上直线对齐，进而使旋转后的平面与原点平齐另外，草图中尺寸“19”“6.25”“127”均为旋转直径。确认草图后创建旋转特征，完成旋转底座的建模。

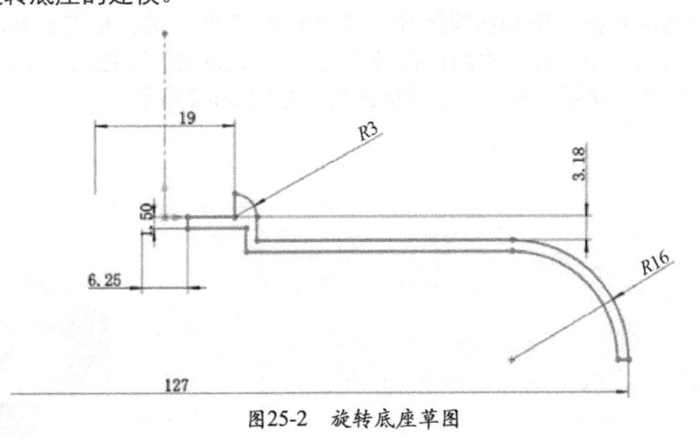

图25-2　旋转底座草图

（2）创建旋转曲面

1）隐藏实体。在设计树中用鼠标右键单击旋转特征，从快捷菜单中选择“隐藏”命令。

2）绘制样条曲线。选择前视基准面作为草图绘制平面，绘制如图 25-3 所示的 6 条中心线作为参考线，其中过原点的中心线为旋转中心轴，竖直中心线长度全为 200mm，水平对齐；水平中心线过各竖直中心线的中点。单击样条曲线，绘制如图 25-4 所示的曲线，曲线的起点和终点都在左数第二根竖直中心线上，并与最右边中心线相切，定义样条曲线与中心线的交点关于水平中心线对称。标注尺寸，并选择样条曲线顶部的端点控标（箭头），添加一个“竖直”几何关系，对曲线底部的端点进行同样的操作，最终形成图 25-5 所示的形状，单击✓按钮，退出草图绘制。

3）旋转曲面。选择刚建好的草图，单击旋转曲面按钮，选择过原点的竖直中心线为旋转轴，单击✓按钮。

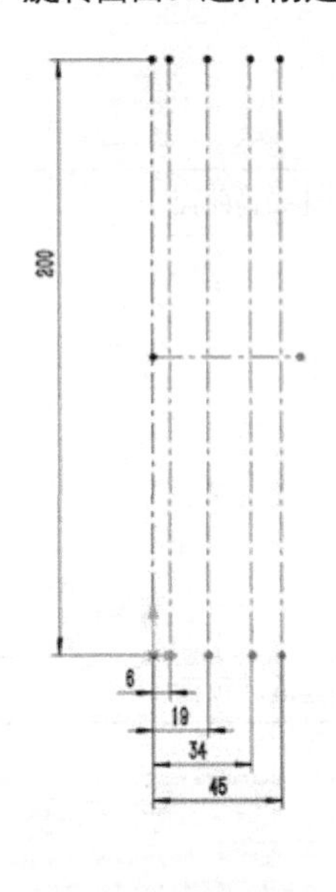

图 25-3　中心线

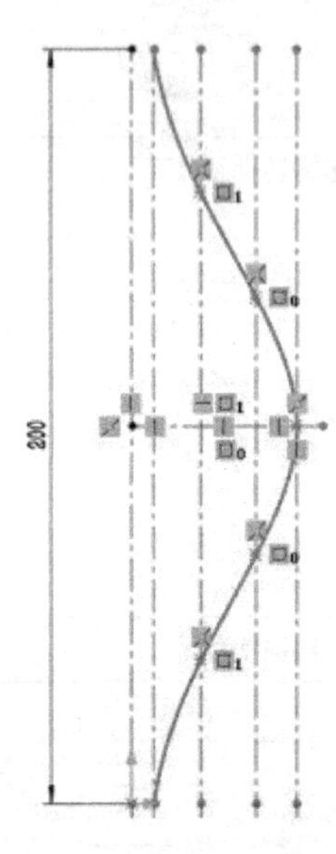

图 25-4　绘制样条曲线

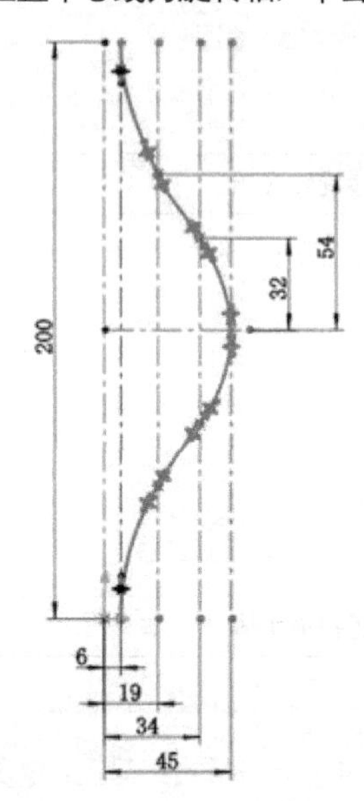

图 25-5　最终形状

（3）创建扫描曲面

1）定义扫描路径。选择前视基准面作为草图绘图平面，显示创建旋转曲面中用到的草图。选取过原点的竖直中心线，并单击转换实体引用按钮。单击✓按钮，退出草图。

2）绘制扫描轮廓。在上视基准面上新建草图，从扫描路径的端点开始绘制一条水平直线，尺寸如图 25-6 所示，单击✓按钮，退出草图。

3）扫描曲面。分别选取扫描轮廓和扫描路径，按照图 25-7 所示进行相应设置，在“选项”选项区中的“方向 / 扭转控制”下拉列表中选择“沿路径扭转”，在“定义方式”下拉列表中选择“旋转”，设置旋转的角度为 1°。此处不用引导线就可以实现创建扫描曲面，如图 25-8 所示。

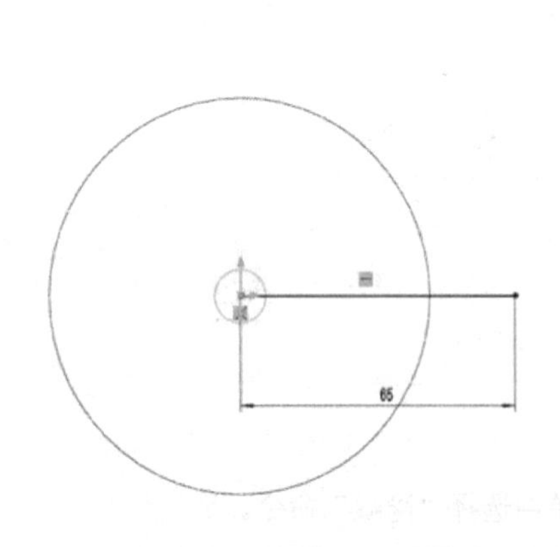

图 25-6　扫描轮廓

图 25-7　螺旋扫描参数

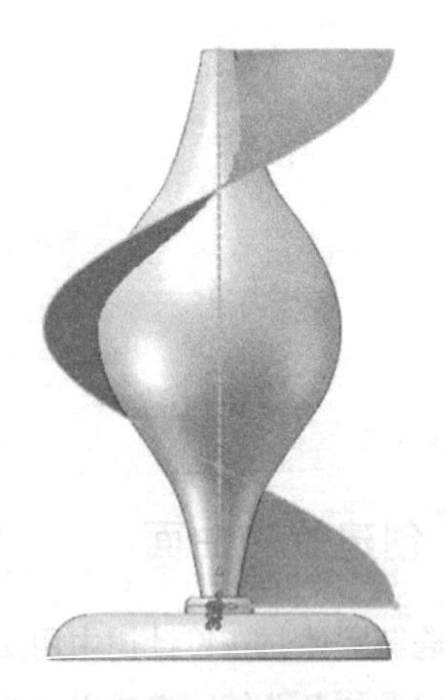

图 25-8　扫描曲面

（4）创建扫描实体

1）创建交叉曲线。按住 <Ctrl> 键，选择旋转曲面和扫描曲面，单击“交叉曲线”命令，如图 25-9 所示。单击✓按钮，生成交叉曲线。该操作将使用两个曲面的交线生成一个 3D 草图，并自动进入“编辑草图”模式，单击✓按钮，退出草图，生成 3D 草图 1。

2）新建基准面。按住 <Ctrl> 键，选择交叉曲线下方的端点和曲线本身，单击“参考几何体”下的“新建基准面”命令，生成基准面 1，如图 25-10 所示。

图 25-9　单击“交叉曲线”命令

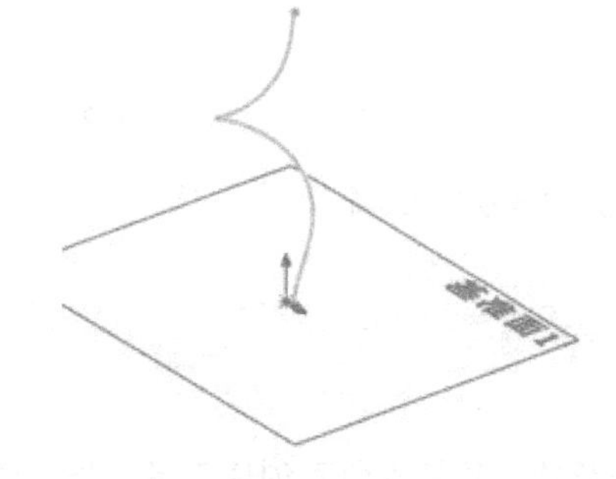

图 25-10　垂直于曲线的基准面

3）绘制扫描轮廓。在基准面 1 上新建草图，以曲线端点为圆心，绘制一个直径为 ϕ6mm 的圆，生成“草图 5”。

4）实体扫描。选择 3D 曲线和草图 5，单击扫描按钮，生成扫描实体，如图 25-11 所示。

5）隐藏曲面。用鼠标右键单击设计树中的“曲面 - 旋转 1”，单击“隐藏”命令。利用同样的方法隐藏“曲面 - 扫描 1”，将旋转曲面和扫描曲面隐藏。

6）显示底座。用鼠标右键单击设计树中的“旋转 1”，单击快捷菜单中的“显示”命令，显示旋转底座。

（5）阵列扫描实体

设置临时轴为显示状态，选取过原点的竖直中心轴为阵列轴，创建一个圆周阵列，等间距复制 6 个扫描体，如图 25-12 所示。

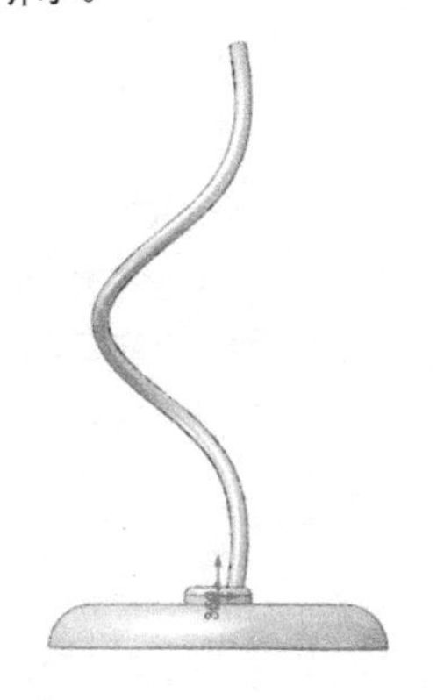

图 25-11　扫描螺旋实体

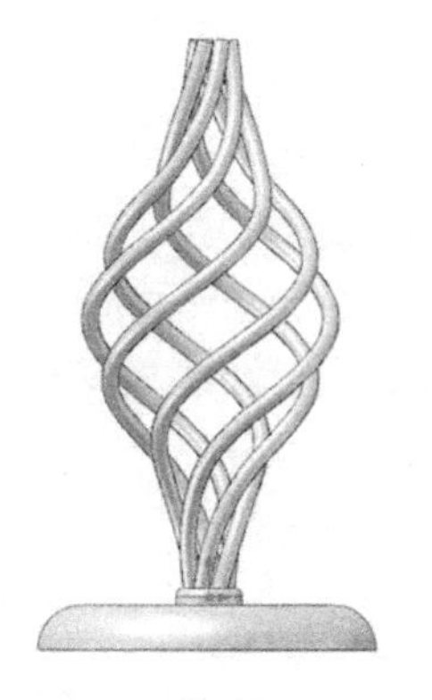

图 25-12　圆周阵列实体

（6）旋转顶面

在前视基准面上新建一个草图，利用草图工具栏中的中心线、直线、圆弧和智能尺寸命令绘制草图并标注尺寸，如图 25-13 所示。其中，尺寸“202”为底座上表面至顶面下表面的距离，尺寸“19”、“ϕ80”均为旋转直径。确认草图后创建旋转特征，完成装饰灯台的建模，如图 25-1 所示。

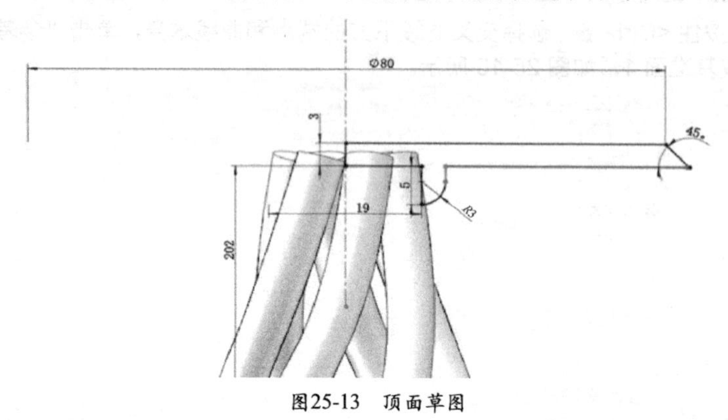

图25-13　顶面草图

操作过程参见教学视频 25-1。

4.项目总结

除了之前介绍的几种基本曲面创建工具之外，还有一些常用的曲面创建工具也有各自的特点和优势，如边界曲面、填充曲面、平面区域、等距曲面和直纹曲面等。这些曲面创建工具的使用方法详见教学视频 25-2。

项目 26 可乐瓶

【学习目标】

1. 掌握曲面填充和投影曲线的曲面建模特征命令的使用方法
2. 掌握旋转切除、扫描切除和曲面切除的操作方法
3. 理解零件模型上色的操作、偏距的拉伸凸台

【重难点】

如何综合利用曲面建模工具实现产品造型设计。

1.项目说明

在 SolidWorks 软件中建立如图 26-1 所示的可乐瓶的三维模型。

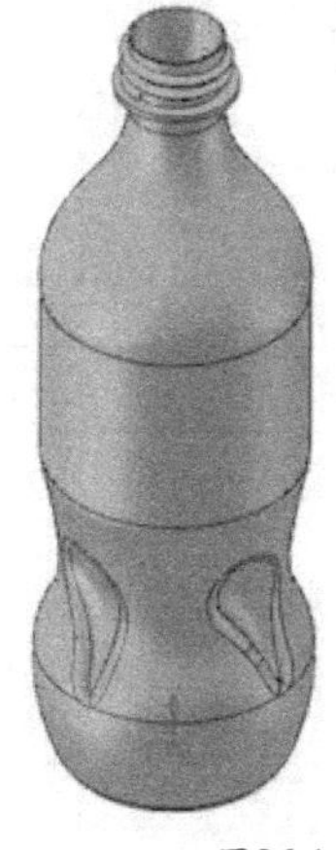

图26-1 可乐瓶的三维模型

2.项目规划

可乐瓶身为圆柱形，应利用旋转方式生成；瓶身凹面要先做出曲面，再利用曲面切除实体；瓶底旋转切除大圆底，再扫描切除和阵列，切出五角星形；然后抽壳形成空瓶，最后拉伸瓶盖支撑凸台和扫描螺纹线。该零件的建模步骤如下：

1）创建旋转瓶身并上色。

2）创建投影曲线和 3D 曲线。

3）曲面填充和使用曲面切除形成表面凹面。

4）使用曲面切除，阵列出 4 个等分凹面，并创建轮廓圆角。

5）在前视基准面上绘制草图并旋转切除底面。

6）绘制截面形状扫描切除。

7）阵列扫描切除形成的五角星形，并创建圆角。

8）选择顶面抽壳，形成空瓶。在顶面绘制草图，等距拉伸凸台。

9）扫描出瓶口螺旋线。

建模整体思路见表 26-1。

表 26-1　建模整体思路

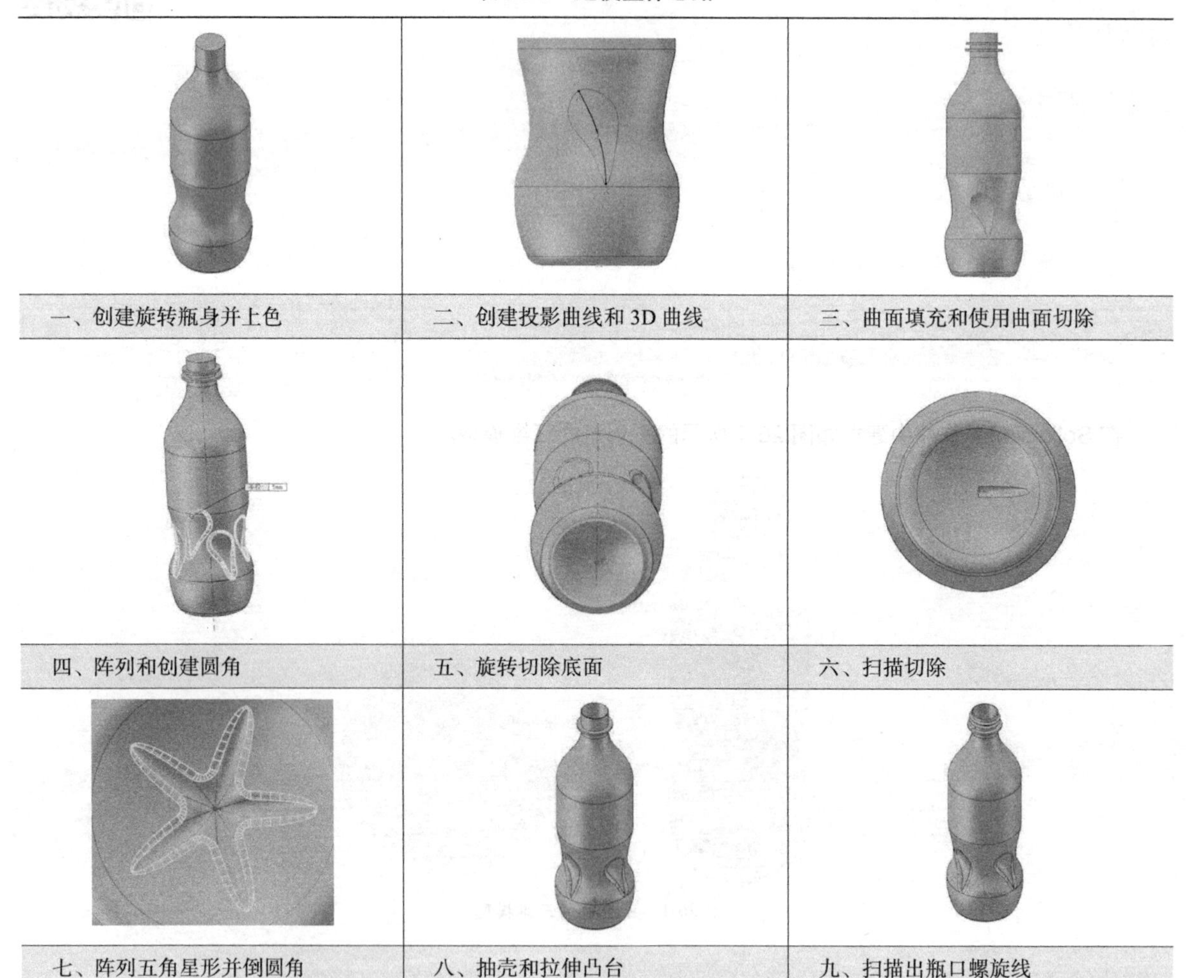

一、创建旋转瓶身并上色	二、创建投影曲线和 3D 曲线	三、曲面填充和使用曲面切除
四、阵列和创建圆角	五、旋转切除底面	六、扫描切除
七、阵列五角星形并倒圆角	八、抽壳和拉伸凸台	九、扫描出瓶口螺旋线

3.项目实施

（1）创建旋转瓶身并上色

1）旋转瓶身。选取前视基准面作为绘图平面，单击特征工具栏里的旋转基体 / 凸台命令，绘制旋转凸台截面草图。从原点出发绘制一水平直线、圆弧、样条曲线、直线、样条曲线、竖线、水平直线和竖线回到原点，最后倒圆角 *R*6.5mm。标注尺寸 , 如图 26-2 所示。如果样条曲线变形，可以在标注尺寸完成后，删除样条曲线重新绘制。要注意控制样条曲线的切线方向，因为它决定了可乐瓶的外观。除了标注高度尺寸为“77”的样条曲线下端点与直线不相切外，其余样条曲线与直线相连点都相切。确认草图后创建旋转特征。

2）给模型上色。单击 SolidWorks 图标，单击“工具”下拉菜单中的“选项”，在弹出的对话框中单击“文档属性”选项卡中的“模型显示”，选择“模型 / 特征颜色”中的“上色”后，单击“编辑”按钮，更改该模型的显示颜色。设定红为 0、蓝为 0、绿为 192 后，单击“确定”按钮，完成模型显示颜色的设定。

（2）创建投影曲线和3D曲线

1）生成投影曲线。选择前视基准面作为草图绘制平面，单击草图工具栏中的按钮进入草图绘制环境，绘制一条有 5 个控制点的样条曲线，然后单击“工具”→“草图工具”→“分割实体”命令，分别单击曲线最高处和最低处，把曲线分割成两段，并标注尺寸，如图 26-3 所示。再单击确定按钮，退出草图 2，生成曲线 1。单击“插入”→“曲线”→“投影曲线”命令。“投影类型”选择“面上草图”，“要投影的草图”选取刚绘制的草图 2，“投影面”选择图 26-3 所示的曲面，再单击按钮，生成投影曲线 1。

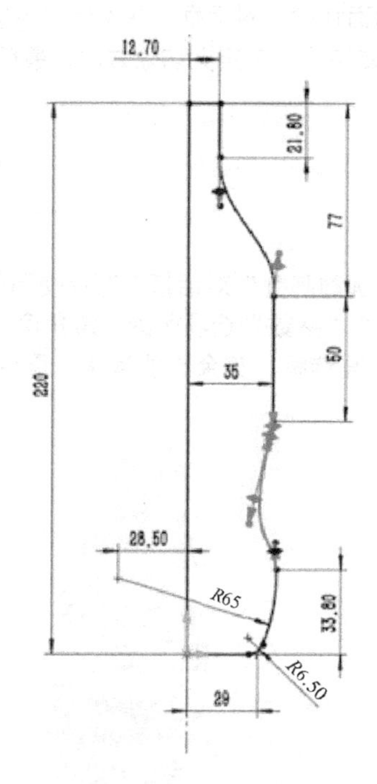

图 26-2　可乐瓶身旋转草图

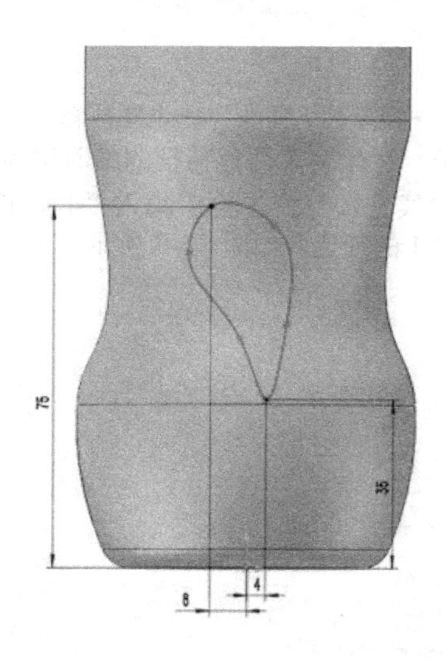

图 26-3　投影曲线草图

2）创建 3D 曲线。选择右视基准面作为草图绘制平面，绘制一个点并标注尺寸，如图 26-4 所示。再单击确定按钮，结束草图 3 的绘制。单击“插入”→“3D 草图”命令，在与图 26-3 所画的两个分割点重合的地方绘制两个点，单击按钮，结束 3D 草图 1 的绘制。再次单击“插入”→“3D 草图”命令，绘制一条样条曲线从高到低连接这三个点，得到曲线 2，单击按钮，结束 3D 草图 2 的绘制，如图 26-5 所示。

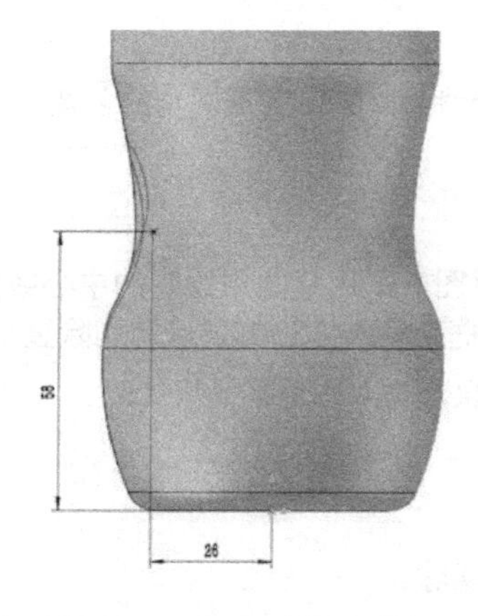

图 26-4　在右视基准面的草图上绘制点

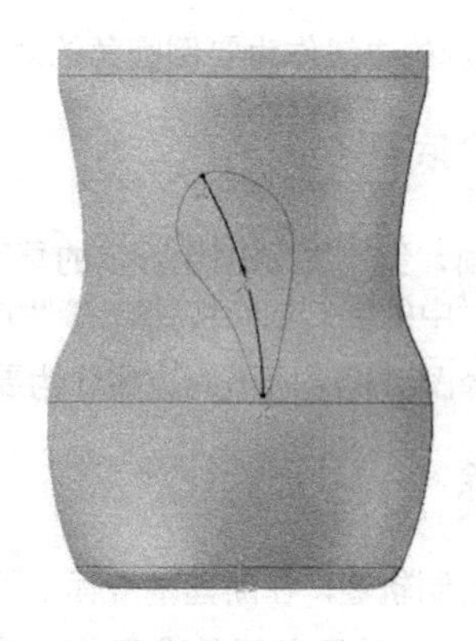

图 26-5　3D 草图 2

（3）曲面填充和使用曲面切除

1）创建曲面填充 1。

单击“插入”→“曲面”→“填充”命令，系统弹出“填充曲面”对话框。选择前面绘制的投影曲线 1 和 3D 草图 2 的曲线作为曲面的修补边界，其余选项采用系统默认值。单击✔按钮，生成曲面填充 1，如图 26-6 所示。

2）使用曲面切除。

单击“插入”→“切除”→“使用曲面”命令，弹出“使用曲面切除”对话框。在设计树中选择曲面填充 1 作为要进行切除的曲面，再单击“曲面切除参数”下的“反转切除”来定义切除方向，最后单击✔按钮，完成使用曲面切除 1 的创建，如图 26-7 所示。

（4）阵列和圆角

1）圆周阵列。

单击“插入”→“阵列 / 镜像”→“圆周阵列”命令，弹出“圆周阵列”对话框。选择使用曲面切除 1 作为要阵列的特征，选择旋转凸台特征的临时轴为圆周阵列轴，在“参数”选项区的“总角度”文本框中输入“360”，在“实例数”文本框中输入“4”，选中“等间距”复选框，其余选项默认。最后单击✔按钮，完成圆周阵列 1 的创建，如图 26-8 所示。

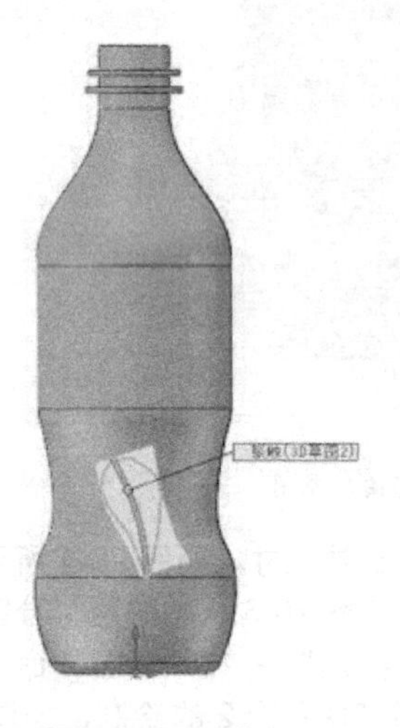

图 26-6　曲面填充 1

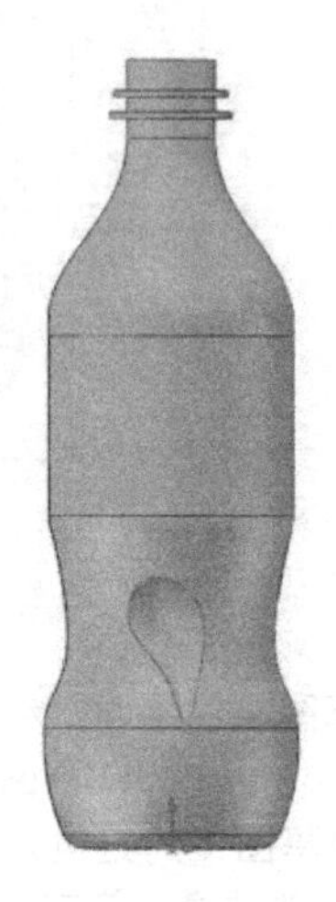

图 26-7　使用曲面切除

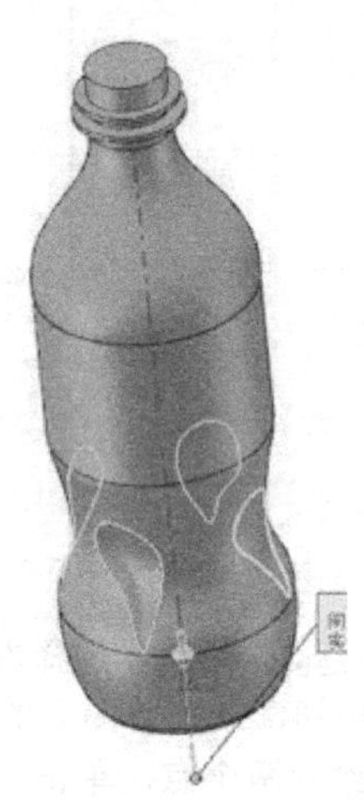

图 26-8　阵列曲面切除

2）倒圆角。

选择图 26-9 所示的边线作为要倒圆角的对象，设置圆角半径值为“5”，完成圆角的创建。

（5）旋转切除底面

选择前视基准面，绘制图 26-10 所示的草图 4 作为横断面草图，采用草图中绘制的中心线作为旋转轴线，单击特征工具栏中的旋转切除按钮，在“方向 1 角度”文本框中输入“360”，旋转切除整个底面。

创建圆角，选择图 26-11 所示的边线作为要进行倒圆角的对象，输入圆角半径值“5”。

（6）扫描切除

在前视基准面绘制轨迹，在新建基准面上绘制截面形状扫描切除。

1）创建扫描路径。选取前视基准面作为草图绘制平面，绘制一段半径为 R28mm 的圆弧并标注尺寸，圆弧左起点与圆心竖直对齐，右端点与底面重合，如图 26-12 所示。单击✔按钮，得到草图 5。

2）绘制扫描截面。单击“插入”→“参考几何体”→“基准面”命令新建基准面，选取草图 5 和草图 5 的右侧端点作为参考实体，单击✔按钮，完成基准面 1 的创建，如图 26-13 所示。

选取基准面 1 作为扫描截面的草图绘制平面，绘制一直径为 ϕ4mm 的圆，如图 26-14 所示。该草图的圆心与草图 5 圆心的右端点重合，单击✔按钮，完成草图 6 并退出。

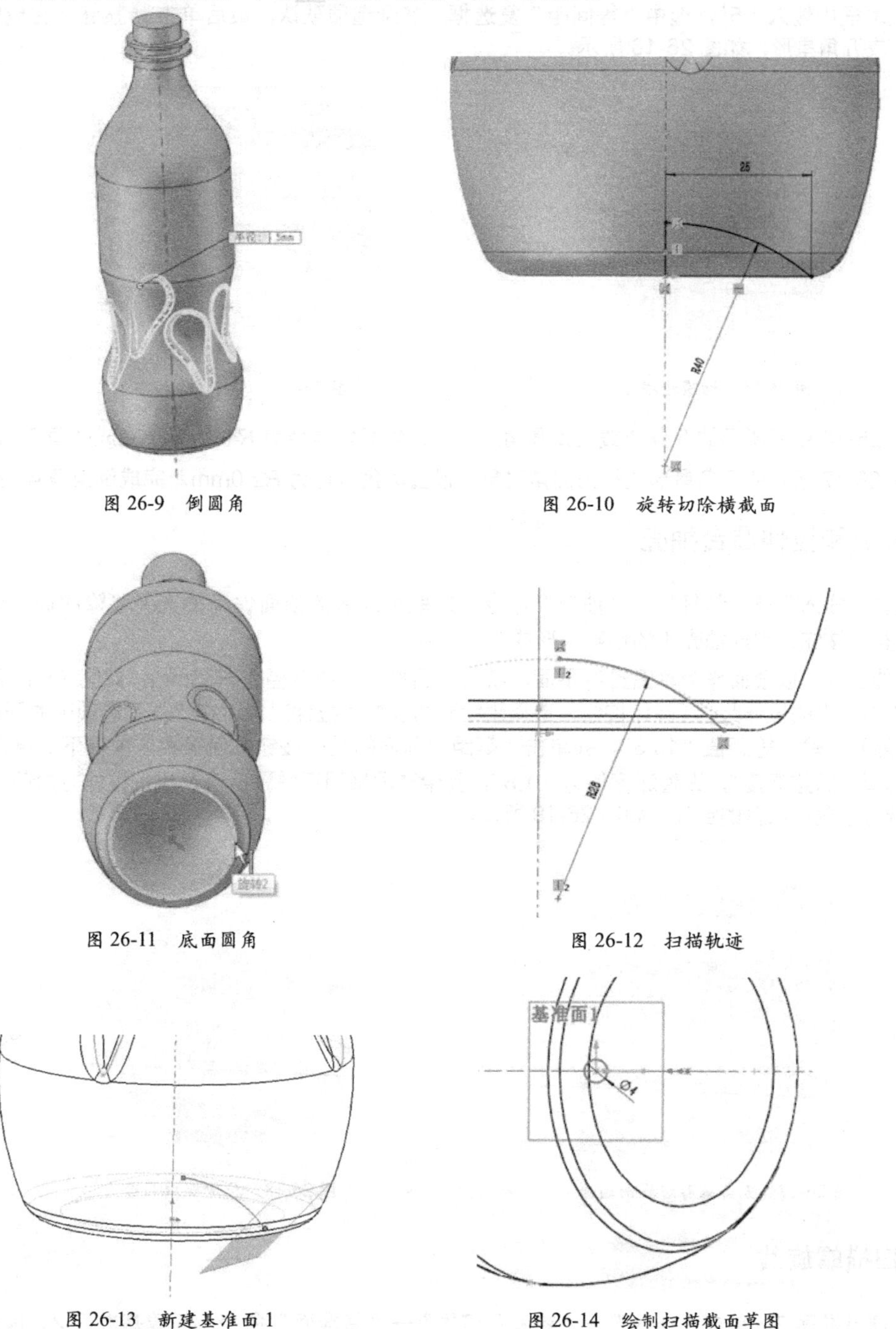

图 26-9　倒圆角

图 26-10　旋转切除横截面

图 26-11　底面圆角

图 26-12　扫描轨迹

图 26-13　新建基准面 1

图 26-14　绘制扫描截面草图

单击“插入”→“切除”→“扫描”命令，系统弹出“切除 - 扫描 1”对话框。选取草图 6 作为扫描截面，再选取草图 5 作为扫描路径，其余选项采用系统默认值。单击✔按钮，生成切除扫描 1，如图 26-15 所示。

（7）阵列五角星形并倒圆角

单击“插入”→“阵列 / 镜像”→“圆周阵列”命令，弹出“圆周阵列”对话框。选择切除扫描 1 作为要阵列的特征，选择旋转凸台特征的临时轴为圆周阵列轴，在“参数”选项区的角度文本框中输入“360”，在实例数文本框中输入“5”，选中“等间距”复选框，其余选项默认。最后单击按钮，完成圆周阵列 2 的创建，形成五角星形，如图 26-16 所示。

图 26-15　切除扫描 1

图 26-16　阵列切除扫描 1

选取图 26-16 中间所示的 5 条边线为倒圆角对象，设置圆角半径为 *R*4.0mm，完成圆角 3 的创建。

选取图 26-17 所示的五角星形边线为圆角对象，设置圆角半径为 *R*2.0mm，完成倒圆角 4 的创建。

（8）抽壳和拉伸凸台抽壳

1）单击“插入”→“特征”→“抽壳”命令，选取可乐瓶的顶面作为抽壳要移除的面，输入壁厚值“0.5”，单击按钮，完成抽壳 1 的创建，形成空可乐瓶。

2）拉伸凸台。以顶面作为草图绘制平面，绘制一圆形，圆的直径为 *R*33mm，如图 26-18 所示。然后单击特征工具栏里的拉伸凸台 / 基体按钮，选择刚绘制的圆形为拉伸对象，在“从”选项区的开始条件选项里选择“等距”，输入等距值“15.3”，并单击“等距”前面的反向按钮，使等距方向往下；再在“方向 1”选项区中选择“给定深度”，设置深度值为“1.8”，其余选项采用系统默认值，保证拉伸方向朝上。单击按钮，完成可乐瓶口凸台的创建，如图 26-19 所示。

图 26-17　五角星形边线倒圆角

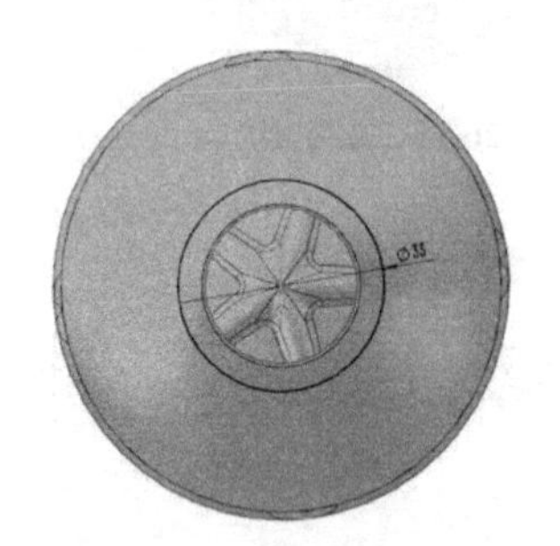

图 26-18　拉伸瓶口凸台

（9）扫描螺旋线

1）新建基准面 2。单击“插入”→“参考几何体”→“基准面”命令，新建基准面 2。选取刚拉伸的可乐瓶口凸台上表面作为“第一参考”，设置“偏移距离”数值为“0.8”，单击按钮，完成基准面 2 的创建，如图 26-20 所示。

2）生成螺旋线。选择基准面 2 为草图绘制平面，绘制如图 26-21 所示的草图 7，选取瓶口实体外边线，单击转换实体引用按钮即可，单击按钮退出草图 7。

单击“插入”→“曲线”→“螺旋线 / 涡状线”命令，选择草图 7 作为螺旋线的横断面，在“定义方式”选项区中选中“螺距和圈数”，在“参数”选项区中选择“恒定螺距”，设置螺距值为“4.0”、圈数为“2.5”、起始角度为“0”，“顺时针”即可，单击✓按钮，创建螺旋线 1。

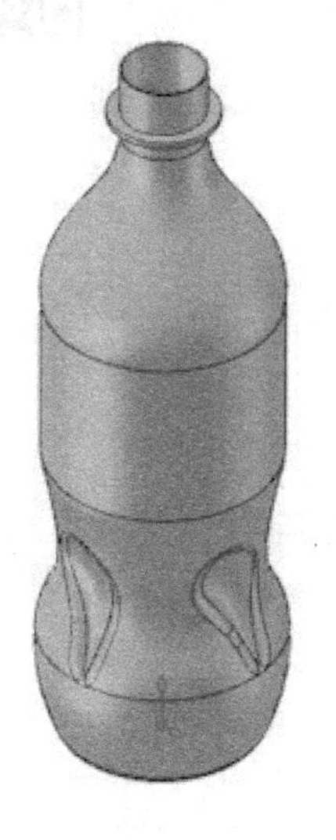

图 26-19 瓶口凸台

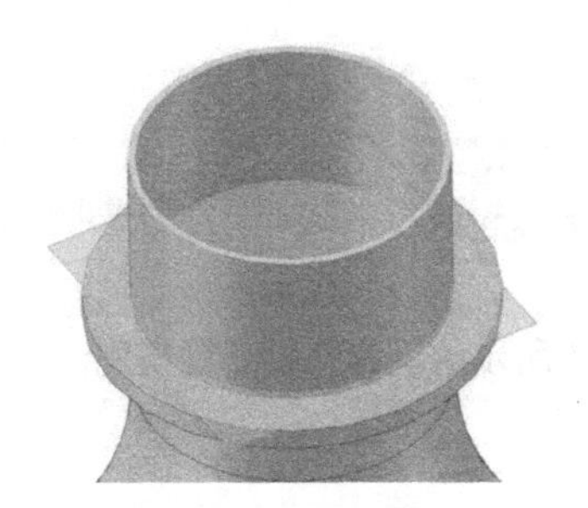

图 26-20 新建基准面 2

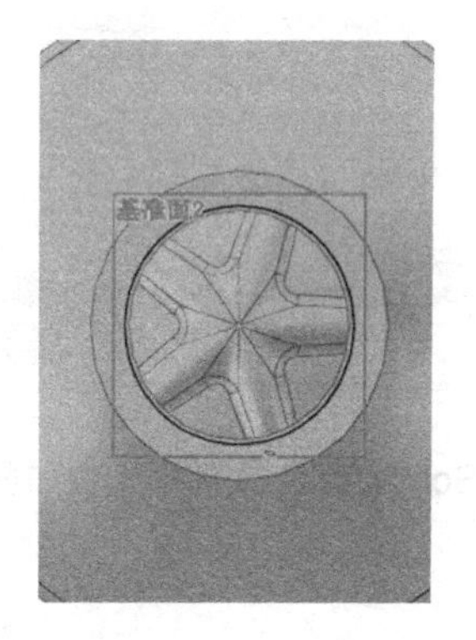

图 26-21 螺旋线草图

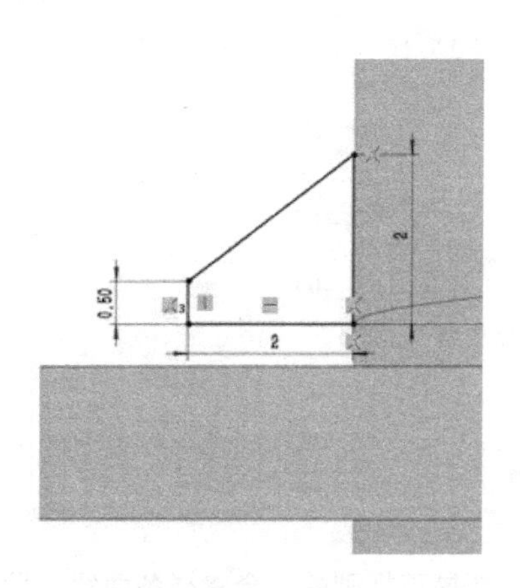

图 26-22 螺旋线截面

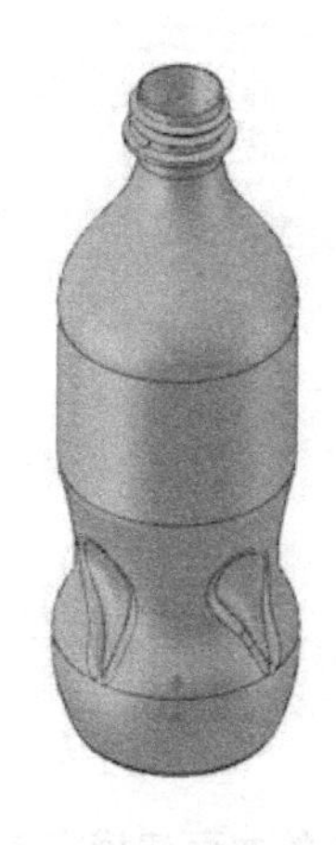

图 26-23 瓶口螺旋线

3）绘制截面。选择右视基准面作为草图绘制平面，在螺旋线起点处绘制一个梯形作为螺旋线截面轮廓并标注尺寸，如图 26-22 所示。

4）扫描瓶口螺旋线。单击特征工具栏中的扫描按钮，依次选择刚绘制的截面和螺旋线进行扫描，生成瓶口螺旋线，如图 26-23 所示。

至此建模完毕，操作过程参见教学视频 26-1。

4.项目总结

通过本项目可以看出，制作比较复杂的曲面模型不仅要使用各种曲面创建工具，还要应用各种曲面编辑工具。延伸曲面、圆角曲面、缝合曲面及剪裁曲面等曲面编辑工具的具体用法详见教学视频 26-2。

项目 27 玩具飞机

【学习目标】

1. 掌握边界曲面、拉伸曲面和旋转曲面等曲面建模工具的使用方法
2. 掌握曲面剪裁、曲面缝合和等距曲面等曲面编辑工具的使用方法
3. 掌握交叉曲线、组合曲线、复制和缩放等命令的使用方法

【重难点】

如何综合利用曲面建模、编辑工具实现产品造型设计。

1.项目说明

在 SolidWorks 软件中建立如图 27-1 所示的玩具飞机三维模型。

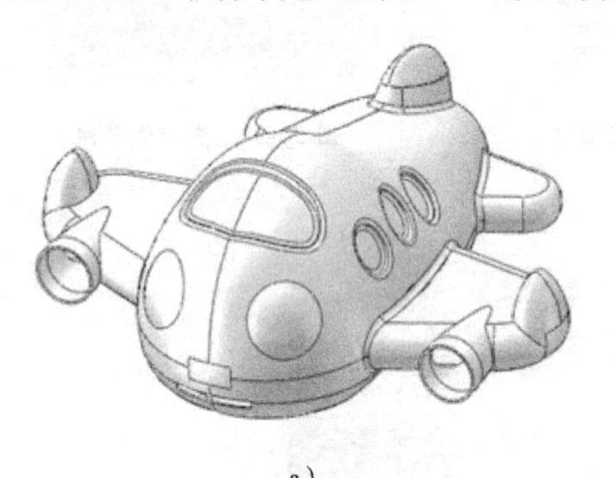

a）

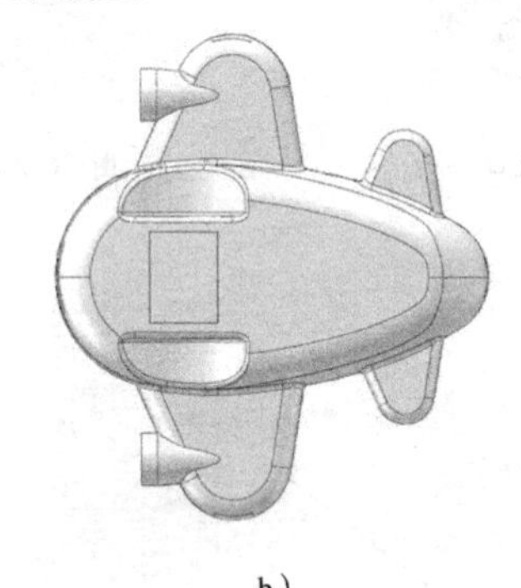

b）

图27-1 玩具飞机三维模型

2.项目规划

玩具飞机是一个经典的曲面建模实例。它的外形基本上都是不规则的，全靠样条曲线勾勒出轮廓，所以其建模难度是比较大的。各个曲面之间要相互剪裁、缝合，才能形成一个完整的面，然后才能加厚成实体。该模型难点在于机翼的创建，要保证曲面间的相切过渡。该模型的建模步骤如下：

1）应用边界曲面工具生成机身曲面的四分之一。

2）镜像曲面获得整个机身曲面。

3）切除机身多余部分，填充平面曲面，再缝合曲面。

4）应用拉伸曲面生成飞机尾部曲面。

5）应用边界曲面生成飞机尾部圆顶。

6）拉伸曲面和平面曲面，生成飞机前机翼。

7）复制机翼到后面并缩小，生成飞机后机翼。

8）应用边界曲面和镜像生成飞机的所有机翼。

9）旋转出飞机涡轮曲面。

10）镜像出右边涡轮曲面，剪裁机翼与机身曲面。

11）等距拉伸飞机轮子曲面，并做两个平面曲面，封闭轮子曲面并缝合曲面。

12）对飞机底部曲面进行剪裁，对剪裁出的边线倒圆角。

13）利用曲面剪裁做出飞机底部及凹槽。

14）利用分割线使曲面过渡顺滑，为后面加厚操作做准备，减小失败的概率。

15）做出飞机风窗玻璃，向下等距曲面后删除原曲面。

16）投影、删除面和边界曲面。

17）做出飞机侧面的窗口。

18）将曲面缝合，并倒机身窗户圆角。

19）做出飞机前灯。

20）用前视基准面镜像放样曲面，剪裁机身曲面与前灯曲面并缝合。

21）加厚和拉伸曲面切除。选取整个曲面进行加厚，获得实体。

建模整体思路见表 27-1。

表 27-1　建模整体思路

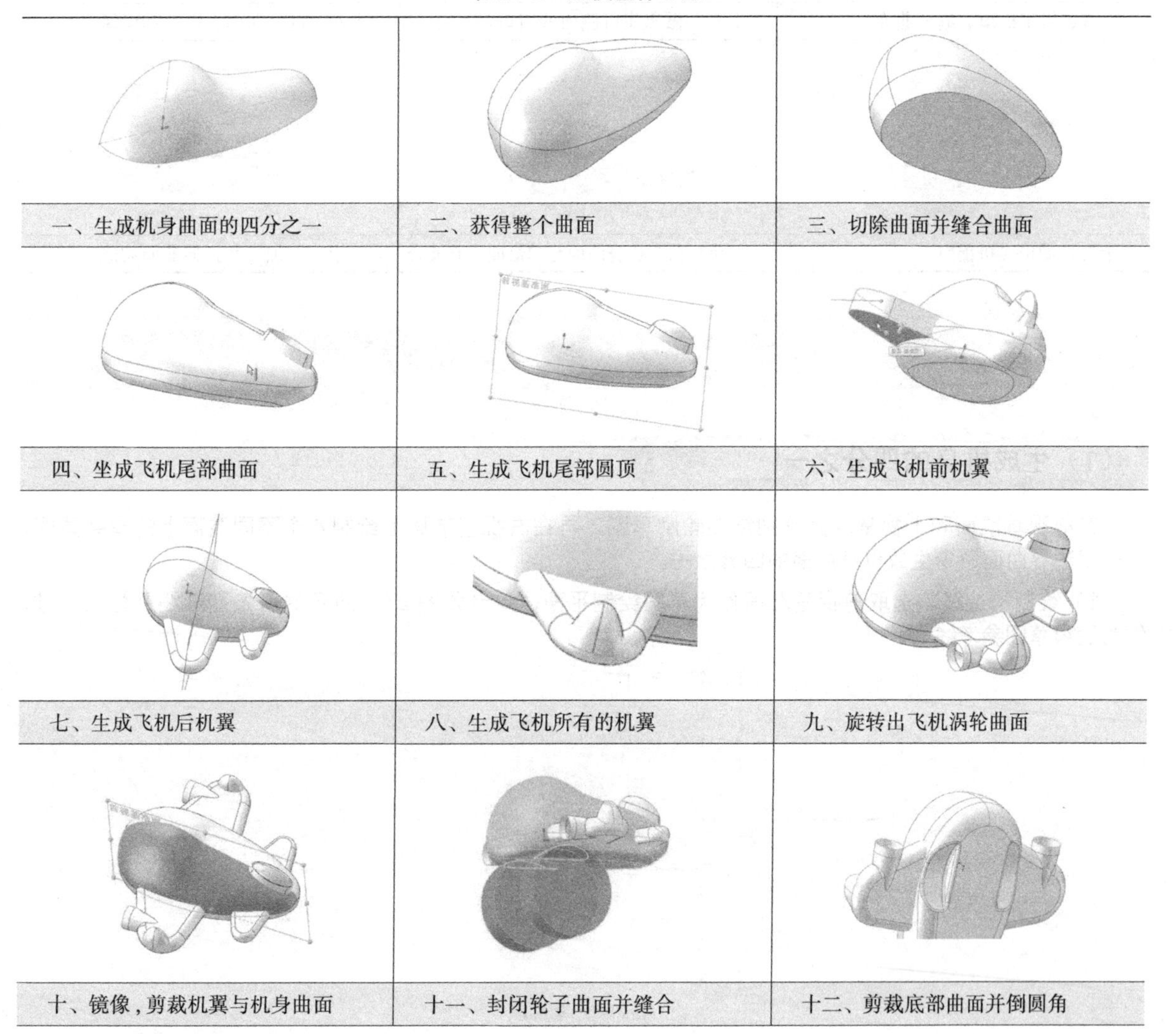

一、生成机身曲面的四分之一	二、获得整个曲面	三、切除曲面并缝合曲面
四、坐成飞机尾部曲面	五、生成飞机尾部圆顶	六、生成飞机前机翼
七、生成飞机后机翼	八、生成飞机所有的机翼	九、旋转出飞机涡轮曲面
十、镜像，剪裁机翼与机身曲面	十一、封闭轮子曲面并缝合	十二、剪裁底部曲面并倒圆角

（续）

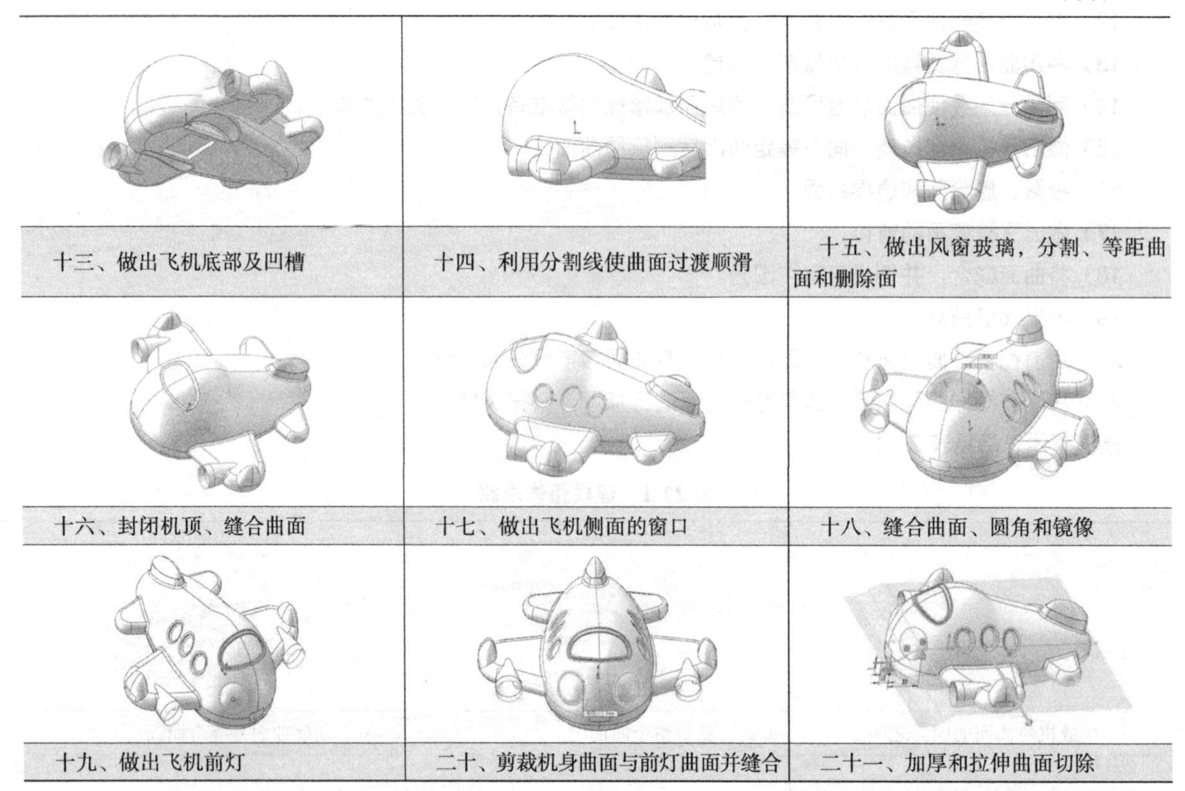

3.项目实施

（1）生成机身的四分之一

在前视基准面和上视基准面分别绘制轮廓草图，再在右视基准面上绘制 4 个不同截面上的骨架草图，然后用边界曲面命令生成机身曲面的四分之一。

1）绘制构造线。选取前视基准面作为草图绘制平面，绘制如图 27-2 所示的两条基准线并标注尺寸，作为后续草图参考线。

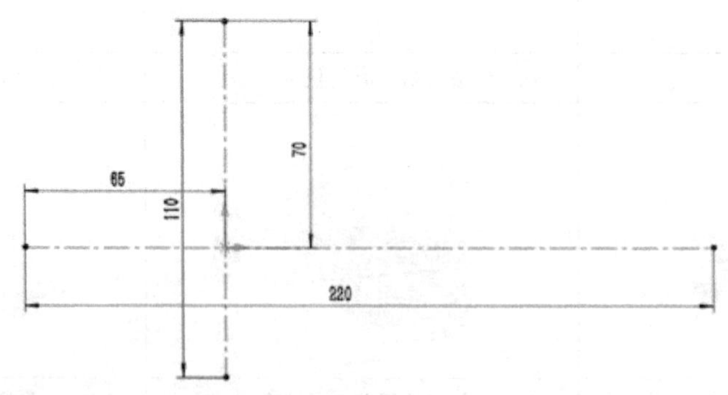

图27-2　草图1

2）绘制机身的上轮廓。选取前视基准面作为草图绘制平面，绘制如图 27-3 所示的一条样条曲线。曲线经过草图 1 所示基准线的 3 个端点，共有 10 个控制点，然后将开始和结束控制点的切向约束成竖直方向。这里要注意的是，右边的第二个控制点要离最右边端点远一点，否则尾部曲率半径不够大，在最后一步加厚成实体时容易失败。

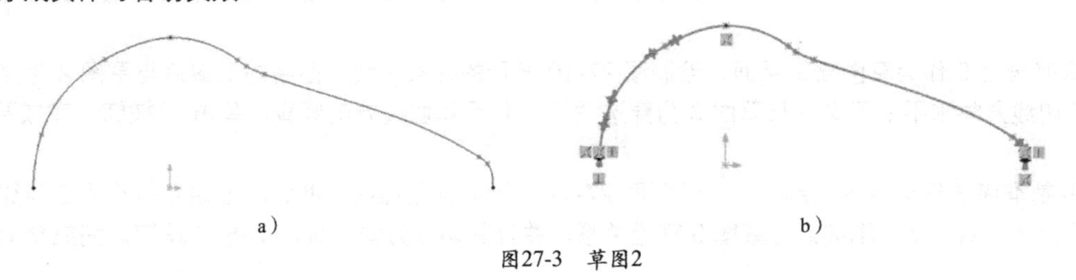

图27-3 草图2

a）10个控制点位置 b）开始点和结束点切向方向

3）绘制机身侧轮廓。选取上视基准面作为草图绘制平面，绘制如图 27-4 所示的 3 段圆弧并标注尺寸，最后添加圆弧端点与曲线为穿透约束的几何关系。

4）绘制机身骨架。选择右视基准面作为草图绘制平面，绘制如图 27-5 所示的样条曲线。曲线的上端点与草图 2 为穿透关系，并且其切线方向水平；下端点与草图 3 为穿透关系，并且其切线方向竖直。单击确定按钮，完成草图 4 的绘制。

① 新建基准面，单击“插入”→“参考几何体”→“基准面”命令，选取右视基准面作为参考体，选取图 27-6 所示的点作为参考点，单击 按钮，完成基准面 1 的创建。

② 采用相同的方法，新建如图 27-7 所示的基准面 2 和图 27-8 所示的基准面 3。

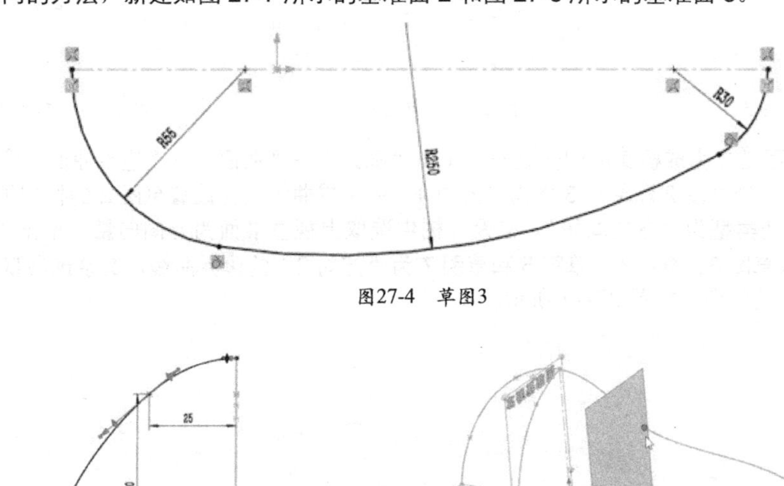

图27-4 草图3

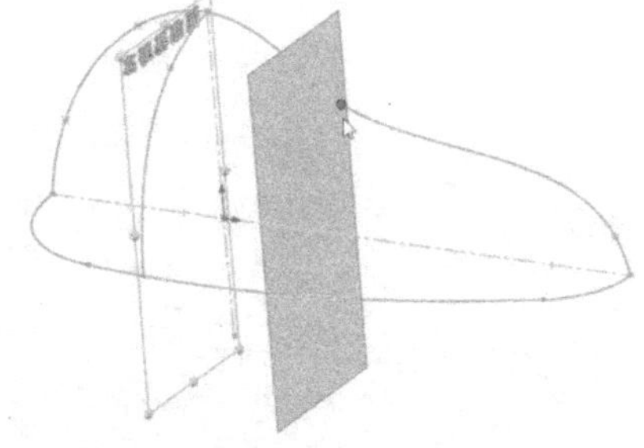

图 27-5 草图 4

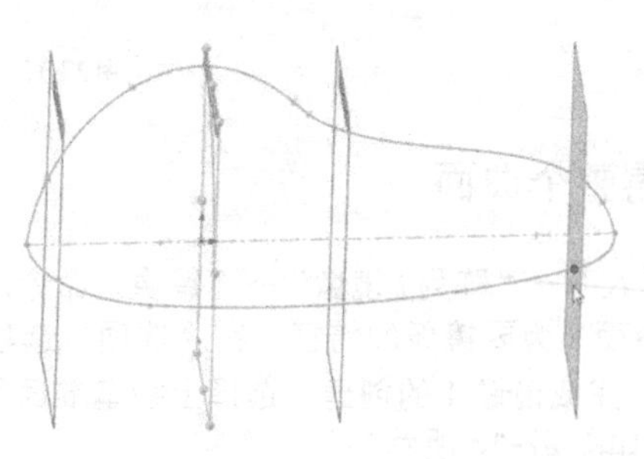

图 27-6 基准面 1

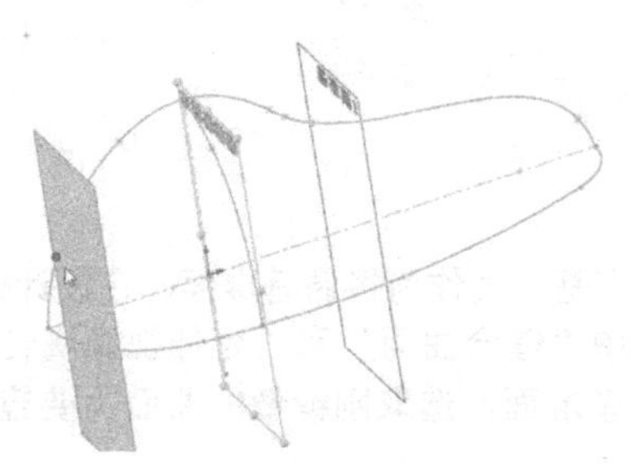

图 27-7 基准面 2

图 27-8 基准面 3

③ 选取基准面 1 作为草图绘制平面，绘制图 27-9 所示的样条曲线。曲线的上端点与草图 2 为穿透关系，并且其切线方向水平；下端点与草图 3 为穿透关系，并且其切线方向竖直，单击✔按钮，完成草图 5 的绘制。

④ 选取基准面 2 作为草图绘制平面，绘制图 27-10 所示的样条曲线。曲线的上端点与草图 2 为穿透关系，并且其切线方向水平；下端点与草图 3 为穿透关系，并且其切线方向竖直，单击✔按钮，完成草图 6 的绘制。

⑤ 选取基准面 3 作为草图绘制平面，绘制图 27-11 所示的样条曲线。曲线的上端点与草图 2 为穿透关系，并且其切线方向水平；下端点与草图 3 穿透关系，并且其切线方向竖直，单击✔按钮，完成草图 7 的绘制。

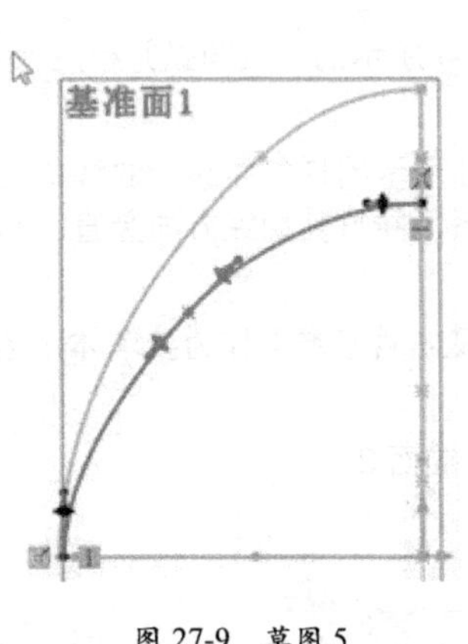

图 27-9　草图 5

图 27-10　草图 6

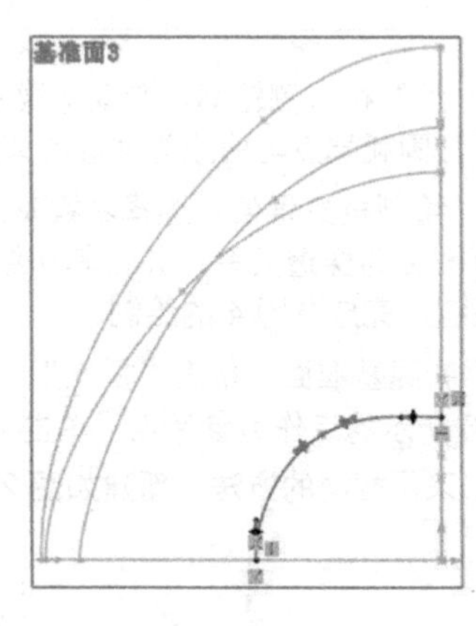

图 27-11　草图 7

5）应用边界曲面工具生成机身的四分之一。单击“插入”→“曲面”→“边界曲面”命令，弹出“边界 - 曲面”对话框。选择草图 2 和草图 3 作为“方向 1”的边界曲线，并设置草图 2 的相切类型为“垂直于轮廓”、草图 3 的相切类型为“方向向量”，在设计树中选取上视基准面为方向向量。单击“方向 2”下的选项框，按顺序选取草图 6、草图 4、草图 5 和草图 7 为“方向 2”的边界曲线，其余选项默认。单击✔按钮，完成边界曲面 1 的创建，如图 27-12 所示。

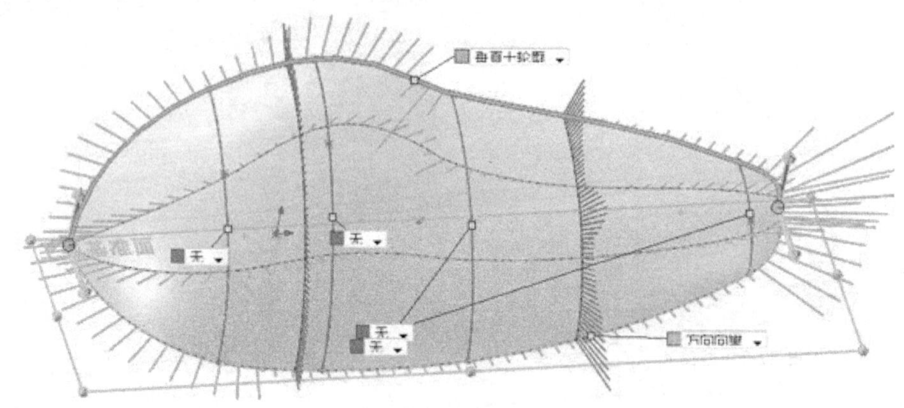

图27-12　边界曲面

（2）获得整个曲面

单击“插入”→“阵列 / 镜像”→“镜像”命令，选取前视基准面作为镜像基准面，在设计树中选取刚创建的边界曲面 1 为要镜像的特征，在“选项”选项区中选中“缝合曲面”和“延伸视像属性”复选框，单击✔按钮，完成镜像 1 的创建。选择上视基准面作为镜像基准面，选取刚镜像的曲面为要镜像的特征，得到镜像 2，如图 27-13 所示。

（3）切除曲面并缝合曲面

以上视基准面为参考新建基准面，切除机身下多余部分，并填充该平面曲面和缝合曲面。

1）新建基准面。选取上视基准面为参考实体，在偏移距离文本框中输入距离值“25”，选中“反转”复选框，新建基准面 4，如图 27-14 所示。

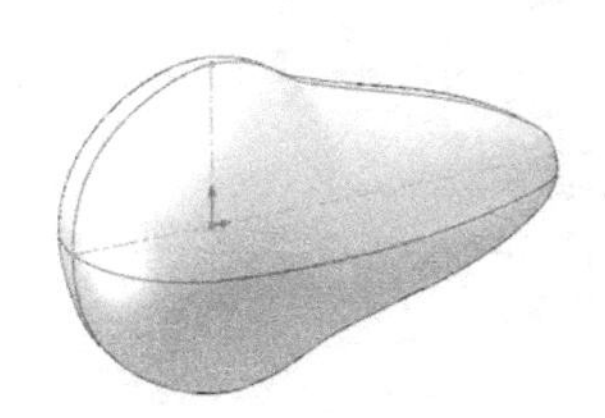

图 27-13　镜像

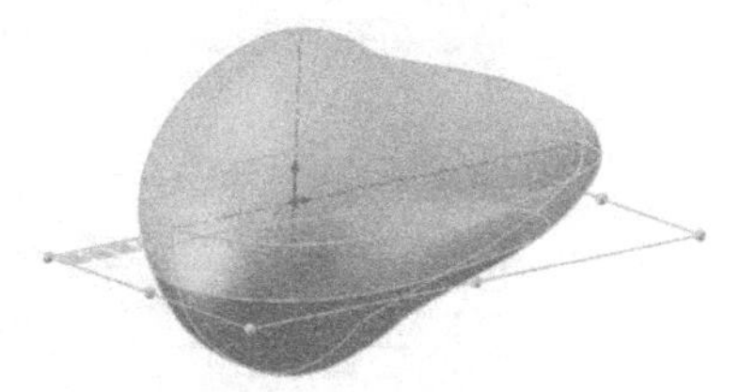

图 27-14　基准面 4

2）曲面剪裁。单击“插入”→“曲面”→“剪裁曲面”命令，弹出“剪裁曲面”对话框。先定义剪裁类型为“标准”，再选择基准面 4 为“剪裁工具”，定义“保留选择”后将镜像 1 选为“要保留的部分”，单击✓按钮，完成曲面剪裁 1 的创建，如图 27-15 所示。

3）平面曲面。单击“插入”→“曲面”→“平面曲面”命令，选取图 27-16 所示底面两条曲线为平面区域，单击✓按钮完成曲面基准面 1 的创建，如图 27-17 所示。

4）缝合曲面。单击“插入”→“曲面”→“缝合曲面”命令，在设计树中选取曲面基准面 1 和曲面剪裁 1 为缝合对象，单击✓按钮完成曲面缝合 1 的创建。

（4）生成飞机尾部

1）倒圆角。选取底面边线为对象进行倒圆角，设置圆角半径为 *R*17mm，得到圆角 1，如图 27-18 所示。

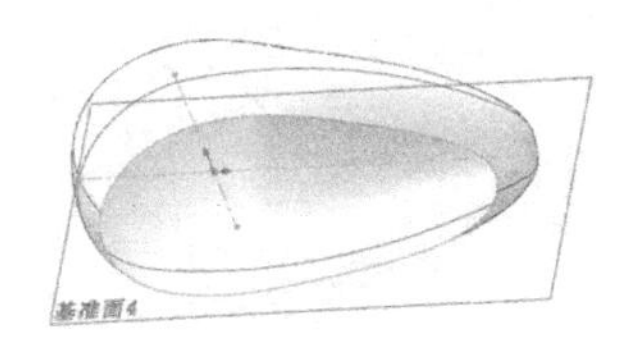

图 27-15　曲面剪裁 1

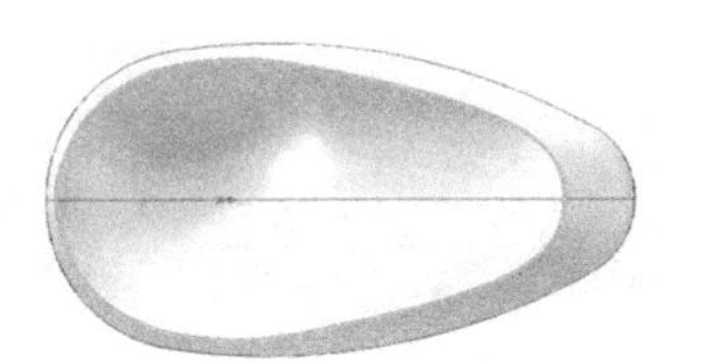

图 27-16　底面边线

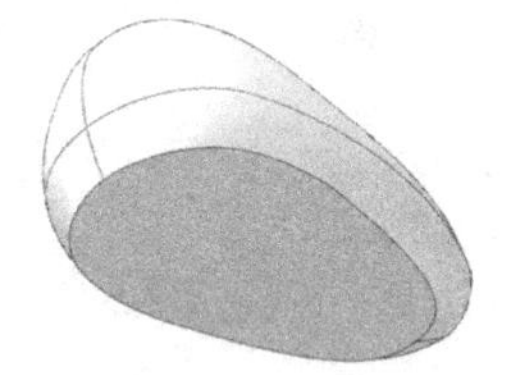

图 27-17　平面曲面

2）新建基准面。单击“插入”→“参考几何体”→“基准轴”命令，选取右视基准面和上视基准面为基准轴的参考实体，单击✓按钮，完成基准轴 1 的创建。

单击“插入”→“参考几何体”→“基准面”命令，选择基准轴 1 和上视基准面作为参考实体，在两面夹角文本框中输入“20”，单击✓按钮，完成基准面 5 的创建（图 27-19）。

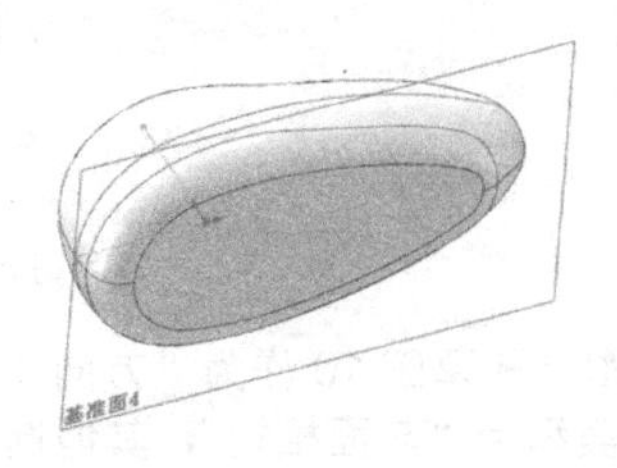

图 27-18　圆角

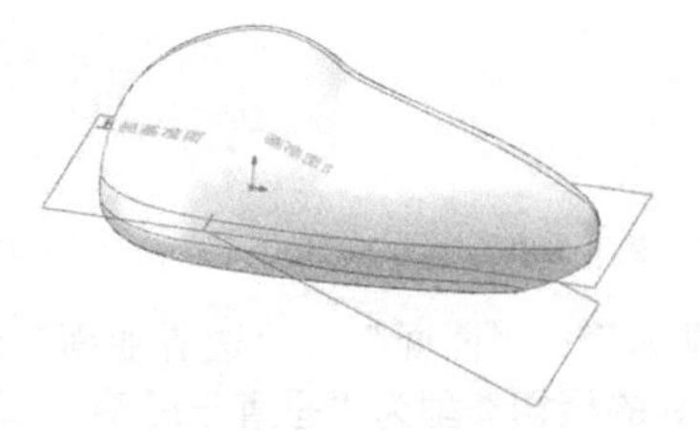

图 27-19　基准面 5

3）拉伸曲面。单击“插入”→“曲面”→“拉伸曲面”命令，选取基准面 5 作为草图绘制平面，绘制如图 27-20 所示的草图 8。单击✓按钮，退出草图，进入拉伸曲面编辑环境。在“从”选项区的下拉列表中选择“等距”选项，输入等距值“60”，在“方向 1”选项区的下拉列表中选取“给定深度”，输入深度值“17”，再单击拔模开 / 关按钮，在其文本框中输入拔模角度值“15”，单击✓按钮，完成曲面拉伸 1 的创建，如图 27-21 所示。

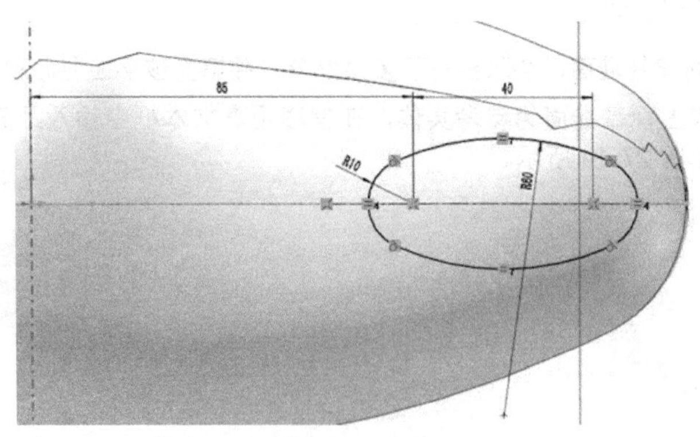

图27-20　草图8

（5）形成飞机尾部圆顶

利用交叉曲线生成的 3D 视图做参考，在前视基准面和新建基准面上绘制两草图，并利用这两个草图边界曲面形成尾部圆顶。

1）单击“工具”→“草图工具”→“交叉曲线”命令，在设计树中选取前视基准面和曲面拉伸 1 作为对象，单击✔按钮，生成两条交叉曲线，并且系统自动进入 3D 草图的绘制界面，此时继续单击✔按钮退出，得到 3D 草图 1，如图 27-22 所示。

2）选择前视基准面作为草图绘制平面，绘制如图 27-23 所示的三段圆弧，圆弧相互相切并且圆弧端点与交叉曲线重合，单击✔按钮生成草图 9。选择基准面 5 和图 27-24 所示的点作为参考实体新建基准面，得到基准面 6。选取基准面 6 作为草图绘制平面，绘制如图 27-25 所示的草图 10，其为引用实体边线而成。

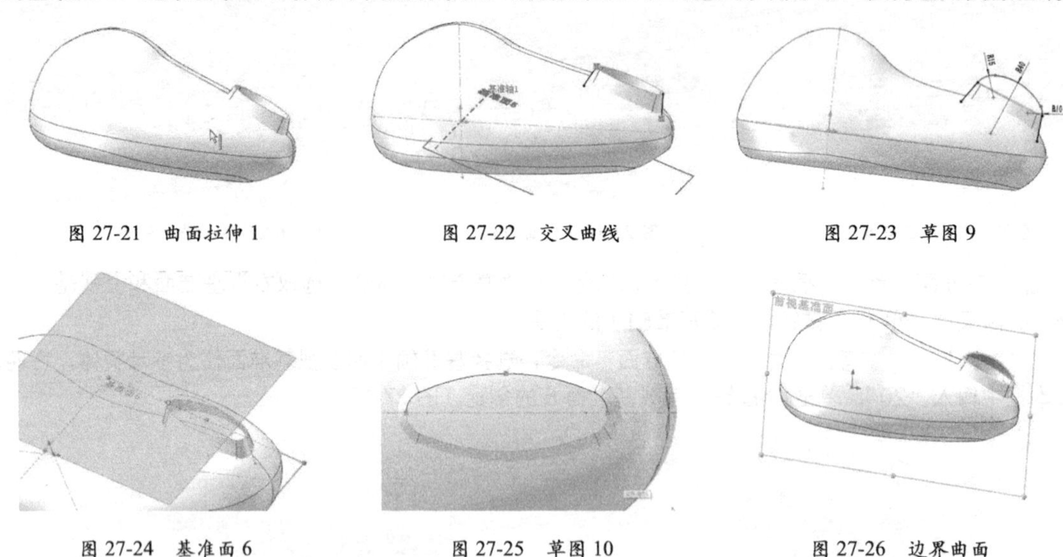

图 27-21　曲面拉伸 1　　图 27-22　交叉曲线　　图 27-23　草图 9

图 27-24　基准面 6　　图 27-25　草图 10　　图 27-26　边界曲面

3）单击“插入”→“曲面”→“边界曲面”命令，选择草图 9 和草图 10 作为“方向 1”上的边界曲线，并设置草图 9 的相切类型为“垂直于轮廓”、草图 10 的相切类型为“与面相切”，其他选项默认，单击✔按钮，完成边界曲面 2 的创建，如图 27-26 所示。

4）选取前视基准面作为镜像基准面，单击镜像按钮，选取边界曲面 2 作为要镜像的实体特征，选中“缝合曲面”和“延伸视像属性”复选框，单击✔按钮，完成镜像 3。

5）缝合曲面。单击“插入”→“曲面”→“缝合曲面”命令，选取“曲面拉伸 1”和“镜像 3”为缝合对象，单击✔按钮，完成曲面缝合 2 的创建。

（6）生成飞机前机翼

在上视基准面拉伸前机翼曲面并补上两曲面平面，缝合曲面形成前机翼。

1）拉伸曲面。选取上视基准面作为草图绘制平面，绘制如图 27-27 所示的草图 11，单击✔按钮，退出草图。在“曲面 - 拉伸”窗口的“方向 1”选项区下拉列表中选择“两侧对称”选项，输入深度值“20”，单击✔按钮，完成曲面拉伸 2 的创建。

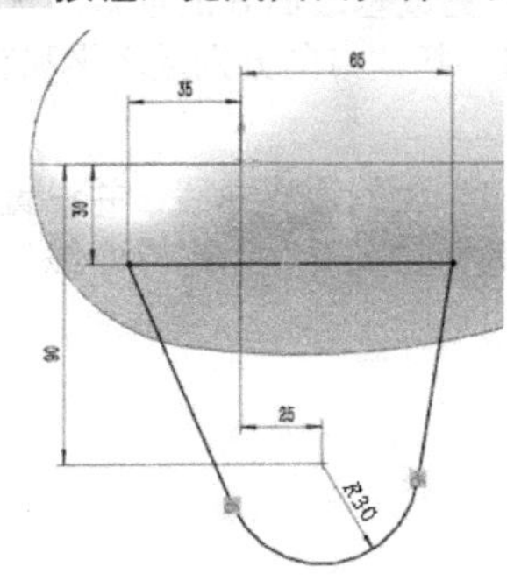

图 27-27　草图 11

图 27-28　曲面基准面 2

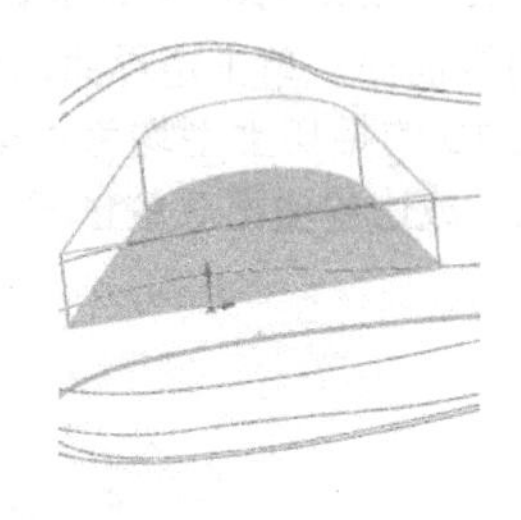

图 27-29　曲面基准面 3

2）平面曲面。单击工具栏中的“平面区域”命令，选取如图 27-28 所示的曲面拉伸 2 的上面 4 条边线为对象，单击✔按钮，完成曲面基准面 2 的创建。

用同样的方法选取曲面拉伸 2 的下面 4 条边线创建曲面基准面 3，如图 27-29 所示。

（7）生成飞机后机翼

对前机翼边线倒圆角并复制机翼到后面形成后机翼，并把它缩小。

1）倒圆角。单击“插入”→“特征”→“圆角”命令，在“圆角”窗口的“圆角类型”中选中“完整圆角”单选按钮，选取曲面基准面 2 为边侧面组 1，再选取图 27-30 所示的 3 个曲面为中央面组，然后选取曲面基准面 3 为边侧面组 2，单击✔按钮，完成圆角 2 的创建。

2）复制。新建基准面 7，选取右视基准面作为参考实体新建基准面，在距离文本框中输入“25”，单击✔按钮，生成基准面 7。

单击“插入”→“特征”→“移动 / 复制”命令，选取圆角 2 为对象，在弹出的区域中选中“复制”选项，输入复制值“1”。然后在“平移”选项区中的“ΔX”文本框中输入“90”，在“ΔY”文本框中输入“0”，在“ΔZ”文本框中输入“－20”，单击✔按钮，完成实体移动 1 的创建，如图 27-31 所示。

3）缩放。单击“插入”→“特征”→“缩放比例”命令，选取实体移动 1 为对象，取消选中“统一比例缩放”选项，在“X”文本框中输入“0.5”，在“Y”文本框中输入“0.8”，在“Z”文本框中输入“0.5”，单击✔按钮，完成缩放比例 1 的创建，如图 27-31 所示。

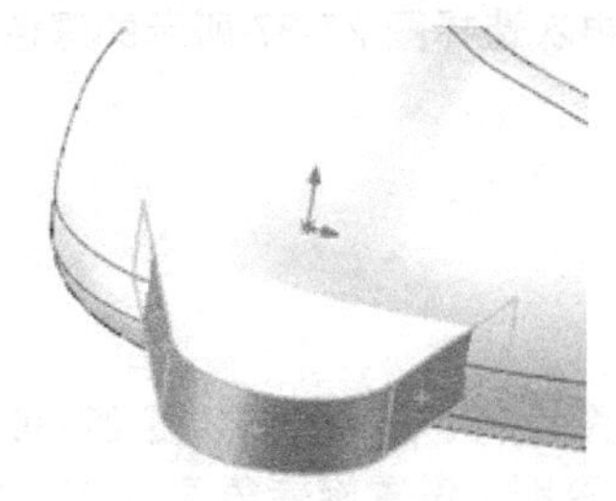

图 27-30　圆角 2

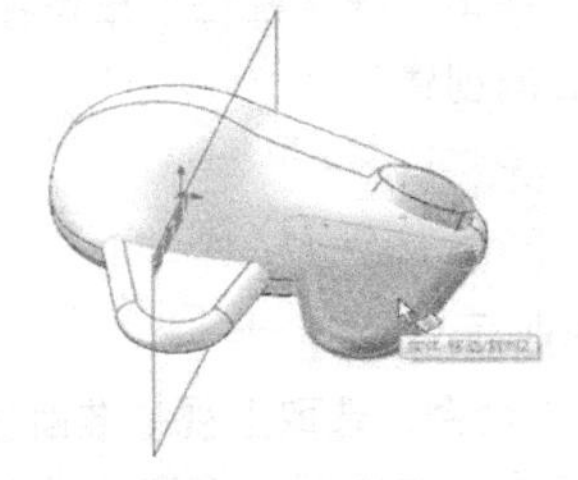

图 27-31　实体移动 1

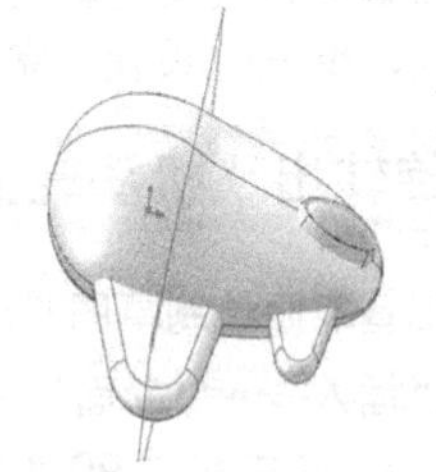

图 27-32　缩放比例 1

（8）生成飞机所有的机翼

在上视基准面和新建基准面上绘制两个草图，边界曲面形成前机翼上圆顶的一半，再用该新建的基准面镜像完成前机翼上圆顶。用前视基准面将左方前后机翼镜像到右方，形成飞机的所有机翼。

1）绘制 3 个草图。选取上视基准面作为草图绘制面，绘制图 27-33 所示的草图 12。它由引用实体圆弧和一段样条曲线相切而成，其中样条曲线上的端点切线方向水平，单击✔按钮，退出草图 12。

再选取基准面 7 作为草图绘制平面，绘制图 27-34 所示的样条曲线，曲线与草图 12 穿透，左端点切线方向竖直，最高点切线方向水平，单击✔按钮，完成草图 13 的绘制。

单击基准面命令，选取前视基准面和图 27-35 所示的点作为参考实体，完成基准面 8 的创建。选取基准面 8 作为草图绘制平面，绘制图 27-36 所示的曲面，曲线与其他草图穿透，切线方向分别是水平和竖直，单击✔按钮，完成草图 14 的绘制。

2）边界曲面。单击边界曲面命令，选取草图 12 和草图 13 作为“方向 1”上的边界曲线，并设置草图 12 和草图 13 的相切类型均为“垂直于轮廓”；在设计树中选取草图 14 作为“方向 2”上边界曲线，单击✔按钮，完成边界曲面 3 的创建。

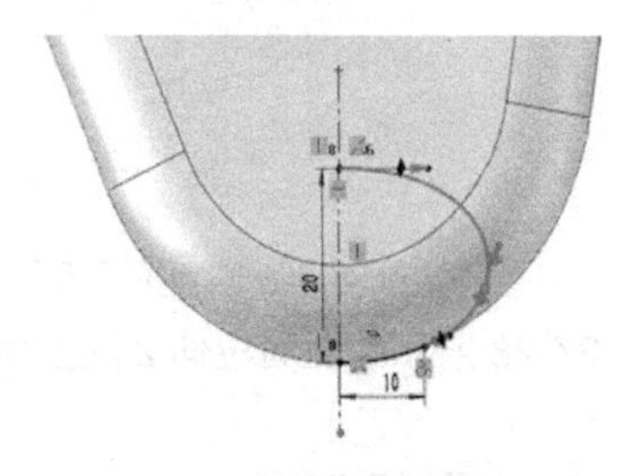

图 27-33　草图 12

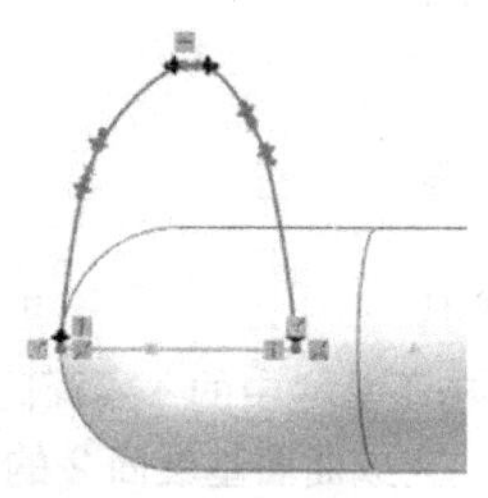
图 27-34　草图 13

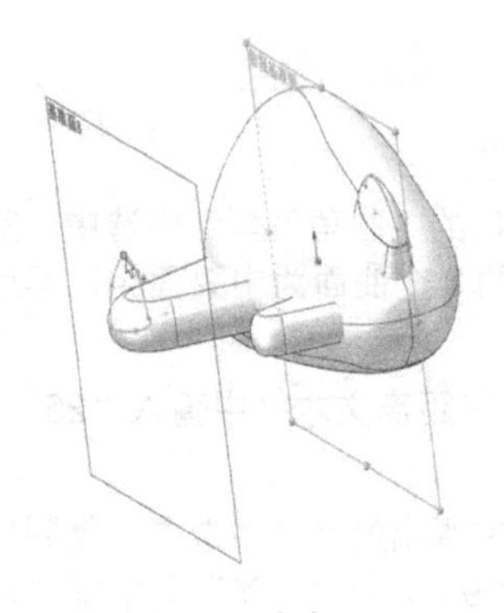
图 27-35　基准面 8

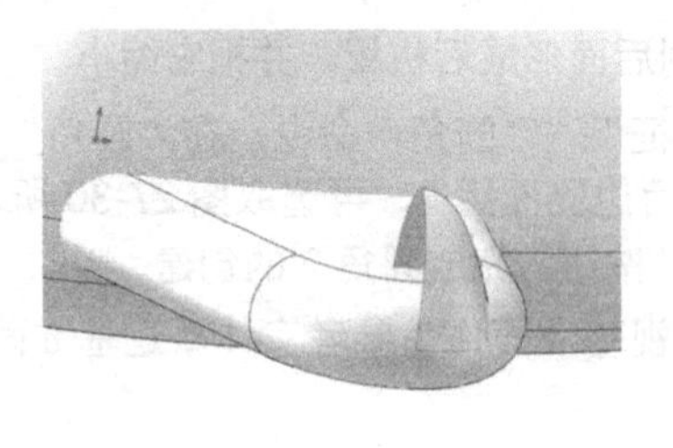
图 27-36　边界曲面

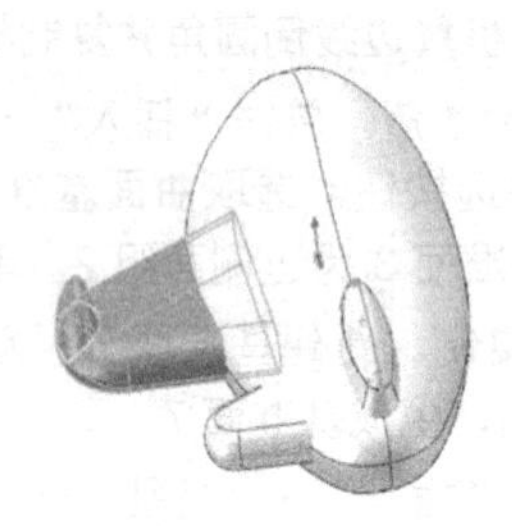
图 27-37　曲面剪裁 2

3）镜像。选取基准面 7 作为镜像基准面，单击镜像命令，选取边界曲面 3 作为镜像对象，选中“缝合曲面”和“延伸视像属性”复选框，单击✔按钮，完成镜像 4 的创建。

4）剪裁。单击剪裁曲面命令，在“剪裁类型”选项区中选中“相互”单选按钮。然后在设计树中选取圆角 2 和镜像 4 作为要剪裁的曲面特征，再选中“保留选择”单选按钮，再次选择图 27-37 所示的深色曲面为保留面，单击✔按钮，完成曲面剪裁 2 的创建。

（9）旋转出飞机涡轮曲面

在上视基准面绘制草图并旋出飞机涡轮曲面。

单击“插入”→“曲面”→“旋转曲面”命令，选取上视基准面作为草图绘制平面，绘制如图 27-38 所示的草图 14，其中尺寸 90 为旋转中心线与原点的距离，单击✔按钮退出草图；设置旋转角度为“360”，再单击✔按钮，生成曲面旋转 1。

单击剪裁曲面命令，在“剪裁类型”选项区中选中“相互”单选按钮，然后在设计树中选取曲面旋转 1 和曲面剪裁 2 作为要剪裁的曲面特征，再选中“保留选择”单选按钮，再次选择图 27-39 所示的深色曲面为保留面，单击✔按钮，完成曲面剪裁 3 的创建。

（10）镜像，剪裁机翼与机身曲面

1）镜像。选取前视基准面作为镜像基准面，单击镜像命令，并选取设计树中的“曲面剪裁 3 和缩放比例 1”为要镜像的实体特征，选中“延伸视像属性”复选框，单击✔按钮，完成镜像 5 的创建，如图 27-40 所示。

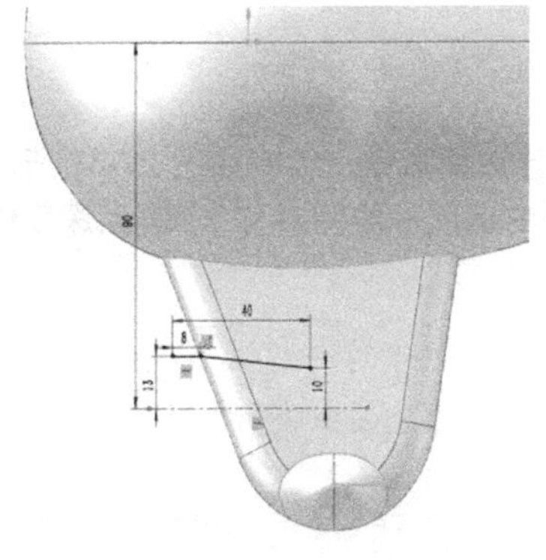

图 27-38　草图 14

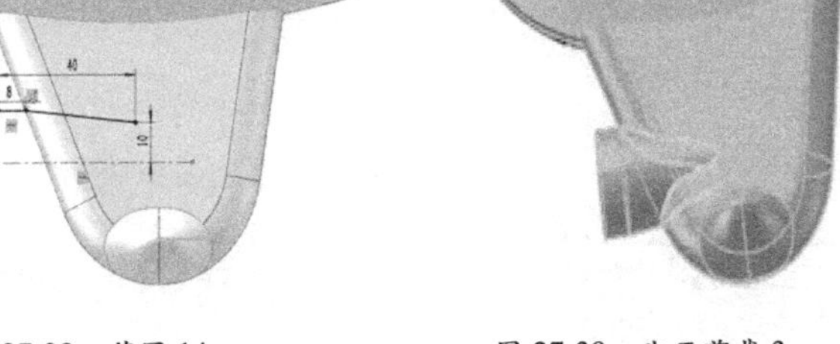

图 27-39　曲面剪裁 3

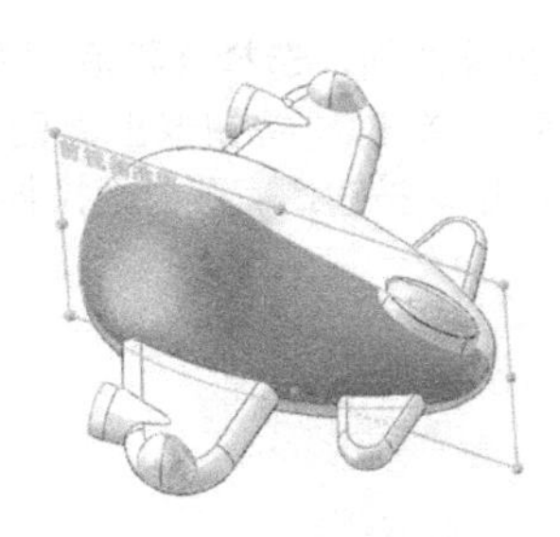

图 27-40　镜像 5

2）全剪裁。单击剪裁曲面命令，在“剪裁类型”选项区中选中“相互”单选按钮，然后在设计树中依次选取“镜像 5”“圆角 1”“曲面缝合 2”“曲面剪裁 3”和“缩放比例 1”作为要剪裁的曲面特征，再选中“保留选择”单选按钮，再次选择图 27-41 所示的深色曲面为保留面，单击✔按钮，完成曲面剪裁 4 的创建。

（11）封闭轮子曲面并缝合

在前视基准面绘制草图，等距拉伸飞机轮子曲面并做两个平面曲面封闭轮子曲面，再通过前视基准面镜像到右边，最后缝合曲面。

1）拉伸曲面。单击拉伸曲面命令，选取“前视基准面”作为草图绘制平面，绘制图 27-42 所示的断面草图，单击✔按钮退出草图，在“曲面 - 拉伸”对话框的“从”选项区的下拉列表中选取“等距”选项，输入等距数值“30”，在给定深度文本框中输入深度值“30”，单击✔按钮，完成曲面拉伸 3 的创建。

2）平面曲面。单击平面曲面命令，选取曲面拉伸 3 内侧的边线为对象，单击✔按钮完成曲面基准面 4 的创建，如图 27-43 所示。

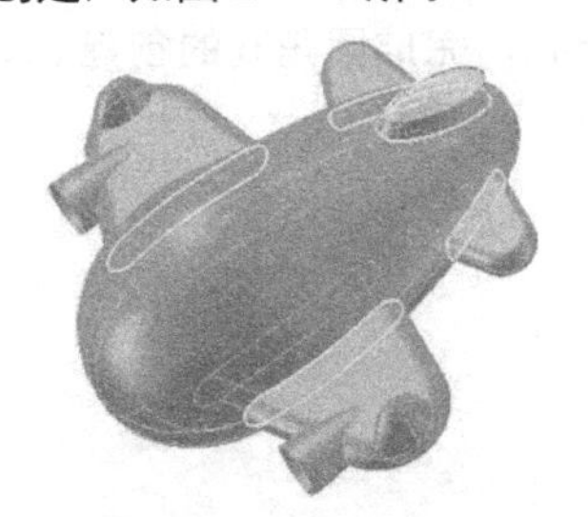

图 27-41　曲面剪裁 4

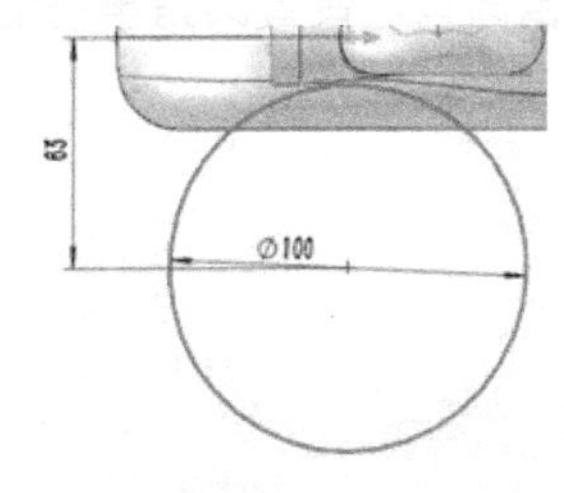

图 27-42　曲面拉伸 3

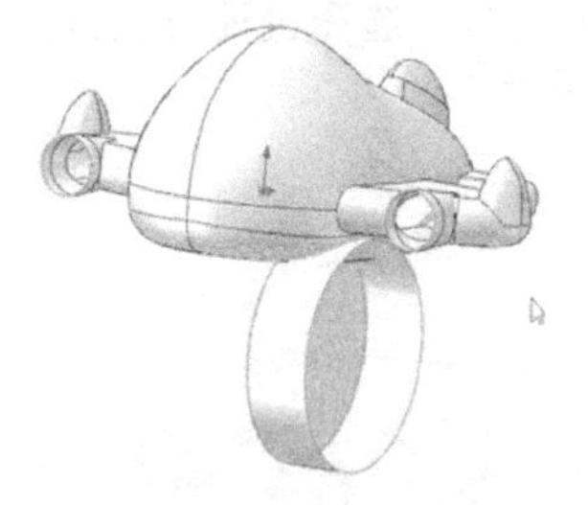

图 27-43　曲面基准面 4

3）缝合曲面。单击缝合曲面命令，选取曲面拉伸 3 和曲面基准面 4 作为缝合对象，单击✔按钮，完成曲面缝合 3 的创建。

4）镜像。单击镜像特征命令，选取前视基准面作为镜像基准面，再选取曲面缝合 3 为要镜像的实体特征，选中“延伸视像属性”，单击✔按钮，完成镜像 6 的创建。

（12）剪裁底部曲面并倒圆角

利用这两个轮子对飞机底部曲面进行剪裁，对剪裁出的边线进行圆角。

1）剪裁。单击剪裁曲面命令，在“剪裁类型”选项区中选中“相互”单选按钮，然后在设计树中选取曲面剪裁 3、曲面剪裁 4 和镜像 6 作为要剪裁的曲面特征，再选中“移除选择”单选按钮，选择图 27-44 所示的深色曲面为移除部分，单击✓按钮，完成曲面剪裁 5 的创建。

2）倒圆角。选取图 27-45 所示的边线创建圆角 3 特征，设置圆角半径为 *R*2mm。重复使用该命令，选取图 27-46 所示的边线创建圆角 4 特征，设置圆角半径为 *R*3mm。

（13）做出飞机底部及凹槽

1）拉伸曲面。选择飞机底部曲面平面作为草图绘制平面，单击拉伸曲面命令，绘制如图 27-47 所示的草图 15，单击✓按钮退出草图；在“方向 1”选项区中的下拉列表中选取“两侧对称”，输入深度值“10”，单击✓按钮，完成曲面拉伸 4 的创建。

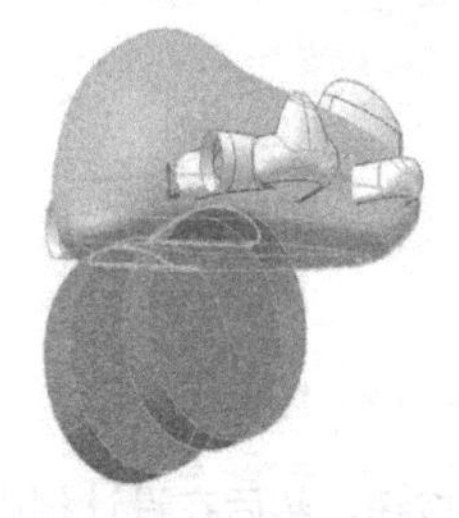

图 27-44　曲面剪裁 5

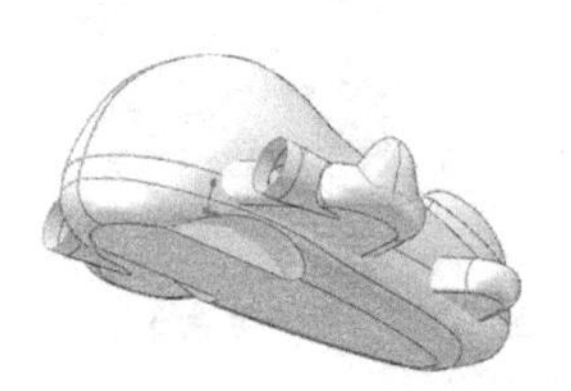

图 27-45　圆角 3

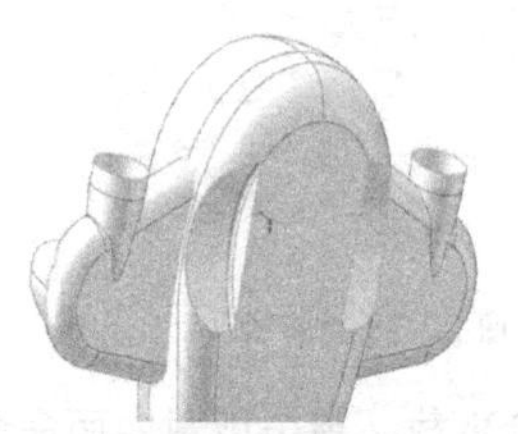

图 27-46　圆角 4

2）平面曲面。单击平面曲面命令，选取曲面拉伸 4 的 4 根边线为对象，单击✓按钮完成曲面基准面 5 的创建，如图 27-48 所示。由于该边线处于飞机内部，选取前需要把模型的“显示样式”显示为“线架图”，等完成选取后可改回“带边线上色”。

3）缝合曲面。单击缝合曲面命令，选取“曲面拉伸 4”和“曲面基准面 5”为缝合对象，单击确定按钮，完成曲面缝合 4 的创建。

4）剪裁。单击剪裁曲面命令，在“剪裁类型”选项区中选中“相互”单选按钮，然后在设计树中选取曲面缝合 4 和整个模型曲面作为要剪裁的曲面特征，再选中“移除选择”单选按钮，选择图 27-48 所示的深色曲面为移除部分，单击✓按钮，完成曲面剪裁 6 的创建。

（14）利用分割线使曲面过渡顺滑

1）圆角。选择机翼与机身交线进行倒圆角，设置圆角半径值为 *R*2mm，完成圆角 5 的创建，如图 27-49 所示。

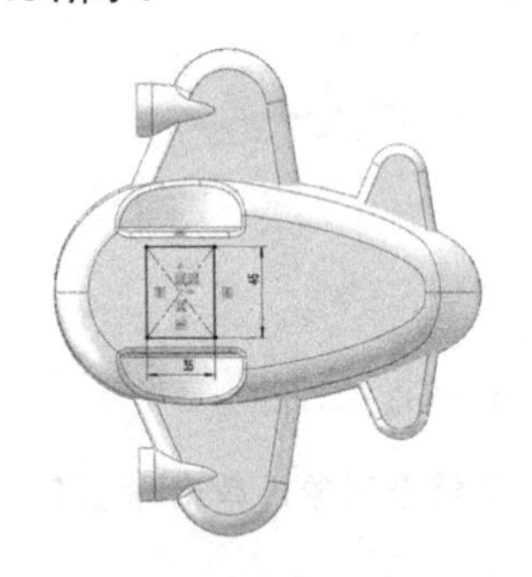

图 27-47　草图 15

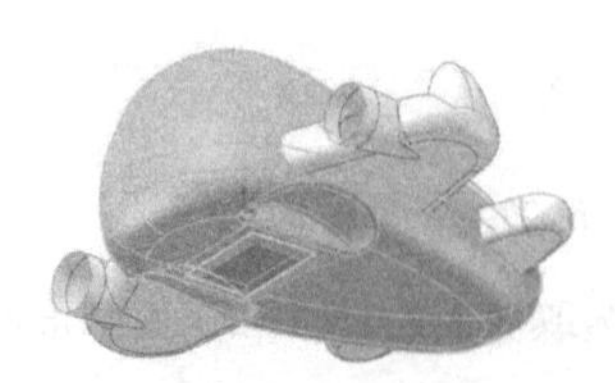

图 27-48　曲面剪裁 6

图 27-49　圆角 5

2）投影。选取右视基准面为草图绘制平面，绘制如图 27-50 所示的草图 16，单击✓按钮，退出草图。单击“插入”→“曲线”→“分割线”命令，在“分割类型”中选中“投影”选项，再选取草图 16 作为要投影的草图，然后选取图 27-51 所示的 8 个曲面为要分割的面，其他默认，单击✓按钮完成分割线 1 的创建。

3）删除面。单击“插入”→“删除”命令，选取图 27-51 所示前后分割线里的小曲面作为要删除的面，并在“选项”中选中“删除并填补”单选按钮和“相切填补”复选框，单击确定按钮，完成删除面 1 的创建，如图 27-52 所示。这里，删除分割线里的曲面，让这 4 处曲面以相切的形式重新填补成新曲面，为后面加厚做准备，可减小失败的概率。

4）创建删除面 2。选取前视基准面作为草图绘制平面，绘制图 27-53 所示的草图 17，单击✓按钮。退出草图。再单击分割线命令，在“分割类型”中选中“投影”选项，再选取草图 17 作为要投影的草图，然后选取图 27-54 所示的 6 个曲面为要分割的面，其他选项采用系统默认值。单击✓按钮，完成分割线 2 的创建。

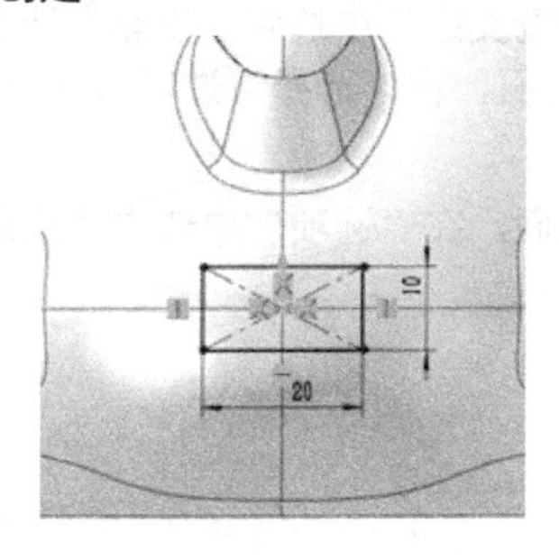

图 27-50　草图 16

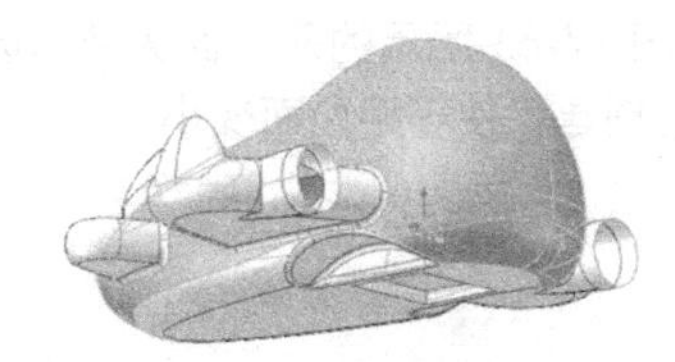
图 27-51　分割线 1 的分割面

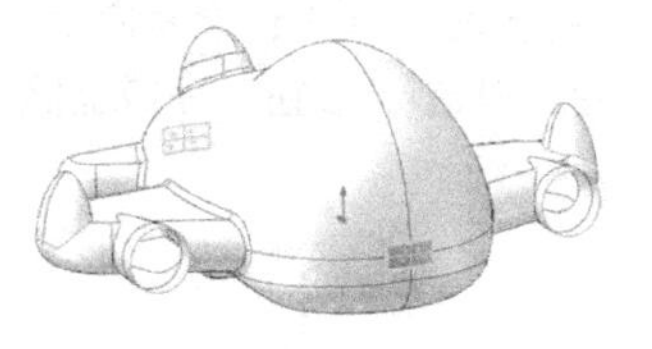
图 27-52　删除面 1

单击“插入”→“删除”命令，选取图 27-55 所示左右分割线里各 3 个曲面作为要删除的面，并在“选项”中选中“删除并填补”单选按钮和“相切填补”复选框，单击✓按钮完成删除面 2 的创建。

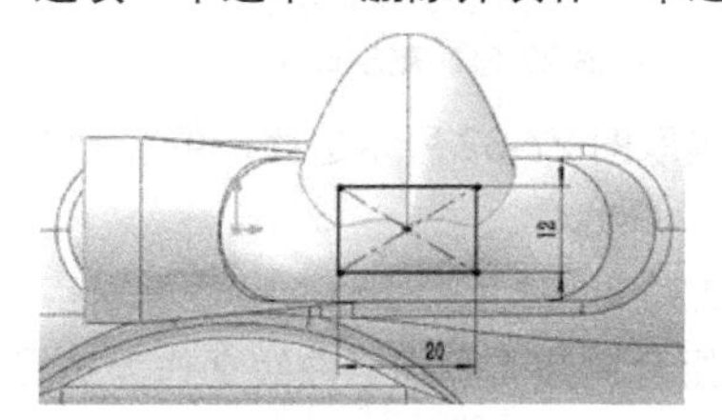

图 27-53　草图 17

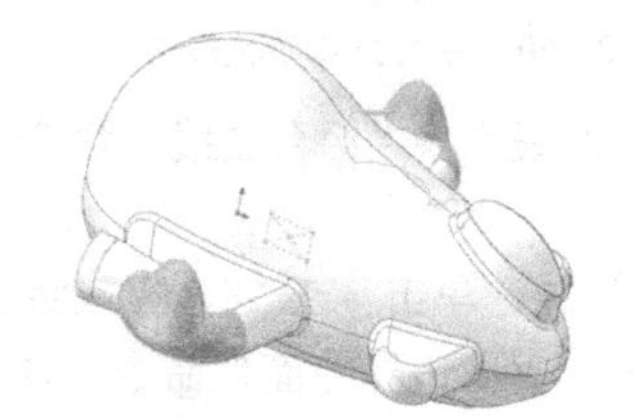
图 27-54　分割线 2 要分割的面

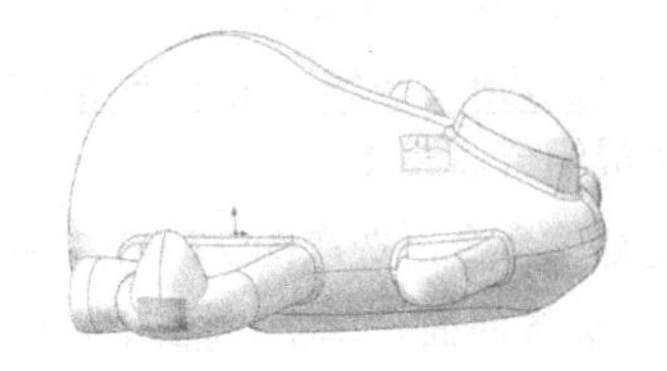
图 27-55　删除面 2

（15）做出风窗玻璃，分割、等距曲面和删除面

在上视基准面绘制草图并投影到机身顶面，分割顶面作为飞机风窗玻璃，向下等距曲面后删除原曲面。

1）分割。选取上视基准面作为草图绘制平面，绘制如图 27-56 所示的草图 18，单击✓按钮，退出草图。单击分割线命令，在“分割类型”中选中“投影”选项，选取草图 18 作为要投影的草图，选取图 27-57 所示的两个曲面作为要分割的面，单击✓按钮完成分割线 3 的创建。

2）等距曲面。单击“插入”→“等距曲面”命令，选取图 27-58 所示的两个面作为等距曲面，输入“2.0”，采用默认方向，单击✓按钮，完成曲面等距 1 的创建。

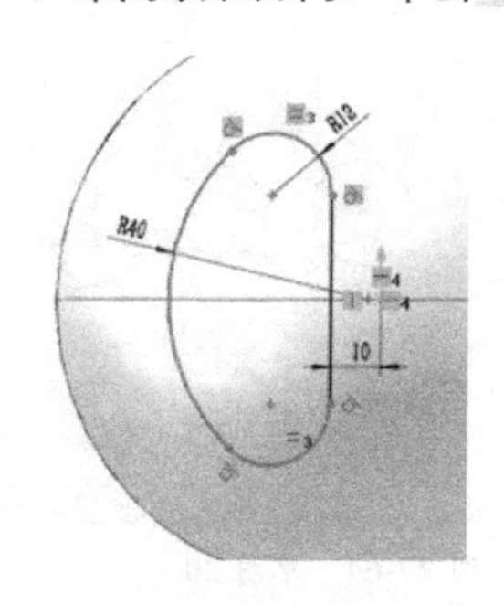

图 27-56　草图 18

图 27-57　分割线 3 要分割的面

图 27-58　曲面等距 1

3）删除面。选择删除面命令，选取图 27-58 所示的两个面为要删除的面，在“选项”中选中“删除”

单选按钮，单击✓按钮，完成删除面 3 创建，露出刚做的等距曲面。

（16）投影、删除面和边界曲面

再次在上视基准面绘制草图并投影到机顶等距曲面上，分割该曲面，并删除草图以外的曲面，使该曲面变小一些。新建两条组合曲线，利用这两条曲线边界曲面把机顶封闭，最后缝合曲面。

1）投影。选取上视基准面为草图绘制平面，绘制如图 27-59 所示的草图 19。草图 19 是以草图 18 向内偏移 3mm 形成的，单击确定按钮，退出草图。单击分割线命令，在“分割类型”中选中“投影”选项，选取草图 19 为要投影的草图，选取图 27-60 所示的两个曲面作为要分割的面，在“选择”选项区中选中“单向”和“反向”复选框，单击✓按钮，完成分割线 4 的创建。

2）删除面。单击删除面命令，选取图 27-61 所示的两个面为要删除的面，在“选项”中选中“删除”单选按钮，单击✓按钮，完成删除面 4 的创建，使等距曲面变小。

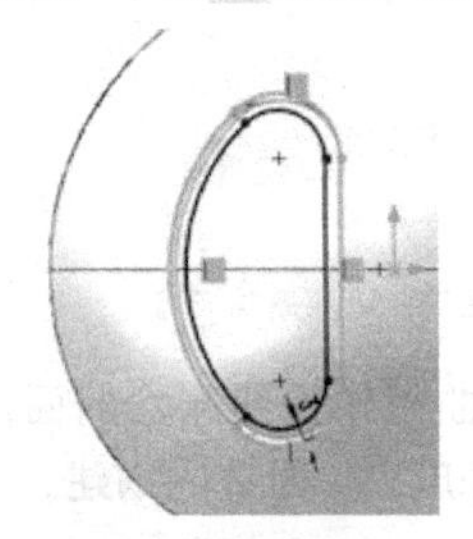

图 27-59　草图 19

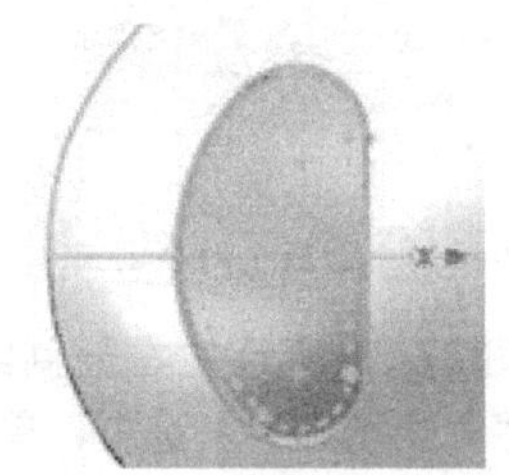

图 27-60　分割线 4 的投影面

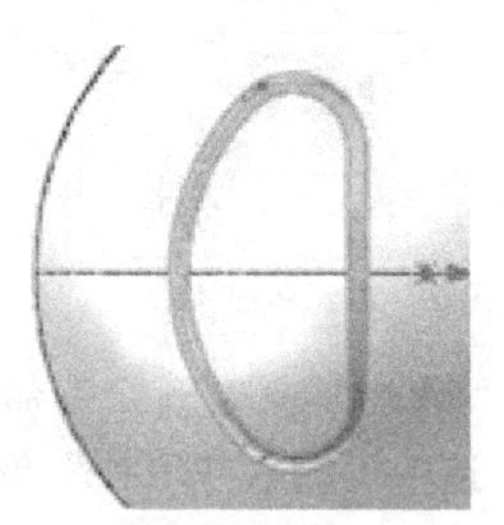

图 27-61　删除面 4

3）建立组合曲线。单击“插入”→“曲线”→“组合曲线”命令，选取图 27-62 所示边线，单击✓按钮，生成组合曲线 1。

重复该命令，选取图 27-63 中所示的边线，单击✓按钮，生成组合曲线 2。

4）边界曲面。单击“插入”→“曲面”→“边界曲面”命令，选取组合曲线 1 和组合曲线 2 作为边界曲线，单击✓按钮，完成边界曲面 4 的创建。

（17）做出飞机侧面的窗口

在前视基准面绘制草图并投影到机身两侧分割曲面作为机身玻璃窗口，向里等距曲面后删除原曲面；继续在前视基准面绘制草图并投影到该等距曲面上分割该曲面，把草图边线外的曲面删除使该等距曲面变小。变小后的曲面边线就可以与机身孔边线利用边界曲面封闭起来，最后缝合曲面。

1）投影。选取前视基准面作为草图绘制平面，绘制如图 27-64 所示的草图 20，单击✓按钮，退出草图。单击分割线命令，选择草图 20 作为要投影的曲线，再选择图 27-65 所示的曲面作为要分割的面，单击✓按钮，完成分割线 5 的创建。这里可以只画一个圆，分 3 次绘制 3 个草图分别投影，也可一次绘制 3 个圆投影一次。

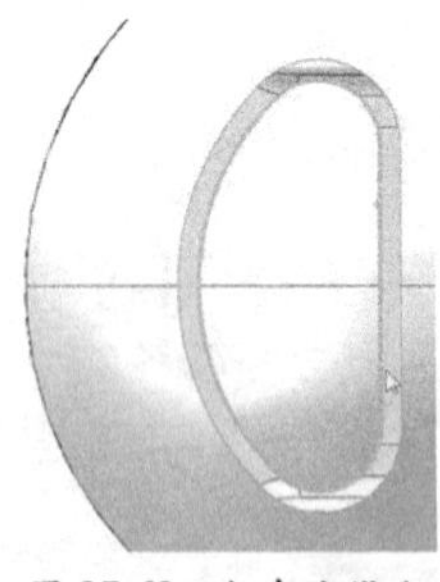

图 27-62　组合曲线 1

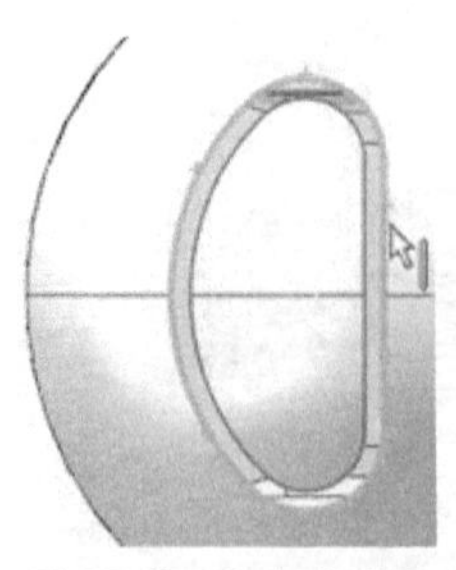

图 27-63　组合曲线 2

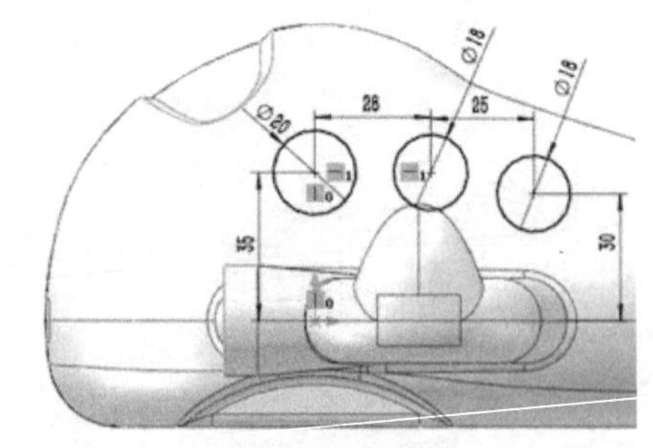

图 27-64　草图 20

2）等距曲面。单击等距曲面命令，选择图 27-66 所示的 3 个曲面，输入等距值“3”，采用默认方向，单击✓按钮，完成曲面等距 2 的创建。

3）删除面。单击删除面命令，选取图 27-66 所示的三个曲面，选中“删除”单选项，单击✓按钮，完成删除面 5 的创建，露出曲面等距 2 所建曲面。

4）再投影。选取前视基准面作为草图绘制平面，绘制如图 27-67 所示草图 21，单击✓按钮，退出草图。选择分割线命令，选择草图 21 作为要投影的曲线，再选择图 27-66 所示曲面为要分割的面，单击✓按钮，完成分割线 6 的创建。

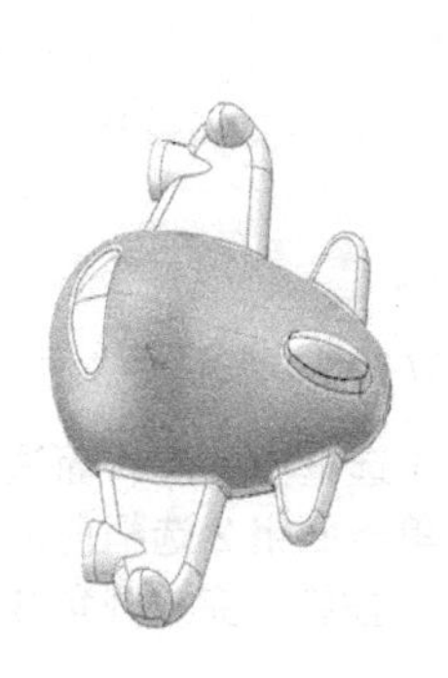

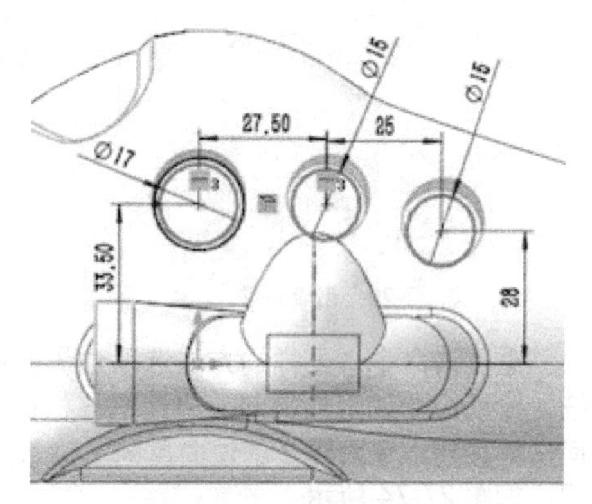

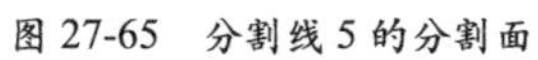

图 27-65　分割线 5 的分割面　　图 27-66　曲面等距 2　　图 27-67　草图 21

5）再删除面。单击删除面命令，选取图 27-68 所示的 3 个曲面，选择“删除”选项，单击✓按钮，完成删除面 6 的创建，使等距曲面变小些。

6）边界曲面。单击“插入”→“曲面”→“边界曲面”命令，选取图 27-69 所示的两条边线作为边界曲线，单击✓按钮，完成边界曲面 5 的创建。

重复该命令，完成后面两个窗口边线的边界曲面，分别得到边界曲面 6 和边界曲面 7。

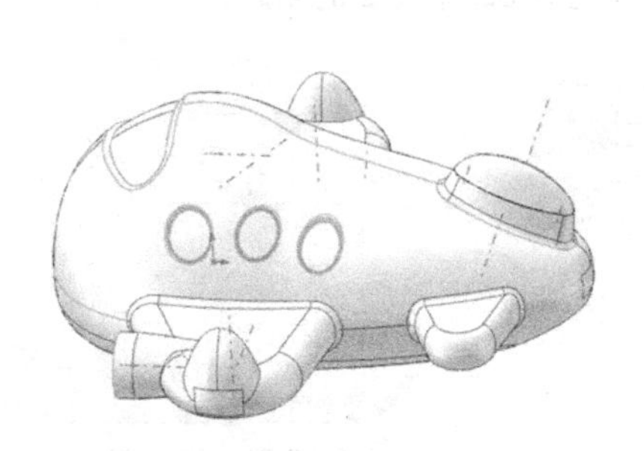

图 27-68　删除面 6

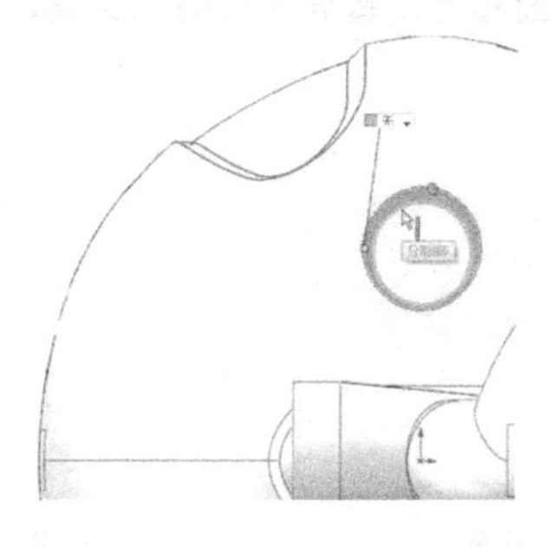

图 27-69　边界曲面 5 的边线

（18）缝合曲面、圆角和镜像

1）删除面。单击删除面命令，选取图 27-70 所示的 3 个曲面，选择“删除”选项，单击✓按钮，完成删除面 7 的创建。

2）缝合曲面。单击缝合曲面命令，选取图 27-71 所示的两个面作为缝合对象，单击✓按钮，完成曲面缝合 5 的创建。用同样的方法完成后两个窗口的曲面的缝合，分别得到曲面缝合 6 和曲面缝合 7。

3）镜像。选取前视基准面作为镜像基准面，单击镜像命令，在“要镜像的面”的选框中选取如图 27-71 所示的两个曲面作为镜像对象。注意：这里不能 3 个飞机窗口同时镜像，因为它们不是单一实体，这里是一个命令做出三个曲面，所以镜像时不能选“要镜像的特征”，只能选“要镜像的面”。单击✓按钮，完成镜像 7 的创建。

用同样的方法完成后面两个窗口的镜像，得到镜像 8 和镜像 9。

4）再缝合曲面。单击缝合曲面命令，选取所有曲面作为缝合对象，单击✓按钮，完成曲面缝合 8 的创建，整个飞机形成一个曲面，这时才可以给窗口倒圆角。

5）例圆角。选取如图 27-72 所示的 6 条边线倒圆角，圆角半径为 *R*2mm，完成圆角 6 的创建。

6）面圆角。单击圆角命令，在“圆角类型”里选中“面圆角”单选按钮，然后选取图 27-73 所示的中间两个面作为“面组 1”对象，再选取边界曲面 4 那个曲面作为“面组 2”对象，输入圆角半径值“3”，其余选项默认，单击✓按钮，完成圆角 7 的创建。

图 27-70　删除面 7

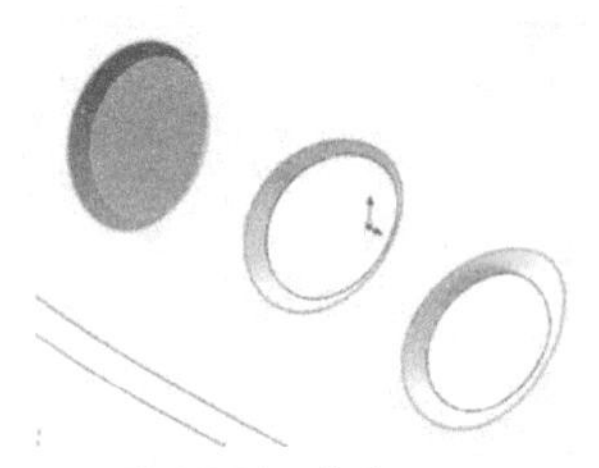

图 27-71　缝合曲面 5

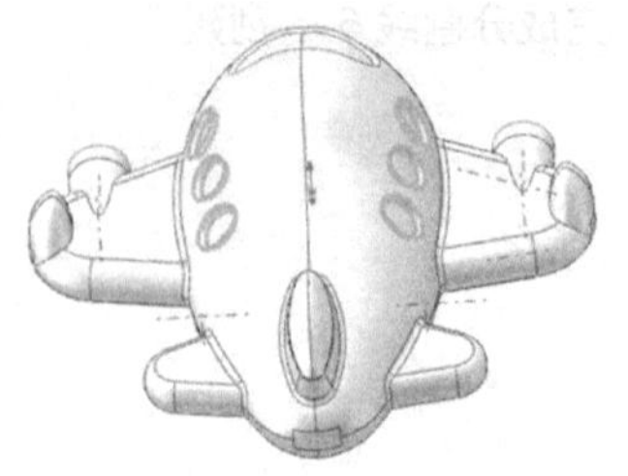

图 27-72　圆角 6

重复该命令，同样的方法选取边界曲面 4 作为“面组 1”对象，并单击面组 1 选框前的反转面法向按钮，令面组 1 的法向反向；再选取飞机机身的两个曲面作为“面组 2”对象，并单击面组 2 选框前的反转面法向按钮，令面组 2 的法向反向；输入圆角半径值“3”，其余选项默认，单击✓按钮，完成圆角 8 的创建，如图 27-74 所示。

（19）做出飞机前灯

在新建基准面上绘制草图并投影到机身前面分割前曲面，删除该曲面。再新建基准面并绘制草图，利用这两个草图放样曲面形成飞机前灯。

1）投影。单击“插入”→“3D 草图”命令，绘制图 27-75 所示的一个点，该点在机身曲面上，并标注该点与前视基准面和上视基准面之间的距离，单击✓按钮，完成 3D 草图 2 的创建。

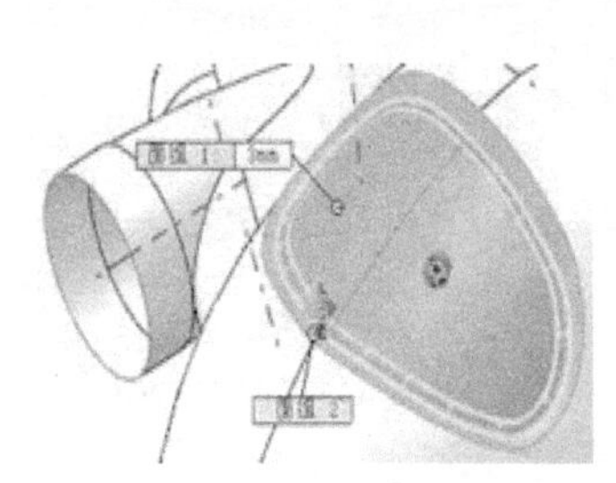

图 27-73　圆角 7

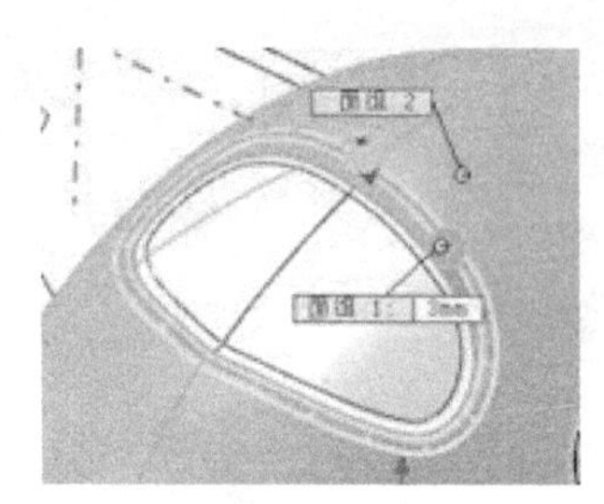

图 27-74　圆角 8

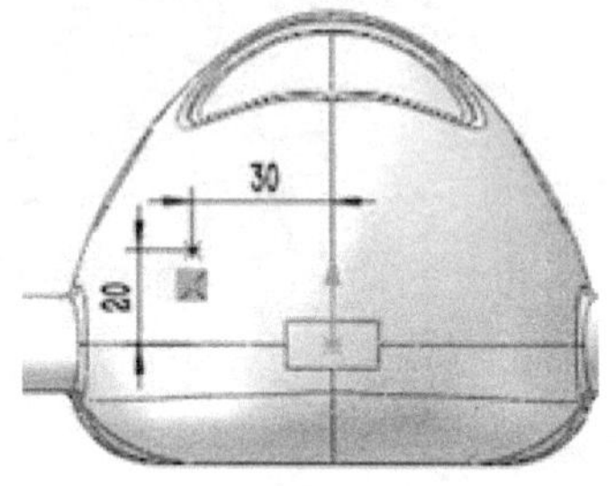

图 27-75　3D 草图 2

单击基准面命令，先选取机身曲面作为参考实体，再选取 3D 草图 2 创建的点作为参考实体，完成如图 27-76 所示基准面 9 的创建。

选取基准面 9 作为草图绘制平面，绘制如图 27-77 所示的草图 22，单击确定按钮退出草图。

单击分割线命令，选取草图 22 为要投影的草图，再选取图 27-78 所示的曲面为要投影的面，单击✓按钮，完成分割线 7 的创建。

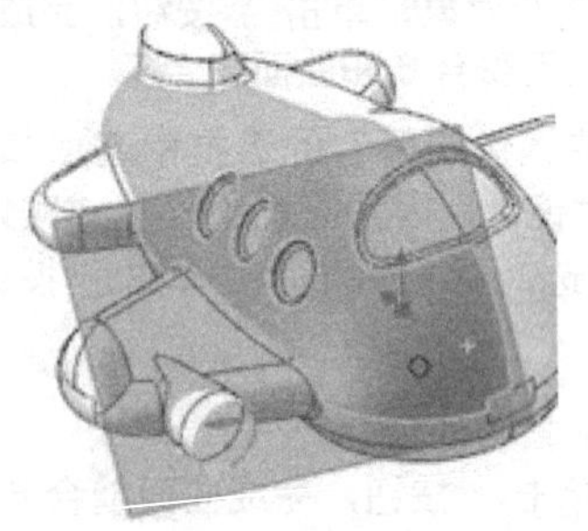

图 27-76　基准面 9

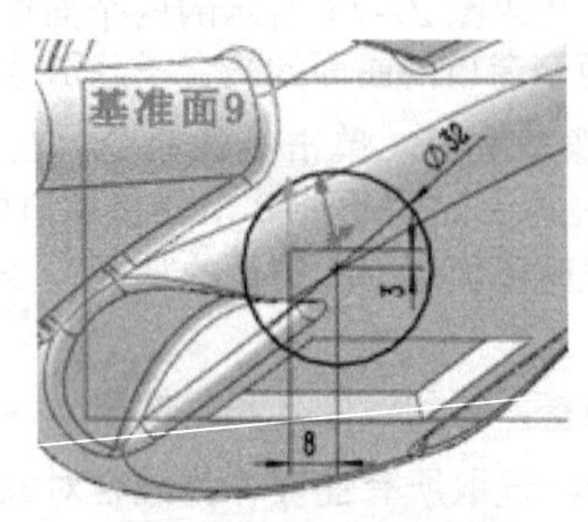

图 27-77　草图 22

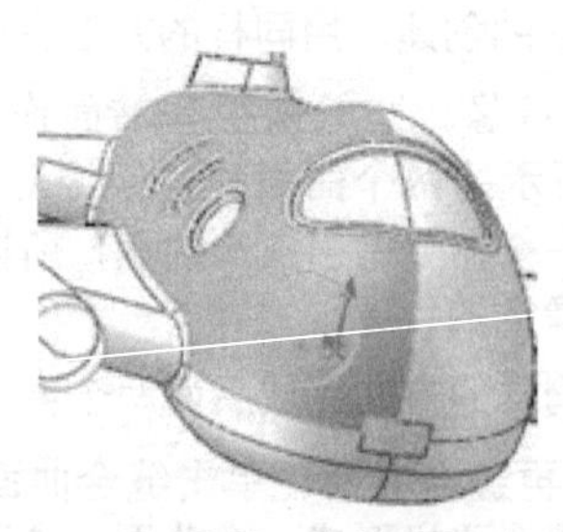

图 27-78　分割线 7

2）删除面。单击删除面命令，选取图 27-79 所示的曲面，选择“删除”单选按钮，单击确定按钮，完成删除面 7 的创建。

3）放样曲面。新建基准面，单击基准面命令，选择基准面 9 为参考实体，在等距距离文本框中输入“3”，并选中“反转”，让基准面向外偏距，完成基准面 10 的创建。

选取基准面 10 作为草图绘制平面，绘制图如 27-80 所示的一个点，该点与草图 22 的圆心重合。此处可先选择草图 22 所画的圆，显示出圆心位置再画，单击✔按钮，退出草图 23。

单击“插入”→“曲面”→“放样曲面”命令，选取草图 23 和分割线 7 的边线作为放样轮廓线，并设置草图 23 的“起始 / 结束约束”中的“开始约束”为“垂直于轮廓”，设置其起始处相切长度值为 1.5mm，其余选项默认，如图 27-81 所示。单击✔按钮，完成曲面放样 1 的创建。

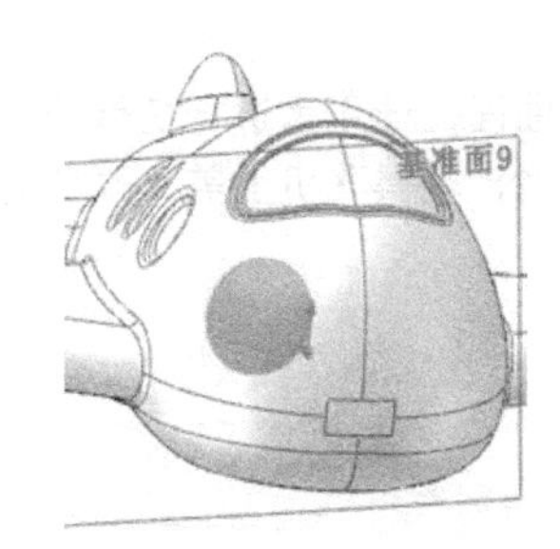

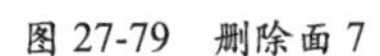
图 27-79　删除面 7

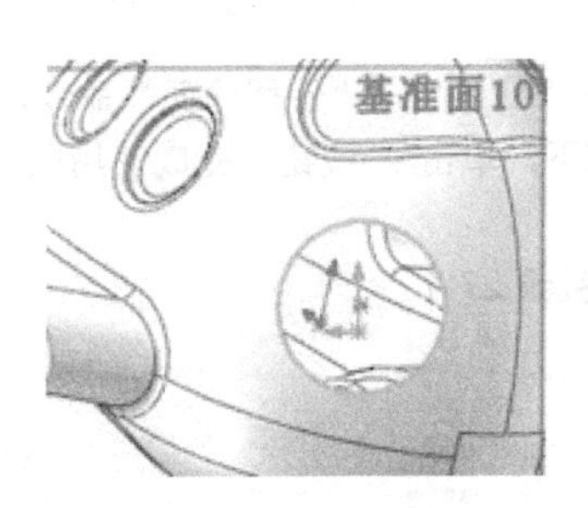

图 27-80　草图 23

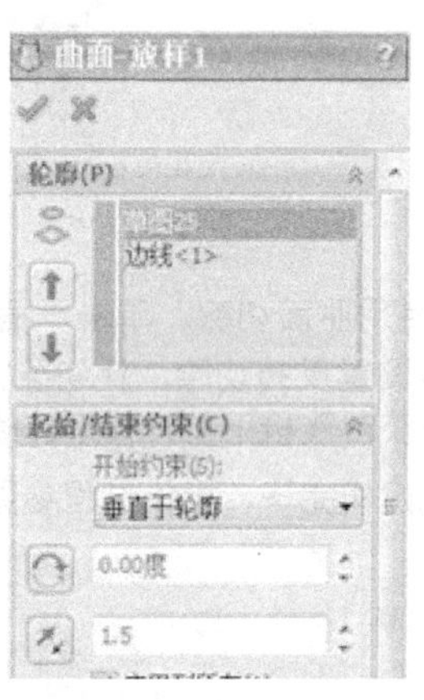

图 27-81　曲面放样 1 参数

（20）镜像、剪裁机身曲面与前灯曲面并缝合曲面

1）镜像。选取前视基准面作为镜像基准面，选取如图 27-82 所示的曲面为镜像对象，单击✔按钮，完成镜像 10 的创建。

2）剪裁。单击剪裁曲面命令，选择“剪裁类型”为“标准”，再选取镜像 10 曲面作为剪裁工具，选中“保留选择”单选按钮，再选择机身曲面为保留对象，单击✔按钮，完成剪裁 7 的创建，如图 27-83 所示。

3）缝合曲面。单击缝合曲面命令，选取全部曲面作为缝合对象，完成曲面缝合 9 的创建。

4）例圆角。选取如图 27-84 所示的两条边线倒圆角，圆角半径为 *R*8mm，完成圆角 9 的创建。

图 27-82　镜像 10

图 27-83　剪裁 7

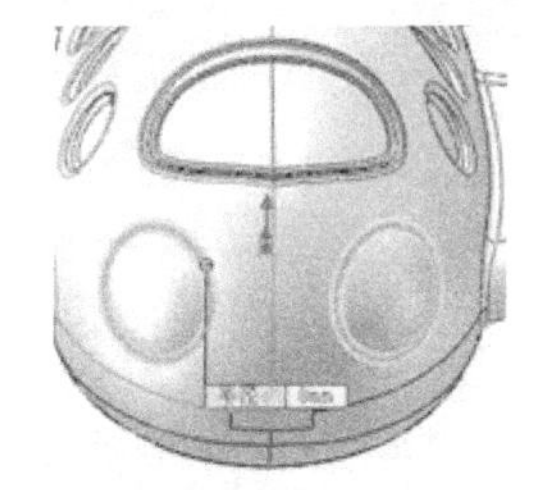
图 27-84　圆角 9

（21）加厚和拉伸曲面切除

选取整个曲面进行加厚，获得实体，在前视基准面上绘制草图拉伸曲面，利用该曲面分两次切除飞机实体可分别获得飞机上下盖。

1）加厚。单击“插入”→“凸台 / 基体”→“加厚”命令，选取整个模型表面为要加厚的面，单击加厚侧边 2 按钮，在厚度文本框中输入“1.0”，单击确定按钮完成加厚 1 的创建。

2）拉伸曲面。单击拉伸曲面命令，选取前视基准面作为草图绘制平面，绘制如图 27-85 所示的草图 24，单击✓按钮，退出草图。在“方向 1”的下拉列表中选取“两侧对称”选项，输入深度值“260”，单击✓按钮，完成曲面拉伸 4 的创建。

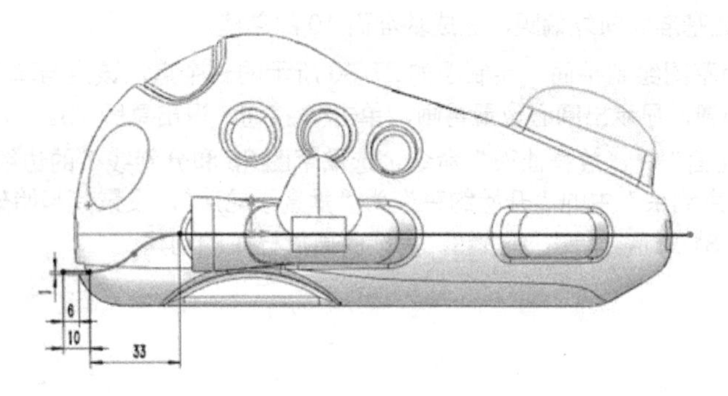

图27-85　草图24

3）使用曲面切除。单击“插入”→“切除”→“使用曲面”命令，选取曲面拉伸 4 为进行切除的所选曲面，再设置反转切除，让切除方向朝下，单击✓按钮，完成使用曲面切除 1，获得飞机上盖。改变切除方向可以获得飞机下盖，模型建模结束。

至此建模完毕，操作过程参见教学视频 27-1。

4.项目总结

通过本项目可以看出，制作比较复杂的曲面模型不仅使用了各种曲面创建工具，也应用了各种曲面编辑工具。解除剪裁曲面、删除面、替换面、加厚等曲面编辑工具的具体用法详见教学视频 27-2。

项目 28 方形座架焊件

【学习目标】

1. 掌握焊接件骨架的绘制方法
2. 掌握焊接结构件的添加方法
3. 掌握各种焊接特征的添加方法

【重难点】

理解焊接件的建模思路和方法。

1.项目说明

在 SolidWorks 软件中建立如图 28-1 所示的方形座架焊件三维模型。

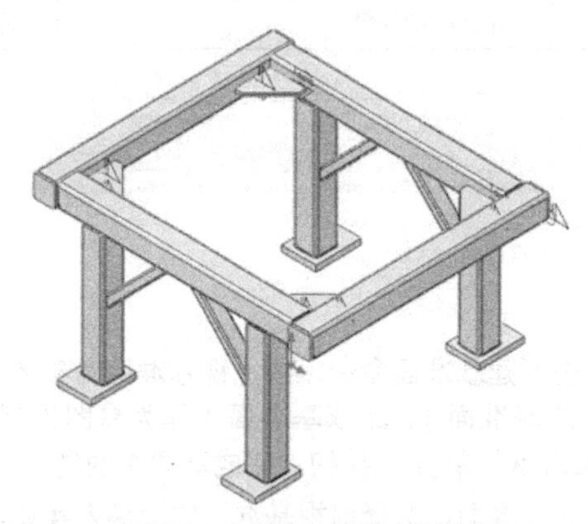

图28-1　方形座架焊件三维模型

2.项目规划

焊件是由多个焊接在一起的零件组成的，尽管在材料明细表中把它保存为一个单独的零件，但实际上焊件是一个装配体。因此，应该把焊件作为多实体零件来进行建模。本项目模型建模的步骤如下：

1）绘制焊件的形状作为主体骨架。

2）选择主体骨架线，新建各类构件。

3）添加顶端盖和角撑板。

4）以下底面拉伸凸台做脚垫，镜像支架和脚垫等。

5）选择相交的边线逐个添加焊缝，并设置焊缝属性。

6）设置焊件切割清单的各个属性，生成工程图。

建模整体思路见表 28-1。

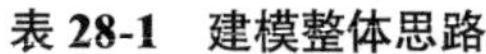

表 28-1　建模整体思路

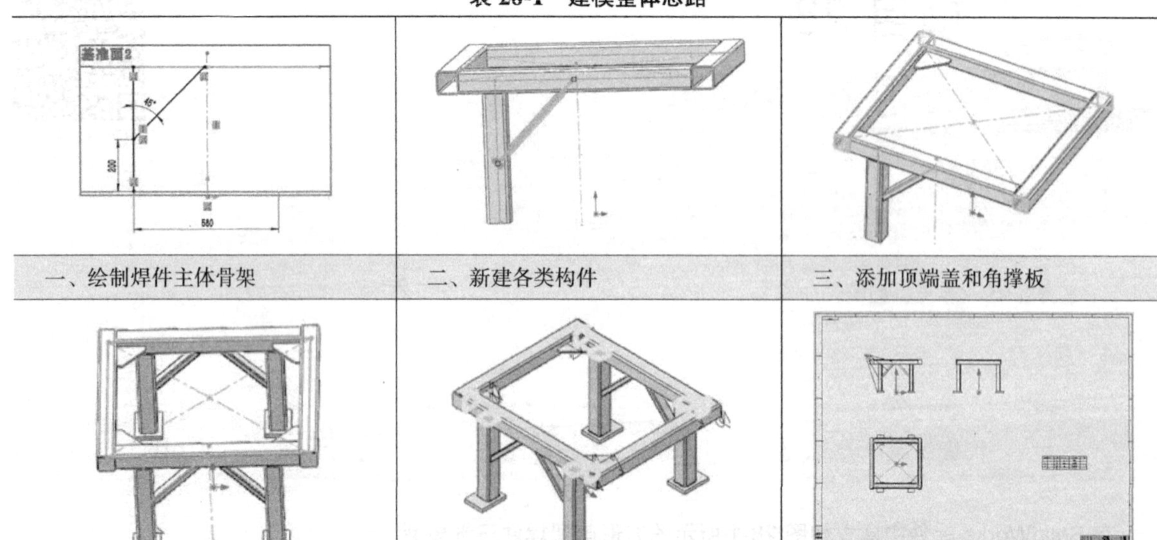

一、绘制焊件主体骨架	二、新建各类构件	三、添加顶端盖和角撑板
四、拉伸脚垫和镜像	五、添加焊缝	六、生成工程图

3.项目实施

（1）绘制焊件的主体骨架

1）新建基准面绘制草图。单击新建基准面命令，以上视基准面为参考实体，选择等距平面，设置等距值为 500mm，单击确定按钮，生成基准面 1。选取基准面 1 作为草图绘制平面，绘制如图 28-2 所示的矩形并标注尺寸，作为座架的上表面形状，单击✓按钮，完成草图 1 的创建。

2）绘制座架前形状。单击新建基准面，选择前视基准面作为参考实体，再选择草图 1 中的矩形前端点为参考实体，单击✓按钮，生成基准面 2，如图 28-3 所示。再次单击新建基准面命令，选取上视基准面作为参考实体，选择等距平面，设置等距值为 20mm，生成基准面 3。

选取基准面 2 作为草图绘制平面，绘制如图 28-4 所示的草图 2 作为座架的前面形状。

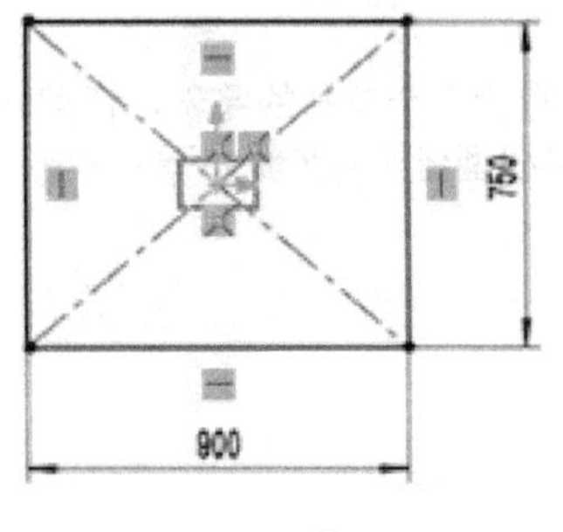

图 28-2　草图 1

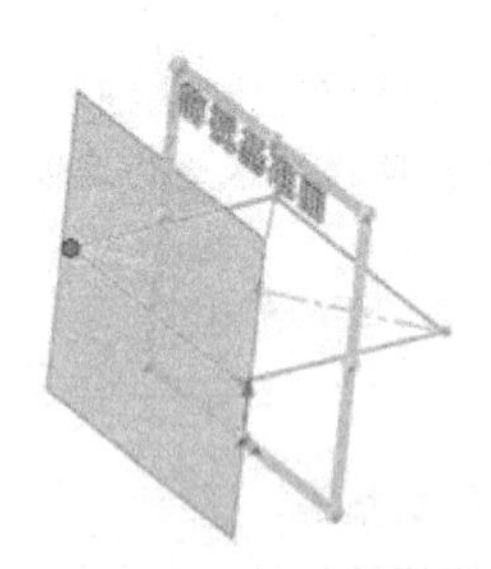

图 28-3　基准面 2

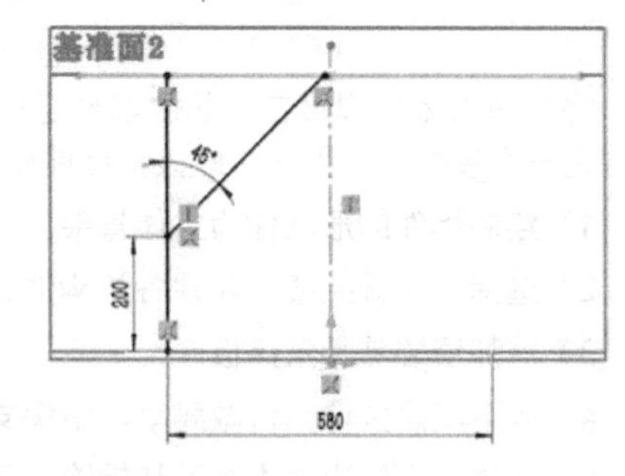

图 28-4　草图 2

（2）新建各类构件

1）添加上座架。单击“插入”→“焊件”→“焊件”命令，焊件特征会加入到设计树中。如果用户没有做这一步，那么在插入第一个结构构件时，系统也会自动加入焊件特征。

再单击“插入”→“焊件”→“结构构件”命令，系统弹出“结构构件 1”窗口。在“标准”下拉列表中选择“iso”，在“类型”下拉列表框中选择“方形管”，在“大小”下拉列表框中选择“80×80×5”。再单击“路径线段”下的选项框，激活该框，选取草图 1 矩形的 4 根边线作为构件路线，选中“应用边角处理”复选框，单击终端对接 1 按钮和连接线段之间的简单切除按钮。“终端对接 1”是按构件选择线段的先后首长尾短相接，所以选取如图 28-5 所示的点，弹出“边角处理”对话框，修改该点对接方式变成“终端对接 2”，单击确定按钮，退出“边角处理”对话框。用同样的方法对该点的对角点也做同样的处理，形成如图 28-6 所示的对接效果。

至此命令还没结束，已经添加了 4 个边线作为结构构件 1 的组 1 边线。由于座架的直立支架与顶面不在同一草图平面上，所以需要单击“新组”按钮，新建另一组同样型号的构件，选取草图 2 里的竖直直线作为构件路径线段，得到“组 2”，单击✓按钮，完成结构构件 1 的创建。

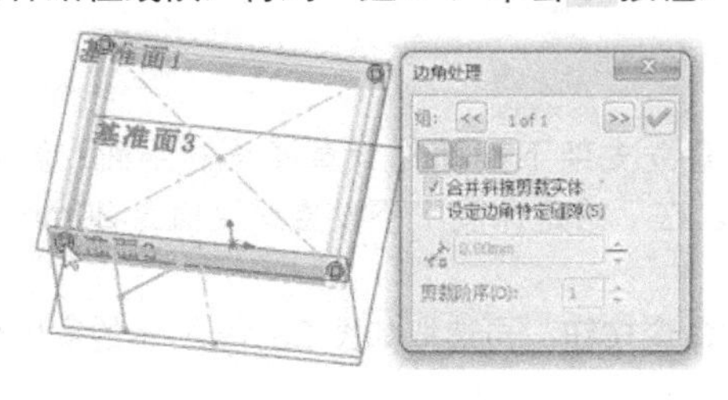

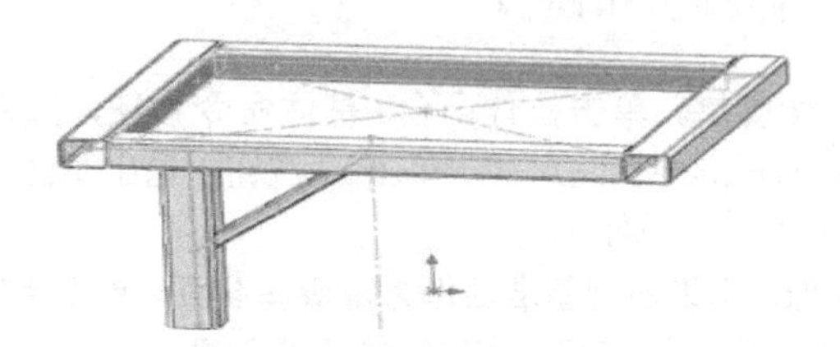

图 28-5　终端对接 2

图 28-6　终端对接效果

2）添加倾斜支架。单击结构构件命令，在“标准”下拉列表中选择“iso”，在“类型”下拉列表框中选择“矩形管”，在“大小”下拉列表框中选择“50×30×2.6”。再单击“路径线段”下的选项框，激活该框，选取草图 2 的斜线作为构件路线，单击✓按钮，完成结构构件 1 的创建。

3）剪裁。单击“插入”→“焊件”→“剪裁 / 延伸”命令，在“边角类型”里选择终端剪裁按钮，在“要剪裁的实体”中选取图 28-7 所示的倾斜支架作为要剪裁的对象；在“剪裁边界”中选中“实体”单选按钮，并选取如图 28-7 所示的直立支架作为剪裁边界的面，单击✓按钮，完成剪裁 / 延伸 1 的创建。

重复剪裁 / 延伸命令，在“要剪裁的实体”中选取图 28-7 所示的倾斜支架作为要剪裁的对象，在“剪裁边界”中选中“实体”单选按钮，并选取如图 28-8 所示的顶面支架为剪裁边界的面，单击✓按钮，完成剪裁 / 延伸 2 的创建。

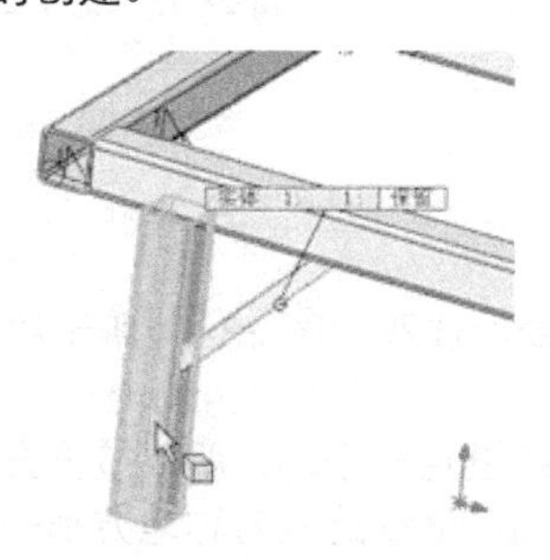

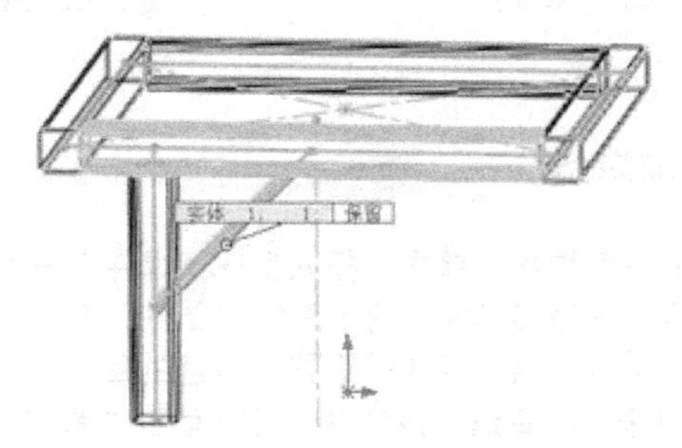

图 28-7　剪裁 / 延伸 1

图 28-8　剪裁 / 延伸 2

（3）添加顶端盖和角撑板

1）插入角撑板。单击“插入”→“焊件”→“角撑板”命令，选取如图 28-9 所示的两个面为对象，再选择多边形轮廓，设置参数“d1”、“d2”都为“125”，“d3”为“25”，“a1”为“45”，角撑板厚度设置为“两边”，设置输入厚度值“10”，“位置”设为“轮廓定位于中点”，单击✓按钮，完成角撑板 1 的创建。

2）插入顶端盖。单击“插入”→“焊件”→“顶端盖”命令，选取如图 28-10 所示的 4 个构件端面为对象，厚度方向选择“向外”，输入厚度值“8.0”。在“等距”选项区中选中“使用厚度比率”复选框，并输入厚度比率”值“0.5”。再选中“倒角边角”复选框，并输入倒角距离值“5.0”，最后单击✓按钮，完成顶端盖 1 的创建。

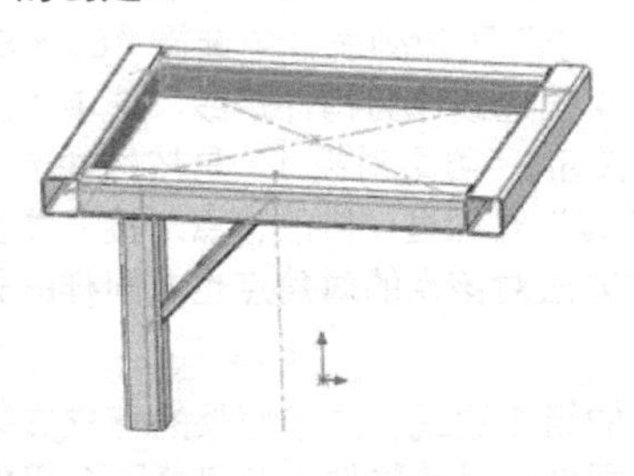

图 28-9　角撑板选择面

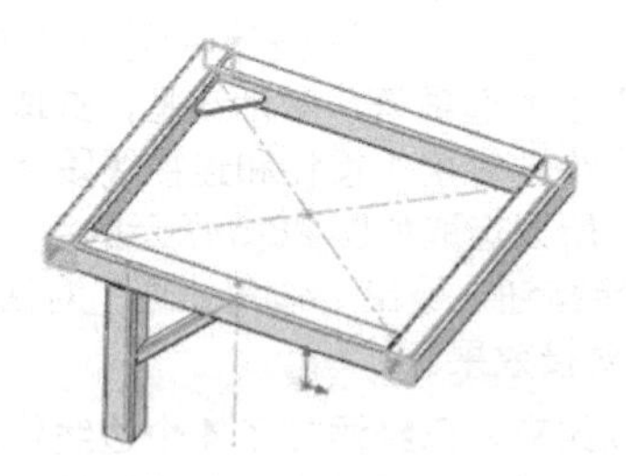

图 28-10　顶端盖端面

（4）拉伸脚垫和镜像

1）拉伸脚垫。单击拉伸凸台 / 基体命令按钮，选取直立支架下端面作为草图绘制平面，绘制如图 28-11 所示的矩形并标注尺寸，单击✔按钮，退出草图 3。在“给定深度”下设置深度值为 20mm，单击✔按钮，得到凸台拉伸 1。

2）镜像。选取右视基准面作为镜像基准面，单击镜像命令按钮，再选取如图 28-12 所示的实体作为要镜像的实体，单击✔按扭，完成镜像 1 的创建。

选取前视基准面作为镜像基准面，单击镜像命令按钮，再选取如图 28-13 所示的实体作为要镜像的实体，单击✔按钮，完成镜像 2 的创建。

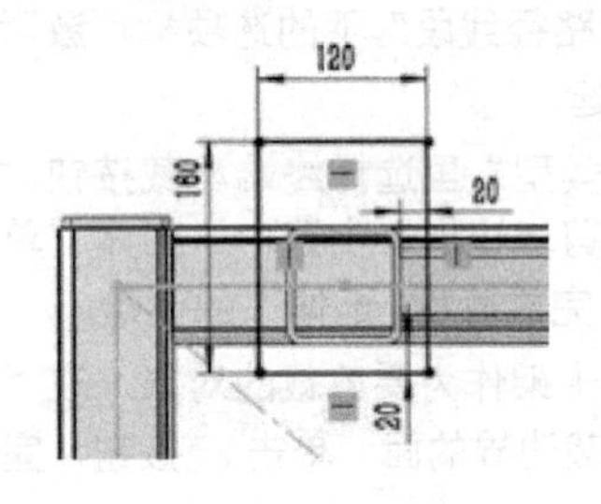

图 28-11　草图 3

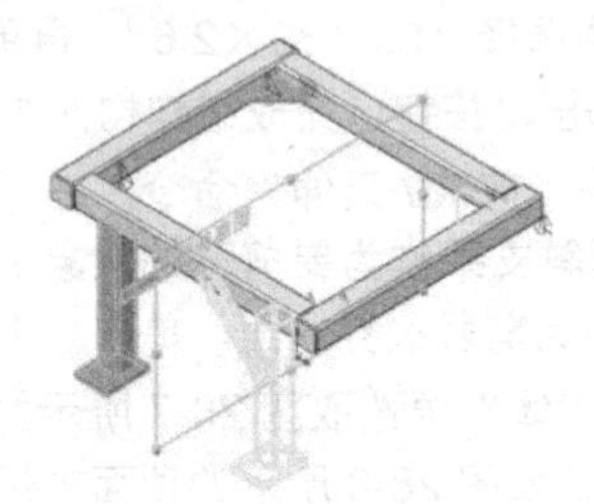

图 28-12　镜像 1

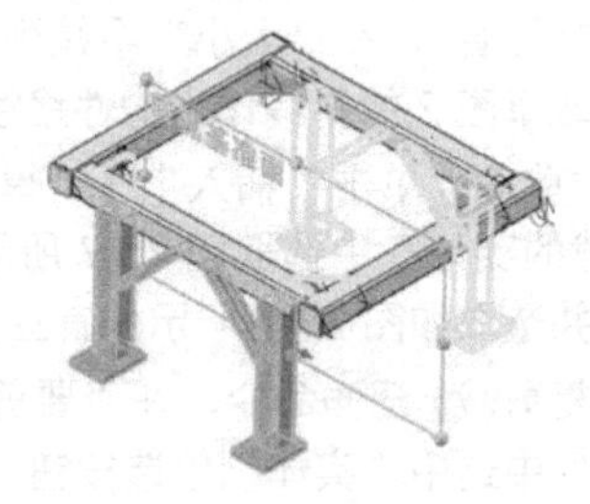

图 28-13　镜像 2

（5）添加焊缝

1）4mm 填角焊接。单击“插入”→“焊件”→“焊缝”命令，选取如图 28-14 所示的一条边线作为焊接面的对象。该边线必须是两个面的相交线，否则选取不成功。设定焊缝大小为 4mm，并选中“切线延伸”复选框，完成焊接路径 1 的设置。焊缝的每一个焊接路径只能设定一个环，所以按该方法分 7 次把其他环也选取过来，不要退出该命令，继续单击“新焊接路径”按钮，继续选取对称地方那一段线段，选取好后便得焊接路径 2。循环新建新焊接路径，直到设定完如图 28-15 所示的 8 段焊接路径。此时单击✔按钮，退出该命令，完成 4mm 填角焊接（8）的创建。其中数字 8 指的是有 8 段焊缝。

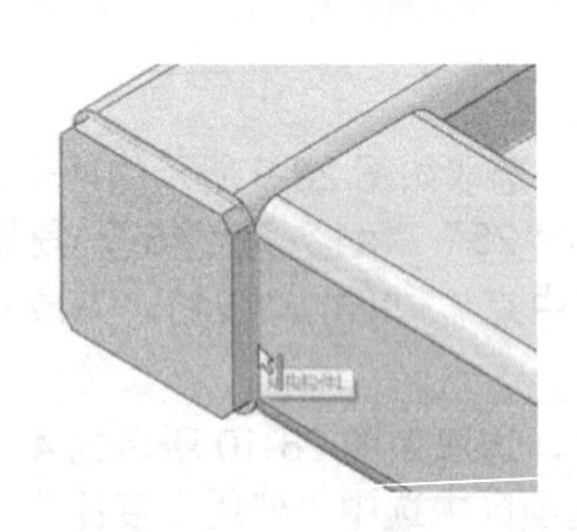

图 28-14　填角焊接

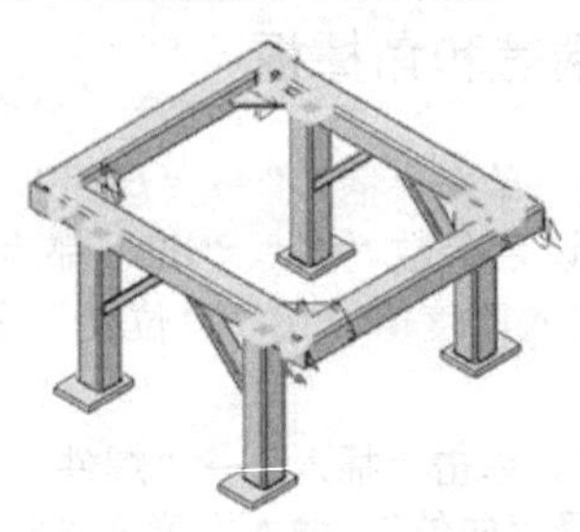

图 28-15　填角焊接 4mm

2）2mm 填角焊缝。单击“焊缝”命令，选取如图 28-16 所示的一条边线作为焊接面的对象，设定焊缝大小为 2mm，不要选中“切线延伸”复选框，选中“两边”单选按钮，完成焊接路径 9 的创建。继续单击“新焊接路径”按钮，按上述方法分 7 次把其他环也选取过来，直到设定完如图 28-16 所示的 8 段焊接路径。此时单击✓按钮，退出该命令，完成 2mm 填角焊接（8）的创建。

3）1mm 填角焊缝。单击“焊缝”命令，选取如图 28-17 所示的一条边线作为焊接面的对象，设定焊缝大小为 1mm，选中“切线延伸”复选框，并选中“两边”单选按钮，完成焊接路径 17 的创建。继续单击“新焊接路径”按钮，按上述方法分 3 次把其他环也选取过来，直到设定完如图 28-18 所示的 8 段焊接路径。此时单击✓按钮，退出该命令，完成 1mm 填角焊接（4）的创建。

4）4mm 填角焊缝。单击“焊缝”命令，选取如图 28-19 所示的一条边线作为“焊接面”的对象，设定焊缝大小为 4mm，并选中“全周”单选按钮，完成焊接路径 21 的创建。继续单击“新焊接路径”按钮，按上述方法分 7 次把其他环也选取过来，直到设定完如图 28-19 所示 8 的段焊接路径。此时单击✓按钮退出该命令，此时 4mm 填角焊接（8）变成了 4mm 填角焊接（16），由于刚做的焊缝参数与之前的 4mm 填角焊缝一样，所以两组加到一起了。

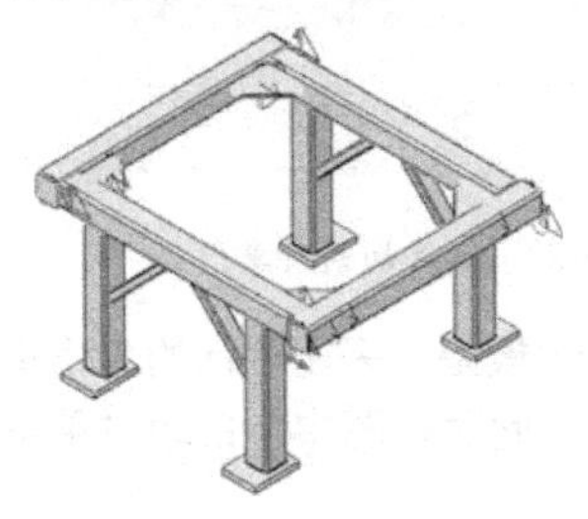

图 28-16　填角焊接 2mm

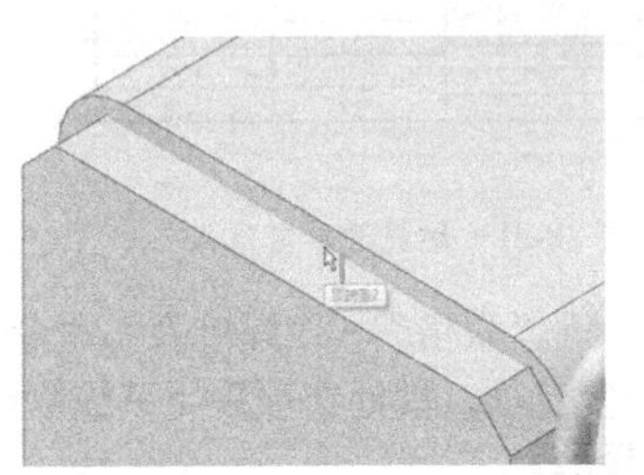

图 28-17　填角焊缝边线

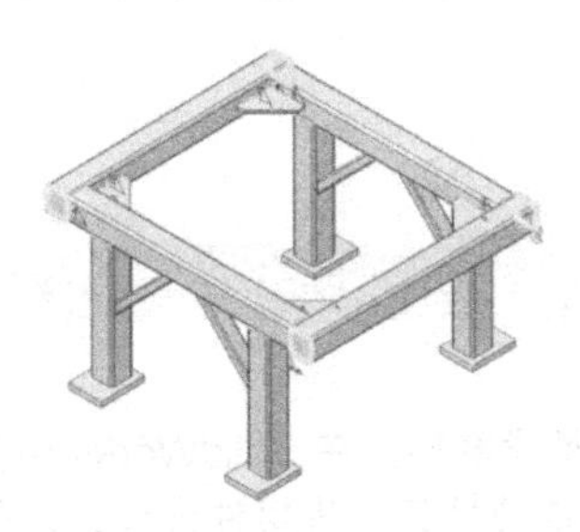

图 28-18　填角焊缝 1mm

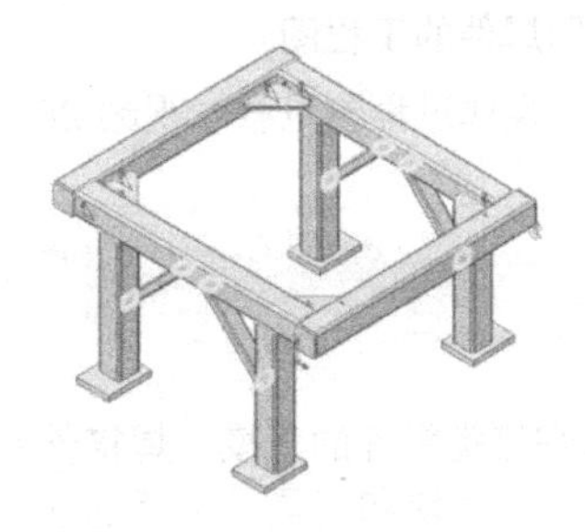

图 28-19　填角焊缝 4mm

（6）生成工程图

1）设置焊缝的焊接材料。单击特征管理器中“焊接文件夹”前面的加号，展开该文件夹，用鼠标右键单击 1mm 填角焊缝，在弹出的快捷菜单中选择“属性”。在“焊接材料”文本框中输入“结构钢焊条”，单击✓按钮，完成设置。

2）设置切割清单属性。单击特征管理器中“切割清单”前面的加号，展开该文件夹，把清单里各个子项重命名为如图 28-20 所示的名称。用鼠标右键单击“角撑板”文件夹，在快捷菜单中单击“属性”，进入“切割清单属性”设置。在“属性名称”下单击“键入新属性”，新建一行属性。选择“说明”为该栏的属性，“类型”选择文字，“数值 / 文字表达”不用下拉列表，而是直接输入“长边”，接着双击新建的第一块角撑板，让其显示出尺寸来，再选取标注为“125”的尺寸。此时系统会将该尺寸的变量名和路径自动输入到“数值 / 文字表达”框中，125 尺寸即“D12@ 角撑板 2@ 焊件架子 2.SLDPRT”，接着在该框中继续输入“短边”两个字。用同样的方法选取标注为“25”的尺寸，便可以给角撑板设置截面属性。

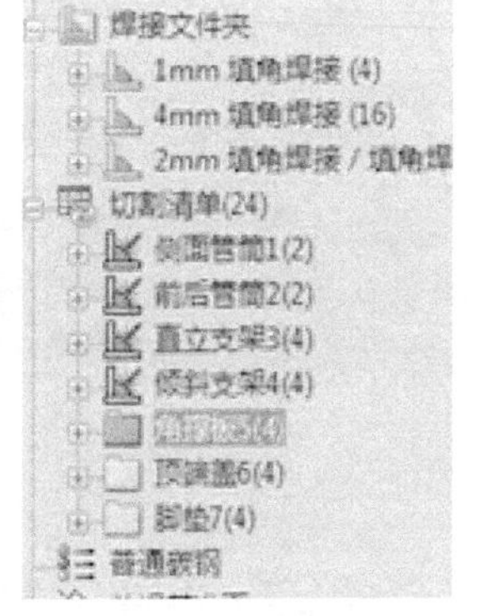

图28-20　切割清单名称

再单击“键入新属性”，新建第二行属性。选择“重量”为该栏的属性，“类型”选择文字，“数值 / 文字表达”选择下拉列表中的“质量”，单击✓按钮，完成属性设置。

3）新建工程图。在打开焊件零件的同时，单击“文件”→“新建”命令，选择“工程图”后单击“确定”按钮，进入工程图的绘制。双击“打开文档”下显示的零件，配置三视图。

单击“插入”→“表格”→“焊件切割清单”命令，选择主视图为指定模型，采用默认的表格模板，选中“附加到定位点”复选项，其他选项采用系统默认值。单击✓按钮，生成切割清单表格。再设置定位点，单击特征管理器里的“图纸格式 1”前的加号，展开该项，用鼠标右键单击“焊件切割清单定位点 1”，单击“设定定位点”，然后选择如图 28-21 所示的点为定位点即可。单击图 28-22 所示的清单表格的左上角，弹出表格设置窗口，设置“表格位置”为“右下”，再关闭对话框，完成表格设置。

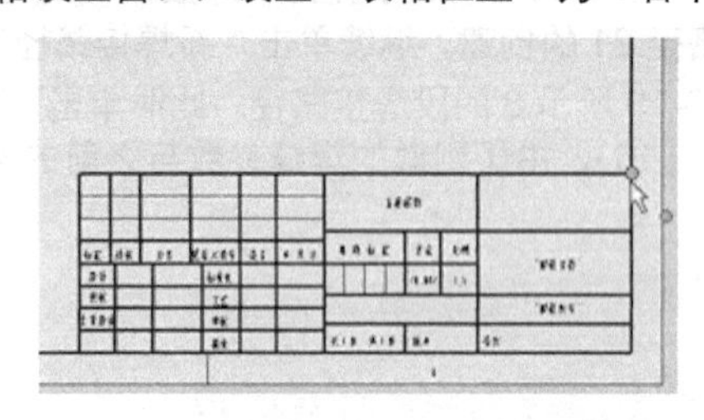

图 28-21　切割清单定位点

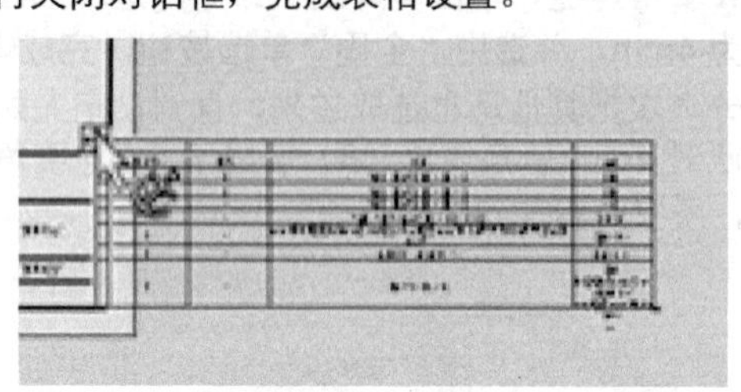

图 28-22　设置切割清单位置

单击“插入”→“表格”→“焊接表”命令，选择主视图为指定模型，采用默认的表格模板，不要选中“附加到定位点”复选项，其他选项采用系统默认值。单击✓按钮，此时在图中空白地方单击要作为定位点的地方，生成焊接表。

最后单击“插入”→“注解”→“自动零件序号”命令，所有选项默认，单击✓按钮，完成零件序号的添加，保存零件得到焊件的工程图。

至此建模完毕，操作过程参见教学视频 28-1。

4.项目总结

本项目是针对焊接类零件的建模。焊接件是机械中常见的结构类零件。在 SolidWorks 中为焊接类机械零件的建模提供了专用模块和工具，运用这些工具即可以方便、快捷地完成焊接件设计。这些工具的具体用法详见教学视频 28-2。

项目 29 电灯泡渲染

【学习目标】

1. 掌握外观设置方法及外观编辑方法
2. 掌握布景、光源的设置以及属性的编辑方法
3. 掌握渲染插件的添加和图像的保存方法

【重难点】

材料外观效果与光源的设置。

1.项目说明

渲染是建模制作中的收尾阶段，在进行了建模、设计材质、添加灯光或制作一段动画后，需要对模型进行渲染。SolidWorks 提供的渲染功能十分强大，使用户操作起来十分方便、快捷。渲染的模型可以达到逼真的效果。

本项目进行电灯泡的渲染，如图 29-1 所示。

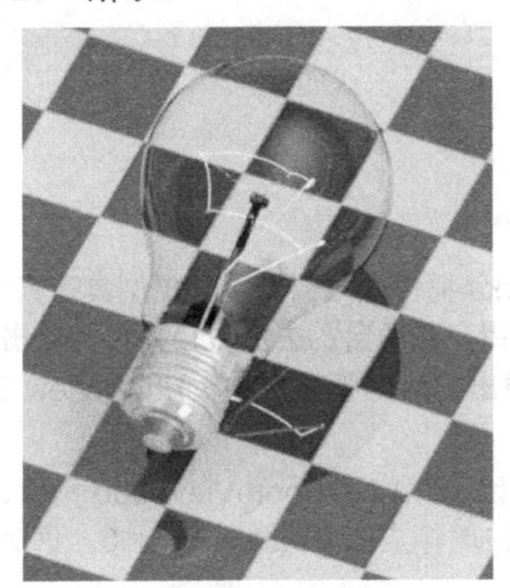

图29-1　电灯泡渲染效果

2.项目规划

本项目中，电灯泡的渲染图像质量要求比较高，且渲染效果非常逼真，特别是使用场景光源使灯泡、地板都可以反射。将地板赋予材料后并将其设置为投影，可以镜像灯泡的图像。电灯泡渲染的主要步骤如下：

1）在插件工具栏中启用 PhotoView 360 插件。

2）分别给地板、灯泡和灯丝设置外观，并设置其属性。

3）设定渲染所用布景，并设置其属性。

4）添加点光源，并设置其属性。

5）渲染零件，保存效果图为 JPG 格式文件。

灯泡渲染思路见表 29-1。

表 29-1　灯泡渲染思路

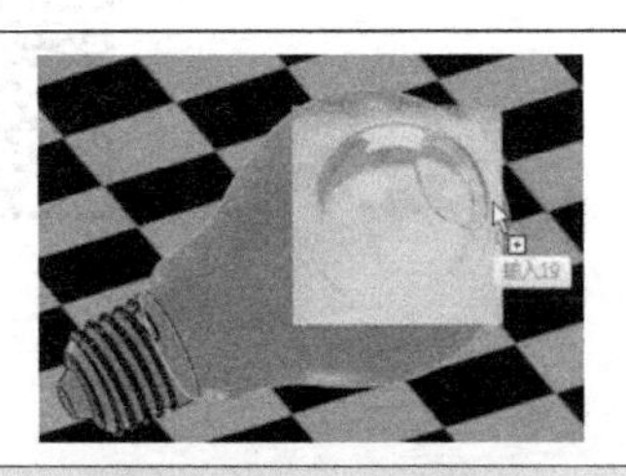	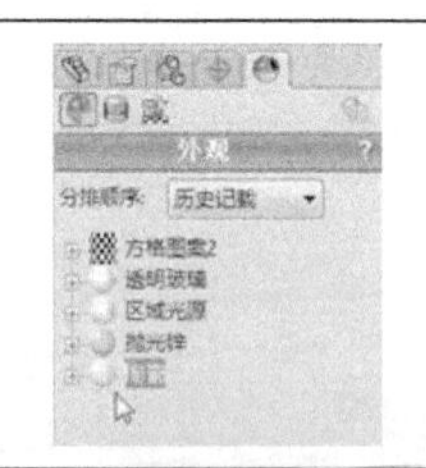	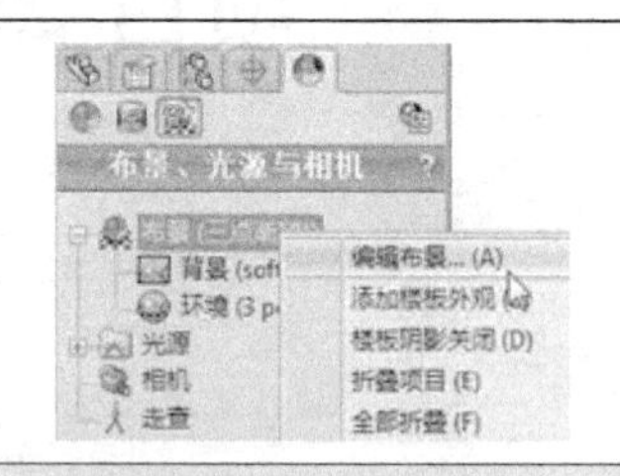
一、应用外观	二、设置外观	三、应用布景
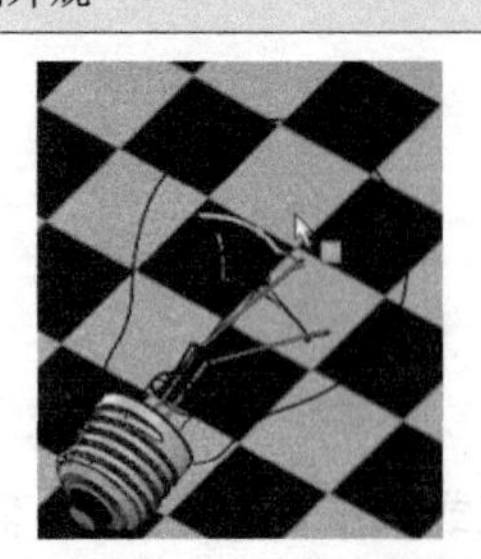	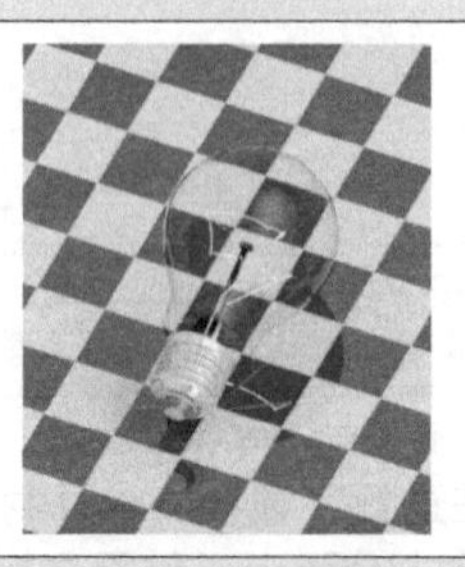	
四、添加点光源	五、渲染零件	

3.项目实施

（1）打开文件和插件

PhotoView 360 是一个 SolidWorks 插件，可以产生使模型具有真实感的渲染。SolidWorks 安装后，该插件并不会自动出现在用户界面上，用户必须自己去加载该插件。单击“工具”→“插件”命令，或者直接在标准工具栏中单击插件命令，在弹出的对话框中选中“PhotoView 360”复选项，然后单击✓按钮，即可添加该插件。

打开“灯泡渲染 .sldprt”零件。因为添加了 PhotoView 360 插件，所以在“办公室产品”工具栏中会出现“PhotoView 360”图标，单击该图标启动 PhotoView 360。这时，“办公室产品”工具栏旁边就会多一个“渲染工具”工具栏。

（2）设置外观

1）对地板应用外观。在任务窗格的“外观、布景和贴图”选项卡（见图 29-2）中，依次展开“外观”→“辅助部件”→“图案”列表，然后在该列表中选择“方格图案 2”外观，如图 29-3 所示。选择该外观并将其拖动至图形区中的地板实体模型中，将外观应用到地板的特征上。即在弹出的小窗口中选择特征，此处“输入 20”是地板特征的名称。也可以将此外观应用到地板的“面”或“实体”上，但不能选最后一个，因为最后的选项是整个实体。

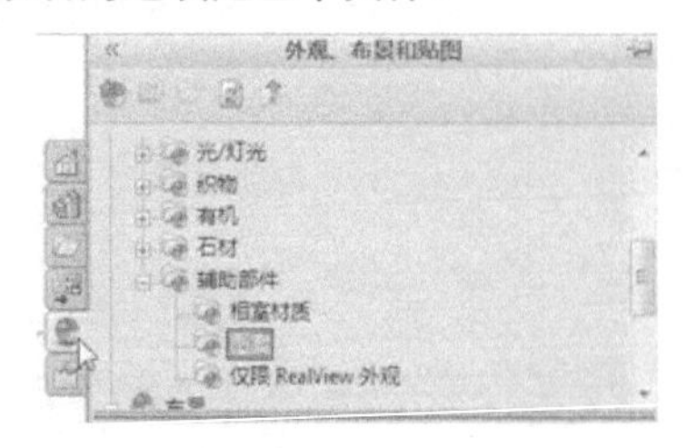

图 29-2　任务窗格的“外观、布景和贴图”选项卡

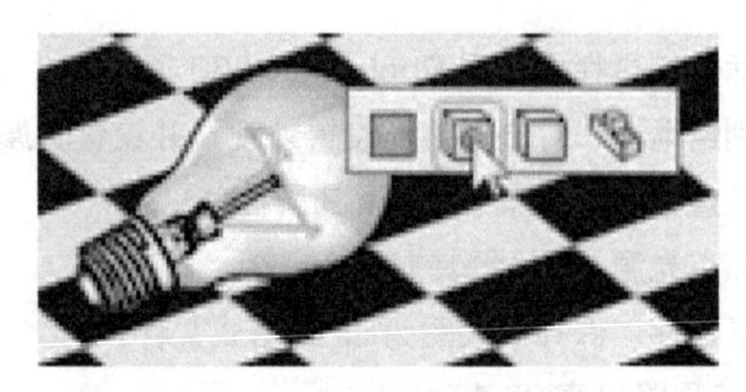

图 29-3　应用外观选择对象类型

2）对灯泡应用外观。在任务窗格的“外观、布景和贴图”选项卡中，依次展开“外观”→“玻璃”→“光泽”列表，然后在该列表中选择“透明玻璃”外观，并将其拖至图形区中，将外观应用到灯泡球面特征中，如图 29-4 所示。继续拖动该外观图形给灯丝架应用外观，如图 29-5 所示。

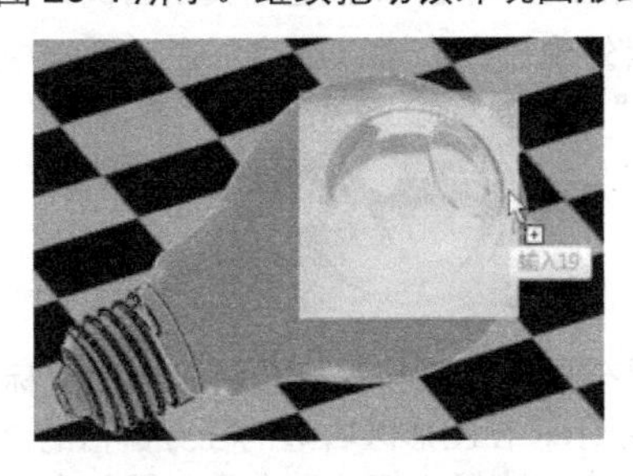

图 29-4　灯泡球面玻璃外观

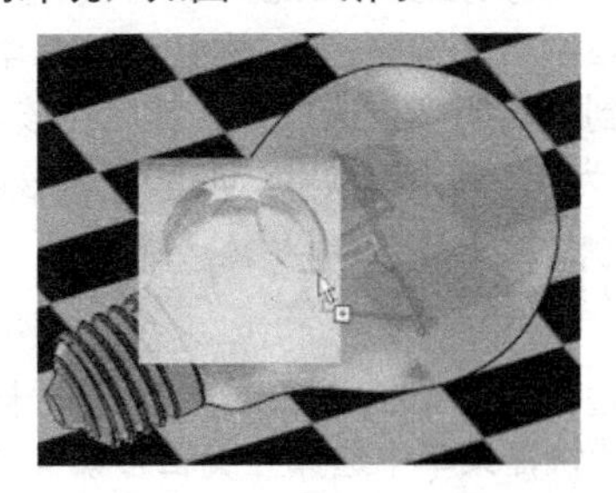

图 29-5　灯丝架玻璃外观

对灯丝应用外观，继续在该选项卡中依次展开“外观”→“光 / 灯光”→“区域光源”列表，然后在该列表下选择“区域光源”外观，并将其拖至图形区中，将外观应用到灯丝特征中。由于灯丝由 4 部分构成，所以一共要拖 4 次，如图 29-6 所示。

3）对灯头应用外观。继续在该选项卡中依次展开“外观”→“金属”→“锌”列表，然后在该列表下选择“抛光锌”外观，并将其拖至图形区中，将外观应用到灯头特征中，如图 29-7 所示。

继续在该选项卡中依次展开“外观”→“石材”→“粗陶瓷”列表，然后在该列表下选择“陶瓷”外观，并将其拖至图形区中，将外观应用到灯头绝缘体的面上，不是特征，如图 29-8 所示。

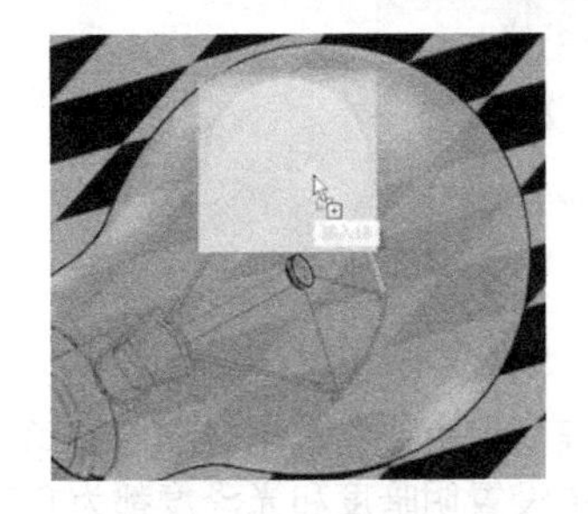

图 29-6　灯丝区域光源外观

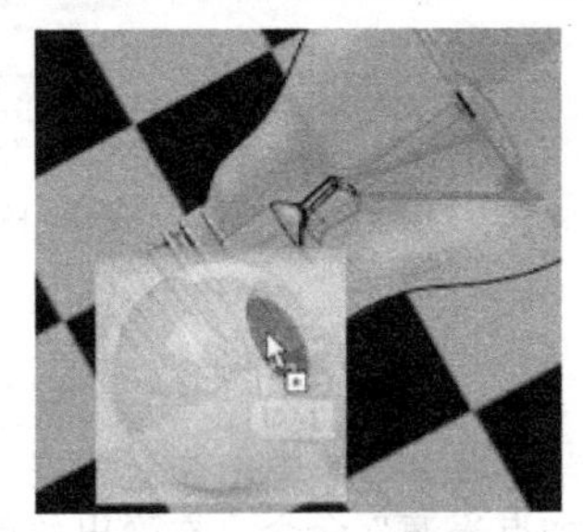

图 29-7　灯头抛光锌外观

图 29-8　灯头绝缘体陶瓷外观

4）编辑外观。下面对刚设定好的外观进行颜色更改和照明度的调整。在图形区左边的“Display Manager”选项卡（设计树的右边）中单击查看外观按钮。然后用鼠标右键单击“陶瓷”，在快捷菜单中单击“编辑外观”命令进入编辑，如图 29-9 所示。在对话框中的“基本”设置下选择“黑色”，单击✓按钮，关闭面板。

用鼠标右键单击“透明玻璃”，在快捷菜单中单击“编辑外观”命令进入编辑。在对话框中选择“高级”设置，切换到“照明度”选项卡。然后在该选项卡中把“折射指数”设定为 1.55，“透明量”设定为 1.0，其余选项采用系统默认值，单击✓按钮，关闭面板。

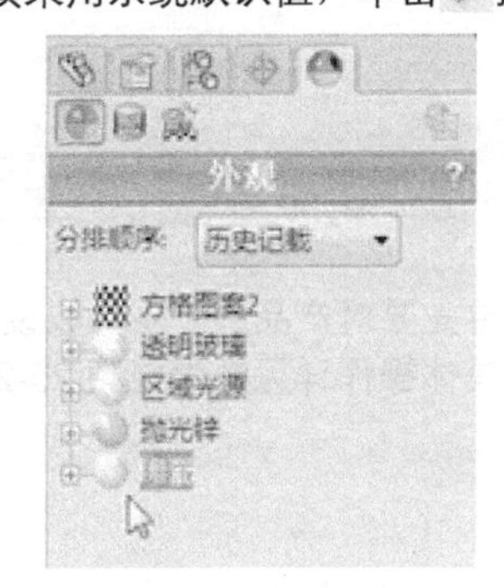

图 29-9　外观编辑

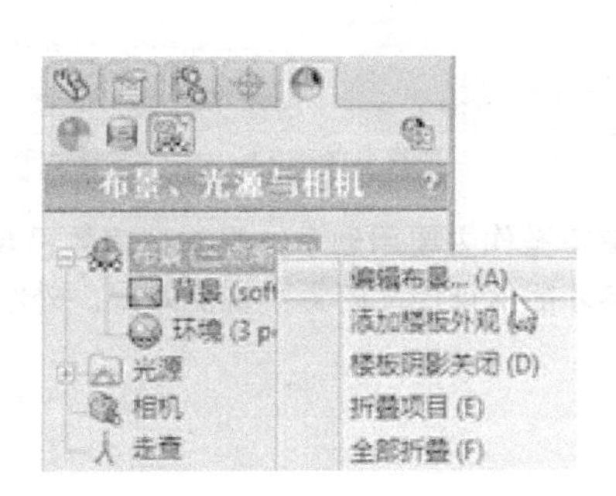

图 29-10　布景应用

用鼠标右键单击“方格图案 2”，在快捷菜单中单击“编辑外观”命令进入编辑。在对话框中选择“高级”设置，切换到“照明度”选项卡，然后在该选项卡中把“漫射量”设定为 0.5，“光泽量”设定为 0.5，“反射量”为 0.3，“发光强度”设定为 0，其余选项采用系统默认值，单击✔按钮，关闭面板。

用鼠标右键单击“区域光源”，在快捷菜单中单击“编辑外观”命令进入编辑。在对话框中选择“高级”设置，切换到“照明度”选项卡，然后在该选项卡中把“反射量”设定为“0”、“透明量”设定为 0，“发光强度”设定为 4，其余选项默认，单击✔按钮关闭面板。

（3）应用布景

在图形区左边的“Display Manager”选项卡下单击查看布景、光源和相机按钮。再用鼠标右键单击“布景”，在弹出的快捷菜单中选择“编辑布景”，如图 29-10 所示。在图形区右边的任务窗格的“外观、布景和贴图”选项卡中，依次展开“布景”→“工作间布景”列表，选择“灯卡”布景，再单击对话框中的✔按钮，完成布景的应用。

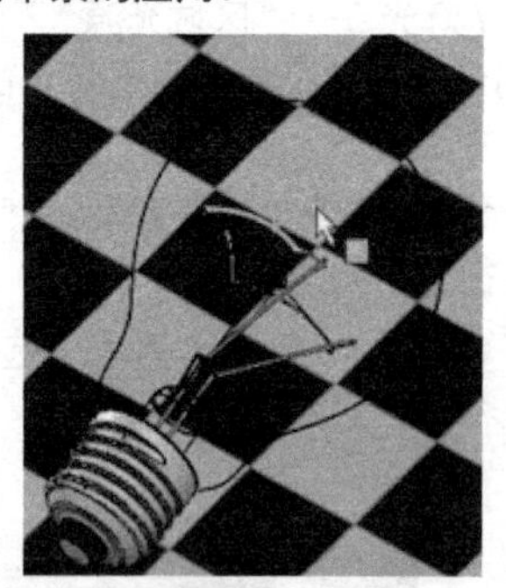

图 29-11 点光源

图 29-12 渲染后的效果

（4）添加点光源

在图形区左边的“Display Manager”选项卡下，单击查看布景、光源与相机按钮，用鼠标右键单击“光源”文件夹，在快捷菜单中选择“添加点光源”命令，在弹出的面板中设置明暗度和光泽度都为 0.5，并选中“锁定到模型”复选框，然后在图形区中拖动点光源放到合适位置如图 29-11 所示。单击✔按钮，完成点光源的添加。

（5）渲染和输出

在“渲染工具”工具栏中单击“最终渲染”按钮开始渲染模型，经过一定时间的渲染进程后，完成了渲染。渲染后的效果如图 29-12 所示。单击保存按钮，输入文件名称后便可得到图片文件，格式可以设定为“JPG”。

操作过程参见教学视频 29-1。

4.项目总结

本项目的渲染操作主要用到了外观与环境的设置。在渲染中，首先要对产品的外观加以设置，并选择合适的背景，这样才能保证产品的真实视觉效果。外观与背景的相关具体操作详见教学视频 29-2。

项目 30 篮球渲染

【学习目标】

1. 掌握外观设置方法及外观编辑方法
2. 掌握布景、光源的设置以及属性的编辑方法
3. 掌握渲染插件的添加和图像的保存方法

【重难点】

光源参数的设置。

1.项目说明

在 SolidWorks 软件中进行如图 30-1 所示的篮球渲染。篮球是皮革或塑胶制品，表面具有粗糙的纹理。在其渲染的效果图像里，场景、灯光、材质要合理搭配，地板上能反射篮球，光源要有阴影效果，使渲染的篮球作品达到最佳的效果。

图30-1　篮球渲染

2.项目规划

篮球的渲染操作的步骤如下：

1）打开模型，对地板、篮球面和凹槽应用外观。

2）编辑篮球表面皮革外观的颜色，编辑各外观照明度等参数。

3）应用单色背景并更改颜色，设置其属性。

4）编辑所有光源的环境光源属性，添加聚光源并设置属性。

5）启动 PhotoView 360 插件并渲染零件，保存效果图为 JPG 格式。

篮球渲染的思路见表 30-1。

表 30-1　篮球特写渲染的思路

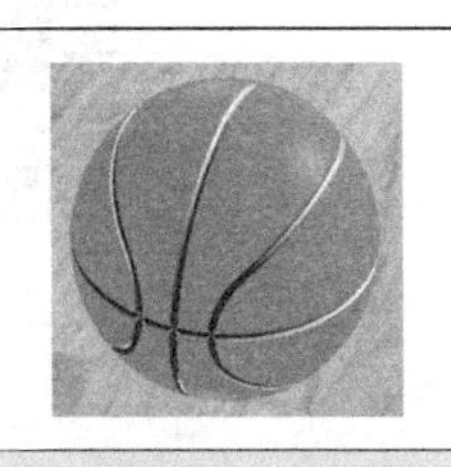		
一、应用外观	二、编辑外观	三、应用布景
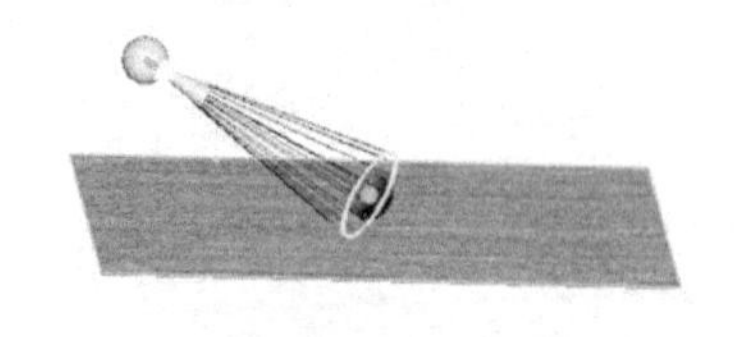		
四、应用光源	五、渲染并保存	

3.项目实施

（1）应用外观

打开本项目练习模型，包括篮球实体和地板实体。

1）对地板应用材质。在任务窗格中的“外观、布景和贴图”选项卡中，依次展开“外观”→“有机”→“木材”→“柚木”列表，然后在该列表中选择“粗制柚木”外观，并将其拖至图形区中，将外观应用到地板特征中，如图 30-2 所示。

2）对篮球应用外观。依次展开“外观”→“有机”→“辅助部件”列表，然后在该列表中选择“皮革”外观，并将其拖至图形区中，将外观应用到篮球实体中，如图 30-3 所示。

3）对篮球的凹槽应用外观。依次展开“外观”→“油漆”→“喷射”列表，然后在该列表中选择“黑色喷漆”外观，并将其拖至图形区中，将外观应用到篮球凹槽中，如图 30-4 所示。由于凹槽不是一个整体面，因此需要多次对凹槽应用“黑色喷漆”外观。

图 30-2　地板应用外观

图 30-3　篮球应用外观

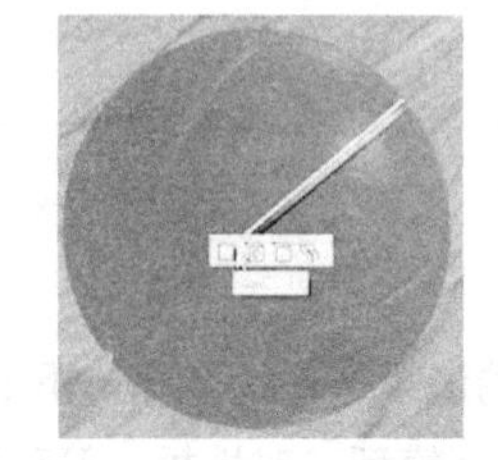

图 30-4　篮球的凹槽应用外观

（2）编辑外观

1）编辑皮革外观。在图形区左边的“Display Manager”选项卡中单击查看外观按钮，在该列表下用鼠标右键单击“皮革”，在弹出的快捷菜单中单击“编辑外观”命令进入编辑。在面板中的“基本”设置的“颜色 / 图像”选项卡下，为皮革选择红色；在“高级”设置的“照明度”选项卡中，将“漫射量”设为 0.2，“光泽量”设为 0，“反射量“设为 0，其余选项采用系统默认值，如图 30-5 所示。最后单击✓按钮完成编辑。

2）编辑地板外观。在图形区左边的“Display Manager”选项卡中单击查看外观按钮，在该列表下用鼠标右键单击“粗制柚木”，在弹出的快捷菜单中单击“编辑外观”命令进入编辑。在面板中的“高级”设置的“照明度”选项卡中将“漫射量”设为 1，“光泽量”设为 0，“反射量“设为 0，其余选项采用系统默认值，如图 30-6 所示。最后单击✓按钮，完成编辑。

（3）应用布景

在“Display Manager”选项卡中，单击查看布景、光源与相机按钮，用鼠标右键单击“布景”，然后在弹出的快捷菜单中单击“编辑布景”命令，弹出“编辑布景”对话框。

在“编辑布景”对话框中选择“基本布景”，然后在右边展开的布景中选择“单白色”布景，再单击对话框中的✓按钮，完成布景的应用，如图 30-7 所示。

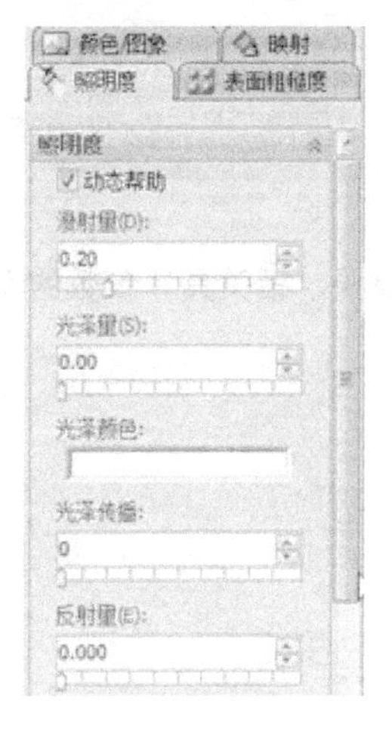

图 30-5　编辑皮革

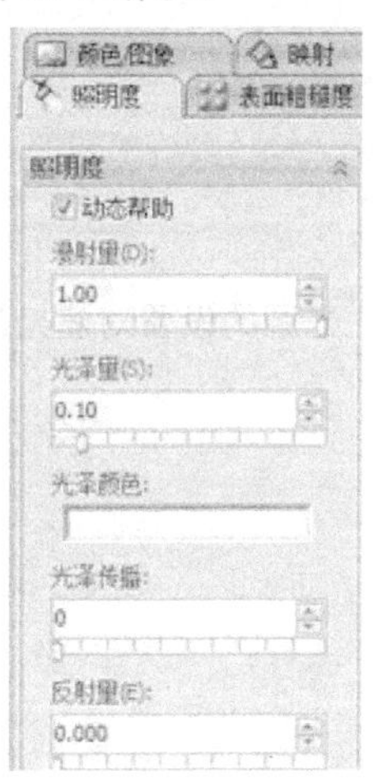

图 30-6　编辑地板

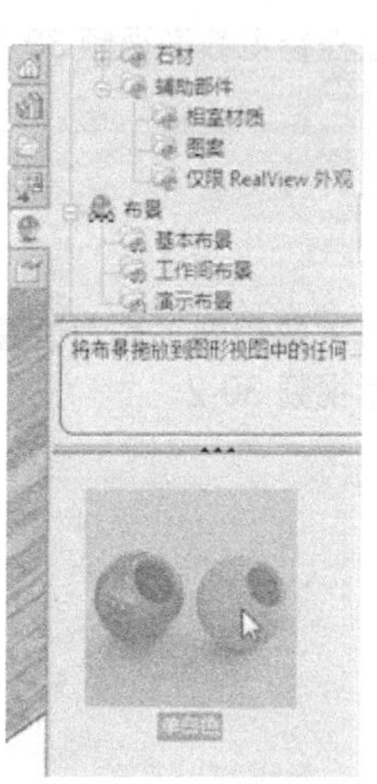

图 30-7　应用布景

在“编辑布景”对话框中单击“颜色”的选项框，然后在对话框中选择黑色作为背景颜色。

再单击“照明度”选项卡，将“背景明暗度”设置为 0。最后单击✓按钮，完成布景的编辑。

（4）应用光源

1）编辑环境光源。在设计树中单击查看布景、光源与相机按钮，展开“光源”文件夹，然后选中“环境光源”并单击鼠标右键，在弹出的快捷菜单中单击“编辑光源”命令，显示“环境光源”对话框。在面板中设置“环境光源”的值为 0，然后单击“确定”按钮关闭面板，如图 30-8 所示。用同样的方法把“线光源 1”和“线光源 2”的“环境光源”都设置为 0。

2）添加聚光源。在“布景、光源和相机”下用鼠标右键单击“光源”文件夹，在弹出的快捷菜单中单击“添加聚光源”命令。在“聚光源 1”面板中设置“环境光源”为 0，“明暗度“设为 1，“光泽度”设为 0，并选中“锁定到模型”复选框，将图形区的红色点拖到篮球表面上，缩小绿色光源圈并把聚光源的黄色发光点移动到如图 30-9 所示的位置。单击“PhotoView”选项卡，选中“在 PhotoView 中打开”复选框，设置“明暗度”为 2w/srm^2，其余选项默认，单击✓按钮，完成聚光源的添加。该面板的“PhotoView”选项卡只有在 PhotoView 插件已经打开的前提下才会出现，否则没有该选项卡。

（5）渲染和输出

在“渲染工具”工具栏中单击“最终渲染”按钮开始渲染模型。经过一定时间的渲染进程后，完成了渲染。渲染的篮球如图 30-10 所示。

单击保存按钮，输入文件名称后便可以得到图片文件，格式可以设定为“JPG”。

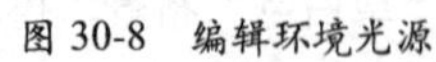
图 30-8　编辑环境光源

图 30-9　添加聚光源

图 30-10　完成渲染

操作过程参见教学视频 30-1。

4.项目总结

本项目主要用到了光源设置。在渲染中，光源的设置对渲染的效果至关重要，相关具体参数的设置方法详见教学视频 30-2。

项目 31 夹具动画

【学习目标】

1. 掌握创建夹具机构动画的基本方法
2. 掌握时间滑块的操作方法
3. 掌握设定零部件不同位置的关键点方法

【重难点】

对动画过程中关键帧的设置。

1.项目说明

在 SolidWorks 软件中建立如图 31-1 所示的夹具装配模型的演示动画。

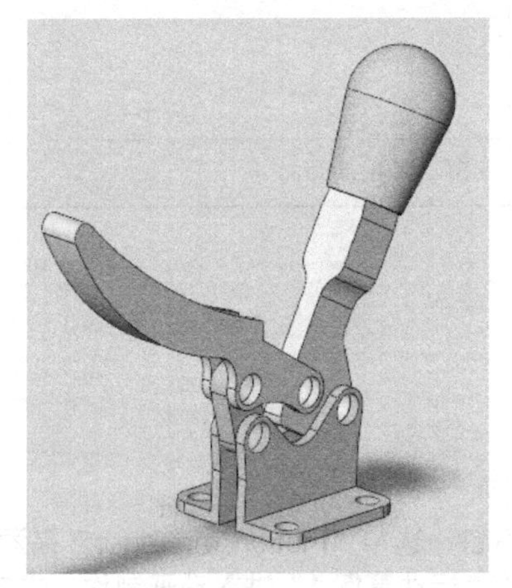

图31-1　夹具装配模型

2.项目规划

对于一些简单的机构，主要通过手动来添加关键帧。创建夹具动画的步骤如下：

1）生成新运动算例。

2）禁用观阅键码，该例只制作简单动作的动画。

3）设定时间长度，根据动画序列的时间长度拖动时间滑块到指定位置。

4）设定关键帧，改变夹具的状态并将状态更新到关键帧。

5）采用动画向导。

6）播放并保存动画。实际应用中，按下夹具柄后，夹具执行机构随之下压的动作就完成了。

夹具设计动画的创建思路见表 31-1。

表 31-1　夹具设计动画的创建思路

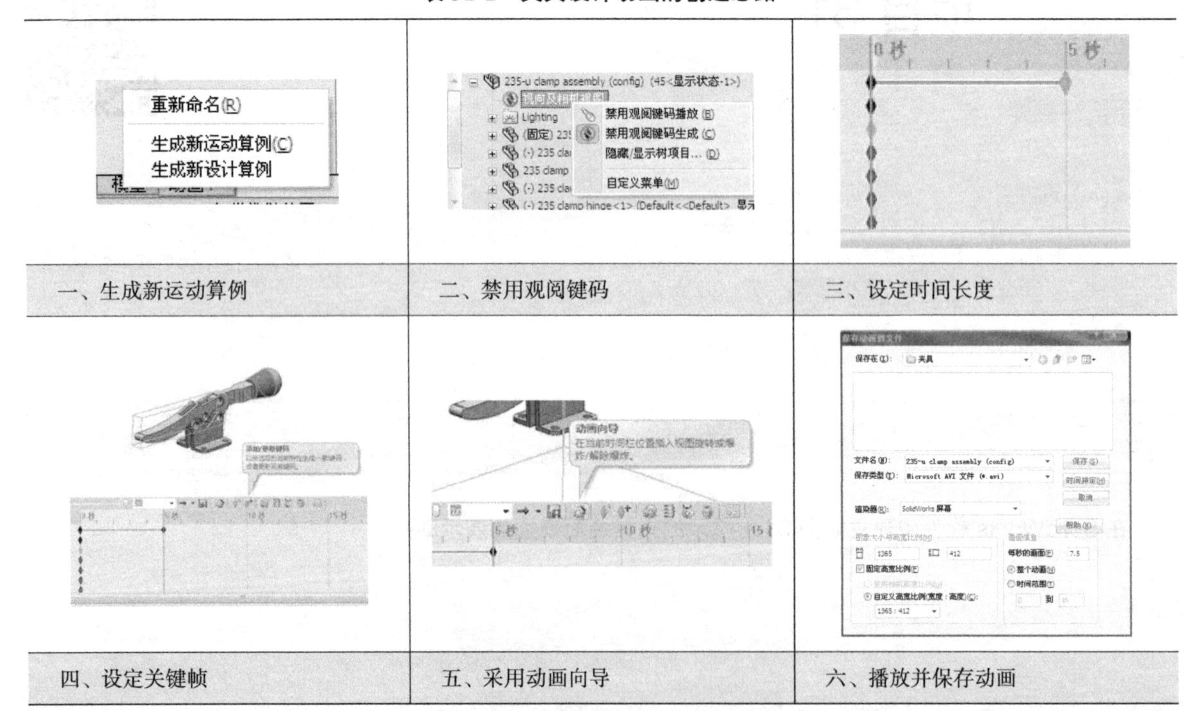

一、生成新运动算例	二、禁用观阅键码	三、设定时间长度
四、设定关键帧	五、采用动画向导	六、播放并保存动画

3.项目实施

（1）生成新运动算例

在工具栏上的空白处单击鼠标右键，选中“motion manager”来添加动画制作窗格，该窗格出现在主窗口靠下位置。单击动画制作窗格的“运动算例 1”进入动画制作，或者用鼠标右键单击“运动算例 1”来新建一个动画，如图 31-2 所示。制作动画前首先分析机构的自由度：整个夹具有一个自由度。在实际应用中，夹具柄为原动件。

（2）禁用观阅键码

单击“运动算例 1”选项卡，切换到动画界面。在移动零部件后，视图的变化也会生成关键帧，但是这些关键帧会引起干扰。为了使视图的变化不影响关键帧的设计，首先用鼠标右键单击设计树中的“视向及相机视图”，在弹出的快捷菜单中单击“禁用观阅键码生成”，如图 31-3 所示。

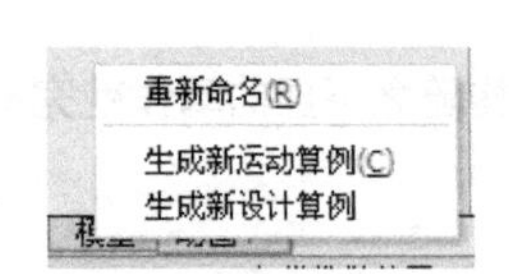

图 31-2　新建运动算例

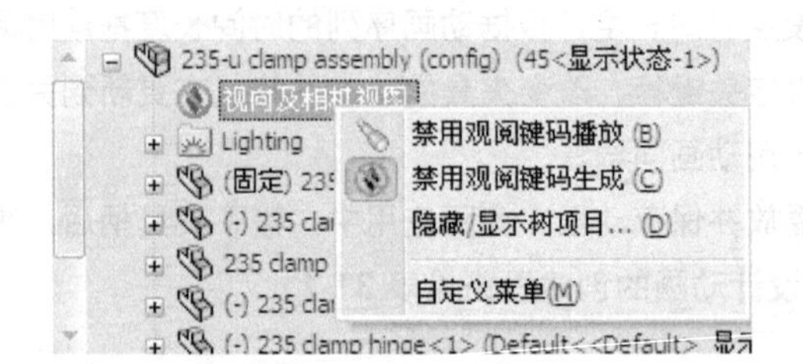

图 31-3　禁用观阅键码

（3）设定时间长度

动画制作时间轴上的第一行为动画总时间，将夹具柄的放松状态作为初始状态，单击总时间码键使其处于选中状态，然后再拖动该键码到 00:00:05 处，设定动画总时间为“5 秒”，如图 31-4 所示。

（4）设定关键帧

移动时间滑块到“5 秒”关键帧处来设定该时刻的夹角状态，接着在工作区域中用鼠标移动夹具柄到夹紧状态，用鼠标单击动画工具栏中的添加 / 更新键码按钮，如图 31-5 所示，在 00:00:05 处生成夹紧动作的关键帧。此时在状态栏中出现两个关键帧，一个简单的夹具夹紧动画设定完成。对已存在的关键帧，可以执行剪切、复制、粘贴或删除的操作。

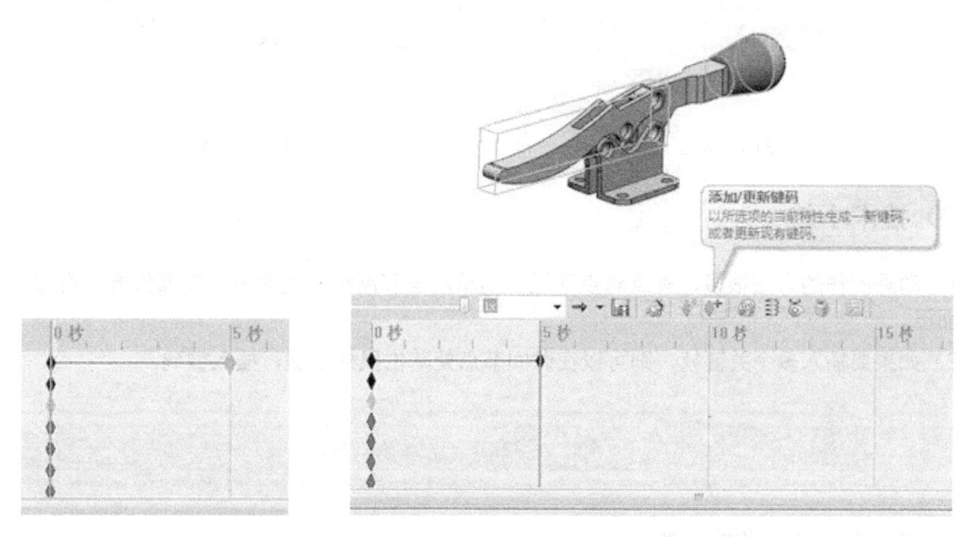

图 31-4 总时间轴　　　　图 31-5 更新键码

（5）采用动画向导

上述所做的动画是“点到点”动画。SolidWorks 提供的动画向导可以完成装配过程 / 拆卸过程、旋转模型、爆炸和解除爆炸等几种工程中常用的动画。旋转模型动画是任何条件下都可以制作的，而爆炸动画和解除爆炸动画需要在装配图设定爆炸路径后才能制作。

用鼠标单击动画制作窗格上的动画向导按钮，进入简单动画的制作，如图 31-6 所示。按照提示单击“下一步”按钮，选定旋转轴为“Y- 轴”，让零件绕着 Y 轴旋转，“旋转次数”一般定义为“1”，设定“顺时针”旋转。单击“下一步”按钮，设定旋转的“时间长度”为 3 秒，“开始时间”可以定为前面制作的点对点动画的结束时间（即设定为 5 秒），也可以定义为动画一开始就旋转（即将“开始时间”设定为 0 秒），其他情况读者可以尝试自行设定，可以获得不同的效果。

（6）播放并保存动画

单击动画工具栏上的计算按钮，再单击播放按钮就可以查看效果。

添加完所有关键帧以后，需要将当前的动画以 avi 格式保存下来。单击工具栏上的保存动画按钮，弹出如图 31-7 所示的对话框，默认录制整个动画；也可以选择时间区间、时间范围等选项，输入要保存的时间即可。

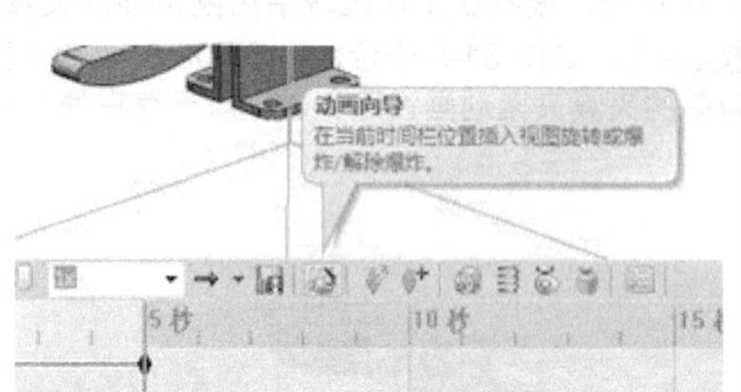

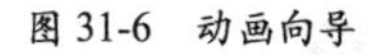
图 31-6　动画向导

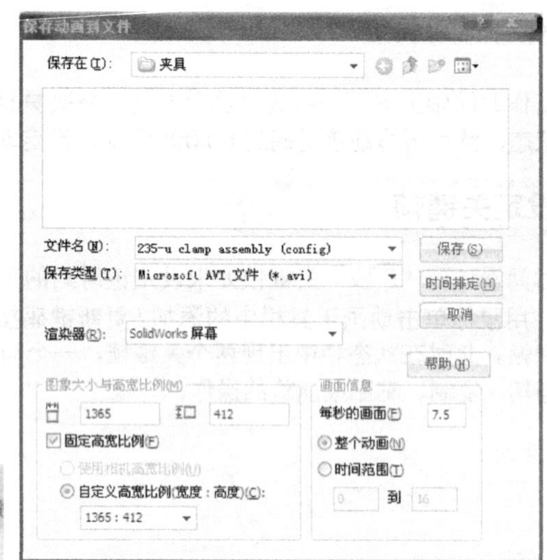

图 31-7　保存动画

（7）技术小结

1）动画制作的方法很多，有点对点动画、简单动画和高级动画之分，其操作方法类似，只是生成方法不同而已。

2）如果要插入多个关键帧，则可以在时间节点处单击鼠标右键，插入键码。

4.项目总结

SolidWorks 动画制作的步骤：

1）将时间轴放到起始帧位置，然后把视图调整到目标位置，再在“视向及相机视图”对应的起始帧位置单击鼠标右键，在弹出的快捷菜单中单击“替换键码”（目的是将调整后的视图设定为起始帧的视图），视图就可以保持视角固定。

2）将时间轴放到第 n 秒的帧位置，然后拖动零件，使其转动到相应位置，再在时间轴上该零件处单击鼠标右键，在弹出的快捷菜单中单击“放置键码”（目的是将调整后的视图设定为第 n 秒的帧的视图）。

3）拖动时间轴由第 n 秒帧位置拖到起始帧位置，再拖回第 n 秒帧位置（目的是将第 n 秒帧的视图与起始帧的视图连贯成动画过程）。

4）重复步骤 2）和 3），不断地加入新视图并连成动画。

5）单击计算按钮。

6）再播放一次动画，保存动画。

项目 32 凸轮机构动画

【学习目标】

1. 掌握创建凸轮机构动画的基本方法
2. 掌握物理模拟工具的使用方法
3. 掌握爆炸和解除爆炸动画的设计方法

【重难点】

对运动构件参数的设置，如弹簧、接触及引力等。

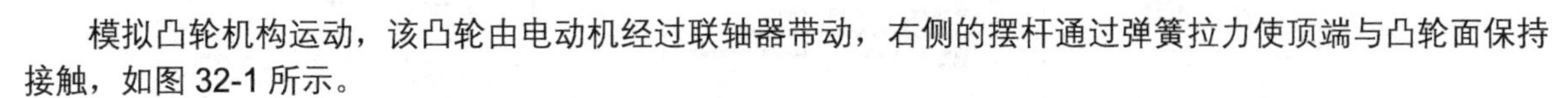

1.项目说明

模拟凸轮机构运动，该凸轮由电动机经过联轴器带动，右侧的摆杆通过弹簧拉力使顶端与凸轮面保持接触，如图 32-1 所示。

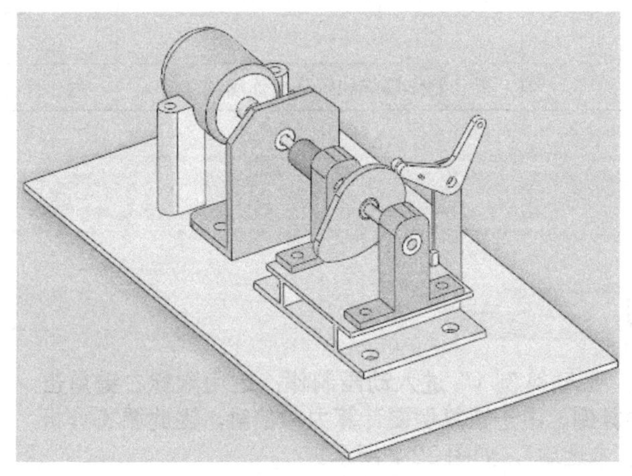

图32-1　凸轮机构

2.项目规划

在该机构中需要添加两个模拟量：一个是使凸轮轴发生转动的模拟旋转马达，另一个是弹簧力。具体步骤如下：

1）新建运动算例，并且把分析类型从“动画”改成“基本运动”。

2）添加弹簧力，设定弹簧的长度。

3）添加旋转马达，并设定选择方向。

4）计算并播放动画，通过“动画向导”来调整播放速度。

5）利用动画向导制作爆炸和解除爆炸动画。

6）保存动画。

凸轮机构动画制作思路见表 32-1。

表 32-1　凸轮机构动画制作思路

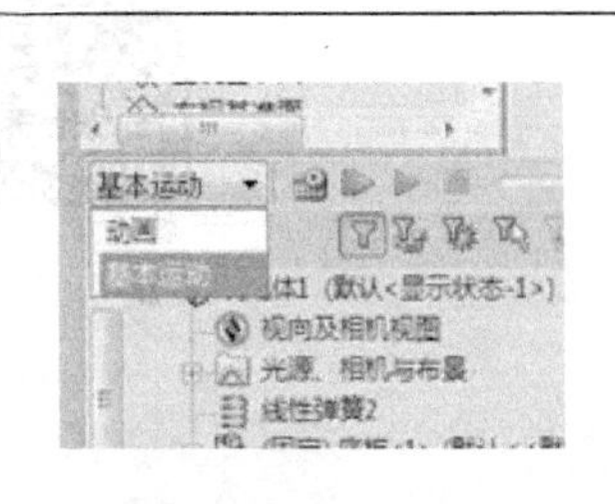		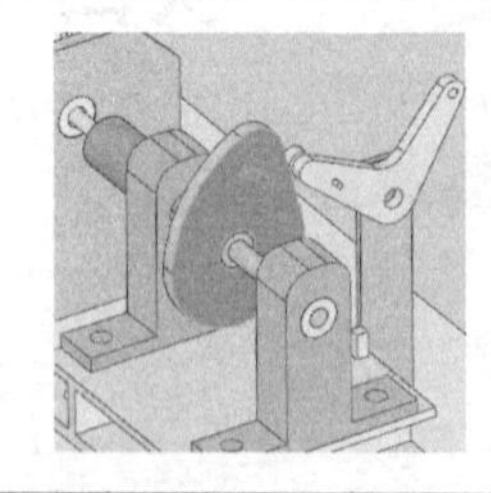
一、新建运动算例	二、添加弹簧力	三、添加旋转马达
	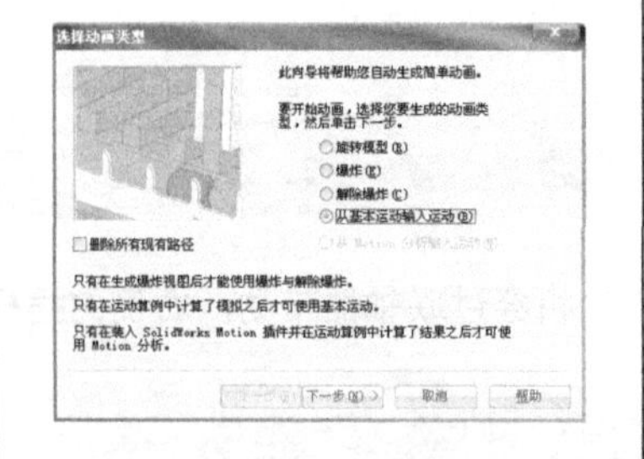	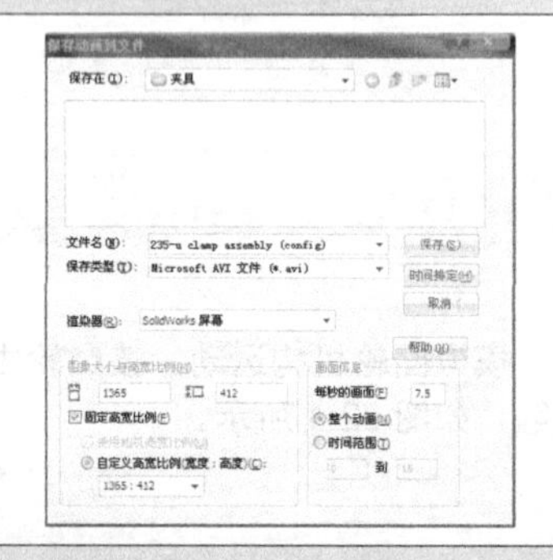
四、计算并播放动画	五、制作爆炸和解除爆炸动画	六、保存动画

3.项目实施

（1）新建运动算例

单击动画制作窗格的“运动算例 1”进入动画制作，或用鼠标右键单击“运动算例 1”来新建运动算例。由于该算例要计算力和接触，因此要将分析的类型从“动画”改成“基本运动”，如图 32-2 所示。

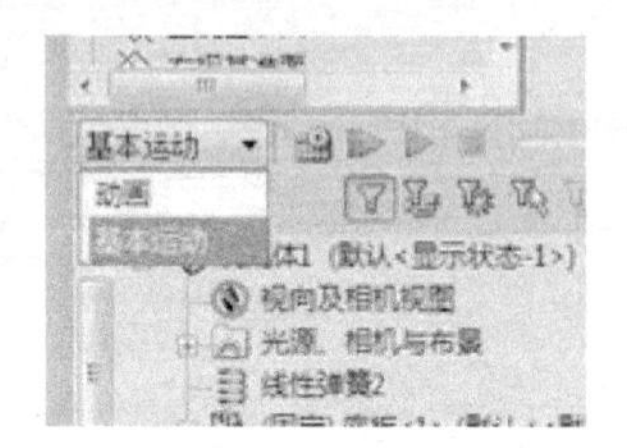

图32-2　基本运动

（2）添加弹簧力

切换到“运动算例”选项卡，单击工具栏上的弹簧按钮，选择两个凸台的两点，默认的自由长度为初始的两点间的长度。输入的数值如果大于默认值，则弹簧发生伸长效果；输入的数值如果小于默认值，则弹簧发生收缩效果。弹簧长度即弹簧刚度的大小，如图 32-3 所示。

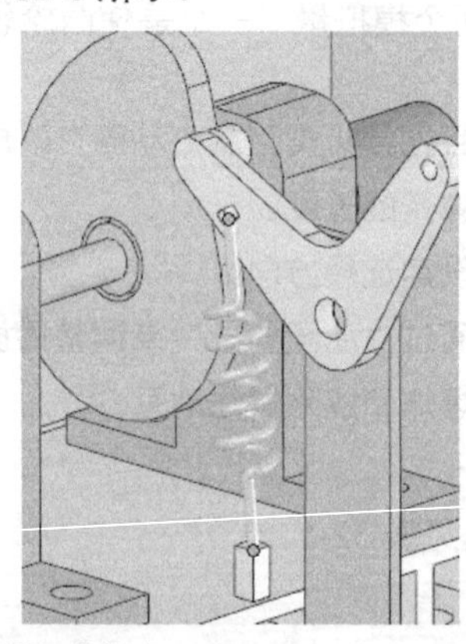

图32-3　添加弹簧力

（3）添加旋转马达

单击工具栏上的旋转马达按钮，可以设置旋转马达的转速大小和旋转方向，如图 32-4 所示。

图32-4　添加旋转马达

（4）计算并播放动画

所有的模拟量添加完成之后，单击工具栏上的计算按钮，进行物理运动力的计算。计算完毕后，单击播放按钮来观看动画效果。

单击保存动画按钮可以保存为 avi 文件，但是其动画播放速度是不可以调整的。如果要调整该动画的速率，则需要借助动画向导。单击工具栏中的动画向导按钮，在弹出的“选择动画类型”对话框中选中“从基本运动输入运动”单选按钮，如图 32-5 所示。单击“下一步”按钮，弹出“动画控制选项”对话框。

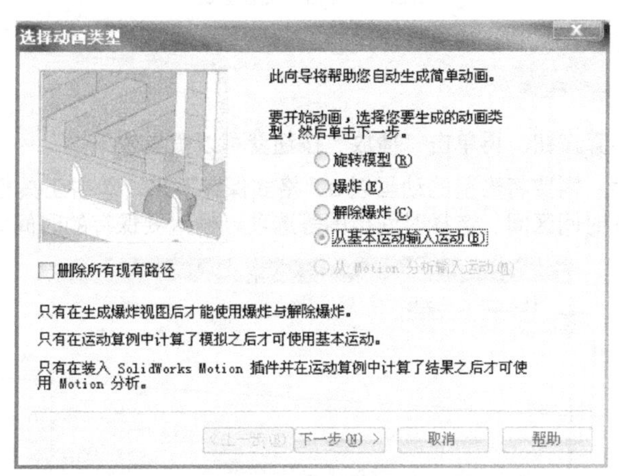

图32-5　播放速度调整

在“时间长度”文本框中输入动画时间（由于模拟生成的动画速率普遍较快，因此需要将其放慢调整），输入大于默认值的时间值，如图 32-6 所示。

（5）制作爆炸和解除爆炸动画

单击工具栏中的动画向导按钮，在弹出的“选择动画类型”对话框中选择“爆炸”单选按钮，依次单击“下一步”和“完成”按钮，调整时间滑块。按照同样的方法创建解除爆炸的动画，最后得到的关键帧如图 32-7 所示。

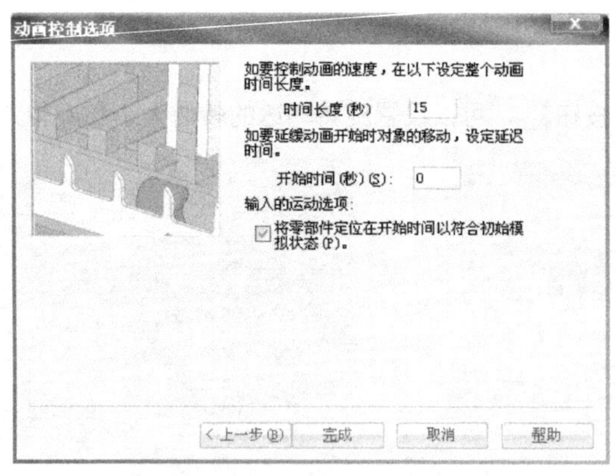

图32-6 设置动画时间长度

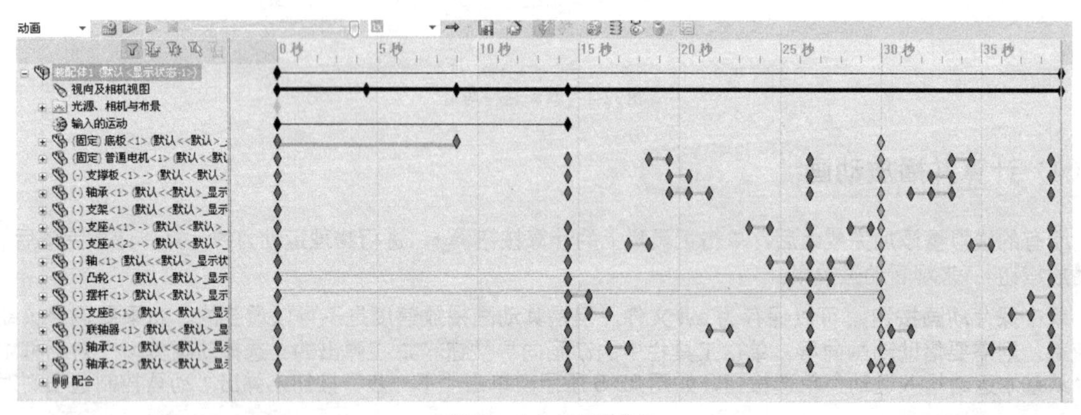

图32-7 动画关键帧全貌

（6）保存动画

单击动画工具栏上的计算按钮，再单击“播放”按钮就可以查看效果。

添加完所有关键帧以后，需要将当前的动画以avi格式保存下来。单击工具栏上的保存动画按钮，默认录制整个动画。也可以选择时间区间、选择时间范围等选项，输入要保存的时间即可，如图32-8所示。

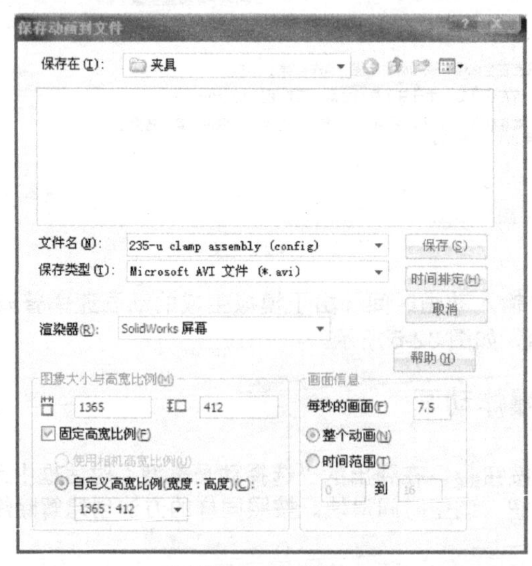

图32-8 动画输出

4.项目总结

用鼠标右键单击键码，选择插入模式，可以选择以下几种模式：

1）线性，默认设置为匀速运动。

2）捕捉，零部件突然从初始位置变到终了位置。

3）渐入，零部件一开始匀速移动，但随后会朝终了位置加速运动。

4）渐出，零部件一开始加速运动，但当快接近最终位置时减速运动。

5）渐入 / 渐出，在上半路程加速移动，下半路程减速移动。

参考文献

[1] DS Solidworks 公司 .SolidWorks 高级教程简编 [M]. 北京：机械工业出版社，2010.

[2] DS Solidworks 公司 .SolidWorks 零件与装配体教程 [M]. 北京：机械工业出版社，2015.

[3] DS Solidworks 公司 .SolidWorks 工程图教程 [M]. 北京：机械工业出版社，2015.

[4] 张忠将，李敏 . SolidWorks 2010 机械设计从入门到精通 [M] . 北京：机械工业出版社，2011.